제병협동부대

전 술

20세기 주요 전훈, 교리 그리고 편제

원문/조나단 M. 하우즈
편역/도응조

작전술과
전략적 수준에서 바라본 군 구조

글/ 도응조

표준 군대부호

* 본문에 실린 그림의 이해를 돕기 위한 부호 설명입니다.

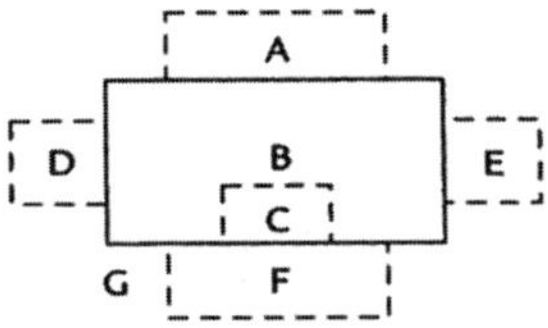

A : 부대 규모

XXXXX = 집단군 또는 전선군
XXXX = 야전군
XXX = 군단
XX = 사단
X = 여단
III = 연대
II = 대대/대
I = 중대/포대/대
••• = 소대
•• = 반/분견대
• = 분대

B : 부대 형태

= 보병
= 기병/수색
● = 포병
= 기갑 또는 기계화
+ = 의무
= 정비
= 화학
= 방공/대공
= 공병
= 대전차
= 항공
= 신호/통신
= 보급

C : 추가적인 부대형태

= 공정
v = 공중강습
LT = 경(輕)

D : 부대 기호
E : 모체 부대 또는 상급 지휘본부의 기호
F : 포병부대의 특정 유형, 화포의 형태 및 구경을 표시
G : 만일 직사각형 좌측 끝점에서 선이 연장되면 이것은 지휘본부를 표시하는 것이며, 이 연장선이 끝나는 지점은 지휘본부의 위치를 나타내는 것임 (단, 부대 전체의 위치를 나타내는 것은 아님)

사각형 하단에 두 개의 작은 원이 있으면, 이것은 부대의 수송 및 군수 요소를 나타내는 것임

예 :

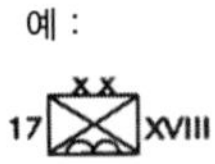

제18군단 소속, 제17공정보병사단

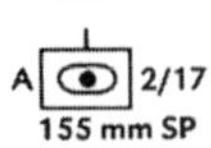

제17기갑 야전포병 2대대 소속, A포대(155미리 자주포)

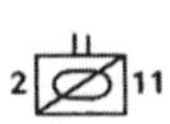

제11기갑 수색(기병) 연대 소속, 2대대

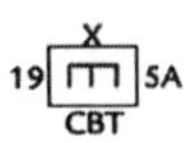

제5군 소속, 제19(전투)공병여단

차례
Contents

편역자 서문

이 책은 하우즈(Jonathan M. House)의 『20세기의 제병협동전(Combined Arms Warfare in the Twentieth Century)』와 더불어 전술적 수준을 넘어서 작전술 그리고 전략적 시각에서 바라본 군 구조와 관련된 본인의 글을 포함시켰다. 본인의 글을 첨부한 이유는, 우선 거시적인 시각에서의 구조적·전략적 사고가 전술적 수준을 앞서야 한다는 것에 대한 암시를 주기 위한 것이다.

하우즈의 글에서도 느낄 수 있겠지만, 각 군종(육·해·공군) 간의 이익관계와 역할을 고려할 때, 전술적 수준을 벗어나 좀 더 거시적인 작전적·전략적 시야로 넓혀 생각해 본다는 것은 생각의 깊이와 폭을 함께 확장시켜가는 것이라고 하겠다. 본인의 글은 본인이 합동참모대학과 미 육군전쟁대학(US Army War College)에서 공부할 때 생각했던 것을 정리한 것이다.

하우즈의 글은 육군에게는 매우 귀중한 자료다. 참고로 하우즈는 이 책과 유사한 『Toward Combined Arms Warfare: A Survey of 20th-Century Tactics, Doctrine, and Organization』도 발간했다. 본인이 번역한 이 책과 크게 다르지 않다고 하겠다. 본인이 이 두 권의 책을 접한 것은 육군대학 전술교관 시절이었다. 당시 신경철 장군과 최영호, 허

육구 대령 등 많은 선배 장교들로부터 전술에 대한 지도를 폭넓게 받으면서, 전술과 편제의 관계에 많은 관심을 갖게 되던 차에 하우즈의 책과 마주하게 된 것이다.

이 책은 육군의 전술·편제를 연구하는 사람, 작전술과 합동전략에 관심이 있는 사람에게 어느 정도 필요한 정보를 제공해 줄 것으로 믿는다. 특히 하우즈의 글에서는 몇 가지 매우 값진 역사적 교훈을 얻을 수 있겠다. 본인이 생각하기에 첫 번째로 중요하다고 생각하는 것은 그가 2차 세계대전 이전의 독일군의 군사개혁 성공 이유를 바닥에서 출발한 것에서 찾고 있다는 것이다. 서구의 승전 육군들이 1차 세계대전에서 남아 있던 장비, 탄약, 물자를 과감하게 처리하지 못했고 그래서 기존의 교리와 편제에 묶여 있던 반면, 거의 모든 것을 잃었던 독일은 패전 후 새롭게 바닥에서부터 시작했던 것이 군사개혁을 비교적 성공적으로 이끌었다던 핵심 배경이라는 것이다.

두 번째 본인이 느꼈던 중요한 시사점은 모든 것은 이론과 개념이 먼저 이끌어야 한다는 것이었다. 간혹 새로운 개념과 무기가 오히려 이론을 이끈 경우가 있다. 하지만 대부분의 역사적 사실은 개념이 통상 우선했다는 것을 보여준다. 따라서 군대는 먼저 이론과 개념을 정립한 다음 거시적인 군 구조 그리고 각 군종 내의 편제를 구현해 가야겠다고 느꼈다. 선조들이 심어준 훌륭한 사상을 미래의 세계 속에 구현하기 위해 필요한 억제력을 갖추려고 노력하는 우리에게 하우즈의 글은 암시하는 바가 크다고 하겠다. 아마 우리 군이 차지한 전략적 이점이란 과거에서 과감하게 벗어나 비교적 새로운 시각에서 다시 출발할 수 있겠다는 점일지 모른다. 우리나라의 역동적인 창의력, 문화력, 기술력 그리고 경제력은 그것을 뒷받침하기에 충분하기 때문이다.

마지막으로 이 작고 미천한 노력의 결과를 낳아주시고 길러주신 어머니 김병선 여사께 바칩니다.

서론

전투병과

최초의 전사들은 걸으면서 싸웠다. 이들은 돌, 곤봉, 창 등으로 무장했다. 이 당시에도 견인용 동물을 길들였다. 따라서 일부 사람들은 말에 타거나 또는 고대 전차에 탈 수 있었다. 이러한 기마 전사들은 보다 빠르게 이동할 수 있었으며, 군마의 규모와 기세를 이용하여 걸어서 전투하는 적을 놀라게 하거나 격파할 수 있었다.

이러한 이점에 대응하기 위해서, 걸어서 전투하는 병사들은 어깨와 어깨를 맞대고 전투하는 법을 배웠다. 이들은 방패를 서로 겹치게 들고 방패막 사이로 창을 울타리 모양으로 뻗쳐 들었다. 이러한 대형이 종으로 깊게 형성되면서, 6내지 그 이상의 라인을 형성했다. 이것이 '팔랑스'였다.

이러한 팔랑스 대형은 말에 탄 적의 공격에도 견딜 수 있었다. 사실상, 이들은 가장 치명적인 공격부대를 제외하고는 모두 물리칠 수 있었다. 충분한 연습과 훈련으로 팔랑스는 결속력을 유지하고, 모든 적을 돌파할 수 있는 기세를 유지한 상태로 빠른 걸음으로 전방으로 나아갈 수 있었다.

마찬가지로 잘 훈련된 팔랑스는 물론 특별했다. 이러한 이점을 달성하기 위해서, 팔랑스의 멤버들은 개인적인 전사가 되는 것을 단념하고 잘 훈련된 단위부대의 일원이 되었다. 각개 전사들은 그러나 영웅적이었으며 육체적으로 잘 단련되었고, 군사 조직편성 속에서 보통사람으로 함께 전투하는 일원이 되었다. 물론, 팔랑스는 취약점을 갖고 있었다. 이것은 평탄하지 않은 지형에서는 방패막을 지형에 맞도록 유지할 수 없었으며, 예상하지 못한 방향에서 공격을 받았을 때 방향을 전환할 수 없었다.

팔랑스의 각개 구성원들은 방패, 검, 창 및 헬멧의 무게로 인해 지장을 받았으며, 대형의 안전성을 포기하지 않고서는 신속히 이동할 수 없었다. 결과적으로, BC 14세기에 그리스 팔랑스는 필립 2세와 알렉산더 대왕의 마케도니아 군에게 군사적 우위를 내주게 되었다. 마케도니아인들은 걸어서 전투하는 전통적인 팔랑스와 두 개의 다른 부대를 결합시켰다. 말에 탄 기병과 말을 타지 않고 달려서 전투하는 부대였다. 이들은 작은 방패와 짧은 검만으로 무장했다. 알렉산더의 기병은 적의 대형에 나타난 틈새를 이용하여 적 보병의 허를 찔렀으며, 가볍게 무장했기 때문에 달리는 보병은 팔랑스와 기병을 연결시켜 예상하지 못한 방향으로부터의 공격을 차단하거나 저지했다.

그러나 마케도니아 시스템은 로마 레지온에게 무너졌다. 단 하나의 육중한 팔랑스로 운용하는 대신, 부분 부분으로 나눈 레지온은 체커판 무늬 형태의 대형으로 전개했다. 이것은 30개에 이르는 작은 팔랑스로 구분됐으며, 각각의 작은 팔랑스는 100~120명으로 구성됐다. 그러나 레지온은 단순한 보병 단위부대 이상의 것이었다.

이와 관련된 대부분의 역사를 보면, 레지온은 적을 정찰하기 위한 소규모 기병을 가지고 있었으며, 적 부대 및 요새지에 돌, 창 그리고 다른 발사체를 날려 보내기 위한 기계적인 장비를 보유하고 있었다. 더욱이 각 레지온은 흙으로 만든 임시 요새를 건설하기 위한 도구를 가지고 다녔으며, 이 요새에서 일일 행군을 마치고 휴식했다. 따라서 각 레지온은 4가지의 기본 병과를 보유했다. 이것은 전통적으로 전투병과라고 잘 알려진 것으로서 보병, 기병, 포병 및 공병이 바로 그것이다.

중세에 등자(鐙子)의 발명으로 말에 탄 전사들은 보다 안정적인 전투 플랫폼을 갖게 됐다. 열정적인 훈련, 개인적인 용기를 강조하는 문화로 인해 철갑을 두른 기사들은 만만찮은 경쟁자였다. 그러나 걸어서 전투하는 병사들이 완전히 사라지지는 않았다. 14세기 초, 일련의 혁신적인 지휘관들은 팔랑스와 레지온의 고전적 전투대형을 알게 됐다. 이러한 대형이 발사 무기(영국의 장궁과 후에 나온 원시적 화약무기)와 결합되면서, 용감하건 전술이 뛰어나건 간에 철갑을 두른 기병에 대응할 수 있는 것 이상의 것임이 증명됐다.

간단히 말해서, 군대의 전술과 편성의 발전은 후에 나타난 산업혁명의 패턴을 따랐다. 개별 장인들과 개별 전사들은 많은 능력을 효율적으로 결합하기 위해 특수화된 노동력을 사용하는 적과 효과적으로 경쟁할 수 없었다. 전장에서 문제가 됐던 것은 어떻게 지휘관이 이러한 상이한 특정 기능자들(보병, 기마병, 발사체 사수 그리고 요새 건설 및 파괴병)을 조화롭게 운용하는 가였다. 전술은 전개, 기동 그리고 이러한 상이한 기능들(제병과로 알려지게 된다)의 단결된 운용을 의미했다.

제병과(Combined Arms)

우리는 기병전술, 포병전술 그리고 보병전술을 말하는 시대로 접어들었다. 이러한 구분은 단순한 추상적 분리에 지나지 않는다. 오로지 한 가지 술(art) 만이 존재한다. 그것은 '제병협동 전술' 인 것이다.

– 1907년 영국군 제라드 길버트 소령

지상전투에서 제병협동과 개념은 수 세기동안 존재해왔다. 그러나 이것을 조합하고 편성하는 모습은 매우 다양했다. 17세기 이전에 보병, 포병 및 기병이라는 전투병과는 통상 각각의 단위부대로 작전했다. 이들은 각각 수백 명에서 수천 명으로 구성됐다. 공병은 보다 작은 규모로 편성되어 교량을 건설하거나 도랑을 건설하는데 있어서 지휘관에게 조언을 하는 역할을 했다.

각 병과는 전장에서 특정 기능을 수행했다. 단지 야전의 상급 지휘관만이 상이한 병과들의 효과 통합을 필요로 했다. 이후 세기에 걸쳐, 군사 수직계층 구조 속에서 보다 낮은 수준까지 점차로 제병협동을 이루는 추세로 발전했다. 지휘관의 관심은 분리된 병과의 분리된 행동을 통합하는 것에서 벗어나 이러한 병과 간의 보다 향상된 통합을 달성하려했다. 마침내 부대의 모든 구성물들의 효과를 최대화하기 위하여 행동을 결합하려 했다.

그 당시 길버트(Gerald Gilbert) 소령은 "제병협동의 전술"을 주장했다. 많은 장교들은 이러한 아이디어에 립 서비스만 할 뿐이었다. 그러나 극소수 사람들은 대략 2,000명으로 편성된 여단급 이하에서 이와 같은 병과들의 이러한 통합 또는 결합을 이룰 필요가 있다는 것을 이해했다. 그 후 20세기 전쟁, 특히 기계화전이 이러한 점에서 발전을 이뤄왔다. 일부 제병협동의 형태가 승리는 아닐지라도 생존을 위해 필수적이 됐다. 심지어는 6~10명을 지닌 보병분대 내에서도 마찬가지였다. 단일병과가 아무리 강력하더라도, 이 병과는 적군의 카운트파트와 마찬가지로 동일한 강점과 약점을 많이 지니고 있다. 실질적으로, 상이한 무기를 주의 깊게 배합하여 운용하면, 단일 형태의 무기보다 거의 대부분 우수하게 판명될 것이다.

제병협동의 이러한 필요성 때문에 많은 분석가들은 대부분의 육군들이 적어도 평시에 하나 또는 기껏해야 세 가지 주요 무기체계를 지닌 대대로 편성되어 있다는 사실을 비판했다. 500~800명으로 구성된 기계화보병대대를 예로 들면, 통상 직사화력 보병무기(소총, 기관총, 소구경포), 대장갑포 및 미사일, 그리고 단거리 간접 화력지원 무기(박격포, 유탄발사기)를 갖는다.

이 대대는 기갑, 방공, 공병, 장사정 포병 또는 항공지원 측면에서 볼 때, 대대에 영구적으로 편성된 이러한 자산을 거의 가지고 있지 않거나 전혀 갖고 있지 않다. 전차, 포병, 전투공병, 방공 또는 항공대대는 보다 특수화되어 무기와 능력 면에서 보다 제한적이다.

이러한 전투병과의 분리를 낳은 이유는 역사적 보수주의 및 부대 정체성에만 있는 것이 아니다. 주둔기지 내에서는 하나의 부대 속에 한 가지 유형의 모든 차량과 무기를 집중하는 것이 보다 효율적이다. 왜냐하면 수리와 정비가 용이하기 때문이다. 이와 유사하게, 만일 각개 병사 또는 동일한 임무와 무기를 지닌 작은 규모의 승무원들을 단일 부대 내로 중점 편성한다면 이들을 보다 효과적으로 훈련시킬 수 있다. 어쨌든 영구적으로 편성된 제병협동팀이 아무리 잘 훈련됐더라도, 상이한 환경 모두를 다루기 위해서 동일하게 준비할 수는 없겠다. 사막 환경에서 싸우는 것은 엄청난 전차와 공격헬기를 필요로 한다. 이유는 기동하기 쉽고 장거리에서 사격할 수 있다는데 있다. 그러나 도시지역에서의 전투는 빌딩에 있는 적을 제거하기 위해서 보다 많은 보병과 공병을 필요로 한다. 모든 육군은 반드시 특정 상황에 따라 자신의 부대들을 짜 맞춰서 편성(tailor)해야 한다.

"제병협동"이라는 이 용어는 각기 사람들마다 다른 의미를 지닌다. 아니면 이것은 정의되지 않았거나 모호한 개념으로 남아있다고 하겠다. 우리의 목적을 고려해 볼 때, 이 용어는 적어도 세 가지 의미를 지닌다.

첫째, 제병협동 개념은 상이한 전투병과 및 무기체계들이 반드시 다른 병과와 무기체계의 생존과 전투효과성을 극대화하기 위해서 사용돼야 한다는 것에 기본적인 사고를 두고 있다. 한 시스템의 능력은 반드시 다른 시스템의 약점을 보완하기 위해서 사용돼야 한다. 이러한 개념 하에 놓인 특정 병과 및 무기는 각 국가들의 육군 내에서 오래도록 다양화 되어왔다.

오늘날 제병협동이라고 하는 것에 포함되는 병과는 적어도 보병(기계화, 차량화, 공정, 공중강습, 경 그리고 특전부대), 기갑, 정찰(간혹 기병이라고 부름), 포병, 대전차무기, 방공 또는 대공부대, 전투공병(간혹 새퍼라고 부름), 공격헬기, 그리고 지상공격기가 될 수 있겠다. 특정 환경 하에서 이러한 제병협동 부대에는 또한 적 통신을 방해하거나 기만하기 위한 전자전, 뿐만 아니라 게릴라 부대 그리고 핵 및 화학무기를 포함할 수도 있다.

이러한 많은 전투부대들 외에 일단의 전투지원(정보, 통신, 화학 제독요원, 발연기, 헌병 및 건설공병) 그리고 근무 또는 군수지원요소들(수송, 정비, 보급, 의무, 인사 및 경리)이 있다. 많은 예를 보면, 군수지원은 전투를 지속하는데 핵심이라 하겠다. 따라서 승리의 열쇠가 된다. 그러나 짧게 본다면, 제병협동의 군수 분야는 전술적으로 고려할 때, 부차적인 것으로 검토될 수 있을 것이다.

제병협동의 두 번째 의미는 상이한 무기를 함께 운용하여 전투하는 제병협동 편성, 지휘 및 통신 구조를 말한다. 이것은 영구적인 평시 편성도 되고 전시에 상이한 요소들을 특별한 목적 또는 "과업을 고려해 편성(task-organized)"한 것도 된다. 이와 같이 두 개 또는 그 이상의 전투병과를 임시적으로 그룹화한 것은 통상 "전투단(combat team)" 또는 "특수임무부대(task force)"라고 기술된다.

세 번째, 제병협동 전술과 작전은 이러한 상이한 병과 및 무기들이 전투에서 상호간에 지원함으로써 수행되는 실제 역할이자 적용 기술이다. 이것은 대부분의 전문직업군인들이 관심을 갖는 영역이다. 그러나 정확히 말하면 역사적 기록이나 전술교범들은 자주 이러한 영역을 무시했다. 더욱이, 대대(300~800명) 또는 중대(50~200명) 수준의 제병협동 전술과 전투기술들은 역사적으로 일반화시켜 정리하는데 있어서 가장 어려운 분야다. 왜냐하면 대대나 중대는 전투기술을 자주 바꿀 수밖에 없기 때문이다.

전술

제병협동의 역사적 발전을 조명하기 이전에, 독자들을 위해서 일부 기본 용어와 설명을 하고자 한다. 첫째, 전쟁은 세 가지 수준에서 계획되고 분석될 수 있으며, 각각의 수준은 각각의 중점과 목표를 지닌다. 전술은 우리가 살펴봤듯이, 전투에서 승리하기 위해서 상이한 병과와 근무를 조합하는 과정이다. 분석적 스펙트럼 반대편 끝에는 전략이 있다. 이것은 전쟁의 결과에 직접적으로 기여하기 위한 계획 및 행동과 관련된다. 물론 군사전략가는 필수적으로 반드시 정치적 목적과 정부가 부여한 제한사항을 고려해야 한다.

미국 남북전쟁과 1차 대전 모두는 계획수립과 분석을 하는데 있어서 중간 수준의 뭔가가 필요하다는 것을 보여줬는데, 이는 개별적, 전술적 전투와 전체 전략적 의도를 연결하는 어떤 수단을 말한다. 근대전이 매우 복잡하게 되면서 승리는 나폴레옹이 수행했던 섬멸전과 같은 단일 전투 이상의 것을 요구했다. 지휘관들은 이러한 중간수준에 대한 명확한 개념과 용어를 이해하지 못한 채, 20세기로 접어들었다. 이것이 오늘날 작전술(operational art) 또는 전쟁의 작전적 수준(operational lever of war)이라는 것이다.

작전술은 전략적 최종목표(goal) 달성을 위한 순차적인 스텝, 어떤 행동과 전투의 협조를 포함한다. 전술적, 작전적, 전략적 수준을 중대에서 전구 지휘본부에 이르는 각각의 군사지휘 수준으로 등식화하는 것은 매혹적이지만, 너무 단순화시키는 것이라고 하겠다. 사실상, 세 가지 수준은 어떤 특정한 편성적 수준이 아닌 이들의 목적과 목표로 반드시 정의돼야 한다.

예를 들어, 특수작전부대의 작은 팀 하나가 적 지휘관 또는 지도자를 매복으로 제거하기 위해 적 후방지역에 침투했다고 가정해보면 이해할 수 있을 것이다. 만일 이 매복이 적 지휘 및 통제체계를 와해시켜서 군사적 패배를 이끌기에 충분한 것이라면, 이 몇몇 군인의 행동은 단순한 전술적 전초전(前哨戰)이 아닌 작전적 또는 심지어 전략적 성과라고 말할 수 있을 것이다.

이 책은 사단 및 그 이하 제대의 병과와 근무에 대한 전술적 결합에 초점을 맞추고 있다. 그러나 보다 커다란 전쟁의 작전적 또는 심지어 전략적 연계성 속에 이러한 전술들을 놓고 볼 때는, 잠시 지엽적으로 보다 커다란 편성 수준 및 계획수립을 다룰 필요가 있겠다.

그렇다면 전술의 정수는 무엇일까? 추상적으로 보면, 전술적 전투는 세 가지 요소 또는 기능의 조합으로 고려될 수 있겠다. 그것은 기동력, 방호력, 공세력(offensive power)이다. 기동력은 다양한 지형에서 부대를 기동하고 집중시키는 능력을 의미할 뿐만 아니라 적 화기에 노출된 인원과 부대를 이동시키는 능력을 말한다. 기동력은 절대적인 것이 아니다. 그러나 이것은 반드시 타 우군 또는 적군 부대의 기동성과 연계하여 그리고 지형의 복잡성과 연계하여 평가되어야 한다. 제병협동팀을 살펴볼 때, 적어도 전체 부대의 기동력은 기동 자산으로 결정될 것이다. 기동력 없이 육군은 부대의 집중과 기동이라는 군사 원칙을 활용할 수 없을 것이다. 집중과 기동을 통해서 전투에서 주도권을 확보할 수 있는 것이다. 아울러 기동력이 없다면 기습의 원칙도 달성하기 어려울 것이다.

방호력은 적 기습공격에 대한 안전과 병력이 전장에서 공격 및 방어를 하도록 보호해주는 것을 포함하고 있다. 이러한 전장 방호력은 적 화력을 막기 위한 방어 요새 및 지면의 기복을 이용함으로써 달성될 수 있다. 아니면 장갑과 같은 인공적인 수단을 사용하여 달성될 수 있다.

마지막으로 공세력은 적에게 자신의 의지를 강요하기 위해 긴요한 것이다. 공세력은 통상 적 방호력을 극복하기 위한 것으로 근대 무기의 화력에 의존한다. 더욱이, 적에게 과감하게 전진하는 병력들의 심리적인 우위 역시 공세력의 한 부분을 차지한다. 비록 이러한 전진이 공격자에게 엄청난 사상자를 초래할지라도 그렇다.

결국 이러한 세 가지 요소들은 군 역사 속에서 지속적으로 상호작용을 해왔다. 지난 세기는 특히 화력의 엄청난 증가가 있었다. 이러한 강력한 화력을 극복하기란 매우 어려웠다. 방호력을 갖춘 기동력 및 기타 화력의 세심한 조합을 통해서만이 극복될 수 있었다. 이러한 조합의 가장 확실한 예는 1차대전시의 방어 시스템이다. 보병(기동), 화력지원(공세력), 그리고 기갑(이것이 이론적으로 세 가지 요소를 결합한다)의 밀접한 협조를 통해서 이러한 화력과 방호력의 조합(역자 주 : 진지전 체계를 의미함)을 극복할 수 있었다. 하지만 기동력, 방호력 그리고 공세력이라는 세 가지 요소는 모든 전술적 방정식에 포함되어 있기 때문에, 1차 대전시 진지전을 이용하여 설명하는 것은 단편적이라 하겠다.

보다 실질적인 수준에서 보면, 이러한 세 가지 요소는 기술적으로는 개인 화기 설계 및 운용 속에 결합되어 있으며, 전술적으로는 상이한 병과 및 단위부대 속에 결합되어 있다. 이 결과로 전투에서 이것의 효과들은 보충적이기도 하고 보완적이기도 한다. 용어 속에 내포되어 있듯이, 보완적인 제병협동은 다른 무기 및 병과의 유사한 효과를 추가함으로써 하나의 무기체계 및 병과 효과를 증대시킨다. 예를 들어, 박격포와 포병의 효과는 통합된 화력계획 속에서 서로의 화력을 증강해주거나 보완해 줄 것이다. 공병은 차량 주변에 방벽을 구축하여 장갑차량들의 방호력을 향상시켜주며, 적 장애물을 극복하거나 교량을 건설해줌으로써 차량들의 기동력을 향상시켜줄 것이다.

상보적인 제병협동 병과들은 역으로 상이한 효과와 특성을 결합한다. 이로서 적에게 보다 복잡한 위협과 딜레마를 부과하게 된다. 지뢰지대 자체만으로는 공격하는 부대의 속도를 늦출 수는 있어도 멈추게 할 수는 없다. 그러나 방어하는 측에서는 공격하는 부대가 지뢰지대를 개척하기 위해서 정지하는 시기에 포병과 대전차 화력을 이용하여 공격하는 부대를 저지하기 위해서 개활지에 지뢰지대를 설치하게 될 것이다. 이러한 딜레마는 공격하는 측이 지뢰를 개척하거나 우회로를 찾는 동안 사상자를 초래할 수밖에 없도록 만든다. 방어하는 측은 따라서 단일 무기로 달성할 수 있는 것보다 많은 효과를 보기 위해서 상이한 무기를 통합하게 된다.

전투 조직화(orchestrating)

육군은 전장에서 상호 작용을 통해 많은 과업을 수행해야 한다. 전투를 조직화(orchestrating) 하기 위해서는 편제와 교리, 훈련, 지휘, 통제, 통신 그리고 동기부여가 요구된다. 이러한 모든 분야에서 완벽을 이뤄내는 육군은 없다. 승리는 비효율성이 덜하고 보다 적은 실수를 하는 쪽으로 기우는 법이다.

편성 및 교리는 육군이 어떻게 싸우게 될 것인가를 반영하고 있다. 지상군 부대들의 전시 편제는 반드시 충분한 융통성을 지녀야 한다. 이렇게 해야 항상 변화하는 혼란스런 전투에 무기와 군인을 투입하여 대응할 수 있다. 그러나 가장 훌륭한 군 구조를 갖고 있다고 하더라도 편제가 기능을 발휘하도록 하는 공동의 방법과 개념을 그 구성원들이 잘 인식하지 못한다면 결국 무용지물이 된다. 이러한 공동의 이해를 가리켜서 '교리'라고 한다. 교리는 군사적인 시각으로 볼 때 고정되거나 편협한 것이 아니다. 그러나 이것은 각각의 전술적 상황이 지닌 독특한 현상을 다루는데 있어서 일반적인 일련의 절차와 참고골격을 제공한다. 실제로 교리는 군사 수직계층구조의 최상부에 의해 지시될 수는 없는 것이다. 각급 제대 군인들은 반드시 교리를 이해하고 이것을 가용 병력과 장비를 사용하여 응용할 수 있다는 확신을 가져야 한다.

외부 관찰자들은 육군, 그것도 장교단을 자주 비판하는데 그 이유는 장교단이 기술적 변화에 의식적으로 저항한다는 것에 있다. 사실, 이것은 단순히 사회적 보수성에 원인이 있는 것이 아니다. 새로운 무기를 가장 잘 사용하기 위해서 필요한 편제와 교리를 개조하는데 고통스런 과정이 따르기 때문인 것이다. 이러한 개선은 새로운 무기가 어떻게 사용되어야 하는가를 결정하고 관련된 장교들이 교리적인 이해를 최신화해야 하므로 시간을 필요로 한다.

상위계급 장교들은 그들의 개인적 경험이라는 프리즘을 통해 변화를 바라보는 경향이 있다. 비록 이러한 경험이 10년에서 30년 전의 오래된 것이라도 말이다. 젊은 소대장으로서 어떤 장교가 신뢰성이 떨어지는 진공관으로 만든 무전기와 시름했다고 할지라도, 20년 후에 바로 이 장교는 위성 릴레이와 랩톱 개인 컴퓨터에 기초한 통신구조를 받아들이기 어렵다고 할 수 있을 것이다.

20세기에 육군들은 기관총, 전차, 지상공격기 및 헬리콥터 등 일단의 새로운 무기가 등장함에 따라 이러한 변화를 해야 했다. 모든 경우에 있어서, 편제를 변화시키는 데에는 세 가지 단계 유형이 나타났다.

첫째는 육군이 새로운 무기가 등장했을 때, 편제 또는 교리적 모체(home)를 발견할 수 없게 된다. 결과적으로 지휘관은 새로운 기술을 특별한 부수물로 보는 경향이 있었고, 따라서 현재의 병과 및 군종과 함께 작전해도 충분하지 못하다고 판단된 특정 상황에서만 유용하다고 보았다.

그 다음은 일단의 열정적인 사람들이 새로운 무기가 등장함에 따라 이를 새로운 병과로 만들려고 하게 된다는 것이다. 이들은 승리를 하는 데 이 자체만으로도 충분하다고 능력을 과도하게 주장하거나, 아니면 단지 다른 한 전투병과와 함께 작전하더라도 승리할 수 있다고 주장했다. 적 육군 또한 변화하는데 어려움을 안고 있었기 때문에 새로운 무기는 사실상 독립적인 병과로 짧은 성공을 거뒀다고 할 수 있다. 그러나 궁극적으로 양측은 이러한 무기의 효과를 감소시키고 제한하기 위한 대응수단을 발전시켰다. 그런 후에 새로운 무기는 그 하나만으로 더 이상 승리를 달성할 수 없게 된다. 그래서 반드시 제병협동팀에 한 일원으로 편성돼야 했다. 이러한 확대 편성된 팀 속에서, 전문직업군인들은 결국 교리적 해결책에 도달했다. 즉 새로운 무기를 어떻게 다른 병과와 군종의 상보적 효과에 통합할 것인가라는 공동의 개념을 만든 것이다.

예를 들어, 전차는 본래 느리고 신뢰성이 없는 특수 무기라고 보였다. 이것은 보병과 포병을 지원하여 비정상적인 현상, 즉 참호전을 극복하기 위한 것이었다. 그러나 전차는 혼자서 이를 충분히 극복하지 못했다. 새로운 전차 부대의 초기 선구자들은 전차의 제한적이고 비정상적인 상태에 짜증이 나서 이 신형무기를 완전히 독립적인 부대로 발전시켜 전쟁에서 승리할 수 있는 부대로 만들려고 했다. 주로 전차로 구성된 부대들은 2차 대전 초기에 준비되지 않은 방어부대에 대해 일부 성공을 거뒀다. 그러나 결국 대부분의 육군들은 전차를 운용하고 격퇴하는 기술 모두를 개발했다. 따라서 전차는 중요한 무기체계로 남게 됐지만 이것은 다른 전투병과와 결합해서 사용한다는 전제를 기초로 한 것이었다. 지상공격 항공기에서도 유사한 발전 모습을 보였다.

교리가 효과를 보기 위해서는 모든 수준에서의 지속적인 훈련을 필요로 한다. 이것은 각개병사 및 장비 팀원으로부터 최상위 군사 지휘부에까지 해당된다. 군인들은 암흑 속이나, 불리한 기상, 또는 적이 사격하는 조건 하에서 복잡한 과업을 수행하기 위해 반드시 훈련해야 한다. 이 책의 계속 제기되는 주제는 전문직업군인들이 계급에 필요한 훈련의 양과 질을 과대평가하는 경향이 있고, 전쟁에서 효과적으로 임무를 수행하기 위해서 이에 대한 기록을 남긴다는 것이다. 실질적인 훈련을 대신할 것은 없지만, 역사적으로 높은 수준의 리더들은 교리를 거부했거나 아니면 자신들의 병사들이 구현할 수 없다고 보였던 교리를 수정했었다.

다른 한편, 훈련수준은 사실상 현존하는 군 구조 및 교리의 최신화를 강요하게 된다. 예를 들어, 만일 중대장이 단지 80명의 병력과 두 가지 형태의 무기체계만을 운용할 능력이 있다면, 10가지의 무기체계를 지닌 170명의 병력을 중대에 편성하는 것은 무의미한 짓이다. 보다 규모가 크고 복잡한 단위부대를 다루기 위해 평시에 리더들을 훈련시킨다면 엄청나게 많은 비용이 들 수 있으며 전시의 경우에는 너무 많은 시간이 소요될 것이다.

이러한 예는 전쟁에서의 또 하나의 추세를 설명하고 있다. 전투의 복잡성이 커지면서 육군은 초급 리더들의 판단과 능력에 점차적으로 의존할 수밖에 없게 됐다. 1914년 이전에, 대대장은 그가 지닌 300~800명의 병력을 거의 한 단위부대로 기동시킬 수 있었다. 병력들은 대대장의 말소리를 듣고 즉각 명령에 복종할 수 있는 거리에 놓여 있었다. 무기의 치명성이 향상되면서 곧바로 부대들은 넓게 분산될 수밖에 없었으며 구두로 명령을 하달할 수 있는 거리를 벗어나게 됐다. 결국, 신뢰성 있는 휴대용 무전기를 사용함으로써 다시 커다란 단위부대를 통제할 수 있게 됐다. 그러나 이 시기에 각 소대 및 중대는 많은 무기를 도입하게 되어 대대장은 자신의 의도를 실행하는데 있어서 세부적인 결심을 예하 지휘관이 하도록 할 수밖에 없었다. 따라서 19세기 대대가 15년 또는 그 이상의 군 경력을 가진 한 명의 장교에 의해 통제됐다면, 20세기는 보다 경험이 부족하지만 많은 초급 장교들의 결심에 의해 전투가 수행됐다고 하겠다.

지휘, 통제 및 통신은 평시에 훈련될 필요가 있으며, 또한 워게임을 통해서 협조 문제를 훈련할 필요가 있다. 각급 제대의 훌륭한 지휘관은 전투에서의 최종적인 결심을 할 뿐만 아니라 그들의 부하들에게 용기를 불어넣고 활력을 불어넣는다. 이러한 두 가지 역할을 함에 따라 지휘관은 두 가지 극단적인 모습을 보이게 된다.

한편으로 지휘관은 후방에 남아있을 수 있다. 이곳에서 지휘관은 전체적인 전투를 조정통제하기 위한 통신과 정보를 가지게 된다. 다른 한편으로 각급제대의 저돌적인 지휘관은 전선으로 나가길 희망한다. 이곳에서 그는 그들의 눈으로 직접보고 직접 지휘할 수 있다. 불행하게도, 이와 같이 전방에 나아가 지휘하는 것은 지휘관 자신의 위험을 감수하고 그의 전체적인 역할을 게을리 하는 경향에 자주 빠지게 된다. 왜냐하면 지휘관은 자신이 볼 수 있는 전장 전방의 특정 지역에 위치하기 때문이다. 대신, 특정 제대의 지휘부는 대부분 예하 부대에 대한 군수 및 행정 역할을 하기 위해 편성될 수도 있다. 그래서 하급 지휘관이 전투의 전술적 국면에 집중하도록 해준다.

어떤 절충안을 지휘관이 택하든, 그가 지도하는 전투의 메커니즘은 통제 및 통신이라고 말할 수 있다. 통제는 표준화된 절차와 훈련된 참모 장교를 포함한다. 이것들은 사태 감시, 방책 건의 및 지휘관 의도 구현 등을 통해서 지휘관을 많은 짐으로부터 벗어나게 해준다. 복잡성이 많아지고 전쟁의 규모가 커지면서 지휘본부 참모의 복잡성과 규모도 커지는 결과를 자주 가져왔다. 이러한 문제를 해결하기 위해 자주 사용된 방법은 통제기능의 일정부분을 다른 지휘본부로 할당하는 것이었다. 예를 들어, 지휘관은 작고 기동화 된 지휘소를 가질 수 있다. 이 지휘소에서는 현행작전을 통제할 수 있다. 이때 그의 주요 지휘소는 훨씬 후방에 위치해서 장차 미래 행동을 계획하고 전투지속작전을 위한 군수지원을 협조하게 된다.

지휘 및 통제는 시간을 요한다. 정보를 수집하고 상황을 판단하며 최고의 방책을 발전시키고 선택하는데 있어서 그리고 결심한 계획을 하달하고 부대의 타 부서와 협조하며 마지막으로 작전을 실제 실행하는데 있어서 시간이 소요된다. 이러한 시간 소비는 두 가지 문제를 낳는다. 첫째, 전투상황은 당연히 변화되며 따라서 지휘관의 계획은 부적절하게 된다. 둘째, 만일 한 부대가 결심과정을 단기에 끝내게 되면 적이 대응할 수 있는 것보다 빠르게 행동할 수 있다는 것이다. 이러한 신속한 결심은 간혹 “적의 결심 주기를 뒤엎는 것”이라고 불리는데 이것이 독일군이 양차대전에서 매우 성공할 수 있게 해주었던 요소 중 하나다.

지휘관 및 참모 기능이 어떻든지 간에 통신은 정보를 수집하고, 명령을 분배하며, 실행을 협조하는데 있어서 결정적인 역할을 한다. 융통성이 없는 통신은 지휘관을 지휘소에 묶이게 만들며 결심주기를 방해하게 된다. 통신이 와해되면 지휘관이 위협을 인식하기 전에 이미 패배하는 결과를 낳는다.

전투에서의 마지막 요소는 동기유발, 또는 보다 단순하게 말하자면 지적인 용기다. 전투의 혼란 속에서 명령을 하달하기 위해서는 교리, 편성, 참모업무만으로는 불충분하다. 한 가지 상황 및 환경에 완전히 적합한 계획은 다른 환경 하에서는 자주 자멸을 낳게 하며 소용이 없게 된다. 계획에 따라 엄격히 수행된 전투는 없다. 그리고 참가자들이 개인적인 위험을 감수하지 않는 전투도 없다. 신속한 결심을 할 수 있는 초급 지휘관(자)들의 능력, 의지 그리고 자신의 전우와 부대를 위해 위험을 감수하는 부하들이 있어야 한다. 이러한 자질을 이 책에서 꾸밈없이 나타냈다. 야전군 원수 윌리엄 슬림(William Slime) 장군은 다음과 같이 말했다.

"마침내 모든 중요한 전투는 상급 지휘관이 실제로 통제할 수 없다는 점을 보여주고 있다. 모든 병사들은 자신 홀로 있다고 느낀다. 훈련은 그가 있는 곳에 위치하게 할 수 있게 하고 그곳을 지키게 할 수 있다. 그러나 잠시 뿐이다. 동일한 상황 속에서 타 병사와 함께 작전하면 이 병사를 전방으로 나아가게 할 수 있다. 다른 방법이 없을 때, 자위적 본능으로 인해 그는 죽으려 하지 않을 것이다. 그러나 그 앞에 있는 적의 의지를 분쇄하고자 결심하면서 그 홀로 전방으로 나아가게 해주는 것은 사기다."

간략히 말해서, 육군은 기술의 변화에 적응하기 위해서 반드시 지속적으로 교리 및 편제를 검토해야 한다. 지휘관은 이러한 교리를 지적으로 구현하기 위해 위의 결과로 만들어진 군부대들을 반드시 훈련시키고 협조토록 만들어야 한다. 끝으로, 전투의 본질이 예상할 수 없으며 죽음이 따르는 것이라고 할지라도, 편제 속에 놓인 각각의 군인들은 반드시 원활하고 신속하게 기능을 발휘해야 한다.

제1부 화력의 승리, 1871~1939년

1916년 멕시코 원정토벌

1916년 3월 15일 늦은 아침, 미 제6보병연대는 뉴멕시코 콜롬부스 근처에 있는 리오 그란데(Rio Grande) 강을 건넜다. 이 부대는 맥시코로 진입한 퍼싱(John J. Pershing) 장군의 원정 토벌군 선발대였다. 당시 카키색 유니폼과 테가 넓은 모자를 쓴 병사들은 소총을 높이 들어 물에 젖지 않도록 하면서 낮은 강물을 첨벙첨벙 건너갔다. 차안에 도착한 선두 중대원들은 신속히 전개하여 이들을 뒤따라 건너고 있는 연대의 본대를 엄호했다.

제6보병연대는 1846~1848년 멕시코 전쟁에서 유사한 임무를 수행했던 것을 기념하기 위해서 선봉에 서도록 선발된 부대였다. 그러나 강을 건너자마자, 제13기병연대, K기병대 기병이 말굽소리를 뒤로 하면서 전위로 나섰다. 이 원정 임무는 멕시코 정부의 통치권을 인정하면서 판쵸 빌라(Pancho Villa)의 게릴라 부대를 격멸하기 위한 것이었다. 그러나 멕시코 군의 지역사령관은 미군의 개입에 저항하겠다고 위협했다. 그래서 기병은 팔로마(Palomas)의 작은 마을로 조심스럽게 접근해갔다. 이 마을은 폐허가 되어 있었고 도망치지 못하는 불구자 부부만이 있었다.

수개월 동안 퍼싱과 그의 부하들은 빌라(Villa)의 게릴라를 포획하거나 적어도 완전히 분산시키려는 노력을 성공시키지 못하고 무의미한 교전을 해왔다. 그 당시 전술은 수 개의 작은 대형을 갖춘 보병과 기병을 이용하여 상대하는 적을 포위하기 위해서 신속히 기동하는 것이었다. 이 전술은 1800년대 후반에 아메리카 원주민을 상대로 한 전역에서 사용된 전술과 거의 다르지 않았다. 트럭을 탑승한 보병 중대와 몇 대의 원시적인 무전기로는 상황을 군사적으로 변화시키지 못했다. 어린 병아리 격의 육군 항공대 일부가 수색에 가담했다. 하지만, 성능이 좋지 않았던 항공기는 경고 주파수를 보내며 추락했다. 결국 실망스러웠지만 경험을 통해 단련된 상태로 미 육군은 1917년 초 멕시코에서 철수했다.

수천 명의 미군이 헛되이 멕시코 게릴라를 추격하는 동안, 수백만의 유럽인들은 1차 대전의 거대한 교착상태에 묶여있었다. 유럽인의 기준에 의하면, 1916년 미 육군의 전술적 편제는 거의 없는 것과 마찬가지였다. 실험삼아서 1911년 전쟁성은 텍사스 산 안토니오에 "기동사단"을 집결시키라고 명령했다. 90일 간의 난리법석 끝에, 뒤범벅되고 전투력 수준도 미달된 보병, 포병 및 기병부대들이 산 안토니오에 집결하여 가장 기초적인 통신 및 기동 개념을 실험했다. 이 제한된 실험의 성공을 기초로 대부분의 육군 부대들이 적어도 서류상 편성됐다. 이 부대들은 여단 및 사단의 일부가 된 것이다.

이 계획은 1913년, 멕시코 혁명의 위기에 대응하기 위해서 결정된 것이었다. 1916년 국가방위법이 퍼싱 장군의 작전이 개시되기 직전에 통과되었는데, 이 속에 전술적 사단 및 여단의 편성이 포함되어 있었다. 그러나 이 법은 여전히 육군의 편제를 보병연대, 포병, 기병, 공병 및 특별지원 단위부대들로 인가하고 있었다. 각각의 이러한 연대는 통상 1,000명으로 구성됐으며, 단 한 가지 종류의 무기만을 가지고 있었다. 보병연대를 예로 들면, 단지 4정의 기관총만이 연대를 지원했다. 그렇지 않은 경우에는 오로지 수동식 노리쇠를 지닌 단발 소총만을 지녔다.

더욱이, 정책은 인디언과 전투하던 시대에 있던 작은 요새들만을 유지시키는 것이었다. 퍼싱의 부대는 많은 수의 주둔지로부터 집결됐다. 당시 대부분의 주둔지는 수백 명의 병사들만을 가지고 있었을 뿐이었다. 대규모 부대에서 다양한 병과의 병사들을 훈련시키고 협조시키는 경험을 가진 장교는 거의 없었다. 빌라(Villa)를 발견하고 사로잡는 것조차도 불가능한 과업으로 판명됐다. 과거 인디언을 대상으로 했던 전역을 생각나게 하는 이러한 시도는 장교들로 하여금 미래를 바라보게 한 것이 아니라 과거를 바라보게 했던 것이다. 그러나 리오 그란데 강을 건넌 딱 1년 후, 퍼싱 장군은 멕시코 원정토벌이라는 원시적인 상태로부터 근대의 복잡한 참호전으로 미 육군을 데려가려 하는 자기 자신을 발견하게 됐다.

1장. 1914년까지의 프롤로그

1690년대에 유럽 육군들은 소켓식 대검을 개발하여 야전에서 사용했다. 이것은 길고, 삼각형 모양으로 되어 날이 있는 총검이었다. 머스킷 상단에 장착하되 탄알을 장전하고 사격할 때 총구를 막지 않도록 되어 있었다. 이 단순한 도구로 인해 잘 훈련된 보병은 미늘창(pike)과 같은 특수한 무기를 사용하지 않고도 기병의 공격을 막아낼 수 있었다. 그러나 보병은 화약과 머스킷 총알을 총구로 넣기 위해서 서있어야 했다.

이후 150년 동안, 활강총열을 지닌 화기와 대검만으로 무장한 보병부대가 유럽 육군들의 골간을 이뤘다. 능숙한 상급 지휘관들은 이러한 보병을 기병 그리고 활강포신을 가진 직사 포병과 어떻게 협조시키는지를 이해하고 있었다. 그러나 제병협동은 연대나 그 이하 부대에서는 거의 중요한 것이 아니었다. 왜냐하면 이러한 부대들은 기본적으로 단일 형태의 무기만을 지니고 있었기 때문이다. 정확성이 떨어지는 활강포신을 지닌 무기의 화력을 극대화시킬 필요성이 있었기 때문에 전장에서는 절대적으로 선형대형을 이루면서 전개할 수밖에 없었다. 보병은 긴 종대대형으로 행군하며 기동했다.

이 대형의 종심은 단지 2~3명에 불과했다. 이렇게 함으로써 가능한 많은 머스킷을 사용할 수 있게 만들었다. 포병은 통상 보병대대 사이 또는 거의 직후방에 위치했다. 정확한 포와 성능이 뛰어난 포병 파편탄이 없었기 때문에 이렇게 신중하게 정열한 대형의 화력 효과는 제한됐다. 다시 말해서, 위험하지만 밀도 있게 집중된 기병 및 보병으로 방어 측의 얇게 배치된 대형 상의 특정 지역을 공격하여 돌파할 수 있었다. 화력지원 협조는 단순했다. 왜냐하면 보병과 포병부대 지휘관들은 얼굴과 얼굴을 맞대면서 말하거나 손짓을 사용하여 표적을 제시할 수 있었기 때문이다.

무기, 기술 및 소부대 전술의 기초가 일부 다듬어졌지만, 1800년대 중반까지 근본적인 변화는 없었다. 예를 들면, 1700년대 말 프랑스 육군은 포병을 기동성 있게 하여 보병을 지원할 때 융통성 있게 해주는 수단을 개발하는데 있어서 유럽에서 선도적이었다. 이러한 변화에 따라 전투를 경험한 의미 있는 학생들을 배출했지만, 전술은 변하지 않았고 전문직업군인들 마저 혁신에 회의적이었다.

기술적 변화

1827~1879년까지, 최초 두 가지 기술적 변화의 물결이 전장의 혁명을 일으켰다. 이 물결 중 가장 중요한 혁신은 후미 장전 무기를 대량 생산한 것이다. 1840년대, 총알 모양의 탄약을 총구로부터 장전하는 소총이 최초로 나타나면서 활강 머스킷을 대체했다. 총알과 총신 간격을 밀봉하는 기술의 향상과 강선을 사용함으로써 소화기의 정확도와 탄환 속도가 향상되고 소화기의 유효사거리는 500미터로 증가했다.

미국의 남북전쟁(1861~1865) 기간 중, 2세기 전부터 있어왔던 보병 밀집대형은 이러한 소총으로 무장한 방어부대에게는 수지맞는 표적이 됐다. 양측은 산개대형으로 넓게 분산해야 한다는 것을 배웠다. 병사들은 1보 내지 그 이상 간격을 유지하고 공격했다. 방어하는 측은 공격자들의 소총 화력으로부터 자신들의 취약성을 감소시키기 위해서 참호를 파야했다.

총구 장전식 소총은 남북전쟁 동안 대부분의 군인들이 사용했지만 곧 쇠퇴했다. 프러시아 육군이 이미 총미 장전식 소총을 야전에 배치했기 때문이다. 총구장전과는 다르게, 총미장전은 엎드린 자세에서 재장전할 수 있었다. 그래서 보병은 엎드린 채로 계속 사격하게 됐다. 곧이어 철제 탄약을 사용함으로써 보다 신속히 장전하게 됐다. 이것은 탄환, 화약 및 뇌관을 통합하여 단 한발의 탄약으로 만든 것이었으므로 병사들은 이 탄약 한발을 총미로 쉽게 장전했던 것이다. 1870~1871년 보불전쟁 당시까지 대부분의 육군들은 소총뿐만 아니라 포병 무기도 후미장전식으로 만들어 사용했다.

첫 번째 기술적 변화 물결에는 철도와 전신전화의 출현도 있었다. 이것은 전략 및 작전적 수준에서 통신, 동원 그리고 부대이동 속도를 향상시켜줬다. 이러한 혁신은 또한 거대한 육군을 지속적으로 유지시키기 위한 군수지원을 가능하게 해줬다. 그러나 전술적 수준에서 부대들은 여전히 걷거나 아니면 말에 타고 기동해야 했다. 이것은 나폴레옹 군대보다 빠르지 않은 속도였다.

두 번째 기술변화의 물결은 1880~1890년대 나타났다. 무연화약, 탄창 결합 소총, 주퇴장치를 사용하고 신속히 사격 가능한 포병, 개선된 포병 신관, 기관총, 내연기관이 연이어 등장했다. 가솔린 엔진을 제외하고 이러한 발전들은 방어에 적용되기 용이했다. 위의 발전들로 인해서 화력의 규모, 거리, 정확성이 증대되었고, 무연화약의 등장으로 사격을 한 병사의 위치를 식별하기 어려워졌다. 이것은 준비된 진지에서 방어하는 병사와 비교할 때, 개활지를 극복하는 병사들에게는 엄청난 불리점을 부과했다. 특히, 포병은 훨씬 신속히 사격할 수 있었다. 분당 30발이나 쏟아낼 수 있었다. 새로 개발된 주퇴장치로 인해서 포는 더 이상 사격시 뒤로 굴러가지 않게 됐다. 이것은 다시 말해서 정확도가 증가되었을 뿐만 아니라 탑재된 포에 보호 철판을 설치해서 그 뒤에서 포수가 안전을 보장받으며 사격할 수 있도록 해줬다. 통신은 그러나 기동성과 마찬가지로 화력에 뒤졌다. 비록 1914년 육군에서는 무전전신을 사용했지만, 무전기는 아직 충분히 기동화 되지 않았고 그 당시 확대된 전장 속에서 지휘관이 현장을 돌아다니며 지휘할 수 있을 정도로 신뢰성이 떨어졌다.

이러한 두 가지 물결의 점증적 효과는 상이한 부대와 병과 간의 협조와 협동을 필수불가결하게 만들었다. 공격에서 전체적인 협조가 없으면 보다 강력한 화력에 의해 격퇴되는 결과를 낳았다. 역으로 협조되지 않은 방어는 재앙을 맞이했다.

미국 남북전쟁과 독일 통일전쟁(1864~1871)은 전문직업군인들에게 첫 번째 기술변화의 물결에 적응할 수 있는 많은 기회를 부과했다. 이 기술들이 예비군을 동원하는 효과적인 시스템과 결합함으로서, 프러시아의 통일 전쟁에 유용한 도구가 됐다. 그러나 1차 대전이 발발했을 때, 직업군인들은 두 번째 기술변화 효과를 소화해내지도 못했고 이해하지도 못했다. 따라서 1914년 대부분의 전술적 교리들은 화력의 효과를 상당히 인정했지만, 그 교리들은 전장에서 나타난 문제점들을 해결하지 못했다.

예비군과 정규군

기술의 변화 말고, 1800년대 말 대부분 주요 육군들은 병사 계급과 장교단 모두의 주된 변화를 보여줬다. 대부분의 나라들은 보불전쟁의 예를 따랐다. 독일군은 상당히 많은 예비군으로 구성되어 있었지만 프랑스의 잘 훈련된 소규모 전문직업군을 능가했다. 이후 40년간, 유럽의 젊은 병력의 많은 부분은 2~3년간 훈련을 받는 징집군으로 구성되어 있었다.

이들은 이후 민간인으로 돌아갔다가 전쟁이 나면 다시 소집됐다. 일반참모부는 이러한 예비군을 전쟁 발발시 철도로 동원하고 전개하는 정교한 계획을 발전시켰다. 1900년까지 독일은 평시, 단지 545,000명의 현역병을 보유하고 있었다. 그러나 전쟁시 전체 규모는 3,013,000명이었다. 프랑스는 평시 544,450명, 전시 4,660,000명, 러시아는 평시 896,000명, 전시 4백만이 넘는 병력을 동원할 수 있었다. 영국은 자원병으로 구성된 육군을 유지하면서 전면전이 발생하면 예비군에 의존했다. 왜냐하면 수많은 전문직업군인들이 식민지에 전개돼 있었기 때문이다. 1914년 영국원정군의 61.8%가 예비군으로 구성돼 있었다.

1860년대 프러시아의 예비군 편성부대들은 부분적으로는 성공적이었다. 예비군들은 이전의 프러시아 전쟁 베테랑들로 구성됐기 때문이다. 그러나 1871년 이후 평화시기가 오래되면서 대부분의 육군들 내에는 이러한 경험 있는 예비군들이 없어졌다. 심지어 모든 육군들은 자신들의 예비군 훈련 및 편성 시스템을 발전시켜야 했다. 그리고 모든 육군들은 어느 정도의 비율로 예비군을 동원하여 현역부대에 편성해야 하는가를 결정해야 했다. 이것은 함께 전투해야 할 대부분의 장교와 병사들이 서로 간에 잘 모른 다는 것을 의미했다.

많은 장교들은 시민군의 능력을 불신했으며, 과거 시대에 장기간 근무했던 자원병과 비교할 때 좋게 보질 않았다. 대부분의 기간 동안 현역 부대에는 예비군이 없기 때문에 부대들은 편제된 전투력에 못 미치는 수준을 유지해야 했다. 그리고 부대들은 사실상 기간편성부대(skeleton formations)였다. 이로써 장교 및 징집병 모두를 사실상 실질적으로 훈련시키기 어렵게 됐다.

계급과 서열(file)이 징집군과 예비군으로 구성됐지만, 장교단은 훈련된 전문직업군으로 발전하고 있었다. 그러나 이러한 발전 속도와 성공은 육군 간에 상이했다. 독일은 독일 통일전쟁의 명성을 가지고 있었기 때문에 예비군 장교로써 임관을 하는데 있어서도 엄청난 경쟁을 했다. 그리고 이러한 직위에 오르지 못한 후보생들은 부사관으로서 독일군 내에 현저히 잘 훈련된 간부가 됐다.

반대로 프랑스 육군은 정치적 보수주의의 모습에 의해 타락됐다. 프랑스에는 많은 능력 있는 지휘관들이 있었지만, 장교단은 항상 민간인들로부터 매력을 끌지 못해서 가장 우수한 젊은이들을 얻지 못했다. 영국, 미국, 러시아 장교단은 경쟁국 뒤에 쳐져서 꾸물거리고 있었다. 장교 개개인의 지적인 우수성이 있었지만, 대부분의 장교들이 가지고 있던 사회적 기풍과 관습으로 인해서 진정한 전문직업군으로 발전하는 것은 지연됐다. 많은 육군의 경력 있는 장교들은 지방이나 소도시에서 태어난 배경을 가진 경향이 있었다. 따라서 사회의 공업화 및 기술화된 부문에 대한 경험을 거의 갖지 못했다.

비록 구식 사고가 보어전쟁(1899~1902), 미서전쟁(1898~1899) 그리고 러일전쟁(1904~1905)에서 미래 유럽 전쟁을 위한 교훈을 거의 갖지 못했다고 결말을 내렸지만, 위와 같은 모습은 이 전쟁들의 영향을 받으면서 변화하기 시작했다. 따라서 전형적인 영국, 미국 또는 러시아 장교들은 기술적으로 덜 유능했다. 특히 대부대 작전을 고려할 때, 프랑스나 독일군에 비해 뒤떨어졌다.

장교단 발전에 있어서 이러한 불균형은 일반참모부를 고려할 때 더욱 명확해졌다. 일반참모부 장교들은 향후 있을 전쟁에 대해 계획수립, 동원 및 지도할 사람들이었다. 모든 유럽 육군들은 프러시아(후에 독일) 일반참모부의 엄청난 능력을 알고 있었다. 이것은 1860년대 승리를 이끌었던 핵심 구성체였다. 19세기 전반에 걸쳐 엄격한 훈련 및 선발 과정을 통해 독일 장교단은 엘리트 그룹이 됐다. 이들은 전쟁이 어떻게 수행돼야 하는지에 대한 세부적인 사고를 공유하고 있었다. 이러한 일반참모부 장교들이 물론 잘못된 것이 없는 것은 아니었다. 예를 들어, 이들은 계획수립시 군수 문제를 무시하는 경향이 있었다. 그러나 1914년까지 독일 일반참모부는 완전히 발전된 기구였다. 영국과 미국의 경우 일반참모부가 사실상 존재하지 않았다. 1차 대전 발발 10년 전까지도 존재하지 않았으며, 전쟁 중에도 발전돼가는 과정에 놓여 있었다. 상위 계급 장교들은 참모시스템을 통해 승진하지 않았다. 나이가 많은 지휘관들은 자신들 밑에서 일하는 젊은 참모장교들을 자주 불신했고 무시했다.

편제 및 교리

1914년 이전 육군들은 상이한 전투병과를 사단과 군단으로 편성했다. 이것들은 오늘날 군단 및 사단과 표면적으로 유사성을 가지고 있었다. 가장 명백한 차이는 근대전에서 사용된 차량과 전자 장비가 없다는 것이었다. 나폴레옹 전쟁이 끝날 때까지, 유럽의 육군들은 사단을 보병과 포병을 결합한 전쟁시 부대로 생각했다. 대부분의 기병은 독립 여단, 사단 또는 심지어 군단에 집중됐다. 여타 다른 많은 지역에서도, 1914년까지 보병사단의 기본 편성에 대해서는 프러시아의 모델에 많이 공감하고 있었다. 대부분의 사단을 보병 12개 대대를 지녔고, 각 대대는 2정의 기관총을 편제에 두거나 아니면 직접지원 받도록 되어 있었다(그림 1, 2 참조). 이러한 대대들은 통상 4개의 연대본부 예하에 편성됐다. 연대본부는 다시 2개의 여단에 소속됐다(영국은 3개 여단을 가졌고 연대는 없었다. 영국은 연대본부를 주둔기지에 두면서 보충병 훈련을 했기 때문이다).

사단의 기병은 보편적으로 수백 명으로 제한됐다. 대부분의 정찰 및 방호를 위한 차장 기능이 독립 기병여단 또는 사단에 할당됐기 때문이다. 이러한 거대한 기병 부대들은 거의 순전히 말에 탄 병력과 배속된 몇 개의 말 견인포대로 구성됐다. 예를 들어 1913~1914년에야 독일은 자신의 기병사단에 소수(각각 1개 중대 규모)의 기마 공병과 자전거를 탄 보

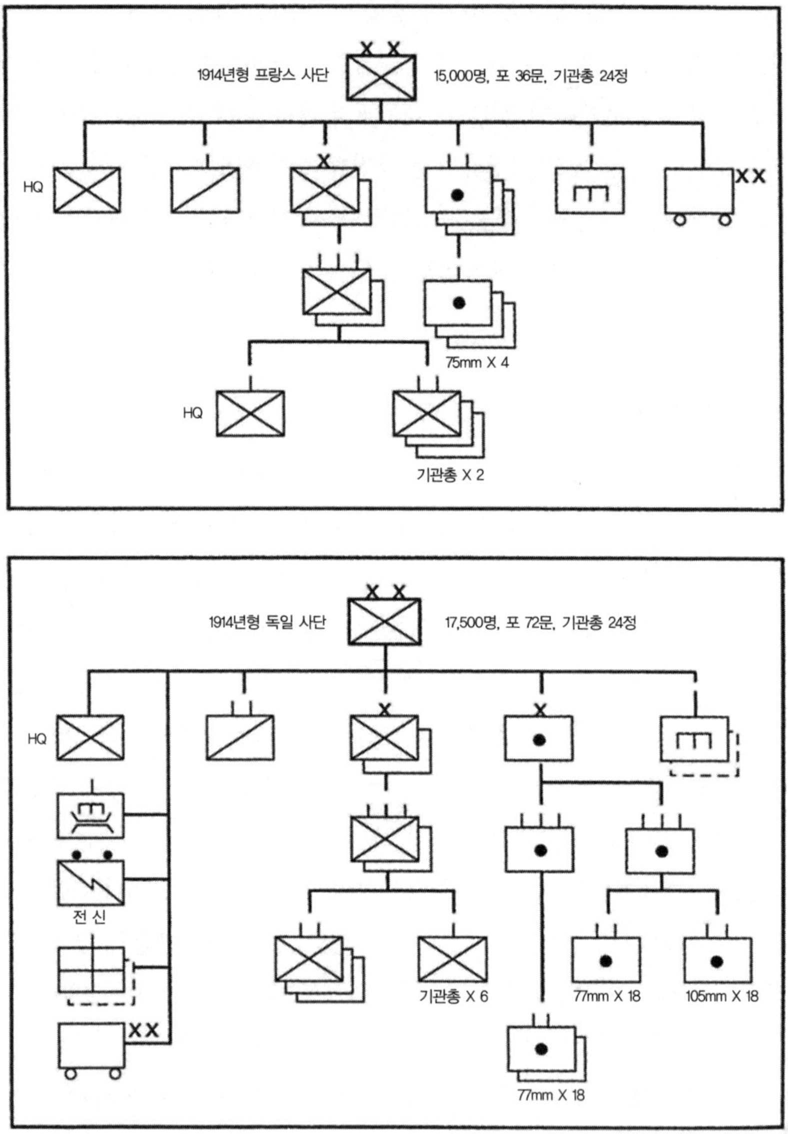

그림 1. 1914년형 프랑스사단과 독일 사단

병을 추가했다.

육군들의 보병사단에 소속된 포병의 비율과 규모는 크게 달랐다. 사

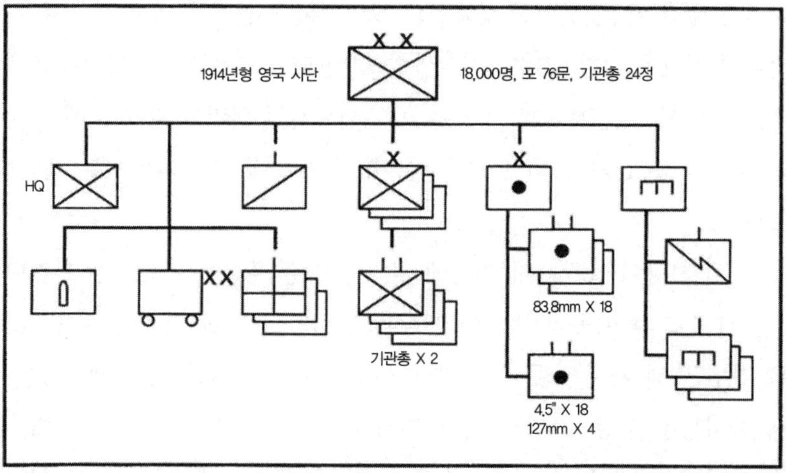

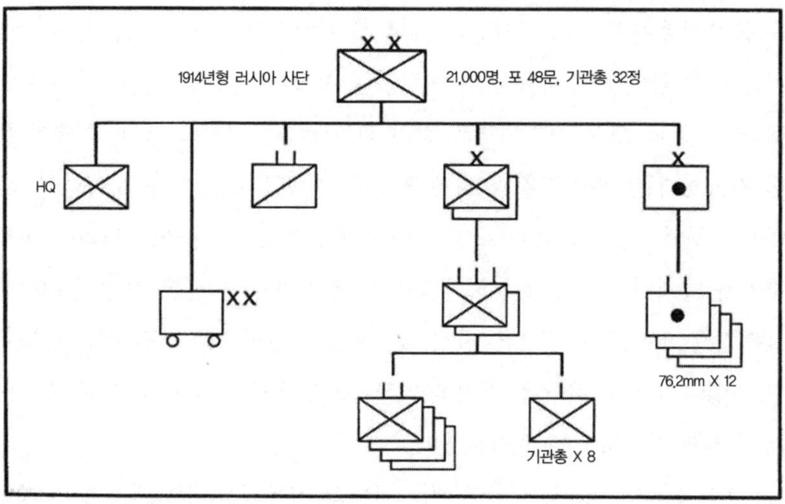

그림 2. 1914년형 영국사단과 러시아사단

단 소속 포병은 프랑스 사단에서는 75미리 경포 36문이 있었고, 영국 사단의 경우 4.5인치(114.5미리) 곡사포 18문, 127미리 포 4문을 포함하여 총 76문의 포를 가지는 등 다양했다. 이러한 구조상의 다양성은 포병의 역할과 제병협동의 중요성에 대한 커다란 혼란과 의견 불일치를 나타낸 것이었다.

1차 대전 이전, 상이한 병과간의 교리적 상호관계를 이해하기 위해서 각각의 병과에 대한 고려가 나타났다. 기병과 공병은 간략하게 논의되는 것이 당연했지만, 보병과 포병은 보다 세부적인 설명을 필요로 했다. 미군 사단은 1911~1917년 동안만 발전했기 때문에 이 논의에서는 제외하겠다.

엔진 차량이 등장하기 이전에 기병은 가장 훌륭한 기동성을 가졌다. 따라서 속도와 이동이 필요한 기능과 밀접한 관계를 가졌다. 전통적으로 기병은 세 가지 임무를 수행했다. 전투이전의 정찰 및 경계, 전장에서 충격행동 담당, 그리고 전투 후의 추격이 그것이었다. 1800년대 후반, 화력의 증가로 인해서 많은 전술가들은 극히 일부 상황을 제외하고는 충격행동이 더 이상 두려움을 부과할 수 없다고 했다. 이들은 주장하기를 소총 앞에서 충격행동을 하는 것은 자살행동이기 때문에 기병은 드래군(dragoon) 또는 기마보병과 같이 재무장해야 한다고 했다. 이렇게 하면 기마병과는 계속 정찰과 경계 임무를 수행할 수 있다는 것이었다. 왜냐하면 매우 기동성 있는 보병이 되기 때문이었다. 이들은 적과 접촉하자마자 말에서 내려서 전투하게 된다는 것이었다. 기병은 사실상 미국이 남북전쟁, 보어전쟁 및 러일전쟁에서 운용된 방법으로 작전했다. 1914년까지 영국과 독일 육군은 기병을 기관총으로 무장시켰으며, 필요시 말에서 내려서 전투하도록 훈련시켰다.

그러나 정찰, 경계 및 추격에서 기병의 기동성을 유지해야 했기 때문에 많은 기병들은 가능한 한 말에 탄 상태로 전투하기를 선호했다. 그러나 말과 말에 탄 사람은 커다란 표적이었다. 식민지 전쟁에서, 영국 육군은 1898년 옴두르만(Omdurman) 전투를 수행하면서 기병이 여전히 전통적인 역할수행에 유용하다는 것을 발견했다.

기마와 기병을 갑자기 집중적으로 투입하는 것은 여전히 적의 사기를 꺾고 군기가 없는 적 병사들을 와해시킬 수 있었다. 또 하나의 요소인 사회적 보수주의가 전통적인 기병을 유지시키는 이유였다. 따라서 대부분의 육군 기병은 전통적인 창과 기병도(칼)를 가지고 있었다. 더욱이 기병 충격행동을 이용하는 방어자는 보불전쟁에서 돌격했던 것을 인용하면서 자신들의 견해를 정당화했다. 보불전쟁 당시, 이 충격행동은 "폰 브래도우의 죽음의 돌진(von Bredow's death ride)"으로 잘 알려진 것이었다.

1870년 비온빌레 말 라투르(Vionville-Mars-la Tour) 전투에서 폰 브래도우 소장은 프랑스 6군단의 좌측방 수백 미터 내에 도달할 때까지 프러시아의 기병여단을 밀어붙였다. 프랑스군은 이미 포병화력으로 고전을 면하지 못하고 있었고 폰 브래도우가 안개로부터 돌진할 때에는 참호 속에 있지도 않았다. 이러한 돌진으로 목표를 탈취하고 프랑스의 포병을 유린했다. 5분도 안 되는 공격행동을 하는 동안 순간적인 전술적 이점을 얻었지만, 800명 중 380명의 프러시아 기병이 죽거나 다쳤다.

네 개의 전투병과 중, 공병은 교리에서 가장 소홀히 다뤄졌다. 공병은 일반적으로 매우 소규모로 운용됐다. 군의 기동을 지원하도록 규정됐다. 교량 또는 다른 토목공사를 실시했고 장애물을 설치하여 적의 기동에 대처했다. 이러한 임무 때문에, 공병은 주로 장애물과 야전 요새지를 정밀 구축하거나 파괴하도록 훈련됐다. 더욱이, 육군의 기술 전문가로서, 공병은 무기 또는 장비의 정비와 같은 특별한 임무도 자주 수행했다.

보병을 살펴보자면, 1924년 이전 소총 대대는 소총으로 무장한 증강된 4개의 보병 중대로 편성됐다. 대부분 2정의 기관총도 가졌다. 이 당시 소총은 영국제 리앵필드 소총, 오스트리아의 맨리쳐 소총(1886년 지급), 프랑스의 레벨 소총(1886년), 그리고 독일의 모젤 소총(1889년)이 있었는데 오늘날 기준으로 보면 원시적인 것이었다. 그러나 훈련된 군인의 손에 주어지면, 이러한 수동식 노리쇠를 지닌 탄창형 소총은 분당 6발 이상의 탄약을 조준 사격할 수 있었고 따라서 이전에 없었던 화력의 증대로 다른 무기의 필요성을 제거시켰다. 결과적으로, 이러한 대대들은 유탄 및 박격포와 같은 간접 화력이 많이 부족했다. 이 무기들은 오늘날 '보병'이라는 말과 밀접한 관계를 갖는다.

어느 정도 육군들은 특수화된 무기에 소홀했다. 추가적인 훈련이 필요했으며 기관총과 박격포는 소총병의 전진 속도를 맞추기에는 너무 무거웠기 때문이다. 기관총은 병력절약을 하면서 노출된 측방을 방호하거나 소총병이 가용하지 않은 기타 지역에서 역할을 수행해냈다. 전쟁 직전에, 독일은 기관총의 숫자를 배가시켜 사단에 최우선순위로 지급했다. 그러나 독일은 소총병과 이러한 기관총을 어떻게 통합하는가를 특히 잘 이해하고 있었다는 면을 보여주지 못했다. 영국은 최초로 가벼운 휴대용 루이스 자동소총을 항공기에 장착하기 위해 실험을 했지만 보병에 대해서는 실험하지 않았다.

공세

보병대대가 철도에서 벗어나 적과 접촉하기 위해 전진하면 18~19세기 보병의 기동 속도나 방호력과 다를 바가 없는 속도와 방호력을 갖게 됐다. 소총과 기관총의 화력은 보병의 기동성과 생존성을 능가했다. 1914년 가을 모두가 느꼈듯이, 신속한 해결방법은 참호를 파고 들어가는 것이었다. 땅을 이용하여 적의 탄환을 멈추게 만드는 것이었다. 모든 직업군인들은 전쟁 이전에 이와 같은 사실을 알고 있었지만, 이들은 방어화력을 희생이 따르는 장애물로 간주했지만, 강한 공격정신으로 극복해야 한다고 생각했다. 공격하는 보병은 자신들의 화력과 기동성을 최대화하기 위해서 방호력을 포기해야 했다.

독일 통일 전쟁은 결정적인 짧은 기간의 공세행위로 승리한 전투 모델을 보여줬다. 1870년 여름 반복해서, 보다 잘 훈련되고 잘 무장된 프랑스 보병은 조심스럽게 선정된 방어진지를 점령했지만, 희생을 감수한 독일의 측후방 공격을 받았다. 따라서 많은 전문직업군인들은 방어 상태를 유지하는 것은 확실히 패배로 가는 길이라고 결론 내렸다. 어쨌든, 국가의 모든 병력을 동원한 전쟁을 수개월 이상을 지속할 수 있다고 믿은 사람은 아무도 없었다.

1914년 전쟁은 예비군이 동원되고 전투에 투입되면 모든 경제가 마비된다는 것을 보여줬다. 심지어 탄약 공장의 인부들도 군대로 동원됐기 때문이다. 이러한 환경 하에서 만일 전쟁이 길어지게 되면 사회와 경제는 붕괴될 것이었다. 짧은 기간 동안의 공세적 전쟁에 대한 믿음으로 인해서 유럽의 군인들은 많은 전술적 예측을 끌어냈다. 거의 예외 없이, 개활지를 통과해서 준비된 요새지를 공격하리라 기대하지 않았다. 대신, 대부분의 군인들은 일련의 조우전을 상상했다. 양자 간에는 참호를 파고 들어갈 시간이 없다는 것이었다. 각 지휘관들은 자신의 기병 정찰 차장 병력 또는 보병 전위부대가 적의 약점을 발견해주길 희망했다. 이 지역으로 즉각 공격하여 상황을 전개시키고 적이 방어태세로 전환하도록 만들려고 했다. 그러면 공격하는 측의 포병이 방어하는 적을 무력화시키고 고립시키게 돼서 적은 증원도 못하고 깊은 참호도 파지 못하게 된다는 것이었다.

이러는 동안, 공격하는 보병은 급속 참호를 구축한 적에게 접근하게 될 것이고, 특히 유리하게 노출된 측방을 공격하게 될 것이었다. 최종 목표는 가용 엄폐와 은폐물을 이용하여 방어하는 적 400미터 이내로 침투하는 것이었다. 1912~1913년 발칸전쟁 동안, 세르비아와 불가리아 보병은 적으로부터 200미터 가까이 침투하여 사격을 개시했었다. 하지만 대부분의 군인들은 이것을 드물게 발행한 성공적 기동으로 생각했다. 방어하는 측이 전진하는 보병과 교전을 개시하자마자, 공격자는 일련의 사격대형으로 산개하여 스스로 방어 표적이 되지 않으려 할 것이다. 이러한 사격대형의 요망되는 밀도는 육군마다 그리고 때에 따라 다양했다.

그러나 병사들은 일반적으로 종심이 얕은 사격 대형으로 개인 간격을 1~3미터로 하여 전개할 것이다. 방어자의 화력의 알려진 강도 때문에 산개한 공격자들은 사격과 기동으로 전진할 것이다. 즉, 한 집단이 엎드린 상태로 엄호 사격을 하면 다른 집단이 짧은 거리를 약진하여 엎드리게 된다. 엄호사격을 압도적으로 실시하여 방어자들이 땅바닥에 엎드리게 만들고, 그들의 소총으로 조준사격하지 못하도록 만든다. 이때 다른 집단의 역할은 예비로 있으면서 적을 향해 구간 전진하게 된다. 각 집단의 규모와 엄호되는 거리는 공격자가 적에게 가까워지는 만큼 적어지게 된다. 적 화력은 공격자의 엄폐물이 적어질수록 강화될 것이다. 사상자가 예상되지만, 지원하는 병력이 사격대형에 발생하는 갭을 메우게 될 것이다. 전쟁 이전 기관총은 사격대형으로 벌려서 전진하는 보병과 함께 이동하기에는 너무 무거웠다. 그래서 이러한 기관총은 후방에서 화력을 지원하기 위해 할당됐다. 방어자는 수적으로 압도되고 고립될 것이며 점차 접근해 오는 적에 의해 중압감을 느끼게 될 것이다. 결국 공격자는 방어자 근거리에 접근하게 될 것이며, 압도적인 소총 집중사격으로 방어자의 머리를 들지 못하게 만들고, 총검으로 돌격하게 될 것이다.

일부 차이는 있었지만, 1914년 이전 대부분의 육군은 이러한 전쟁 개념을 공유하고 있었다. 이 교리는 현재 살펴보면 명백히 많은 문제점을 내포하고 있다. 그러나 그 당시 문제점에 대한 확실한 증거를 밝힐 수 없다. 첫째, 공격자는 방어자보다 수적으로 압도적일 것이라고 가정했다. 그러나 1914년 야전에 투입된 병력 숫자는 거의 비슷했다. 특정 지역에서 조차 수적인 우위를 달성하기 어려웠다.

둘째, 시나리오는 무의식적으로 판단한 것이었겠지만, 적과 우군부대가 공간지 속에서 작전할 것으로 가정했다. 즉, 포위를 위해서 노출된 상호간의 측방으로 기동할 수 있을 것으로 가정했다. 그러나 사실상

1914년 프랑스, 독일 그리고 벨기에 국경에 따라 배치된 부대 밀도는 매우 컸기 때문에 측방을 찾아 기동하게 되면 피아 모두 한 부대와 조우하게 될 가능성이 매우 높았다. 특히 8월 말에 있었던 마르느 전투와 탄네베르크 전투를 보면 노출된 측방이 나타났다. 그러나 이것은 유동적인 전장에서 잘못된 지휘결심으로 발생된 예외적인 것이었다. 주목할 만한 것은 각각의 경우, 공격자가 전장을 벗어나서 실시하는 우수한 기동성이 있었기 때문에, 공격자가 이러한 실수들을 이용할 수 있었다는 것이다. 예를 들어, 파리의 택시로 프랑스 보병을 전선으로 이동시켰으며, 동 프러시아의 철도를 사용하여 독일 8군을 전환함으로써 러시아 군을 포위할 수 있었다.

세 번째, 전문직업군인들은 여전히 화력이라는 새로운 현실에 완전히 동화되지 못했다. 전장에서 새로운 치명성에 대응하기 위해서, 많은 군인들은 공격자의 공격정신 즉 사기의 중요성을 지나치게 강조하는 경향이 있었다. 공격의 최종목표는 화력으로 적을 격멸하는 것이라기보다는 상대 지휘관 또는 그의 부대원의 사기를 파괴시키는 것이었다. 이것은 일부는 맞는 말이었다. 왜냐하면 공격자는 강한 자신감을 갖고 단결돼야 적의 압도적인 화력 앞에서 전진할 수 있었기 때문이다. 그러나 지휘관이 사기가 화력보다 중요하고 전장에서의 개인적인 주도권을 대신한 단결만을 고집할 수 있다는 위험이 있었다.

19세기 사회적 다윈주의에 따르면, 엄청난 사상자에도 불구하고 전진할 수 있는 것은 잠재적으로 국가적인 터프함과 우수함을 보여주는 것으로 고려됐다. 이러한 전쟁에서의 사기 요소에 대한 지나친 강조는 궤변이었다. 트래버스(Tim Travers)는 이것을 "심리적 전장"이라고 했다. 그러나 이러한 사고는 영국, 프랑스, 러시아, 심지어 독일 장교들까지도 넓게 인정되고 있었다.

바꿔 말하자면, 전투에 대한 심리적 접근은 전쟁 이전 교리의 네 번째 문제점을 가져왔다. 많은 전문직업군인들은 자신의 부하들이 그 당시 공식적인 교리를 구현할 수 없다고 생각했다. 예상되는 전투 모습은 세 가지 국면에 의해 좌우되는 것으로 보였다. 뛰어난 훈련, 높은 사기, 그리고 확고한 통제가 그것이었다. 불행하게도 단기간 징집됐다가 예비군으로 장기간 복무하는 시스템으로는 많은 부대의 병력 대부분을 훈련시킬 수 없거나 전쟁의 고난을 극복할 만큼 준비시킬 수 없었다.

프랑스의 어떤 최전방 보병중대는 225명의 전시 병력을 인가받았다. 이중 65%는 예비군이거나 1년차 징집병이었다. 평시 기동을 관찰한 많은 분석가에 따르면, 이러한 예비군과 징집병은 훈련, 단결, 육체적 스테미너가 부족했다. 이것들은 강력한 적 화력 앞에서 분산된 사격과 기동 전술을 구현하기 위해 필요한 것들이었다. 풀 속에 엎드려 있는 병사는 혼자라고 생각할 것이고 따라서 공격을 계속할 수 있는 강력한 열의가 있어야 했다. 전문직업군인들은 이러한 예비군들과 훈련병들이 처음으로 엄폐물을 찾게 되면, 이후 이들은 결코 물러서거나 전진하지도 못할 것이라고 주장했다.

이러한 믿음이 옳던 그르던 간에 프랑스, 러시아, 오스트리아와 기타 국가 장교들은 일어선 상태로 상대적으로 강한 밀집대형을 만들어 공격했다. 이러한 대형은 통제하기도 용이했고 병력들에게 단결되었다는 마음이 들도록 해줬다. 이것은 수적인 우위를 가졌다는 환상을 갖게 한 것이다. 장교들은 이러한 방법으로 공격하는 것이 위험하다는 것을 인식했지만, 훈련이 부족한 병력을 데리고 신속한 승리를 달성하기 위해서는 다른 방법이 없다고 느꼈다.

비록 독일 장교들도 엄격한 단결을 생각하는 경향이 있었지만, 1914년 독일군은 적과 대적하는 예비군의 문제를 최소화시켰다. 독일 장교 및 부사관이 높은 수준으로 훈련된 것과 마찬가지로, 독일 징집병 훈련 또한 극도의 높은 수준을 요구했다. 이것은 1년차에 훈련된 병사를 만드는 것을 목표로 했다. 이렇게 하여 매년 가을이면 완전히 기동훈련을 할 수 있게 만들었다.

더욱이 독일은 "세 층을 이루는 부대 시스템(three-tiered system)"을 만들어 병력을 편성했다. 20개 정규 군단, 14개 예비군 군단(정규군 기간편성으로 많은 예비군을 편성한 군단), 수많은 작은 규모의 의용군(Landwehr)을 편성한 것이다. 예비군 군단으로 편성된 예비군은 대부분 의무복무를 단지 1년 전에 마친 사람들이었다. 이들은 1914년 가을에 있는 연례 기동훈련 시, 동일한 연대에 소집될 사람들이었다. 이러한 부대들은 훈련에서 많은 이점을 갖고 있었으며, 그들의 적들에 비해 응집력이 강했다. 왜냐하면 장교 및 병사들이 서로를 잘 알고 있었기 때문이다.

또한 예비군과 의용군 부대 역시 잘 훈련돼있었다. 사실상 1914년 독일이 이러한 "우선순위가 낮은" 기간 편성부대를 즉시 전선에 투입하여 사용하고자 하는 의지를 가지고 있었다는 것에 프랑스는 매우 놀랐다. 전쟁 이전 프랑스 정보당국은 적 병력을 평가하면서 이러한 예비군 부대를 무시했었다.

영국 장교들은 대륙의 카운트파트처럼 이러한 실수를 저지른 경향이 있다. 그러나 영국원정군(BEF)의 일부 예비군은 적어도 많은 군 경험을 가지고 있었다. 더욱이 BEF는 최초 방어 전투를 치렀다. 따라서 이들은 자살격의 용감한 돌격을 많이 할 필요가 없었다. 그러나 독일과 영국 육군 모두 최초 전역에서 많은 사상자로 고전했다. 1914년 가을과 1915년 봄, 이들은 반 정도 훈련된 애국적인 지원병으로 새로운 사단을 편성했다. 그리고 엄격한 공격행위를 했다. 즉 1914년 9월 자살격의 프랑스 전술을 반복해서 사용했다.

모든 육군이 조우전과 급속공격에 대해 강조했기 때문에, 전쟁 이전 훈련은 방어에 자주 소홀했다. 독일은 연례기동훈련 간, 야전 요새를 건설했다. 그러나 이들의 방어 교리는 엄격히 단일 참호선을 지키는 것에 주안을 뒀다. 이 참호선 속에 많은 병력을 채워 넣는데, 이들은 적 포병의 표적이 됐다.

프랑스 방어교리는 전쟁 이전 공병 교범에 반영돼있다. 이것은 종심방어를 요구했다. 적을 지연하는 전방 진지와 주요 저항선, 그리고 성공적인 적 돌파를 제한하는 제2참호진지를 편성했다. 아이러니하게도, 이러한 교리는 1915년 뒤바뀌었다. 심리적 전장 속에서 동일한 믿음을 가진 프랑스와 영국은 고정된 구조를 지닌 전방 대부분의 진지에서 방어하도록 유도했다. 사상자를 내지 않고 지면을 내어주는 것을 포기했던 것이다. 역으로, 수적으로 우세하게 된 독일이 종심방어를 발전시키기 시작했다(2장 참조).

포병

보병이 새로운 화력의 요구에 적응하는데 어려움을 가졌지만, 포병 역시 반응하는데 더욱 느렸다. 전통적인 포병 전술은 나폴레옹에 의해 완성됐다. 이 전술은 보병부대를 지원하는 포를 보병부대들 사이 또는 보병부대 수백 미터 후방에 위치시킨 후 직사화력으로 사용하는데 주안을 두었다.

포병 진지 내에서, 사수는 명확히 타격할 표적을 볼 수 있었으며, 집중된 화력은 우군과 적군에게 똑같은 심리적 효과를 주었다. 이러한 직사화력지원 전통은 1905년까지 이어졌다. 모든 육군들에게는 상대적으로 작지만, 신속히 기동 가능한 야전포를 직사(평사)로 사격하는 것이 표준화됐다.

즉, 이 당시 포는 앞을 가로 막는 언덕을 넘겨서 사격하기보다는 포에서 직접 보면서 사격하도록 설계됐다. 프랑스의 75미리 직경 야포, 독일의 77미리 포, 미국과 러시아의 3인치(76.2미리), 그리고 영국의 8파운드(83.8미리) 포는 이러한 역할로 사용하기 위해 설계된 것이다. 보다 큰 포는 6마리의 말을 가진 표준화된 팀에게는 야지를 이동시키기에 너무 무거웠다. 이러한 포들은 급조된 야전 요새지에 대해서도 충분히 효과를 발휘하기에는 너무 작았으며, 간접사격을 위한 고각 탄도사격을 하기에는 장입 각도가 부족했다.

간접사격이란 표적을 직접보지 않고 지평선을 넘어서 사격하는 것을 말한다. 이러한 포는 프랑스에게는 완전히 만족스러운 무기였다. 보병공격을 준비하기 위해, 프랑스 지휘관은 적 방어 화력을 순간적으로 제압하기 위해서 매우 신속한 직사포병의 사격속도에 의존했다. 이렇게 하여 공격하는 보병이 전진하는 동안 방어하는 적은 몸을 숨기도록 만들었다. 이러한 포병사격이 적 병력을 살상하는 것보다 우선했다. 이러한 화력의 규모는 비록 적에게 부상자를 내지는 못할지라도, 방어하는 적이 몸을 숨기도록 함으로써 적이 효과적으로 조준하여 사격하지 못하도록 하는 것에 의도를 두고 있었다.

19세기 식민지 전쟁에서 영국도 이와 유사한 제압사격의 효과를 인정하게 됐다. 이 전쟁의 경험을 통해 영국 보병은 이러한 화력지원의 가치를 인식했기 때문에 영국은 프랑스 사단보다 높은 비율의 포병을 유지하게 됐다. 보어전쟁과 특히 러일전쟁은 미래전쟁을 예측할 수 있게 해줬다. 그것은 참호 시스템과 특히 일본인에게 있어서는 간접화력의 능숙한 사용이었다. 많은 전문직업군인들은 이러한 전쟁을 중요하지 않은 전쟁으로 무시했다. 긴 보급선을 유지하며 전투할 수밖에 없었던 전쟁으로 보았기 때문에 유럽에서의 미래전쟁을 위해 유용한 교훈이 없다고 본 것이다.

그러나 러일전쟁을 관찰할 사람들, 특히 독일과 영국제국 포병 요원들은 간접화력의 필요성에 대해 깊은 인상을 받았다. 개활지에 포를 위치시켜 적 대응 화력에 노출시키기 보다는 전방 관측자에 의해 지시된 표적을 이들 너머로 사격하는 것이 낫다고 본 것이다. 전방에 포를 배치한다는 사고를 가진 포병들은 포를 산 너머로 배치하길 원했던 것이다. 나머지 영국군은 근접 직사화력지원을 주장했다. 그리고 집중된 화력은 지상에서 포를 전방에 배치하여 집중시킬 때만 달성될 수 있다고 단순하게 믿었다. 따라서 1914년 영국은 문제에 직면했다. 영국은 한 가지 종류의 무기를 갖고 있었지만 어떻게 이 무기를 사용할 것인가에 대한 명확한 교리가 없었던 것이다.

이와 반대로 독일 육군은, 간접화력 기술과 장비에 대해 면밀한 연구를 수행했다. 1909년 초, 독일은 각 사단의 1개 포병 대대 포를 105미리 곡사포로 바꿈으로써 간접화력 능력을 향상시켰으며 각 군단의 2개 사단 포병에 대해 150미리 곡사포를 편성했다. 이러한 곡사포 대대의 2개 포대는 각 사단 포병 지휘관의 통제 하에 자주 놓이곤 했다. 이러한 곡사포는 언덕 넘어 은폐될 수 있었다. 이유는 높은 탄도 사격능력을 가졌기 때문이다. 전통적인 포보다 높은 사격 각도를 가졌다. 유효사거리는 7.5km이었다. 이와는 다르게, 프랑스 75미리 야전포는 4km의 유효사거리를 가졌다. 곡사포는 또한 설계상 무게가 훨씬 가벼웠고, 동일한 직사포보다 간접사격 시, 더욱 우수한 정확성을 지녔다.

1914년 각 육군들은 포병에 있어서 다양한 변화를 보여줬다. 러시아 포병 장교들은 적 대포병 사격으로부터 포대를 방호하기 위해서 간접화력이 필요하다는 것을 배웠다. 불행하게도, 제한된 러시아 국방예산과 무기 산업으로 인해 러시아 육군의 사단들은 76.2미리 포를 지닌 채로 전쟁에 뛰어들게 됐다. 2~3개 사단을 편성한 전형적인 러시아 군단에는 122미리 곡사포 1개 대대만이 할당됐다.

프랑스 포병도 포를 차폐된 상태로 위치시켜야 할 필요성을 인식했다. 이렇게 하여 적의 직접 관측과 화력으로부터 보호받기 때문이었다. 그러나 프랑스는 영국과 마찬가지로 포병을 보병 지휘관 통제 하에 뒀다. 문제는 보병 지휘관들이 여전히 돌격하는 보병에 대한 직사화력 지원이 필요하다고 계속 믿었다는 것에 있다. 더욱이 프랑스는 75미리 포가 지닌 고유의 우수성을 믿었기 때문에 보다 구경이 큰 포를 만드는데 뒤졌으며, 이때보다 정확하고 고각사격이 가능한 곡사포 대신 평사포를 생산해 냈다. 1914년까지 독일 육군은 105미리 또는 그 이상의 구경을 가진 곡사포 및 대형 공성 박격포를 포함한 3,500문의 포를 가지고 있었다. 프랑스는 75미리보다 큰 포는 단지 300문만 가지고 있었다. 이러한 대구경 포는 전방 사단에 배속되지 않고 통상 군단이나 그 이상 지휘본부에 할당되어 운용됐다.

영국과 프랑스 포병은 전방으로 나아가 직사화력으로 병사들을 지원하는 것을 고수함으로써 대가를 지불해야만 했다. 1914년 8월 26일 르까토(Le Cateau) 전투에서 영국 포병 지휘관은 영국 보병을 지원하기 위해서 7개 포대에게 개활지에 전개하라고 지시했다. 이들은 독일군의 관측 하에 놓여 있었다. 독일 포병은 보이지 않는 진지에서 가격을 하여 영국 포병 병사들과 견인마를 괴멸시켰다. 42문의 포 중 25문이 적에 의해 파괴됐다. 프랑스는 1914년 대규모 화력을 사용함으로써 다소 나은 편이었다. 프랑스는 여전히 이러한 포들을 보병 지휘관 통제 하에 두는 관습을 유지했기 때문에 이들의 포병화력은 적의 포병화력보다 자주 융통성이 적었고 효과를 발휘하지 못했다.

1800년대에 제한된 수의 소구경 포는 그다지 유명하지 않은 전쟁에서 대부분 사용됐다. 따라서 그 누구도 전장에서 집중해서 운용하는 대구경 포병화력의 위력에 대비하지 않았다. 더욱이 러일 전쟁과 1차 대전 간의 9년 동안 상황을 복잡하게 만든 것은 포병탄에 고폭 작약을 넣게 된 마지막 기술적 변화였다. 노벨(Alfred Nobel)과 기타 사람들의 실험으로 모든 육군들은 고폭탄을 가지게 됐다. 이것은 19세기 포병 탄약보다 훨씬 파괴적이었다.

1차 대전이 발발하면서, 대부분 육군의 기병은 새로운 기술의 현실에 적응하지 못했다. 보병과 기병은 변화 중이었다. 보병 지휘관은 적어도 부분적으로 전장에서의 치명성을 이해했지만, 당시 상대적으로 복잡해진 사격과 기동 전술을 과연 실행할 수 있는가에 의구심을 가졌다. 아마 매우 의미심장했던 것이 있다면, 어떤 병과도 다른 병과와 실제 긴밀한 협조를 하도록 훈련되지 않았다는 것이 될 것이다. 이것 때문에 1914년 재앙을 초래한 것으로 확인됐다. 이러한 편협성과 관련된 가장 명백한 예는 야전에서 군의 규모를 기술하는 표준적인 방법에 있었다. 제병협동 사단 또는 단일 병과 연대들을 카운트하는 대신, 일반적으로 당시 전문직업군인들은 어떤 부대를 나타낼 때 소총, 기병도(칼), 그리고 포의 숫자로 기술했다. 이것들은 세 가지 기본 병과가 각각 지닌 무기였던 것이다.

2장. 1차 세계대전

곡사 포병과 기관총을 이용한 방어 화력은 1914년 전장을 지배했다. 최초 교전부터 지휘관들은 병력들의 성급한 행동을 금지했다. 방어 시에는 공병 그리고 공격 시에는 포병지원에 대한 세심한 준비를 강조했다. 모든 육군들은 장교의 통제와 집중된 소총 화력운용이 필요할 것이라는 전쟁 이전의 믿음이 잘못된 것임을 발견했다. 프랑스와 영국은 정교하게 진지를 차지한 독일 기관총 및 포병에 의해 자신들의 노출된 보병과 포병이 취약하다는 것을 발견하고 충격을 받았다.

반대로 독일은 영국 소총병 및 영국과 프랑스의 야전포병이 정확하고 신속하게 사격하는 것을 보고 놀랐다. 1914년 말까지 이러한 화력으로 인해서 양측은 지속적으로 참호선과 급조호를 구축할 수밖에 없었다. 이러한 참호선은 스위스로부터 북해에 이르렀다. 이후 모든 공격은 정면공격을 필요로 했으며, 이를 통해 이러한 참호선을 돌파하려고 했다.

참호전의 양상은 하룻밤 사이에 나타난 것이 아니다. 동부전선과 서부전선 모두에서, 1914년 8~9월의 전투는 상당한 기동전의 모습을 보였으며 유동적이었다. 이 환경 속에서는 전쟁 이전의 전술이 효과적이었다. 예를 들어, 9월 8일 04시 30분 프러시아 경계 군단의 보병은 포병 공격준비사격 없이 기습적으로 전방으로 침투해 들어가 프랑스 11군단의 진지를 유린했다.

동부전선에서, 독일 8군은 양익포위를 실시하여 러시아 2군 전체를 포위 격멸했다. 사실상 동부전선은 서부전선보다 결코 기동하기 어려운 지형이 아니었다. 정면이 훨씬 넓었고 러시아 산업은 서부와 같이 완전한 참호전을 수행하기에 충분한 무기와 장애물을 만들지 못했다. 따라서 독일군은 동부전선에서 어느 정도 전쟁 이전의 전술을 구사할 수 있었다. 그러나 이러한 유동적인 전투는 최초 러시아, 이후 오스트리아-헝가리 군이 소모전에 의해 지치고 사기가 떨어지기까지 결정적인 결과를 낳지 못했다.

기동전의 예가 있었기 때문에, 많은 서부전선 지휘관들은 1914년 얇은 참호선이 구축된 양상을 이상하게 보았고, 이것을 전쟁을 하면서 상호간에 잠시 전투를 멈춘 것으로 생각했다. 영국과 프랑스 지휘관들은 대부분 전쟁 기간 중 돌파수단을 찾고, 이어서 기동전을 다시 수행하여 독일 방어선을 와해시키려고 했다. 1914~1916년 동안 독일은 대부분의 노력을 동부전선에 집중했기 때문에, 서부전선에서는 상대적으로 적은 공격작전을 수행함으로써 병력절약을 달성하고자 했다. 따라서 1차 대전 당시 전술의 본질을 이해하기 위해서는 연합군의 공격작전에서 나타난 문제점들을 검토하고, 이러한 공격을 격퇴시키기 위한 독일의 교리 발전을 살펴보아야 한다. 이 두 가지 문제를 해결하기 위해서는 과거 양자가 안고 있던 문제보다 더 많은 병과 간의 협조 문제를 다뤄야 한다.

포병과 협조문제

보병공격이 실패로 끝나고 참호전이 전투의 실상이 되자마자, 각국의 장군들은 비록 그 당시 확실한 것은 아니었지만 세 가지 대안을 제시했다. 첫째, 육군은 보병의 기동력과 화력을 증대시킨다. 둘째, 각 육군들은 보병이 전진할 수 있는 갭을 만들기 위해서 포병화력의 규모를 매우 증대시킨다. 마지막 대안은 상이한 병과 간의 협조를 증대시킨다는 것이었다.

영국과 프랑스는 기동하는 보병에 포병 화력을 결합시킨다는 아이디어를 모두 포기했다. 대신 두 번째 대안에 집중했다. 즉, 공격 이전에 포병에 의해 엄청난 파괴사격을 하고자했던 것이다. 전쟁 대부분의 기간 중 영국 야전사령관이었던 헤이그의 생각은 전투가 세 가지 단계로 진행되는데, 각 단계는 개별 전투병과의 전투가 된다는 것이었다. 전장에 대해 포병이 공격준비사격을 실시하고, 보병은 적 참호를 확보할 것이며, 이렇게 보병이 돌파를 하면 기병이 보병의 돌파를 이용하여 전과확대 될 것이라고 본 것이다. 사실상, 많은 영국 및 프랑스 지휘관들은 이러한 새로운 전투기술(techniques)을 "포병이 정복하고 보병이 지배한다"는 식으로 해석했다.

포병에 의한 정복은 쉽지 않았다. 모두가 단기전을 기대했으며 따라서 충분한 탄약 및 중(重)포병을 보유한 육군은 거의 없었다. 이것이 있어야만 집중된 공격준비사격을 통해 잠시나마 요새지를 파괴시킬 수 있었다. 영국과 러시아는 장기간 동안 문제가 있었다. 이 시간은 보다 많은 탄약을 생산하기 위해 필요한 시간이었다. 심지어 프랑스가 더욱 많은 포를 생산하기 시작했지만 중(中)형 및 중(重)야전포 생산 모델은 극히 발사속도가 느렸고 곡사포보다는 직사포를 선호했기 때문에 장거리 정확도를 향상시킬 수 없었다. 만일 이렇게 하지 않았다면 정확도를 향상시킬 수 있었을 것이다.

이러는 동안, 전쟁 이전 표준 무기였던 보다 신속히 발사 가능한 75미리 포는 짧은 사거리로 인해서 전방으로 추진해야 했다. 독일의 종심방어를 파괴하거나 와해시키고자 이 포들은 전방으로 진출한 부대 뒤에 자주 배치해야 했다. 초기에는 어려움이 있었지만, 독일은 사단 및 비 사단급 곡사포부대를 늘렸다. 따라서 보병 공격 이전에 적 방어진지를 와해하고 제압하고자 짧고 강렬한 포병사격을 할 수 있었다. 그러나 연합군은 포병이 부족했기 때문에 동일한 파괴효과를 달성하기 위해서는 적은 수의 직사포와 곡사포를 보다 장기간 사격해야만 했다. 이러한 장기간 실시된 사격으로 인해서 포신이 마모되었고 궁극적으로 기습달성이 어려웠다.

더욱이 대부분 연합군의 사수들은 정밀한 간접사격 경험을 거의 갖지 않고 있었다. 오늘날 포병에게 일반화된 많은 절차들은 1914~1917년간 적과 대적하면서 어렵게 발전된 것이다. 예를 들어 전방관측자 기술, 기상효과 및 마모된 포신의 효과를 측정하고 대책을 강구하는 것, 동일한 로트 번호의 포탄을 사용하여 일제 사격의 명중률을 유지시키는 것 등이 이때 발전된 것이다.

이러한 절차에 대해 기술한 최초의 프랑스 규정이 1915년 11월에 가서야 발간됐다. 영국 왕실 야전포병은 북동 프랑스지역 전체에 대한 새롭고 정밀한 지도를 필요로 했다. 이것으로부터 포대 위치를 확인하기 위한 격자 좌표 시스템을 만들 수 있었고, 간접화력을 수정하여 유도할 수 있었던 것이다.

교전국 간의 초기 공군은 지도를 위한 사진촬영을 위해 항공기를 지원했다. 그리고 항공기와 비행선 모두를 사용하여 포탄이 실제로 어디 떨어졌는지 알려줬다. 결국 기능이 향상된 무전기를 사용함으로써 공중관측자가 보병화력 통제요원과 통화할 수 있었다. 이러한 발전은 전쟁기간 내내 완전한 수준까지 발전했다.

간접화력의 기술적 문제 말고도 포병 지휘 및 전술 상 많은 문제가 있었다. 우선, 대부분 육군의 기병 및 보병 지휘관들은 포병을 지원하는 병과로 생각하여, 포병 지휘관 또는 화력 지원 협조관이 사단급 이상에 있을 필요가 없다고 보았다. 이러한 태도는 특히 영국군에서 강했지만 독일도 1916년까지 사단급 이상에 포병 지휘관을 습관적으로 지정하지 않았다. 이러한 상급 포병 요원이 없었기 때문에, 포병 계획수립과 전술은 부대마다 매우 달랐다. 아울러 혁신적인 아이디어도 무시됐다.

포병 전술은 따라서 많은 시도와 오류를 통해 발전했다. 상급 지휘관들은 의도적으로 적 포병의 위치를 찾고 공격하는 대포병 사격의 중요성을 이해하지 못했다. 1916년 말, 영국 지휘관 및 참모 장교들은 많은 수의 유산탄(파편탄)을 지속적으로 요청했다. 유산탄은 폭발지점으로부터 금속 파편을 앞쪽 방향으로 파열해 나가도록 만든 탄이었다. 이러한 탄들은 개활지에서 병사들에 대해 효과적이었지만, 참호전에서는 유자철선 및 요새진지를 파괴하기 위해서 보다 파괴적인 포탄이 필요했다. 반복적으로 영국과 프랑스 지휘관들은 그들의 집중적인 포격 효과를 과대평가했다. 독일 진지의 파괴와 이 진지 내에 있는 독일 병사들의 살상을 혼돈했던 것이다. 따라서 공격하는 보병은 충분히 살아남은 독일 기관총 사수와 파괴되지 않은 유자철조망에 직면해야 했으며 엄청난 대가를 치러야 했다.

보병과 포병의 협조는 특히 어려웠다. 두 개의 병과는 전장에서 물리적으로 분리돼 있다. 보병은 참호 속에 위치했고 포병은 수 킬로미터 후방 언덕 뒤에 전개했다. 1914년 말에서 이듬해 초까지 영국과 프랑스에 의해 실시된 최초의 정밀공격은 특히 통제하기 어려웠다. 이유는 포병과 지휘관들이 간접화력에 대한 경험이 부족했기 때문이었다. 초기 절차는 일련의 통제선을 설정하는 것이었다. 보병이 우군 지역의 통제선이 머무르는 동안 그 앞쪽에 통제선을 설정하여 포병사격을 계획했다. 병사들은 이 통제선을 넘어서 진출할 수 없었다. 지휘관이 고정된 타임테이블을 통해서 더 전방의 새로운 통제선으로 포병사격을 연신하도록 지시한 후에 전진할 수 있었다. 불행하게도 포병사격을 연신하자마자, 살아남은 적 방어 병력들은 신속히 벙커에서 나와 공격하는 보병과 교전을 실시했다.

이러한 통제선을 설정할 때 지휘관들은 지형의 모습과 기동 가능성을 무시하고 단순히 모든 부대들이 진출하기를 원했다. 이것은 역으로 선형 대형을 이룬 보병이 기관총 지원을 위해 넓은 지역을 차지함에 따라 포병 또는 보병이 중요한 지점에 집중하지 못하도록 만들었다. 더욱 중요한 것은 효과적인 통신 절차가 없었다는 것이다. 돌파를 해 나아가는 선도 보병과 지원 포병 간에 통신할 수 없었다.

1915년 샹파뉴(Champagne) 전역에서 프랑스군은 병사들의 등에 흰색 천을 달아 전방으로 나아가도록 했다. 이렇게 하여 관측자들이 병사들의 진출을 확인할 수 있도록 한 것이다. 그러나 우군 화력에 의한 피해가 여전히 발생했다. 독일은 색깔을 지닌 신호탄과 통신용 램프를 사용하여 보병과 포병 간에 통신을 하려는 실험을 했다. 그러나 이러한 신호는 전투가 진행되는 동안 자주 식별되지 않았다.

1916년 솜므 전투가 시작될 때, 연합군 포병은 파편탄을 사용하여 전방으로 탄막을 형성하는 사격을 할 수 있었다. 이 탄막사격은 일정한 속도로 전방으로 진행해 갔다. 고폭탄 대신 유산탄 사용으로 보병은 탄막 뒤 40~100미터 거리를 유지하면서 안전하게 전진할 수 있었다. 유산탄은 포탄이 날아가는 방향으로 파편이 비산하도록 만들었기 때문에 보다 안전했던 것이다.

그러나 유산탄에 대항하여 잘 준비된 진지에는 효과가 거의 없었다. 유산탄이 할 수 있었던 것은 보병이 돌파하는 동안 방어 병력이 참호 속에서 움츠리도록 만든 것이었다. 더욱이 보병에게는 탄막의 전진 속도에 맞출 수 있는 수단이 여전히 없었다. 변함없는 속도로 포병 탄막사격은 이동했고 무겁게 무장을 한 보병은 포탄으로 형성된 구덩이를 극복하면서 전진했기 때문에 자주 뒤쳐지게 됐다. 이러한 간격으로 인해서 방어 병력들은 포병 탄막사격이 지나가게 되면 대피호에서 나와서 공격하는 적 보병과 교전할 수 있었다.

지휘, 통제 및 통신

지휘, 통제 및 통신은 1차 대전시 지휘관들을 괴롭힌 문제였다. 보병-포병 협조 문제는 지휘, 통제 및 통신이라는 커다란 문제의 일부 국면일 뿐이다. 공격작전이라는 커다란 그림을 볼 때, 그리고 하위 제대의 참모들은 유능하지만 훈련이 부족하기 때문에 대부분의 작전들은 군단 또는 야전군 지휘본부에서 계획됐다.

포병 타임테이블, 공격개시시간, 목표, 통제선, 예비대 등은 상급 제대에서 통제했다. 이 속에서 사단급 이하 제대는 세부적인 계획을 수립했다. 이점은 특히 영국군(후에는 미군)에 해당됐다. 영국군은 전쟁 기간 중 커다란 규모로 확장됐다. 이러한 군대들은 일반참모장교들에게 계획수립 및 협조와 관련된 필수적인 전문성 자격을 부여했지만 인원이 극히 소수였으며 드물었다.

전쟁에서 포병 임무수행 절차의 미숙함으로 인해서 포병 계획수립과 통제는 상급 제대로 집권화 됐다. 따라서 전방 관측자의 행동절차가 개선되었을 때조차, 지휘관은 포병화력에 대한 직접적인 통제를 고수했다. 전선 후방 지휘본부에 위치한 지휘관이 전투의 흐름을 평가하는 것은 불가능한 것이었다. 따라서 보병을 지원하기 위한 포병화력을 통제하는 것은 어려운 일이었다.

참모장교의 필요성으로 인해 영국, 미국 및 프랑스 전투부대들은 매우 혁신적인 초급 지휘자들이 부족하게 됐다. 그러나 독일군의 초급 지휘자들은 장기간 병력들과 함께 생활하는 경향이 있었다. 중앙집권화 된 통제로 인해 이러한 문제가 심화된 것은 전술통신 시스템의 융통성 없는 특성에 기인한 것이었다. 비록 1914년에는 원시적인 무전기가 사용되었지만, 무전기는 너무 컸고, 신뢰성이 없었다. 그리고 적 정보부대가 무전 송신내용을 감청할 수 있었으므로 일반적으로 보았을 때 신빙성이 부족했다.

이를 대신한 1차 대전 간 기본적인 통신수단은 야전 유선전화였다. 이 시스템은 후방에서 상대적으로 양호하게 작동됐다. 예외적인 경우는 1918년에 있었다. 상급부대가 갑자기 멀리 떨어진 곳으로 이동하여 전화선을 새로 깔아야 했기 때문이었다. 그러나 전방에서 전화선은 신중하게 땅 속에 묻어야 했다. 전화선은 포병화력에 취약했고 그래서 사단 지휘부 이하 수준에서는 자주 통신이 두절되는 현상을 야기했다. 더욱이 영국과 프랑스 보병이 전진할 때, 이들은 전화선을 자신들의 참호에 그대로 남겨놓아야 했다. 따라서 상급 지휘관들은 여단장, 심지어 대대장이 우군 참호 속에 그대로 남아있어야 한다고 고집했다. 이러한 중간 제대 지휘관들은 이로써 자신들의 상급지휘관과 전화 통화를 유지했지만 이것 때문에 전장의 상황을 볼 수 없었다.

이러는 동안, 전진하고 있는 보병은 전장 전방으로 전투해 나아가는 초급 장교들에 의해 자주 지휘되곤 했다. 이러한 병력들이 목표 또는 통제선에 도달하면 멈춰있던 장교들은 다음 전진을 계속해도 좋은지 허락을 구하거나 아니면 예비대 투입을 요청했다. 통신은 전령통신을 사용했다.

전령은 포탄이 날아가는 전장을 뚫고 가장 하위 수준의 지휘본부(통상 여단, 연대, 또는 사단)에 요청서를 직접 전달했다. 가장 하위 수준의 지휘본부들은 적의 포병화력에 의해 피해를 받지 않은 유선통신 시설을 유지해야 했다. 그러면 군단이나 야전군 또는 공격작전을 책임지는 보다 상급 지휘관의 결심을 득하기 위해서 이 통신선로를 통해 순차적으로 보고를 했다.

상급 지휘본부는 다양한 부서로부터 상세한 보고를 받기 위해서 수 시간을 기다리곤 했다. 그리고 성공한 어떤 한 지역에 증원할 것인지 아니면 모든 공격부대가 목표에 도달할 때까지 기다릴 것인지를 결심했다. 참모의 판단이 이뤄지고, 지휘관이 결심을 하면, 다시 위와 같은 과정을 거쳐서 부대가 계속 공격할 것인가 아니면 예비대를 투입할 것인가를 알려줘야 했다.

예를 들어, 1915년 3월 10일 누브 샤펠(Neuve Chapelle) 전투에서, 최초에는 집중적인 공격준비사격을 실시하여 참호를 깊이 파지 않은 독일군을 대부분 격멸했었다. 그러나 전방에 있었던 영국군은 군단장으로부터 전진하라는 명령을 받기까지 7시간 동안 통제선에서 대기해야 했다. 이렇듯 시간 지체를 하는 동안, 독일군은 예비대를 이동시켜 영국군이 진출하기로 된 통로에 방어를 재구축할 수 있었다. 이러한 방식으로 인해 공격의 기세를 잃게 되면, 새로운 공격작전을 계속하기 어려웠다. 여전히 상급 지휘관들은 초기 성공에 우쭐댔지만, 이미 후속 공격을 시작할 때에는 초기 성공에서 잃었던 사상자보다 훨씬 많은 사상자 발생으로 어려움을 겪곤 했다.

어떻게 보면, 이러한 통신문제들은 그 당시 기술의 결과였다. 상급 지휘관들과 참모 장교들은 비록 원했다고 하더라도 전선 가까이서 지휘할 수 없었다. 전장은 개인이 전방을 바라볼 수 있는 정도가 아니라 너무 컸다. 대신 상급 지휘본부는 야전 전화선에 묶이게 됐다. 야전 전화선이 모든 정보를 가져다주고 모든 명령을 전송할 수 있었던 것이다. 이러한 환경 속에서, 예하부대의 주도권 유지와 신속한 전과확대는 재앙을 초래하지는 않는다 하더라도 위험한 것이었다. 만일 성공적으로 공격을 개시한 부대가 상급 지휘본부와 협조하지 않았다면, 우군부대의 화력에 의해 희생될 수도 있었다.

1918년까지 포병과 통신 기술의 향상으로 초기 주도권 유지를 보다 실질적이게 만들어주었으며, 상급 지휘관이 전장의 흐름을 보다 쉽게 감시할 수 있도록 해줬다. 예를 들어, 호주의 모나쉬(Sir John Manash) 장군은 자신의 부대 전방 진출선을 알아내는 정교한 시스템을 개발했다. 전진하는 병사들은 특수한 색깔을 내는 신호탄을 가지고 가도록 했다. 그리고 파견된 항공기는 오로지 신호탄의 위치를 식별하여 이 위치를 기록한 보고서를 작성하고 이 결과를 모나쉬의 지휘소에 낙하시키는 것이었다. 만일 공중 우세권이 달성되면, 이 시스템은 군단장에게 자신의 부대진출을 20여 분만에 알게 해주었다.

그러나 지휘, 통제 및 통신 문제는 1918년 이후에도 계속 이어졌다. 특히 영국과 프랑스군은 질서정연한 계획수립과 전선으로부터 보고가 오래 지연되는 시스템을 고집하면서 중앙집권적 통제에 익숙해졌다. 1940년대 말까지, 프랑스 지휘관들은 전방에서 진두지휘하기 보다는 지휘본부에 남아서 유선 통신을 이용하여 예하부대를 통제하고 장악할 수 있을 것으로 기대했다.

바꿔 말하면, 이러한 질서정연하고 중앙집권적인 지휘통제 방법은 이후 이집트와 이라크를 포함한 과거 영국 식민지군에 널리 퍼지게 됐다. 결과적으로 시간이 긴 결심주기를 낳았다. 이러한 긴 결심주기는 적이 보다 신속히 반응하지 않으면 자신도 신속히 반응하지 않았고, 결국 계획을 틀어지게 만들었다.

돌파에 관련된 문제

1차 대전 당시 결정적으로 중요한 전술적 의문점이 있었다. 그것은 방어자가 병력을 재전개 시키거나 돌파구를 봉쇄하기 이전에 공격자가 어떻게 보다 신속하게 적진지를 돌파하고 이를 확대시킬 것인가 라는 점이었다. 간접 포병화력 및 지휘, 통제, 통신의 문제들도 이러한 국면에 따라 나온 것이었다. 1918년 이전에 육군들은 어떻게 적 방어진지를 돌파할 것인가를 익혔지만, 돌파해서 적 후방지역으로 전과를 확대시키는 데 성공적이지 못했다.

완전히 편성된 참호 시스템 요도를 고려해보자(그림3 참조). 전진하기 위해서, 한쪽에서는 적 참호 및 포대에서 사격하는 화력을 무력화시키면서 전투를 개시한다. 누브 샤펠(Neuve Chapelle) 전투 초기에 영국군은 집중된 그리고 오랫동안 지속하는 포병사격으로 이러한 돌파를 달성할 가능성을 보여주었다. 이러한 포병 공격준비사격은 물론 모든 방어 병력을 죽일 수 없었으며, 모든 진지를 파괴할 수도 없었다. 특히 유자 철조망 및 이와 유사한 장애물 제거가 어려웠다. 유산탄의 철조각 파편은 철조망에 대해서 거의 영향을 미치지 않았다. 전쟁 이전 고폭탄의 신관은 유자철조망의 약한 면에 닿았을 때 폭발할 정도로 민감하지 않았다. 1917년까지 영국은 즉각적으로 106 휴즈 모델을 만들었다. 이것은 철조망을 파괴시킬 정도로 민감하게 폭발했다. 물론 방어병력은 거의 모든 폭격에도 생존했다. 따라서 보병은 여전히 목표를 확보하기 위해서 전투해야 했다. 그러나 독일은 포병 사격을 뒤이은 보병이 항상 참호선 제1선 및 심지어 제2선까지도 확보할 수 있다고 결론지었다. 특히 치열한 포병 포격과 훌륭한 작전보안으로 기습을 달성한다면 그렇게 될 것으로 보았다.

문제는 부분적인 돌파를 공격자가 이용하여 확대시키려 할 때 발생했다. 집중적인 포병 포격 이후, 방어 참호선은 진흙 위에 형성된 포탄 구덩이들과 부스러기 파편들에 의해 식별하기 어렵게 되곤 했다. 이러한 지형을 극복하기 위해 육체적인 노력이 필요했다. 아울러 살아남은 방어자들이 사격으로 사상자를 내는 것도 극복해야 했다. 따라서 돌파하는 보병은 통상 적 방어 1선 또는 기껏해야 2선을 확보하기 이전에 돈좌되었다.

새로운 대대들이 이어서 공격을 해야 했다. 이 동안 공격부대의 포병은 사거리를 연장하고 방어자의 제3참호선 및 포병진지들을 공격하기 위해서 전방으로 움직여야 했다. 상급 지휘관이 돌파 성공을 알았고, 이를 전과확대하기로 결심하고, 그의 명령을 하달했다고 해도 병사들, 포병 및 보급부대들은 사이에 낀 무인지대 및 점령된 참호들을 지나서 이동해야 했다.

대부분 공격자가 이러한 진지변환을 완료한 시간까지 방어자는 예비대를 투입하여 공격부대 앞에 새로운 참호선을 형성할 수 있었다. 방어자의 역할은 보다 단순했는데 그 이유는 예비대가 철도 및 차량으로 투입될 수 있었기 때문이다. 반면 공격부대들은 훼손된 전장을 고생하면서 극복하고 전진했다. 더욱이, 방어자는 넓은 전선에 형성되지 않은 돌파구에 대해서는 역습을 하여 격퇴시킬 수 있었다. 새롭게 점령된 지역은 방어하는 포병의 모든 포에 노출되고 사거리 내에 들어오기 때문이었다.

공격자가 방어자보다 빠르게 이동하고 참호선 및 포병진지를 사실상 돌파했다고 하더라도, 2제대 보병은 다시 피로에 쌓이게 되고, 포병 지원거리와 통신거리를 벗어나며, 필연적으로 도보 속도로 인해 기동이 제한됐다. 따라서 전투력을 증강하기 위해서는 또 한 번의 초월이 필요했다. 이론적으로, 이것은 말을 탄 기병이 전과확대하기 위해 자신의 높은 기동력을 사용할 수 있을 때 가능한 것이었다. 비록 몇 정의 기관총이 이러한 전과확대를 심각하게 지연시킬 수 있었지만 말이다.

전과확대를 하는 시간 결정과 무인지대를 통과하는 기동력 문제는 모든 공격자가 극복해야 할 장애물이었다. 다양한 시도가 있었다. 포병 사거리를 조금이라도 연장하기 위해서 일부 포대를 전투 이전에 몰래 이동시켰고 우군의 제1선 참호 직후방에 위장을 한 상태로 포병을 두기도 했다. 공격하는 여단과 연대는 개구리 도약식 시스템을 발전시켰다. 2제대 대대로 하여금 먼저 공격하고 있는 대대를 통과해서 계속 전진시키는 것이었다. 그러나 궁극적으로 이 지점은 공격자의 공격준비사격이 도달되는 지점이어야 했고 가능하다면 기습이 가능한 지점이어야 했다. 그러

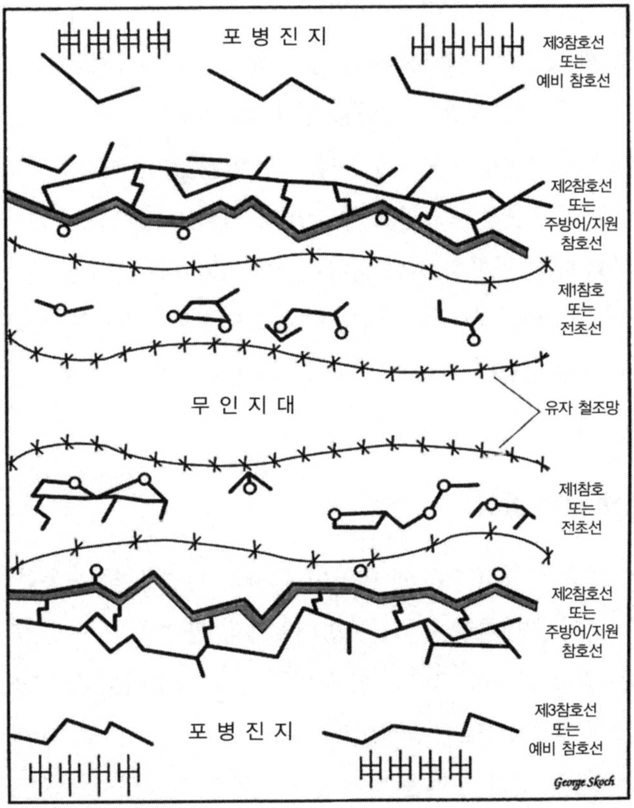

그림 3. 1차 대전시 참호 시스템

나 이것은 방어자의 종심, 지형 그리고 작전적 기동성의 이점에 의해 효력을 보지 못했다.

물론, 이러한 문제들은 공격자가 한 번의 공격으로 완전한 돌파를 하려고 시도하지 않고 제한된 목표를 확보하려 했다면 최소화 될 수 있었다. 매우 세부적인 계획수립과 준비로 인해 이러한 기습적인 공격은 제한된 포병 사거리 및 지휘통제 능력 속에서 성공할 수 있었고, 이어서 방어로 전환하여 피할 수 없는 역습에 대비할 수 있었다. 너무 무모한 정면 공격으로 프랑스 사기가 떨어진 이후, 뻬땡(Philippe Petain)과 같은 프랑스 지휘관들이 특히 1917~1918년 간 이러한 기술을 사용했다. 이러한 소규모 짜 맞추는 식의 전투(set-piece)는 확실히 사기를 향상시켜 주었고 적은 비용으로 제한된 승리를 얻게 해주었다. 그러나 이것은 교착상태를 해소하고 전쟁을 승리로 이끌어주지 않았다. 사실상, 상이한 제대의 지휘관들은 완전한 돌파가 목표인지, 아니면 제한된 성공만을 달성할 것인지에 대해 명확히 하지 않았다. 이것은 더한 혼란을 가중시켰다. 궁극적으로, 막연해 보이는 승리를 위해 소모전을 수행하고 새로운 무기 및 새로운 보병 전술을 결합하는 것이 필요했다.

융통성 있는 방어

영국, 프랑스 그리고 후에 미국이 돌파의 비결을 찾는 동안, 독일은 점차적으로 이에 대항할 수 있는 방어체계를 완성했다. 독일 방어 교리의 혁신은 결코 신속히 그리고 쉽게 이루어진 것이 아니다. 그러나 1917년에 이르러 융통성 있는 종심방어(flexible defense-in depth) 체계를 만들었다. 이것은 적의 공격을 막으면서도 독일 보병의 능력을 발전시킨 것이었다.

전쟁 시작 시기에, 양측의 상급 지휘관들은 전방 참호선에서의 완고한 방어를 강조했다. 지형을 확보하는 대가가 엄청나게 커지면서, 적의 공격에 의해 단 한 발이라도 값비싼 땅을 자발적으로 포기하는 것은 배신행위로 보였다. 더욱이 많은 지휘관들은 전투에서 심리적인 방법에 고무되어 있었다. 그들은 종심방어를 하면서 적의 압력 하에 철수하는 것은 비겁자가 되도록 하는 것이라고 믿었다. 철수를 할 수 있다고 믿게 되면 병사들의 진지방어 의지는 반으로 줄어들 것으로 보았다. 단지 독일 지도자들만이 전방 참호선에 병력을 집중하는 것이 자살행위가 된다는 사실을 점차적으로 깨달았다.

프랑스 또는 영국이 공격준비사격을 하면, 전방 참호선에 위치한 방어 병력을 많이 잃게 될 것이며, 이로써 적 돌파의 가능성이 높아질 것이었다. 이러한 사실은 누브 샤펠(Neuve Chapelle) 전투에서 매우 명백히 밝혀졌다. 영국의 포격으로 인해서 단일 참호선으로 형성된 독일의 방어선이 제거되었기 때문이다. 증원이 되기까지 영국군의 진출을 막으려고 설치해 놓은 참호선 뒤에는 콘크리트 특화점의 철근만이 남게 되었다.

누브 샤펠 전투의 충격으로, 독일은 점차적으로 방어체계를 발전시켜서 1917년에 이르러서는 중요한 지역에 5개 선으로 된 축차적인 방어진지를 만들었다. 이러한 방어진지의 최초 2 내지 3개 방어선은 반사면에 구축되었다. 즉, 능선 너머 적이 관측할 수 없는 지역에 구축한 것이다.

이로 인해서 적은 이 참호에 대해 화력을 유도하기가 어려워졌으며, 공격하는 영국 및 프랑스 보병이 독일 참호선에 도달했을 때, 이들은 보이지 않았으며 자신들의 지휘본부와 통신을 하기도 어려웠다. 게다가 반사면의 독일 참호가 확보되면, 이곳은 독일의 화력에 완전히 노출되었으며, 독일 후방 진지로부터의 역습에 취약하게 되었다. 전방 참호선은 적 경(輕) 및 중(中)포의 사거리를 벗어나 있었으므로 이를 제거하기란 더욱 어려웠다.

지형을 선택하는 것 외에, 독일의 방어시스템은 세 가지 원칙을 강조했다. 융통성, 분권화 통제 그리고 역습이 그것이었다. 융통성을 위해, 적 포격에 심각하게 노출되어 있었던 독일 전방 진지에는 소수의 병력만을 배치했다. 다시 말해서 최초 2개 참호선에는 4개 대대 중 대략 1개 대대만을 배치했다.

역으로, 프랑스 대대는 어떠한 대가를 치르더라도 반드시 확보하라는 명령 하에 모든 연대의 2/3 병력을 이러한 전방 참호선에 배치했다. 1916년 독일은 참호선이 전투가 없는 기간 동안에만 유용한 은거지라고 결론지었다. 적 포격이 시작되면, 후방에 위치한 독일 병력들은 종심상의 벙커로 이동했으며, 전방 전초는 참호선에서 나와 근처에 있는 포격으로 형성된 구덩이 속으로 들어가 몸의 보호를 받았다.

영국 및 프랑스 포병은 탄막을 이동시키고 보병이 전진하기 시작할 때까지 텅 비어있는 참호선에 포격을 가했다. 이 시기에 살아남은 독일 보병들은 은거지에서 나와 포탄으로 형성된 구덩이나 피해 받지 않은 참호에서 사격을 개시했다. 이러한 방어자들은 적 모두를 완전히 격퇴하지 못할 수도 있었다.

그러나 이들은 확실히 적 부대집단을 저지하고, 일부는 속도를 발휘하지 못하게 할 수 있었다. 이렇게 되면 진출이 일정하지 못하게 되는데, 이렇게 일정하지 못한 진출선은 중앙집권화 통제를 하는 영국과 프랑스 지휘관들에게는 하나의 딜레마가 되어 예비대를 투입해야 할지 고민하게 만들었다. 독일 거점이 영국 및 프랑스군 진출을 일부 지연하는 동안에도 적 포병이 탄막은 계속 이동하게 되며, 따라서 보병부대와 이격되었다.

독일 시스템의 두 번째 양상은 분권화 통제다. 분대장 및 소대장은 강한 독립성을 지녔다. 그래서 전방 제3참호선 또는 주방어 참호선 사이 어디에서나 적을 방어하거나 지연시킬 수 있었다. 전방 또는 "전방 대대장(front battalion commander)"은 연대 지역 방어 전체를 자주 통제하곤 했다.

1917~1918년 이 시스템이 성숙되었을 때, 전방 대대장은 연대의 남은 2~3개 대대를 그가 가장 적합하다고 판단된 시기에 역습을 위해 투입할 수 있는 권한을 가졌다. 비록 사단 포병이 이러한 부분을 담당한 보병 지휘관의 통제를 받지 않았지만, 실제는 포병 연락장교가 보병대대에 편성되어 거의 대부분 보병이 요청하는 화력을 지원해줬다.

유사하게, 책임지역을 담당한 사단장은 자신의 책임지역 후방에 예비로 있는 사단의 일부 또는 전부를 투입할 수 있는 권한을 갖고 있었다. 뛰어난 협조를 중시하는 독일 장교단의 정신으로 인해서, 일반적인 지휘 계통을 벗어나 상황을 실용적으로 처리할 수 있었다. 따라서 독일 방어는 두 수준의 지휘관에 의해 통제된 것이었다. 다시 말해 대대장과 사단장이 통제한 것이다.

대대장과 사단장 모두는 자신의 책임지역을 매우 세부적으로 잘 알고 있었다. 이러한 시스템은 결심주기의 차이를 보여주는 것에 불과하다. 영국과 프랑스 공격자들은 수 마일 후방에 위치한 군단과 야전군 지휘관이 명령을 내려주고 증원해줄 것을 기다렸다. 반면에 방어하는 독일 대대장들은 필요한 장소에 대해 연대의 역습을 지시할 수 있었던 것이다.

사실상, 이것은 세 번째 독일 방어전술 요소와 관련이 있다. 공격자가 탈취한 진지를 강화하기 이전에 실지를 재탈환하기 위해 모든 제대에서 역습을 실시하도록 했다. 대규모 공격작전이 시작되는 때면, 독일 방어자들은 차단진지를 이용해서 돌파의 측면을 감싸려고 했다. 이렇게 하여 신속한 역습을 통해 공격자가 만든 돌출부를 제거했다.

화력으로 인해 병사들은 표적으로 노출되지 않기 위해서 넓게 분산했다. 독일 전술은 이러한 경향이 매우 강했다. "텅 빈 전장(empty battlefield)"을 만들었던 것이다. 이를 위해 대부분의 병사들은 은폐하거나 반사면에 위치했다. 평균적으로, 전투지대 내 50평방미터 안에 단 1명의 독일군 병사가 있는 꼴이었다. 이러한 분산된 방어를 지원하기 위해서, 독일군은 보병중대의 기관총 대 소총 비율을 늘렸다. 독일은 또한 독립 기관총 저격수(sharpshooter) 대대를 만들었다. 1918년 1월까지 모든 소총중대에는 4정의 경기관총이 할당됐고 중대의 규모는 1/3이 감소됐다.

영국 또는 프랑스가 아닌 독일군이 왜 이러한 방어전술을 개발했는가? 일부 측면에서 보면, 필요성이 발명의 어머니였다. 독일은 서부지역을 따라 방어해야 했을 뿐만 아니라, 일반적으로 1918년까지 병력이 적었다. 게다가 독일 장교단은 특정 문제의 해답을 찾기 위한 논쟁과 실험에 보다 개방적이었다. 이러한 논쟁은 전설적인 루덴돌프(Erich von Ludendorff) 장군에 의해 강화됐다. 그는 오래도록 기술과 효율성을 강조했으며 1916년 독일군 최고사령부 작전국장이 됐다. 1917년 1월 루덴돌프는 완편 보병사단을 만들었다.

이 사단의 유일한 기능은 독일군을 훈련시키고 실험을 하며 지휘관에게 새로운 전술을 이해시키기 위한 것이었다. 이러한 공동의 전쟁에 대한 단체 조직적, 협력적 접근방법으로 인해서 독일은 초급 장교 및 부사관들에게 기꺼이 결심하도록 여건을 부여했다. 이와는 대조적으로, 영국군은 전술과 훈련을 개발할 제도적 시스템이 없었다. 많은 영국 지휘관들은 중앙집권화 된 계획수립과 엄격한 규율을 계속 강조했다.

독일이 결코 잘못이 없었던 것은 아니다. 많은 독일 지휘관들은 심각하게 탄력적인 방어의 융통성과 분권화 통제에 반대했다. 예를 들어, 1917년 7~8월 파췌데일(Passchendaele)에서 독일 지역 사령관은 모든 전초에게 역습을 기다리면서 고수·방어할 것을 지시했다. 그러나 영국은 이러한 전술을 좌절시켰다. 영국은 엄격히 제한된 목표만을 공격했다. 독일 방어지대 3㎞ 종심으로 진출한 후, 영국은 참호로 들어가 성공적으로 독일의 역습을 차단했다.

여전히, 소모와 사기와해로 인해 연합군이 엄청난 우세를 차지하기 전까지 모든 제대에서 융통성, 분권화 통제 및 역습을 결합해서 운용하도록 한 독일 방어시스템은 극복할 수 없는 것이었다. 그런 동안, 영국과 프랑스는 1918년 봄, 독일 공세를 방어할 때 자신들이 동일한 결과를 달성하기 어렵다는 것을 알았다. 영국은 장군 회의에서 독일의 방어 전술을 영국에 맞도록 적용하고자 했지만, 결과적으로 초급 지휘관에게 방어할 장소를 결정하고 언제 역습할 것인지를 결정하도록 허락하지 않았다.

비록 영국 방어가 독일 방어와 유사한 모습을 보여주었지만, 영국은 특정지역에서 획득된 주도권과 역습의 부재로 인해서 방어에 실패했던 것이다. 아울러 영국은 어렵게 얻은 지역을 차지하기에 급급했다. 이러한 지역이 적에 대해 반사면에 위치하지 않고 전사면에 위치했을 때조차 어렵게 획득한 지역을 지키려고 했다. 프랑스는 약간 나았다. 1915년 7월 8일, 프랑스는 대부분의 병력들에게 역습을 위해 후방에 위치하라고 지시했다. 그러나 이 명령은 자주 무시됐다. 1918년 5회의 독일 공세를 겪고 나서야 비로소 프랑스 지휘관들은 자신들의 부대들을 종심 깊게 배치해야 하고 가볍게 방어되는 전방 진지의 경우 포기할 수도 있다는 점을 배웠다.

기술적 변화

모든 주요 전쟁과 마찬가지로, 1차 세계대전도 새로운 기술개발을 가속화시켰다. 포병 및 통신의 변화에 추가해서, 많은 새로운 무기가 돌파 문제를 해결하는 노력의 결과로 등장했다. 이러한 노력 중 완전히 성공적인 것은 없었지만, 추가로 등장한 무기들이 전통적인 병과에 결합되었음을 보여주었다.

– 가스

참호로 된 방어진지를 돌파하기 위한 첫 번째 시도가 가스전이었다. 비록 프랑스가 1914년 말 작은 규모로 다양한 독가스를 실험했지만, 최초로 실질적인 가스 공격을 실시한 나라는 독일이었다. 독일의 최초 가스 실험은 1915년 1월 러시아 전선의 로지(Lodz)에서 있었다. 그러나 많은 화학물질을 기화시키는 데 실패했다. 이유는 낮은 기온 때문이었다.

따라서 제한된 효과만을 볼 수 있었다.

서부전선에서 최초 사용은 1915년 4월 22일 이프르 돌출부에서 있었다. 5마일 전선 상에서 기습공격으로 프랑스 식민지 부대를 격퇴시켰지만, 독일은 이 성공을 전과확대 할 준비가 되어있지 않았다. 프랑스가 돌파구를 봉쇄하기 이전에 투입할 가용한 예비대가 없었기 때문이다. 이후, 양측은 원시적인 가스마스크(방독면)와 불확실한 기상조건으로 인해 지속성이 없으며(예를 들면 곧바로 흩어지는 상태), 초기 지속성 화학작용제는 운용하기 어렵다는 것을 알게 됐다.

영국이 1915년 9월 루스(Loos)에서 최초로 가스를 사용했을 때에는 실제 바람이 없어서 가스가 너무 느리게 퍼지거나 잘못된 방향으로 전선을 따라 흩어졌다. 영국 병력들은 자신들이 뿌린 가스 연기 속으로 전진하면서 적보다 많은 사상자를 냈다. 독일은 서쪽에서부터 불어오는 바람을 이용했기 때문에 문제를 안고 있었다. 가스전은 부수적인 효과를 보았고, 적의 효과적인 활동을 감소시키는데 유용했다. 그러나 그 자체만으로는 돌파를 달성할 수 없었다. 화학무기의 주된 효과는 공포, 불안, 그리고 전쟁의 복잡성을 증가시킨 것이었다. 1917~1918년, 일반적으로 가스가 낮게 깔리면 적을 대피호에서 끌어낼 것이라는 희망감을 가진 채로, 공격준비 사격간 포병 고폭탄에 가스를 혼합해서 사용했다.

– 항공기

1차 대전은 많은 항공기 활동이 있었던 최초의 전쟁이었다. 전쟁 기간 중, 군용 항공기는 엄청난 비율로 증가했지만 1918년까지 여전히 유아기에 머물러 있었다. 전투기 조종사는 인기 있었으며, 이들의 기본적인 임무는 지역적인 항공우세를 달성하는 것이었다. 이러한 상태를 달성하면, 그 당시 보다 원시적인 항공기를 조종하던 조종사들이 정찰과 포병화력 유도라는 기본적인 기능을 할 수 있었다. 독일에서도 1916년 항공 참모부를 독립적으로 설치했으며 성숙한 항공력 개념을 발전시켰다. 독일도 정찰, 공중우세권 그리고 장거리 폭격의 필요성을 인식했다.

1914년 초, 영국 왕실항공군단은 임기 표적을 폭탄으로 공격하기 위하여 정찰기를 요구하기 시작했다. 문제는 폭탄이 작아 25파운드 이하였다는데 있었다. 그러나 양측은 지상 병력에 대한 공중공격이 상당한 심리적 충격을 준다는 것을 바로 알게 되었다. 포병과는 다르게, 포가 보이지 않는 곳에 항공기가 출현했다. 이 항공기는 개인적인 복수를 하기 위해 그 당시 믿을 수 없었던 시속 150마일 속도로 폭풍처럼 지상 병력을 공격했다.

방어자 입장에서 보면, 우군 항공기가 출현한다는 것은 상급부대에서 자신들의 상황을 관심 있게 보고 있다는 것을 의미했다. 점차적으로, 유럽의 국가들은 적 보급로 차단뿐만 아니라 근접항공지원 개념을 발전시켰다. 근접항공지원은 우군부대가 근접한 곳의 적 전선에 대해 폭격을 하고 기총소사를 한다는 것이었다.

비록 이것은 전쟁 말에도 유년기에 머물러 있었지만, 1917~1918년 성공적인 공격작전은 거의 항상 세부적인 공지협조(air-ground cooperation) 계획수립을 포함하고 있었다. 따라서 비록 공군 대부분 전투원들이 지상 지휘관으로부터 독립하고자 했지만, 위대한 미국의 공군력 이론가 미첼(Billy Mitchell)은 이러한 근접항공지원의 필요성을 인식하고 있었다.

다른 공군 부대들은 이러한 필요성에 대해 다양한 접근법을 찾았다. 영국 왕실공군(RAF)과 미 육군항공부대는 지상지원을 일반적인 추격기 또는 전투기의 또 하나의 단순한 과업으로 고려했다. 전쟁의 마지막 달까지 특수화된 부대나 장비가 발전되지 않았다. 이 결과 엄청난 대가를 자주 치렀다. 조종사들이 잘 훈련되지 않아 많은 사상자를 냈다. 조종사들은 부서지기 쉬운 비행기로 적 진지 상공을 낮게 날았기 때문이다. 예를 들어, 전쟁 마지막 10개월 동안, RAF의 80항공대는 매달 평균 75%의 조종사를 잃었다. 이러한 사상자 발생률은 RAF가 전쟁 이후에 근접항공지원을 거부한 이유를 설명해 준다.

대조적으로, 독일과 비록 독일보다 못하지만 프랑스는 특수화된 부대를 개발했다. 이로써 조종사를 훈련시키고, 독일의 경우 지상공격을 위해 항공기를 개량했다. 독일 J-1 항공기는 조종석 주변에 제한된 수지만 철판을 장착했다. 이렇게 하여 적 진지 상공을 날 때 적의 화기로부터 조종사를 보호하려 했다. 1918년 봄, 루덴돌프 공세가 있었을 때 독일은 38개의 전투 비행대(Schlachtstaffeln)를 근접지원을 위해 운용했다. 이 항공기들은 200피트 이하의 고도에서 조직적인 형태의 폭격 및 기총소사를 하기 위해서 훈련됐다.

– 전차

군용 모터 차량도 1914년 수 대의 원시적인 자동차를 기초로 개발됐다. 1918년에는 수 천대의 군용 트럭이 배치됐다. 비록 전장의 무기는 아니었지만, 트럭은 넓은 지역에 대해 신속히 병력과 보급품을 이동시켜 주었다. 이를 통해서, 이전 세대의 철도가 했던 것 같은 엄청난 작전적 기동력을 얻었다. 트럭은 예상치 못한 지점에 대한 갑작스러운 집중과 기습공격을 가능하게 했고 돌파를 억제하기 위해 예비대를 이동시켜 주었다. 또한 트럭은 주요 공세에 필요한 탄약과 물자를 집적하는데 필수적이었다.

전차는 본래 참호전이라는 교착상태처럼 특수한 상황을 해결하기 위한 특수무기로 설계됐다. 잠재적으로, 초기 전차는 무인지대의 소택지를 지나 포병의 화력과 기관총을 가지고 갈 수 있었다. 이것은 보병부대가 가져가는 무기보다 나은 방호력을 부여해주었다. 그러나 이 무기의 의도된 목적은 보병을 지원하여 돌파구를 만드는 것이었다. 그래야만 기병이 독일 후방지역으로 전과확대 할 수 있었기 때문이다.

기병은 1914년 이래로 이러한 기회를 노리고 있었다. 1916년 초기, 스윈튼(Ernest Swinton)이 보병 지원을 기다리지 않고도 독일의 모든 방어선을 전차로 돌파 가능하다고 생각했던 것은 사실이다. 그는 영국 전차부대를 편성한 사람 중 한 명이었다. 그러나 스윈튼은 적의 유자 철조망과 기타 방어진지를 파괴하기 위해서 표준적인 포병 탄막사격이 있을 것이라고 가정했다.

이러한 파괴 결과로 이미 느리게 전진하고 있는 전차의 전진을 부득이 방해할 것이라고 보았다. 사실상, 전차는 적 방어선으로 돌파를 위해 돌입하는 보병을 지원하기에는 한계가 있었다. 전차는 완전히 돌파한 후 돌진하여 적 후방으로 전과확대 하는데 사용하는 것이 나았다. 더욱이, 스윈튼이 주장한 전차를 이용한 돌파가 가능했다고 하더라도 영국의 보병과 포병이 통제선에 따라 중앙집권적으로 통제되는 작전을 방해했을 것이다. 전차는 자체적으로 독립된 병과라기보다는 공격작전을 수행하는 팀의 한 가지 장비에 불과했다.

이러한 전차사용 목적은 초기 전차의 단점을 이해하기 위해서 반드시 상기되어야 한다. 영국과 특히 프랑스 중(重)전차는 속도가 느렸고, 기계적으로 신뢰성이 빈약했으며, 직사포병에 크게 취약했다. 따라서 최초 기습에 실패하면 문제가 발생했다. 결국 이러한 새로운 무기는 매우 급하게 설계되고 야전에 배치됐다. 그리고 단지 수 마일을 전진한 후에 자신의 전장을 기병에게 인계해주기 위한 의도로 사용되었다. 더욱이 전차를 둘러싼 보안으로 인해서 보병과 전차의 협동작전 훈련 기회가 거의 없었다. 여기에 보병 지휘관들의 비관적인 시각이 더해졌다. 이러한 상황 속에서 보병은 전차와 분리될 수밖에 없었다. 따라서 독일 보병은 이 두 개의 병과를 각개 격파할 수 있었다. 일반적으로 말하자면, 전투 이전에 전차와 훈련하는 기회를 가진 후 전투에서 함께 작전했던 보병은 전차를 깊이 신뢰했다. 그러나 사전 전차와 훈련 없이 전쟁에 투입된 보병은 전차를 욕했다.

1916년 9월 15일, 전차가 최초 투입됐다. 7마일 전선에 걸쳐 32대의 전차가 전개하여 영국의 프레어스-코스레트(Flers-Courcelette) 공세를 지원했다. 이러한 일련의 소규모 공격은 전차의 기습적 가치를 떨어뜨렸다. 물론 초기 전차 요원들은 이러한 실험이 필요했다고 주장했다. 설계상 문제를 발견하고 시정하기 위해 필요했다는 것이다. 이러한 전차 사용 결과에 영국군 사령관 헤이그(Douglas Haig) 장군은 만족했다. 그는 후에 사용하기 위해서 1,000대의 전차를 주문했다. 후의 비난과는 다르게, 헤이그와 기타 영국 지휘관들은 전차 개발을 지원했다. 문제는 충분한 전차를 생산하고 이를 잘 사용하여 성공할 수 있는 환경을 찾는 것이었다.

영국 전차군단은 1917년 11월 20일 깡브레이(Cambrai) 전투에서 이러한 조건을 가질 수 있었다(지도 1). 새로운 분석 기술을 통해서, 영국 포병은 유효사거리에서 사전 공격준비사격을 실시하지 않고 진지로 이동했다. 전차는 포병이 사격을 개시하는 바로 그 순간 전방으로 기동하기 시작했다. 보병은 전차로부터 보호를 받으면서 전차를 후속했다. 장기간의 포병 공격준비사격을 실시하지 않았기 때문에 기습을 달성할 수 있었을 뿐만 아니라 전차와 보병이 보다 쉽게 이동할 수 있었다.

3개 여단의 474대의 중(重)전차는 자신들과 함께 하는 6개 보병사단 중 5개 보병사단과 강한 훈련을 실시했었다. 전차는 세 대로 반을 구성하여 작전했다. 1대의 전차는 기관총을 사용하여 방어하는 보병을 제압하기 위해 공격했고, 2대의 전차는 영국 보병과 함께 참호를 극복해갔다. 이러한 전술은 깡브레이 중앙에 위치한 프레뀌레(Flesquieres) 능선을 제외하고는 효과적이었다. 여기서 제51하이랜드 사단의 지휘관은 독일 화력이 전차에 집중되리라고 믿었기 때문에 보병이 전차 100야드 이

내로 근접하는 것을 금지시켰다. 더욱이, 왕실 항공군단은 공격을 준비하는데 필요한 기동부대가 전진한다는 사항을 사전에 전달 받지 못했다. 그리고 독일 포병을 제거했다는 잘못된 보고를 하게 되었다. 실제로, 독일 1개 포대가 프레뀌레 능선 반사면으로 이동하기는 했었다. 영국 전차는 언덕을 오르면서 지원을 받지 못했지만, 한 대 한 대씩 정상에 올랐다. 이때 독일 포병은 직접조준 사격을 실시하여 수 분 이내에 기동할 수 없었던 16대의 전차를 파괴시켰다. 이 사건을 통해서 많은 관찰자들은 전차는 보병과 분리되면 생존할 수 없다고 확신했다.

이러한 태도는 비록 전차의 속도와 기동성이 향상됐음에도 불구하고 1918년 이후까지 지속됐다. 어쨌든, 가용한 전차는 깡브레이 전선에서 균등하게 투입됨으로 인해 최고의 승리를 달성하기 위해 사용할 수 있는

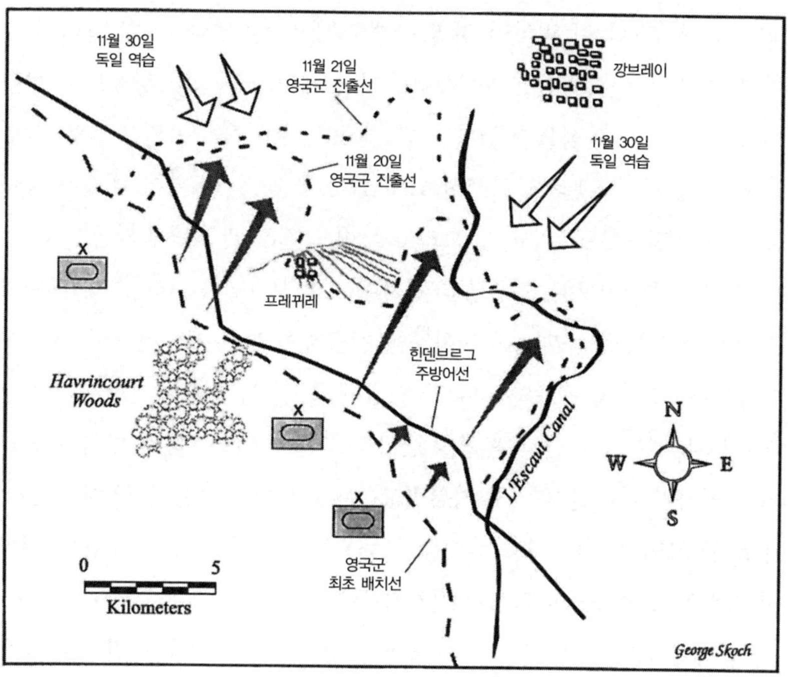

지도 1. 1917년 11월 20~30일 깡브레이 전투

예비 전차가 남지 않았다. 더욱이, 영국은 깡브레이를 습격 수준의 공격으로 보았지 돌파를 시도한 작전으로 보지 않았다. 그리고 초기 성공을 달성했을 때 보병 예비대가 거의 없었다. 후방에 위치했던 연합군 장군들의 지휘상 문제로 인해서 독일은 방어선을 재구축했다. 독일은 이것을 영국이 돌파를 전과확대하기 위해서 뒤에 있는 기병을 투입하기 이전에 완료할 수 있었다.

깡브레이에서 영국군이 공세를 취한지 10일 후, 독일은 역습을 실시하여 최초의 전선을 회복했다. 이때, 독일의 역습 역시 최신의 발전기술을 반영하였다. 기습, 통제선을 따라 포병 사격 연신을 위해 사용한 색을 가진 신호탄, 그리고 다중 제파식 공격을 실시하되, 제1파는 영국의 거점을 우회하고 나머지가 이를 제거하는 공격기술이 그것이었다.

깡브레이 이전에도, 독일은 대전차 교리를 개발하기 시작했었다. 영국 기갑 지휘관들이 믿었던 것과는 매우 대조적이었다. 독일 교리에 의하면, 독일은 원시적인 전차 모델이 지닌 제한된 화력과 장갑보다 심리적 효과에 보다 관심을 가졌다. 그러나 1917~1918년 독일은 자원이 부족해서 전차를 경쟁적으로 생산할 수 없었다. 대신, 독일은 대전차 장애물과 당시 경(輕)포(77미리 포) 그리고 보병의 전차 관통탄에 의존했다.

이 특수한 탄약은 초기 영국 전차에 효과적이었다. 그리고 1918년까지 독일은 커다란 규모의 대전차포를 개발하여 이후 개발된 영국 전차에 대응했다. 전차의 공포와 싸우기 위해서, 독일 병사들은 어떻게 전차를 격퇴시킬 것인가에 대한 훈련을 받았다. 가능하다면, 독일 보병은 공격하는 전차가 지나갈 때까지 기다렸고, 이후 후속해 오는 영국 보병을 상대했다. 그리고 전차 아래로 수류탄 묶음을 던졌다. 수류탄 묶음이 폭발하면서 궤도 하나를 파괴시켜 전차가 무력화되곤 했다.

전쟁이 끝나면서, 전차는 보병과 지상공격 항공기를 동반하지 않으면 극히 취약하게 되었다. 보병과 지상공격 항공기는 대전차 방어 위치를 식별하여 제압했다. 1918년 8월 바포메(Bapaume) 전투 초기 3일 동안, 독일 대전차 방어 및 기계적 결함으로 인해서 공격하던 전차의 81%가 멈춰 섰다. 전장에서 파손된 모든 전차는 수 분 동안 실시된 대전차 화력에 의해 파괴된 것이 거의 확실하다. 독일의 포탄이 장갑을 관통하지는 않았지만, 이 탄은 장갑판 안쪽에 날카로운 깨진 조각을 만들어 피해를 주었다. 이러한 경험으로 인해 전차의 초기 이점을 다시 회복시킨 기술적인 변화가 있었으며, 훨씬 뒤에 전차의 능력과 역할에 대한 개념이 형성됐다.

전차 전술과 무기는 육군마다 다양했다. 영국은 최초로 전차를 야전에 사용한 국가였다. 영국은 보병 전방에서 전진시키기 위한 거대한 중(重)전차를 설계했다. 이 전차는 철조망을 으깨고, 참호를 넘어가도록 설계됐다. 역으로, 프랑스 기갑 부대장이었던 에스땡(Jean-Baptiste Estinne) 장군은 중전차를 자연이 거점을 파괴시키기 위한 자주포로 고려했다.

에스땡은 또한 전차의 전진을 지속하기 위한 보급품과 연료를 무인지대를 통해 실어 나르기 위한 트랙화 된 수송장비 개발을 생각했다. 더욱이 프랑스는 수 천대의 경전차를 생산했다. 이것은 강습하는 보병을 선도하고, 우회된 모든 독일 방어 중심부를 제압하기 위해 사용되었다. 1918년까지 영국과 미국은 중(重)전차 뿐만 아니라 경(輕)전차 개념도 가지고 있었다.

영국의 휘피드(Whippet) 경전차는 대부분의 전차보다도 빨랐다(시속 4마일에 비해 7마일에 이르렀다). 그러나 신속한 전과확대를 하기에는 여전히 어려운 문제점을 갖고 있었다. 경전차는 한 가지 이점을 가지고 있었다. 그것은 한 장소에서 다른 장소로 비밀리에 보다 쉽게 이동할 수 있었다는 것이었다. 왜냐하면 이 전차는 철도로 이동하지 않고 트럭에 탑재하여 이동할 수 있었기 때문이다. 비록 왕실 전차군단이 특수한 장갑차량(내부에 무전기, 보급품, 그리고 기관총을 탑재)으로 실험되었지만, 1차 대전시 모든 전차부대들은 여단급까지 순수한 전차 편성부대였으며 보병부대에 배속되도록 되어있었다. 이것은 독립적인 제병협동 기계화 작전에 사용된 것이 아니었다.

가스전, 항공기, 차량 수송, 그리고 전차는 각기의 특성을 제외하더라도 1914~1918년 진지전이 이루어졌던 전장 속에서 두 가지 효과를 제공해 주었다. 한 가지는 이들의 개발로 인해서 공격 또는 방어를 위해 상이한 무기들을 결합시키는 문제가 보다 복잡해졌다는 것이다. 보병-포병 협조가 여전히 발전 중에 있었던 때에 이것은 세부적으로 계획을 수립하고 중앙집권적으로 통제하는 경향을 강화시켰다. 또 하나는 이러한 조직화(orchestration)에 성공한 육군은 결국 소모전에 의해 상대를 패배시킬 수 있는 보다 나은 기회를 갖게 되었다는 것이다. 비록 실질적인 돌파가 결코 구현되지 않았지만 말이다.

보병의 부활

포병, 가스전, 항공기, 그리고 전차에서의 많은 발전은 1914년 화력 속에서 전진하는 보병의 무능력에 기초한 것이었다. 포병이 안 보이는 후방지역 진지에 분산되자마자, 보병은 전방 참호 속에서 더욱 고립됐다. 1차 대전 동안, 수 개국의 보병들은 점차로 자신들의 본래 능력인 지역탈취 및 확보라는 능력을 회복하면서 진화했다. 이 과정에서 근대 보병의 편제가 탄생하게 된 것이다.

1914년 보병대대는 거의 소총으로만 무장되었으며, 여기에 몇 정의 중(重)기관총을 보유했다. 이 중기관총은 거의 이동시킬 수 없는 것이었다. 기관총의 위력이 명백해지자 영국, 미국 및 기타 육군은 중기관총을 독립대대로 분리하는 경향이 있었다. 기관총을 독립된 전투병과로 만들려는 움직임이었다.

다양한 육군 내의 보병들은 자신들의 화력을 증가시키려고 했다. 이러한 최초 노력이 참호에서 발사할 수 있는 박격포였다. 포병이 전장에서 분리된 이후에, 보병지휘관들은 이를 통해서 화력지원을 다시 통제할 수 있는 기회를 갖게 되었다. 고각사격이 가능했기 때문에 상대적으로 가벼우며 단순한 박격포는 적 화력에 노출되는 불꽃을 보이지 않고, 참호 속에서 적 진지로 포탄을 날려 보낼 수 있었다. 박격포는 수 세기 동안 중(重)포병의 형태로 존재했었다. 그러나 이것은 일반적으로 구식이라고 간주되었다. 1914년, 독일만 제한된 수의 커다란 박격포(250미리)를 가지고 있었다. 이 무기는 벨기에 요새지를 강습하기 위해 할당된 특수화된 전투공병부대에 소속되어 있었다.

이 무기는 편리했고 인기도 좋았기 때문에 곧 추가적인 전투공병 부대를 보유한 편성부대를 만들게 됐다. 1916년까지 전형적인 독일 보병사단은 이러한 전투공병 중대의 지원을 받았다. 이 부대는 250미리, 170미리, 76미리 세 가지 구경의 박격포를 지녔다.

다른 육군들은 신속히 독일의 전투공병 부대를 모방했다. 최초 프랑스는 1830년대 구식 박격포를 이용했었다. 1916년 8월까지 1개의 박격포 중대가 프랑스 각 보병사단을 지원했다. 그리고 기타 박격포 중대들은 주요 공세가 시작될 때 독일 방어선을 제압하는데 가담했다. 더욱 의미심장한 것은 영국의 발명가 스탁스(Wilfred Stokes)가 1915년 3월 모든 현대 보병 박격포의 할아버지 격이 되는 박격포를 개발했다는 것이었다. 즉, 3인치 포구장전 스탁스 박격포를 만든 것이다.

이전의 많은 박격포와는 달리, 스탁스의 설계는 매우 단순했다. 사수는 가능한 신속히 포탄을 박격포 포신으로 넣을 수 있었다. 포탄이 고정된 공이에 닿게 되면 추진제가 자동적으로 폭발하도록 되어 있었다. 이러한 박격포는 포병 포보다 생산하고 운용하는데 있어서 훨씬 편리했다.

그래서 전쟁 동안 모든 육군에서 널리 사용되었다. 그러나 대부분의 육군들은 거대한 박격포를 기관총과 같이 특수 단위부대로 편성시켜 보병과 분리시켰다.

1915년 초, 프랑스는 보병에게 다른 무기를 주기 시작했다. 샤르코트 자동소총과 총류탄 발사기가 유명하다. 이러한 무기는 기관총 및 박격포보다 발사 속도가 느렸고 사거리가 짧았다. 자동소총과 유탄 발사기는 휴대가 더욱 용이했지만 프랑스 보병에게 보다 기동이 용이한 화력과 단거리 간접화력 사격 능력(150미터까지)을 부여해주었다. 이러한 무기들은 편제와 소부대 전술에 주된 변화를 야기했다.

1916년 9월 27일 프랑스는 본부와 4개 소대로 구성된 보병중대로 재편했다. 본부에는 통신 및 전투공병 요원들이 있었고, 소대는 각 2개 반으로 편성됐다. 12명으로 편성된 반 내에는 손으로 던지는 수류탄 투척병, 총류탄 병, 그리고 소총병이 있었다. 이들은 자동소총병을 화력 기준점으로 하여 편성되었다. 자동화기 화력은 적을 제압하게 되고, 이때 반의 나머지 인원들이 유탄과 소총을 이용하여 적을 제거할 수 있는 근거리로 기동하도록 했다.

이러한 반은 1914년처럼 더 이상 길게 늘어서지 않았다. 이러한 프랑스 보병 중대 3개와 8정의 중기관총 및 37미리 포를 지닌 중대가 보병대대로 편성되었으며, 이것이 근대의 보병대대와 유사한 모습이라 하겠다.

전술에서의 변화는 좀처럼 뿌리를 잡기 힘들다. 1915년 5월 신분이 낮은 프랑스 대위 라빠르그(Andre Laffargue)는 개인적으로 팸플릿을 발간했다. 이 책에서 그는 참호용 박격포와 소위 척후병 또는 1급 사수 그룹을 포함한 다양한 혁신을 제시했다. 앞서 말한 그룹은 경기관총, 유탄총 및 수류탄으로 무장하고 강습부대의 본대 50미터 앞에서 선도해야 한다고 했다.

이들의 임무는 주공(main attack)을 위해 엄호를 제공하고, 가능하다면 침투를 통해 독일 전방 진지를 극복하고 독일 기관총 진지를 기습 공격하는 것이었다. 프랑스 정부는 이 팸플릿을 분배했지만 공식승인하지는 않았다. 영국은 거의 이를 무시했었다. 1916년에 가서야 프랑스는 산병선(散兵線)이 밀도를 감소시켜서 1보당 1명씩 전개시켰던 것을 2보당 1명씩, 후에는 5보당 1명씩으로 전개시켰다. 그리고 새로운 무기들을 보병 편제에 완전히 반영시켰다. 1916년 여름, 독일은 이 팸플릿 복사본을 획득했다. 그리고 이 팸플릿의 아이디어를 자신들의 전술교리 발전에 반영한 것으로 보인다.

기타 육군들도 심각한 반대 없이 유사한 무기 및 편성을 채택했다. 오랫동안, 영국 보병대대는 소총으로 무장된 얇은 산병선 대형을 거의 독자적으로 유지하고 있었다. 이들이 참호선을 습격할 때는 정보를 획득하고 사기를 높이기 위한 목적을 가졌다. 영국은 매우 혁신적이었지만, 공식적인 교리는 바꾸지 않았다. 마지막으로 1917년 2월, 영국 육군은 새로운 전술적 지시를 하달했다. 이것은 소총병을 산병선으로 전개하는 것을 포기하고, 2개의 집단으로 편성한 소대를 운용하라는 것이었다. 한 집단은 소총병과 수류탄 병으로 구성하여 측면으로 기동해서 적 진지를 포위토록하고, 두 번째 집단은 소총병과 경기관총병으로 편성하여 화력지원 기지로서의 역할을 하라는 것이었다. 따라서 각개 보병소대는 적어도 이론적으로 자동화기 및 간접화력 그리고 융통성 있는 기동을 하게 된 것이다. 사실상, 지쳐버린 영국 병사들은 새로운 전술을 배울 기회를 거의 갖지 못했다. 따라서 이 아이디어의 효과는 다양하게 나타났다.

가장 시스템적인 변화는 놀랄 필요 없이 독일 보병에 있었다. 탄력적인 방어를 발전시켰던 것과 같이, 하나의 기관으로서 독일 육군은 새로운 보병무기와 소부대 전술을 개발하고 검토했다. 1915년 초, 독일 최고사령부는 실험 중대를 만들어서 경박격포, 화염방사기, 경량화 된 이동식 보병 지원포의 전술적 운용을 연구했다. 시도와 실패를 거치면서, 이 부대의 로르(Rohr) 대위 및 래드만(Reddemann) 대위가 강습전술을 발전시켰다.

이것은 1, 2차 대전 기간 중 독일의 표준적 전술 모델이 되었다. 그리고 대부분의 타 육군들에게도 영향을 미쳤다. 필연적으로 어떤 한 무기의 위력은 다른 위력이 약한 무기를 보강하기 위해 사용된다. 보병 지원포를 예로 들면, 이것은 적의 특화점을 파괴하기 위한 가장 정확한 무기였다. 그러나 이러한 포는 전장에서 이동시키기가 너무 어려웠다.

1918년 경량의 77미리 포가 소량 생산되면서 이 포는 강습부대를 엄호하기 위해서 감제관측이 가능한 진지에서 배치하여 운용했다. 이러한 부대들은 보다 이동이 용이한 박격포를 휴대하여 포병 사격에서 파괴되지 않은 모든 장애 요소들을 제거시켰다. 유사하게, 중기관총은 엄청난 화력을 제공했다.

그러나 강습부대도 경기관총, 자동소총 및 유탄발사기로 이를 보강해주었다. 사실상, 세열 수류탄은 근접전투에서 소총을 대신한 기본무기였다. 독일은 또한 제한된 숫자의 기존 소총보다 휴대가 간편한 보조 기관총과 소형 칼빈총을 생산하여 화력을 제공할 수 있게 해주었다. 상이한 무기는 상이한 전투대형을 의미하기도 한다. 독일 보병은 선형 대형을 포기하고 융통성 있는 집단 전투대형을 선호했다. 보병의 포와 박격포는 특화점을 파괴토록하고, 이어서 수류탄과 경기관총을 지닌 팀이 적과 화력전투를 통해 승리하도록 했다.

독일의 탄력적인 방어와 강습전술은 필연적으로 초급장교와 부사관의 역할을 증대시켰다. 상급 지휘관들은 젊은 군인들에게 이전에 없던 많은 양의 훈련을 시켜야 했고 신뢰해야 했다. 결국 이들이 전투를 수행할 것이었다. 전쟁이전 훈련 기준과 독일 초급 지휘자들의 사회적 지위로 인해 독일은 타 연합군 육군보다 분권화된 통제에 훨씬 용이했지만 변화는 쉽지 않았다.

새로운 전술과 무기로 무장했고 엄격히 산병선을 이루며 전진한다는 사고로부터 자유로워지면서, 독일 병사들은 일부 적 특화점을 우회하기 시작했다. 그리고 신속히 후방지역으로 진출했다. 비록 이러한 침투기술이 1916년 베르덩 전투 초기에 나타났지만, 이 개념은 사실상 1917년 러시아와 이탈리아 전선에서 개발되었다. 이것은 리가(Riga)와 카포레토(Caporetto) 전투에서 독일을 승리로 이끌었다.

이러한 전술은 때때로 "후티어 전술(Hutier Tactics)"로 불렸지만, 이것은 잘못된 표현으로 보인다. 후티어 장군은 러시아 및 이탈리아와 전투를 하면서 이러한 공격을 지시했었다. 이때는 그가 1918년 독일의 춘계 공세 시에 1개 야전군을 지휘하기 이전이었다. 그러나 그는 이러한 개념을 개발해내지 않았다. 일부 독일 장교들이 후에 "침투" 또는 "유연점(soft-spot)" 전술의 존재를 부정했다. 그리고 사실상 1918년 승리들은 3년간의 발전된 전술의 지능적인 응용을 통해서 달성된 것이었다.

탄력적 방어에서 했던 것과 같이, 독일 참모총장 루덴돌프는 새로운 전술적 지시를 모든 보병부대들에게 하달했다. 1918년 초기 70개 사단들은 순환하면서 새로운 공격전술을 위한 특별 훈련을 받았다. 이 결과로 독일은 1918년 3~4월에 놀라운 승리를 얻었다. 이 공격작전을 소위 루덴돌프 공세라고 부른다. 이때 전술은 1차 대전 동안 제병협동 관련 발전의 최고조를 보여주었다. 이러한 전술 뒤에 놓인 정신이 후에 기갑장비로 무장한 독일군의 전격전과 크게 관련을 맺게 된다.

기동성의 회복, 1918년

1918년 독일의 전술은 4개의 항목으로 요약될 수 있겠다. 브루크뮬러(Bruckmuller) 포병 공격준비사격, 제병협동 강습 또는 폭풍 대대 운용, 산병대형으로 전진하는 것을 포기하고 적의 저항 중심을 우회하는 전술, 그리고 적의 후방지역을 와해시키기 위한 공격이 그것이다.

브루크뮬러(Goerge Bruckmuller) 대령은 신경과민 문제로 1913년 전역한 무명의 장교였다. 그러나 그는 전쟁으로 인해 재소집 되어 독일 포병 전투기술을 정제된 술(art)로 발전시켰다. 이 발전은 결코 한 사람에 의해 이루어진 것은 아니다. 브루크뮬러도 후티어와 마찬가지로 다른 포병 전문가를 대신하여 그의 공적이 과장된 경향이 있다. 당시, 브루크뮬러는 군단 및 그 이상 수준의 포병 지휘본부가 필요하다고 고위 독일군 지휘관들을 설득했었다. 이렇게 해야 공격작전 때 화력지원을 동시통합할 수 있다고 주장했다. 또한 그는 무기, 탄약 그리고 타임테이블을 결합시키는 비상한 방법을 발전시켰다. 이렇게 하여 적 방어체계에 현저한 효과를 미치도록 했다.

브루크뮬러 포병 공격준비사격의 핵심은 조심스럽게 사격계획을 조직화하고, 짧지만 강력하게 포격을 함으로써 적 방어를 고립시키고, 사기를 저하시키며, 와해시키는 것이었다. 각각의 대규모 독일 공세가 있기 이전에 브루크뮬러와 그 일행들은 보병 및 포병 초급지휘자를 위한 교과를 편성하여 어떤 상황이 벌어질 것인가를 설명했다. 그 결과 이전에 없던 병과 상호간의 이해와 협조를 얻었고 아울러 보병들은 보다 자신감에 차게 되었다. 브루크뮬러는 진실 되게 동료 간의 협력관계를 역설했다. 고정된 편성상의 수직적 구조를 주장하기 보다는 승리를 달성하기 위한 협조의지를 강조한 것이다.

다음으로, 브루크뮬러는 특정 표적에 대해 상이한 무기를 사용하도록 할당했다. 예를 들어, 각 참호용 박격포는 단지 25~30미터짜리 적 철조망과 참호에 대해 사격하도록 했고, 각 포병 포대에는 특정한 적 포병 포대를 제압하도록 하거나 또는 적 진지 100~150미터를 타격하도록 했다. 또한 그는 각 사단에 있는 77미리 야전포에 대해서는 적 포대를 타격하도록 임무를 부여했다. 반면 군단급에 있는 곡사포는 이러한 사단들의 보병을 지원하기 위한 이동 탄막사격을 제공하도록 했다. 이렇듯 편제상의 논리를 명백히 위반하는 사격이었지만, 그는 야전포들이 신속히 적 포병 병사들을 와해시키고 분산시킬 수 있다고 판단했다.

브루크뮬러는 곡사포가 우군부대 병사들을 근접해서 사격할 수 있는 정도의 정확성이 부족하다고 판단했다. 때문에 지역표적을 회피하고 포병 관측소, 지휘소, 무전 및 유선 통신소, 후방부대 집결장소, 교량, 그리고 주요 접근로와 같은 중요 지점에 화력을 집중시켰다. 그는 조심스럽게 이와 같은 표적들을 항공사진 상에 표정했다. 이 결과 통신을 차단하고 전방 부대들을 고립시킬 수 있었다.

효과는 기습에 의해 증대되었다. 1916~1917년 모든 육군에서 개발된 분석 기술을 사용하여, 브루크뮬러는 즉각적으로 전방 보병이 참호진지 뒤에 놓이는 순간 비밀리에 포병진지를 점령하고 방열할 수 있었다. 더욱이 전투가 개시되자마자, 포병 지휘관들과 전방 관측자들은 각자 전선을 관측하고 필요에 따라 사격을 수정할 수 있었다. 딱 정해져 있는 타임테이블을 그대로 고수하며 사격할 필요가 없었다.

1918년 3월 21일 독일 공세가 시작되면서, 브루크뮬러는 가스탄을 이용하여 10분간 먼저 사격하도록 했다(이것은 영국군이 방독면을 착용하도록 만들기 위한 것이었다). 이어서 4시간 25분간의 고폭탄 및 가스탄 혼합사격을 실시했다. 공격준비사격은 멈췄다가 다시 시작함을 반복했다. 이렇게 하여 언제 포병사격이 끝나고 보병이 전진할 것인가를 모르도록 만들었다. 포격이 있는 동안, 자동소총팀은 영국 진지에 가장 가깝게 다가갔다. 독일군은 전진하면서 이동 탄막사격을 했고 연막을 강화시켰다. 기습, 간명성, 강렬함, 그리고 신중한 표적 선정을 결합한 것이 독특한 특징이었다.

비록 모든 독일 보병들이 강습전술을 수행하기 위해서 편성되고 훈련되었지만, 새로운 전술의 핵심은 특별 강습폭풍 대대였다. 이 부대는 전술을 발전시켰고, 과거의 보병부대를 훈련시켰다. 그리고 특히 강력한 적 진지의 강습을 선도하기 위한 분견대를 제공했다. 이러한 강습 병력들은 전통 보병과 함께 강습 특수임무 대대를 편성하였다. 대대 내의 모든 무기들을 대대장이 집중하여 사용할 수 있었다. 1918년 전형적인 강습 특수임무 대대는 3~4개의 보병 중대와 1개의 참호용 박격포 중대로 편성되었다. 1개의 포병 포대 또는 77미리 포 반개 포대, 1개 화염방사기 반, 1개 통신 분견대, 그리고 1개 전투공병반을 동반했다. 연대급 지휘관 역시 추가적인 기관총 부대와 자전거 요원들을 배속시켰다.

동반된 포병 포들은 전체적인 공격준비사격에 가담하지는 않았지만, 보병 뒤에서 기다리면서, 즉각 이동할 준비를 했다. 전투공병의 중요한 임무 하나는 이러한 포들이 장애물과 포탄으로 발생한 구멍을 극복하도록 해주는 것이었다. 저항의 중심지에 다다르면, 자동화기 및 유탄을 사용해서 제압사격을 가하였으며, 이때 포와 박격포 및 화염방사로 이를 제거하도록 했다. 일부 77미리 포는 낮은 포가로 특별 제작되었지만 잘 보이는 표적이었기 때문에 포를 조작하는 인원들은 공격 간 많은 사상자를 냈다.

독일 전술의 정수는 강습부대의 1제대가 저항거점을 우회하고, 적 진지로 종대대형이나 분대 단위로 돌파해 들어가기 위해서 애로지역 아래나 전초 사이로 기동하는 것이었다. 일부 척후병들은 사전에 이러한 분산된 종대대형을 취해야 했지만, 산병선을 이루는 선형 전투대형은 회피했다. 각각의 예하 지휘관들은 측방의 상황과 무관하게 적 방어선 상에 있는 간격을 통해서 전진을 계속할 수 있는 권한이 있었다. 2제대는 경포와 전투공병으로 편성되었다. 2제대는 우회된 적 진지를 제거할 책임이 있었다. 이러한 분권화된 유연점(soft-spot) 전진 시스템은 독일군의 두 번째 특성이었다. 이것은 유연성 있는 방어 경험 때문이었다. 1917년 카포레토 전투에서 후에 북아프리카 영웅이 된 젊은 롬멜(Erwin

Rommel)은 이 전술을 사용해서 전방 방어지역을 우회하고 이탈리아 보병 연대를 포획했다. 이때 독일군의 전투력은 수 개 중대에 불과했었다.

독일 침투전술의 마지막 국면은 적 후방을 와해시키기 위한 노력에 있다. 포병 공격준비사격은 통신 및 지휘소를 파괴하기 위해 시작되었다. 침투하는 보병 역시 이러한 장소 및 포병 사격진지를 공격했다. 1918년 독일 공세에 맞선 영국 방어부대는 그 당시 재편성을 했지만, 곧바로 부대 편성이 와해되고 통신이 마비되어 4일 동안 38㎞를 후퇴했다.

풀러(J. F. C. Fuller) 대령은 최초의 전차 전술가들 중 한 명이었는데, 그는 영국군이 후방에서 전방으로 붕괴되면서 철수한 것처럼 보였다고 분석했다. 주요 영국 지휘본부들은 전방 부대들 중 일부 부대와 유선통신이 두절되기 전에 독일의 다중 공격이 있다는 것을 알았다. 당시 남아 있던 부대들은 독일군에게 우회 당했지만, 그 후에도 성공적으로 전투하는 부대들이 많았었다. 하지만 영국의 상급 지휘관들은 남아 있던 부대들에게 명령을 하달하여 전통적인 선형방어전선을 형성하기 위해서 철수시켰다.

마지막으로, 7월 프랑스가 자신들의 전투기술을 적용하여 독일을 막아냈다. 프랑스는 진정한 종심방어를 구축했다. 독일 포병이 공격준비사격을 하는 전방지역에 매우 적은 병력을 배치했다. 더욱이, 프랑스는 독일 포로들로부터 랭스(Reims) 근방에서 있을 정확한 독일의 공격 날짜와 시간을 알아냈다. 독일의 포격 개시 직전에 프랑스는 강력한 공격준비파괴사격을 실시하여 독일군을 파괴하고 혼란시켰다.

독일의 춘계 공세는 궁극적으로 여러 가지 이유 때문에 실패했다. 여기에는 초기 성공을 전과확대 할 수 있는 기동성의 부족과 명확한 작전적 수준의 목표가 없었다는 것을 포함한다. 결과적으로, 루덴돌프는 그의 부대들을 일련의 공격행위로 모두 써버렸다. 이 공격은 몇몇 완전한 돌파 성공을 포함하여 전술적 성공만 달성했다. 그러나 작전적 또는 전략적인 결정성을 달성하지 못했다.

사실상, 독일은 전차가 없는 전격전으로 기술될 수 있는 전술과 편성을 사용했다. 이들의 성공은 방어하는 적을 완전히 파괴하기보다는 와해시키고 사기를 저하시킴으로써 달성된 것이었다. 이것은 특히 1차 대전의 육군들이 전투하던 당시 달성하기 쉬운 것이었다. 전개와 유선통신의 정적인 특성이 짜 맞추는 식의 전투에서 필요한 정교한 계획수립과 결합했다. 따라서 방어부대로 하여금 갑작스런 변화에 대응하기 어렵게 만들었던 것이다.

독일이 돌파를 달성하자마자, 양측은 개활지에서 다방향으로 어떻게 전투할 것인지를 알지 못하고 있다는 것을 발견했다. 개활지에서 취약성이 노출되었다는 것을 느끼면서, 독일 보병들은 적 방어선을 돌파하면 즉시 참호를 팠다. 독일의 1918년 춘계 공세는 전장에서 기동성으로 복귀한 가장 분명한 예다. 그러나 사실상 1918년 모든 육군들은 기술적으로 공격하고 기동하는데 있어서 3년 전보다 더욱 능숙해졌다. 1918년 7월 15일을 시작으로, 프랑스와 미국은 지속적인 공격을 실시했다.

이 공격은 연합군의 혁신을 적용한 것이었다. 보병은 새로운 융통성과 화력을 이용했다. 전차가 적 거점을 공격한 것이다. 항공력은 제한된 지상공격지원과 정찰을 전투 전후에 제공해주었다. 이러한 항공정찰은 전진하는 부대에 대한 대전차 위협에 집중되었다. 포병은 1914년 이래로 보다 복잡해지고 효과적으로 변했다. 매우 중요한 것은 적어도 신중하게 짜 맞추는 식의 작전(set-piece operation)에서는 상이한 무기와 병과 간에 긴밀한 협조가 있어야 한다는 것을 배웠다는 것이다.

지휘관들은 하나 또는 두 개의 전투병과에 의존할 수 없었지만, 참호전의 교착상태를 극복하기 위해서 가용한 모든 수단을 협조해야 했다. 그럼에도 불구하고 1918년 프랑스의 단독 공격은 전장에서 결정적인 성과를 달성하지 못했다. 그리고 독일은 결정적인 돌파 및 전과확대가 아닌 지속적인 소모전과 식량부족 그리고 사기저하로 패배했다.

1918년 준비된 방어진지를 돌파하고 결정적인 성과를 얻으면서 전과확대한 몇 개 안되는 예 중 하나는 프랑스에서 발생하지 않았다. 그 예는 팔레스타인에서 발생했는데 여기서 영국은 독일의 동맹국인 터키를 패퇴시켰다. 이 승리는 제2차 아마겟돈(Armageddon) 또는 메기도(Megiddo) 전투라고 알려져 있다(지도 2 참조). 왜냐하면 B.C. 1497년 원래 전투가 있었던 지역에서 싸웠기 때문이다. 영국 지휘관 알렌비(Edmund Allenby)

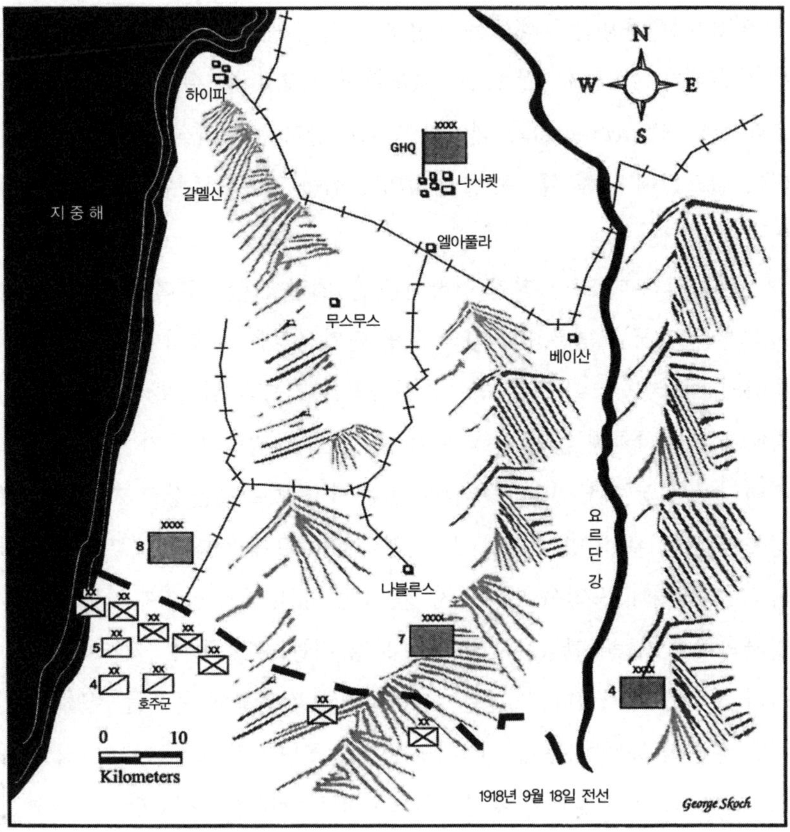

지도 2. 1918년 9월 19~24일 아마겟돈 2차전쟁

경은 차분히 이집트에서 팔레스타인으로 진격하여 독일군 지휘관 샌더스(Liman von Sanders)가 지휘하는 터키군과 몇 안 되는 독일군 부대를 공격했다. 터키 정부는 자신의 자산을 다른 곳으로 전환한 상태였다. 따라서 1918년 영국 연방 부대들은 터키군 보다 두 배 많았다. 알렌비는 세부적인 기만계획을 수립하여 더욱 이점을 증대시켰다. 알렌비는 영국이 전선의 동쪽 끝부분 요르단 계곡에서 공격한다고 터키가 믿도록 기만했는데, 실제 공격은 서쪽 해안 근처에서 이루어졌다. 영국이 엄청난 수적 우위를 갖고 있다는 사실이 2차 아마겟돈 전투의 의미를 손상시키지 않았다. 왜냐하면 전술적 방법과 작전적/전략적 목표 때문이었다.

알렌비는 가용한 부대들을 사용했고 적 후방지역에서 비정규전 부대를 사용했다. 1918년 9월 17일, 계획된 공세 2일 전, 유명한 아라비아의 로렌스(T. E. Lawrence)와 페이살(Feisal) 왕자는 제파식 게릴라 공격을 터키 철도선에 대해 실시하여 터키의 관심을 전선으로부터 돌리고 가두어놨다.

왕실항공부대 또한 터키 병참선을 수 일간 교란시켰다. 9월 19일 04시30분에 영국 보병은 15분간의 포병 탄막사격을 후속하여 전방으로 진출하기 시작했다. 이 짧은 공격준비사격은 기습을 달성했고, 지면을 심각하게 훼손시키지 않았다. 더욱이, 공세 이전 병력과 물자 집결이 오래 지연되어서 영국과 연방 보병들은 높은 수준으로 초급장교 기량과 융통성을 훈련할 수 있었다. 프랑스 전역과는 다르게, 전과확대부대들은 돌파 후 전과확대 승인을 기다리지 않았다. 대신, 호주의 1개 기동사단 및 영국의 2개 기동사단들은 강습하는 보병 뒤를 따라 즉시 집결지 내로 들어가 전투를 개시했다. 이들은 이미 부여된 전과확대 목표를 지녔다. 이러한 분권화 통제 때문에, 제4기병사단은 초월을 완료하고 최초 강습 개시 이후 4시간 안에 터키 후방지역으로 전과확대를 실시했다.

전역의 첫 번째 목표는 엘아풀라(El Afule)와 베이산(Beisan)에 있는 철도 교차점이었다. 이곳은 전선 40마일 앞에 있었다. 두 번째 목표는 독일-터키 지휘본부가 위치한 나자렛(Nazareth)이었다. 이러한 지점들을 확보하면 전방에 배치된 터키군의 보급, 지휘통신 그리고 후퇴로를 차단하게 될 것이었다.

핵심은 기병을 신속히 칼멜산 고지대를 통과시켜 터키가 이를 막지 못하도록 하는 것이었다. 이 작전은 첫 날 저녁에 완료되었다. 다음날 4기병사단 1개 여단이 무스무스(Musmus)에서 통로를 뒤늦게 차단하려고 이동하고 있는 터키군의 증강된 보병대대와 조우했다. 터키 보병대대가 행군대형에서 전투대형으로 전개하기 이전에, 장갑차량 기관총과 말에 탄 기병의 창을 이용하여 포획할 수 있었다. 공세가 개시 된지 25시간 후, 또 하나의 영국 기병 여단이 나자렛을 포위했다. 이와 동시에 항공 공격을 실시하여 나자렛을 고립시키고 공포에 빠지게 했다. 엘아풀라의 유선 중계소를 공중폭격으로 파괴함으로써 샌더스는 터키군을 통제할 수 없었다. 비록 독일 지휘관이 이러한 혼란 속에서 도망쳤지만, 영국은 적 지휘본부의 문서들을 노획할 수 있었다. 터키 제7, 8군은 수백 명을 제외하고 집단으로 항복했다. 11월 휴전을 선언하면서 영국은 추격작전을 끝냈다.

추격을 하던 9월 21일, 왕실항공대는 터키의 포병이 종대대형으로 와디파라아(Wadi Fara'a)의 계곡도로를 통과하는 것을 발견했다. 영국 항공기는 종대대형의 처음과 마지막 차량을 움직이지 못하도록 만들고, 움직이지 못하는 적 포병부대에 대해 계속 폭격과 기총소사를 했다. 이것은 적 부대가 완전히 격멸될 때까지 실시됐다. 이와 동시에, 같은 날 마케도니아에 있는 코스투린(Kosturine) 통로에 위치한 불가리아 여단도 같은 운명에 처했다. 전쟁 후, 항공력에 열정을 쏟았던 사람들은 이러한 종심 깊은 항공차단 공격이 전방 전투지역에 분산 배치된 적을 공격하는 것보다 훨씬 효율적인 대안이라고 주장하곤 했다.

일반적으로 보면, 2차 아마겟돈 전투의 의미는 세 가지다. 첫째, 방어하는 적이 대응하기 이전에 돌파를 통해 완전히 돌진(breakout)하고 추격으로 전환하는 보기 드문 능력을 보여주었다는 것이다. 이러한 성공의 열쇠는 수적인 우위를 차치하고, 상급부대로부터 승인을 기다리지 않고 전과확대를 실시했다는 사실에 있다. 단지 사단장의 결심만을 득하고 전과확대를 실시했다. 실시도 이미 계획된 대로 행하였다. 둘째, 알렌비는 자신이 지닌 모든 무기와 부대들을 융통성 있고 집중적인 방법으로 운용했다는 것에 있다. 이 방법이 유일하게 1차 대전시 독일이 사용한 방법에 견줄만한 것이었다.

마지막으로, 2차 아마겟돈 전투는 영국의 한 세대 기병장교들 모두에게 영향을 미쳤다는 것에 있다. 이들은 이 전투를 기동화 종심전투의 모델로 삼았다. 프랑스에서 참호 교착상태의 혼란을 겪은 후에, 팔레스타인에서의 전과확대는 꿈이 실현된 것으로 보였다. 이러한 기병장교들이 기갑지휘관이 되었을 때, 이들은 기동화 된 경장갑차량의 필요성을 강조하게 되었다. 결과적으로, 1939년 영국 기갑부대의 절반이 충분하지 못한 화력과 방호력을 갖추게 되었다. 이러한 차량들은 타 전투병과와 협조된 작전을 하기에 적합하지 못했다.

정보

샌들러가 알렌비의 공격 집중점을 찾는데 실패한 것은 1차 대전을 참가했던 지휘관들에게 새로운 문제를 제시해주었는데, 그것이 바로 정보였다. 첩보를 수집하는 기술은 증가했지만, 이를 해석하는 것은 여전히 매우 주관적이었다. 텅 비고, 분사된 전장은 정보 수집을 더욱 어렵고 시급한 것으로 만들었다. 포로를 심문하는 것과 같은 전통적인 방법으로는 전방지역에 대한 세부적인 첩보를 획득할 수 있었지만, 후방지역의 활동에 대해서는 항상 제대로 된 첩보를 획득한 것은 아니었다. 항공정찰과 항공사진은 그러나 이전에 없던 적 전개와 관련된 세부적인 첩보를 수집해주었다. 더욱이, 무선 및 유선 통신의 발전으로 신호정보(SIGINT)의 발전을 가져올 수 있었다.

원시적인 전화 및 전신기 시스템은 완전한 회로의 반(半)을 땅으로 사용했기 때문에, 전방 참호선 부근의 지면에 민감한 리시버를 연결함으로써, 피아는 상호간의 대화를 도청할 수 있었다. 초기 무전기들은 무전기를 사용해서 전송하는 것을 알게 되었고, 적을 감시하기 위해 사실상 무전기를 감청할 수 있었다. 암호 해독자들은 적의 암호를 해독하는데 상당한 성공을 거두었다.

1914년 12월 초, 영국군은 적의 전송기 위치를 찾는 전파 방향 탐지를 위한 연구를 시작했다. 이로 인해 방향성 안테나로 적 무전 신호의 방향 각도를 측정할 수 있었고, 두 개 또는 그 이상의 방향성 안테나에서 찾은 각도를 도면에 그려서 적 통신기의 위치를 알 수 있었다. 그러나 불행하게도 많은 첩보가 사용되지 못하곤 했다. 어떤 것을 희망하는 생각이 올바른 판단을 가린다는 것은 모든 전쟁에서 재발하는 문제라 하겠다. 지휘관들은 그리고 때때로 정보장교들조차 적에 관한 1차 첩보를 잘못 해석한다. 자신들이 이전에 가졌던 관념에 맞추려 하기 때문이다.

포병 표적획득은 덜 주관적이었다. 간접화력의 발전은 적의 화포 위치를 찾는 노력을 자극시켰다. 항공 관측과 함께, 1차 대전은 불빛과 청음에 따른 거리측정에서 상당한 발전을 보았다. 이러한 각각의 기술들은 무선 방향 탐지와 같은 원리를 사용했다. 적 포병이 사격을 하면, 전선에 각 위치에 있던 관측자는 적 포병의 사격불빛이나 소리 방향을 정하고, 지도위에 방향을 도시를 하게 되면, 포탄이 발사된 일반적인 위치를 식별하게 되는 것이다. 이러한 기술들은 단지 부분적인 성공만 거둘 수 있었다. 동시에 다양한 포대에서 사격하는 단순한 방법으로 이 방법의 효과를 무력화시켰다.

편제 반영 결과

보병중대 및 대대 구조의 변화에 추가해서, 1차 대전을 치르면서 무기와 전술의 빠른 발전을 통해 전술적 편제의 중요한 변화가 있었다. 전쟁이 끝날 때쯤, 사실상 모든 육군들은 연대 및 여단급 그리고 간혹 대대급 부대에 박격포를 편성했다. 1914년 보병사단에는 평균 24정의 중(重)기관총이 있었는데, 4년 후인 1918년 보병사단의 자동 무기의 수는 다음 표와 같이 증가했다.

국 가	자동소총 / 경기관총	기관총
독일	144	54～108
프랑스	216	72～108
영국	192	64
이태리	288	72
미국	768	260

비록 대부분의 추가된 화포가 비사단급 부대에 집중 편성됐지만, 포병은 거의 드라마틱하게 발전했다. 비사단급 포병부대의 화포 수는 지원받는 사단의 임무에 따라 다양했다. 양차 대전 전후에 잘 알려진 독일의 전술가 발크(Wilhelm von Balck) 장군은 이렇게 말했다. "포병 비율에 관한 문제는 더 이상 천 명당 지원하는 화포수가 얼마나 되어야 하는가와 무관하게 되었다. 오히려 포병화력을 성공적으로 사용하기 위해서 얼마나 많은 보병이 필요한가가 문제다... 더 이상 기본 병과는 없다. 각 병과 자신만의 용도가 있다. 모두가 필요한 것이다."

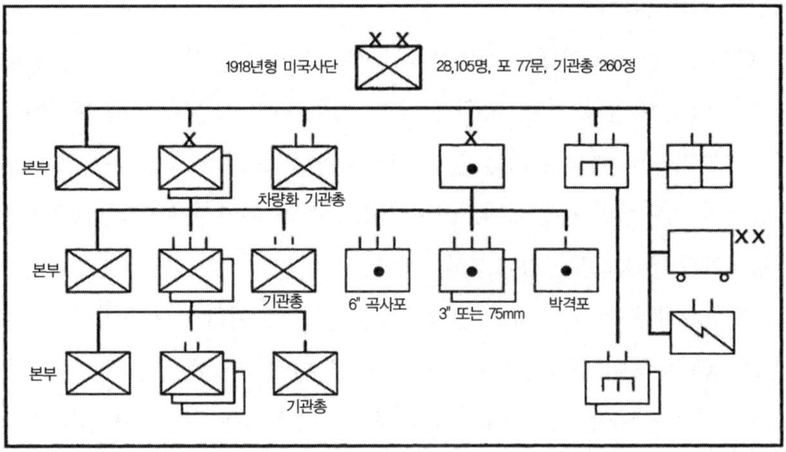

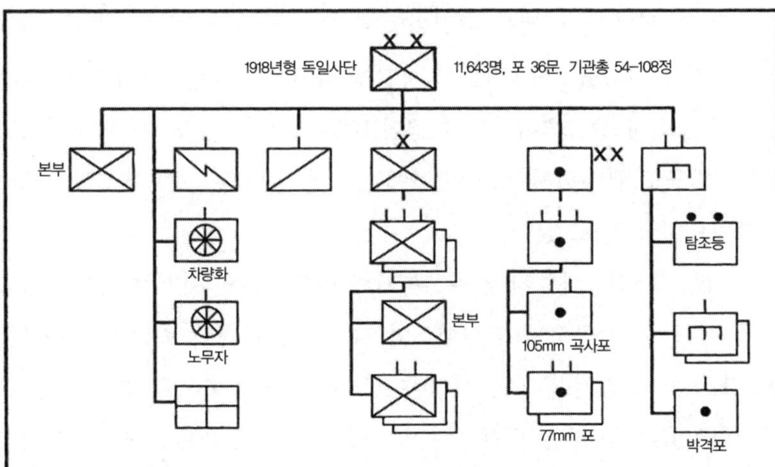

그림 4. 1918년형 미국과 독일사단

더욱 복잡한 문제가 또 다른 편제의 변화를 이끌었다. 예를 들어, 프랑스와 독일은 2개의 여단에 2개의 연대를 지닌 4각 사단 구조가 진지전에는 적합하지 않다는 것을 발견했다. 이러한 유형의 전쟁으로 형성된 넓은 전선을 감당할 병력을 지닌 유럽 국가는 없었다. 그리고 1선에 2개의 연대를 배치하고 2선에도 2개의 연대를 배치할 만한 충분한 병력을 지닌 국가가 없었다.

한편, 만일 3개 연대를 전방에 배치하고 4번째 연대를 예비로 운용한다면, 2명의 여단장 중 한 명은 할 일이 없게 되고 사단 정면을 통제하고 방어하기가 어려워지게 되었다. 그래서 독일은 모든 보병을 통제하기 위해 1명의 여단장만 두었으며, 1916년 프랑스와 독일은 사단의 보병연대 수를 4개에서 3개로 줄였다(그림 4 참조).

영국은 3개 여단 구조로 전쟁을 개시했으며 이를 유지했지만, 1918년 초 병력부족이 심각해지자 이러한 여단 내의 4개 대대 중 한 개를 줄여서 3개로 만들었다. 이러한 삼각구조로의 변화로 인해 포병의 비율을 늘릴 수 있었고, 다른 병과 병력을 보병으로 전환함으로써 보병의 수도 늘릴 수 있었다. 이것은 이점이었다. 비록 독일은 일부 포병을 비사단급 부대로 전환했지만, 필요시 사단에 다시 예속시킬 수 있었다. 따라서 1914년 프랑스 보병사단은 보병이 87%, 포병이 10%, 기타 지원요원이 3% 비율로 구성됐지만, 1918년에는 보병이 65%, 포병이 27%, 그리고 지원요원이 8%로 됐다.

이러한 추세를 따르지 않은 한 가지 예외 국가가 미국이었다. 미국 육군은 4개 연대 구조를 고집했으며 사실상 1917년 소총중대의 규모를 늘렸다(그림 4참조). 이 결과 사단은 24,000명에서 28,000명을 넘는 규모로 다양했다. 1918년 유럽 사단의 평균 규모가 8,000명 또는 그 이하로 저하되었다는 것을 고려한다면 일종의 거인인 셈이다. 한 가지 예를 들면, 미 제42보병사단은 세 개 사단으로 구성된 프랑스 군단이 이전에 담당했던 전 섹터를 방어하기도 했다.

왜 미국은 유럽의 경험을 따르지 않았는가? 퍼싱(John J. Pershing) 장군과 그의 부하들은 많은 고민을 했었다. 첫째, 이들은 사단이 전투하면서도 지속적으로 유지되는 일종의 기지가 되길 원했다. 그래야 사상자가 발생해도 계속 전진할 수 있다고 본 것이다. 각 보병 여단장은 두 개의 연대로 공격하되 1개 연대를 앞에 두고 1개 연대를 그 뒤에 둔 채로 공격할 수 있었다.

1개 연대가 지치거나 전투에 의해 소모되면 다른 연대가 공격할 수 있다고 본 것이다. 사단장 및 군단장이 연대를 교체하라는 지시를 기다리면서 시간을 지체할 필요 없이 말이다. 사단장이 사용할 수 있었던 유일한 예비대는 2개 대대를 지닌 전투공병 연대였다. 이것은 자주 보병처럼 전투하게 되었다.

둘째, 4각 편제 사단은 상대적으로 전문직업군인이 적은 미군에게 가장 적합한 구조였다고 보았다. 퍼싱은 결정적으로 경험 있는 리더들이 부족했다. 특히, 계획을 수립하고 복잡한 군수 및 작전을 협조할 수 있는 일반참모장교들이 부족했다. 군수와 작전의 협조는 근대 전투에서 요구되는 사항이었다. 사단의 규모를 줄이면 극히 통제 범위가 많아져서 모든 중대장과 참모들이 위험에 처하게 될 것이었다. 전형적인 중대장은 거의 대부분 1년 이하의 근무 및 훈련 경험을 지녔는데, 이 사람들이 250명이 넘는 보병을 통제해야 했던 것이다.

셋째, 더욱 난해한 문제가 있었다. 4각 편제 사단은 또한 퍼싱의 주장을 반영한 것이었다. 그는 이전 전쟁과 같이 주로 소총으로 무장된 스스로에 의지하는 보병이 필요하다고 보았다. 그는 명백히 자동소총, 유탄발사기와 같은 많은 새로운 무기가 참호전에 적합하다고 고려했다. 미국은 방위산업이 없었기 때문에, 미군 병사들은 프랑스의 챠코트(Chachot) 자동소총과 같은 빈약하게 설계된 무기로 무장했었다. 차코트 소총은 빈번히 고장 났는데, 이를 고치기 위해서는 고장날 때마다 진흙으로 된 참호 속에서 이를 분해해야 했다.

이러한 신뢰성이 없는 무기를 다루는 미 보병들은 훈련 수준이 낮았기 때문에 복잡한 구조와 전술을 생각한다는 것은 미국 지휘관들에게는 웃기는 일이었다. 대신, 미군은 기본적으로 소총과 대검으로 무장한 보병을 집중 편성했다. 중(重)기관총은 특수무기로 고려되었다. 보병대대와 연대에 이를 영구적으로 편성하지 않고 사단에 3개 기관총 대대를 편성했다(그림 4참조).

미군이 연합군과 세부적으로 많은 차이를 보였지만, 1차 대전에 참가했던 모든 군인들은 어떤 공통된 인상을 받았다. 군수와 인력이라는 거대한 문제, 세부적인 계획수립과 협조의 필요성, 모든 병과가 긴밀하게 협조할 때조차 전진이 어렵다는 것, 돌파(penetration) 후 돌진해 나아가는 것(breakthrough)으로 전환하는 가장 중요한 문제가 그것이었다.

세심한 계획과 통제 하에, 연합군은 각각의 무기 효과를 극대화하기 위해 모든 무기체계를 결합시켰다. 이러한 결합을 달성하기 위한 뛰어난 교리 가운데, 독일의 해법이 새로운 무기와 전술에 매우 적합하게 적용되었다고 판명되었다.

3장. 양차 세계대전 기간 중

공통된 문제들

양차 세계대전 간, 군사의 전통적인 이미지와 교리는 대부분의 육군에서 엄격하게 1914~1918년 시절의 진지전에 대한 입장을 계속해서 나타내고 있다. 이러한 견해에 의하면 오로지 히틀러의 독일만이 기계화전에 대한 주창자들의 말을 들었다고 할 수 있다. 이 결과 1939~1941년 사이에 독일의 전격전은 구식 군대를 지녔던 폴란드, 프랑스 및 영국군으로부터 거의 무혈의 승리를 거두게 된다.

그러나 실상은 더욱 복잡하고 다양하다 하겠다. 동일한 교리와 무기체계를 가지고 2차 대전에 뛰어든 주요 국가는 없었다. 당시 교리와 무기체계는 비록 약간의 변화는 있었지만 20년 전의 것이었다. 양차 대전 기간 중 대부분의 전문직업군인들은 돌파를 하고 전과확대를 할 때, 보다 나은 전장의 기능을 발휘해야 한다면 약간의 변화가 필요하다고 인식했다. 돌파와 전과확대는 1차 대전에서 매우 어려운 것으로 판명되었다. 그러나 이러한 문제를 해결하는데 있어서 당시의 육군들은 매우 다른 해결책을 가지고 있었다.

진지전과 전격전 중 단순히 어느 하나를 선택하기보다, 각 육군들은 가능한 다양한 변화에 직면했다. 양 극단적인 선택 가운데 현대화의 정도가 어느 정도 되어야 하는가와 연관된 것이다. 대부분의 경우, 선택은 사회적, 경제적, 정치적 요소에 의해 결정되었으며 결코 선임 장교들의 전술적 개념에 의해 결정된 것은 아니었다. 독일조차도, 기계화전 주창자들은 자유롭지 못했다. 실제, 1939년 독일 부대와 교리는 완벽한 해결책을 지녔다라기 보다는 단순한 해결책을 가지고 있었다. 그것은 당시 문제와 더 밀접한 것이었지 독일 과거 적들의 구조와 교리에 따른 해결책이 아니었다.

양차 대전 사이의 이러한 전술적 다양성 때문에, 세력 국가들의 교리와 편제는 2차 대전에 진입하는 시점까지 고려되어야 한다. 평화 시기에 준비를 하면서 그리고 엄청난 학살 경험 이후에, 유럽과 아메리카에서 새로운 무기와 전술에 대한 군사적 탐구와 실험에 관심이 있는 사람은 거의 없었다.

특히 프랑스에서는 화력이 매우 강력했기 때문에 준비된 적 방어진지에 대해 보병과 함께 포병, 전차를 집중하고 1918년에 성공했던 소모전술을 함께 사용하지 않고는 공세작전의 성공을 볼 수 있다고 예견한 사람이 거의 없었다. 진지전이 특별한 유형의 전쟁이라고 대부분의 육군은 결론지었다. 그리고 이것이 다시 꼭 나타날 것이라고 보지는 않았다. 그래서 일반 대중과 정치 지도자들은 다른 전쟁을 또 하려 하지 않았다.

1928년, 15개 국가(후에는 60개 국가 이상이 된다)는 켈로그-브리앙 조약에 서명한다. 자위적인 경우를 제외하고 전쟁을 하는 것을 포기하게 된다. 1920년대와 1930년대 초, 국제회의를 통해 군대와 해군력을 제한하려는 일련의 시도가 있었다. 비록 이러한 회의가 궁극적으로 실패하지만, 전문직문군인들에게 있어서 전차나 항공기와 같은 새로운 무기를 구매하는 것을 정당화하는 것이 쉽지 않았다. 당시 사회적, 정치적 분위기는 이러한 무기를 당연히 금지하고 있었다.

두 번째 요인으로 평화가 이뤄진 후 최초 15년 동안, 극히 국방예산을 제한했는데, 당시 전쟁에 대한 대중이 겪은 재난을 반영한 것이라고 하겠다. 승리를 쟁취한 국가는 1918년 모델의 무기와 탄약을 엄청나게 쌓아 놓고 있었으며, 이러한 재고품을 평화 시기에 훈련을 통해 사용해야 했다.

이후에 새로운 군사적 실험이 정당화될 수 있었다. 따라서 1930년대 초, 미 육군은 새로운 무기를 개발하기 보다는 오래된 탄약을 유지하기 위한 방법을 더 연구했다. 재고품이 완전히 소모되고 없어졌을 때, 대공황이 발생하여 국방예산은 더욱 감소되고, 이것으로 인해서 전차, 항공기 등 기타 신무기를 개발하고 조달하는데 제한을 받았다. 서구 민주 국가의 육군들은 새로운 무기를 배치하는데 실패했다. 이유는 새로운 기술에 대한 어떤 제도적 저항이라기보다는 예산 때문인 것으로 보인다.

독일은 반대로 1919년 베르사이유 조약으로 자신들의 무기를 빼앗겼다. 따라서 새롭게 출발할 수 있었다. 어느 정도, 1939~1942년간 독일 전술적 승리는 장비의 질 또는 양에서의 우위 때문이 아니었고 독일 전차와 기타 차량들이 많은 실험과 훈련을 전쟁이전 할 수 있도록 조기에 생산된 것에 있었다. 반면, 영국과 프랑스는 2차 대전 바로 직전까지 최신 무기로 훈련할 시간이 거의 없었다. 분쟁이 발생하면서 대량 생산을 하게 된 것이다.

비교적 작은 공업능력을 지닌 일본과 이탈리아는 무기경쟁에 완전히 끼어들지 못했다. 일본은 선별적으로 고성능 군함과 항공기를 만들었다. 지상전에서 이들은 대량 생산할 수 없는 무기를 대신하기 위해서 훈련과 사기에 의존했다. 이탈리아는 생산 시설뿐만 아니라 장비설계능력도 부족했고, 국민도 자동차와 기타 기계들에 대한 이해가 부족했다. 결과적으로, 이탈리아인들은 최신의 잘 설계된 무기 또는 기계화부대를 만들지 못했다.

세 번째 요인은 기술이다. 이것은 군사적 변화에 두 가지 면에서 영향을 미친다. 하나는 기술의 신속한 변화가 정부로 하여금 현존하는 설계에 투자하는 것을 주저하게 했다는 것이다. 이유는 이것도 곧바로 구식이 되기 때문이다. 1938년 예를 들면, 프랑스 공군의 감찰감은 프랑스와 영국정부에게 뮤니히에서 대결을 피하라고 조언해야 했다. 왜냐하면 그는 프랑스 전투기의 대부분이 곧바로 구식이 될 것으로 믿었기 때문이다. 납작한 리벳 메탈 제작법과 같은 새로운 기술발전으로 인해 독일 공군은 자신들의 적에 비해 기술적으로 앞섰다. 두 번째는 1918년의 전술에 대해 기술적 변화가 어떻게 영향을 미칠 것인가를 결정하기가 매우 어려웠다는 것이다. 이러한 전술에 충실하기 위해 설계된 장비는 상이한 기능과 개념에 적합하지 않을 것 같았다. 그러나 새로운 설계는 간혹 이 장비가 전술적으로 어떻게 운용될 것인가를 명확히 이해하지 못한 상태로 야전에 적용되었다.

네 번째로 용어에 있어서 상당한 혼란이 있었다는 것이다. 기계화에 대한 주창자나 반대자나 "탱크"라는 용어를 모호하게 사용했다. 이것은 장갑화, 트랙화, 포탑화, 포 운반 전투차량을 의미했을 뿐만 아니라 장갑차량의 기타 형태 및 심지어 기계화부대를 의미하기도 했다. 이러한 모호한 용어는 당시 사람들 또는 역사가들에게 어떤 특정인이 순수한 전차부대를 말하는지, 기계화제병협동부대 또는 보병부대의 기계화를 말하는 것인지를 이해하기 어렵게 만들었다.

유사한 혼란은 "기계화(mechanization)"에도 나타났다. 엄격히 말하면, 전쟁에서 모든 가솔린 엔진 사용은 기계화라는 용어를 사용할 수 있었다. 그러나 이 용어는 일반적으로 장갑화, 트랙화 전투차량을 사용하는 것을 기술할 때 사용되었다. 대조적으로, "차량화(motorization)"는 차륜화 된 차량을 기술할 때 사용되었다. 이는 일반적으로 트럭을 말하는 것이었는데, 이것은 전투에 직접 들어가는 차량이 아니고 군수지원 및 전투지역 외에서 기동성을 향상시키기 위한 장비였다.

세계의 어떤 국가도 오로지 장갑차량만을 사용한다는 의미로 기계화를 시킬 능력이 없었다. 그러나 양차 대전 사이에 모든 육군들은 차량화의 방향으로 어느 정도 이끌려가고 있었다. 실제로, 선택의 여지가 거의 없었다. 1차 대전 이전, 모든 국가들은 민간인의 말을 전쟁에서 수송수단으로 사용했다.

1920년대 엔진을 장착한 차량이 부상하면서, 민간인의 가축을 이용한 보급은 없어지고 있었다. 많은 육군들은 차량을 이용해 수송하는 계획을 세워야 했다. 따라서 차량화는 기계화보다 쉽고, 싸고, 덜 혁명적인 것으로 보였다.

다섯째, 비록 용어가 이해되었다 하더라도 변화를 주장하는 사람들이 항상 설득적으로 말한 것도 한 목소리를 낸 것도 아니었다. 기계화, 제병협동 전쟁에 대한 명확한 비전을 지닌 개혁가들은 그들의 주장을 너무 극단적으로 했기 때문에 개심시켜야 할 사람들, 지휘관 및 정치인들과 멀어졌다. 이들이 결국 군사정책을 수립하는 사람들이었다. 프랑스와 소련의 경우를 보면, 정치적 이슈 또한 새로운 기계화 편성부대의 발전을 지체시켰다. 동시에, 미국의 미첼(William Mitchell) 그리고 이탈리아의 듀헤(Guilio Douhet) 같은 전략적 항공력 주창자들은 과장된 주장을 했다. 이것 역시 전술적 제병협동팀 발전을 지체시켰다.

이점이 양차 대전 기간 중, 여섯 번째이자 마지막 요소를 이끌게 된다. 그것은 보다 전통적인 전투병과를 새롭게 바꾸는 것에 대한 반대가 그것이다. 많은 해석가들은 기계화전의 발전을 방해하고 지연시켰기 때문에 이러한 반대를 비난했다. 이러한 주장은 어느 정도 사실이다. 심지어 기마 기병 주창자들도 기계화의 필요성을 인정했지만, 결과적으로 나타난 편제와 전술은 기병의 사고를 반영했다. 그것은 수색정찰, 차장, 기마 전투였다. 제병협동, 기계화 팀에 의한 대규모 정밀전투 관련 편제와 전술은 배제되었다.

전차와 항공기가 양차 대전 사이에 시련을 겪은 유일한 무기가 아니라는 점을 주목할 가치가 있다. 오래된 병과들이 진짜 필요했다. 이 병과들은 새로운 무기와 예산을 책정하고 제병협동팀 내에서의 역할을 어떻게 할 것인가 때문에 경쟁해야 했다. 보병은 편성체를 이루는 화력, 대전차 및 방공 능력, 더 나아진 기동성, 정밀공격 간에 이를 지원하기 위한 장갑화된 자산을 더 늘려야 하는 합법적 필요성을 지녔다.

야전포병은 장갑화 된 부대들과 동일한 기동성을 지녀야 돌파 시에 이들을 지원할 수 있었다. 빠르게 이동하는 기계화부대는 보다 융통성 있는 통신, 군수 및 화력지원을 필요로 했다. 그러나 이러한 분야는 양차 대전 사이 많은 육군들에게 여전히 빈약한 분야였다. 전투공병은 1914~1918년 진지전을 수행하는 동안 보급로를 유지하기 위해 사전 배치되었다. 이것은 기계화부대에서 기동성의 문제와 대기동 문제가 부각되면서 더욱 중요하게 되었다. 예를 들어 보병부대와는 다르게, 장갑화 된 부대는 운하 및 하천을 공병 교량부대 없이 통과하는 것이 매우 어려웠다.

요약하자면, 기계화편성부대와 전술의 발전은 보다 전통적인 대규모 육군과 맥을 같이 하면서 살펴봐야 한다. 기계화 된 엘리트를 만든 모든 국가는 자신의 육군을 분리하고 대부분의 부대들을 무시해야 할 위험성을 지녔고, 협조와 사기에서의 심각한 문제를 지녔다.

공군력과 항공지원

상이한 부대를 살펴보기 이전에 일반적으로 논할 필요가 있는 마지막 이슈가 있다. 양차 대전 기간 동안 세계의 대부분의 국가들은 공지 협조가 약해진 모습을 보였다. 육군통제에서 벗어나려는 의도로 대부분 국가의 공군력 주창자들은 전술항공지원과 공지협조를 엄청나게 반대했다.

어느 정도, 이것은 자연스런 결과였다. 모든 부대들은 심각한 예산의 제약을 받았기 때문이다. 하지만 중요한 것은 근접항공지원이 공군력을 운용하는데 있어서 비효율적이고 위험한 방법이라는 널리 퍼진 인식 때문이었다. 항공 및 지상 업무 장교들 간의 다른 시각은 이것으로 요약된다. 물론 이 논쟁은 양차 대전 사이 기간에는 잘 나타나지 않았다. 필자는 이 기간에 나타난 문제를 다뤘지만 이것은 1990년대까지 지속된다.

대부분 전문 항공인들의 기본 전제는 공군력은 독립적인 군종으로 운용되어야 한다는 것이다. 공군만으로 전쟁을 승리할 수 있다고 본 것이다. 불행하게도, 초기 전차에 대한 열렬한 일부 지지자들과 마찬가지로, 그들의 이론은 당시 기술을 지나치게 넘어선 것이었다. 미첼과 듀헤 그리고 기타 이론가들은 장거리 폭격기는 직접적으로 적국의 공업지대를 공격하고 민간인 사기를 꺾어, 수일 만에 적국을 마비시킬 것으로 보았다. 이러한 이론가들은 전장에서도 항공기가 지상부대와는 독립적으로 운용되어야 한다고 보았다. 이 논리는 네 가지 전제로 대변된다.

첫째, 항공인들은 전장에서 공군력을 가장 잘 운용하는 것을 항공차단으로 보았다. 항공차단이란 후방지역 깊숙이 있는 적의 대규모 부대를 타격하는 것이다. 1918년 마지막 전투에서 원시적인 항공기가 행군을 하는 적 부대를 발견하고 격멸시킨 몇몇 예가 있었다. 이것이 공군력 주창자들이 말하는 항공기를 가장 효과적으로 운용하는 것이었다.

둘째, 항공인들은 모든 항공기가 중앙집권통제 하에 반드시 놓여야 한다고 주장했다. 지상군 사령관들에게 조금씩 나눠주는 것보다 낫다고 했다. 고유의 항공기 항속 거리 및 속도는 융통성을 주고 멀리 도달할 수 있으므로 이것만으로도 각개 지상군 지휘관들의 관심을 넘어선다는 것이다. 지상군 지휘관들에게 주면 이들은 얼마 없는 항공기를 낭비할 것으로 보았다. 오로지 중앙통제만이 항공자산을 제대로 운용하여 결정적인 지점에서 집중할 수 있을 것이라고 했다.

셋째, 항공기가 어떻게 통제되는가와 상관없이, 항공인들은 근접항공지원은 가장 어렵게, 비효율적으로, 낭비적으로 항공기를 사용하는 것이라고 했다. 성공하려면, 근접지원 조종사는 잘 훈련되어야만 적과 아군을 구분할 수 있다고 했다. 원시적인 항공기는 작은 개별적 표적을 타격하기가 정말 어렵다는 것이다. 급강한 폭격기가 출현할 때까지는 적어도 그렇다고 보았다. 영국공군이 1917~1918년 발견한 것은 근접항공지원이 극히 위험하다는 것이었다. 적은 수의 표적을 타격하기 위해서 얼마 없는 조종사를 헛되게 잃고, 항공기도 잃는다고 보았다. 비록 조종사가 성공하더라도 기껏해야 적은 수의 적 표적만 파괴할 수 있다고 했다. 왜냐하면 이러한 표적은 일반적으로 분산되고, 은폐하고 있으며, 방어진지에 위치하기 때문이었다.

마지막으로, 항공인들은 근접항공지원 표적은 포병에 의해 마찬가지로 효과적으로 타격될 수 있다고 보았다. 그러나 많은 종심 깊은 표적 그리고 모든 전쟁에서 항공작전에 적합한 표적은 야포의 사거리를 넘어서 위치하고 있었다. 간단히 말해, 지상전에 항공기를 투입하는 것, 특히 근접항공지원을 하는 것은 항공인들에게 어리석고, 위험하며, 귀중하고 비싼 자산을 잘못 사용하는 것으로 보였다. 전문 조종사들 간에 예외는 있었지만 거의 드물었다.

반대로, 지상군 병사들은 완전히 다른 우선순위를 생각하고 있었다. 일부 지휘관들은 의심의 여지없이 과거에 묶여 있었다. 항공기는 기본적으로 정찰 및 포병 화력유도에 사용해야 한다는 것이었다. 그러나 시간이 지나면서 더욱 많은 군인들이 항공기를 제병협동팀의 가치 있는 한 부분으로 보았다.

첫째, 항공기의 융통성은 결정적 지점에 전투력을 집중하기 위해 이상적인 것으로 보았다. 항공기는 주요 전투에서 신속히 영향을 미칠 수 있는 지상지휘관의 좋은 수단이 될 수 있었다. 결과적으로, 지휘관은 가용한 항공기를 어떻게 운용하고 통제하는가에 점차적으로 관심을 가졌다. 더욱이, 실질적인 문제인 1930년대 군에서 가용한 통신은 효율적이지 못했다. 대부분의 군대는 독일을 포함하여 좋지 못한 통신을 사용하면서 2차 대전을 시작했다. 원하는 전장의 표적을 적시에 타격하기 위해서 중앙에서 통제하는 항공기는 명령을 거의 받을 수 없었다. 따라서 분권화 및 지상군 지휘관의 예하에 두는 것이 실질적으로 필요했다.

둘째, 지상군 장교들은 1차 대전의 경험은 돌파를 하기 위해서 가능한 많은 부대를 집중할 필요성을 보여줬다고 주장했다. 보병, 그리고 후에 기계화 부대는 위험한 상황에서 모든 가능한 지원을 받아야 했다. 포병이 근접항공지원과 같은 파괴력을 갖는다고 인정해도, 요망되는 효과를 보기 위해서 충분한 포병을 갖기란 쉽지 않았다. 더욱이, 제한된 공중공격은 포병을 대규모로 집중하는 것과 같은 심리적 효과를 볼 수 있었다. 공격자들은 항공기가 자신을 지원한다는 생각을 가지면 사기가 올랐다. 방어하는 경우 특히 훈련 수준이 낮은 병사들에게 상공으로부터 죽음의 위협이 온다는 것은 무서운 것이었다. 추가적으로, 보다 적은 포병사격을 할수록 지상의 교통 상황은 공격자를 위해 통제가 용이했다. 항공기 공격을 받는 공격자는 재래식 포병의 지원만 받는 것 보다 쉽게 전방으로 진출할 수 있었다.

마지막으로 지상군 장교들은 우군부대의 위험을 감수하지 않고 근접항공지원을 한다는 것이 어렵다는 것을 알았다. 이런 연유 때문에 어려운 과업일수록 매우 자주 훈련되어야 한다고 주장했다. 우군부대와 가까이 있으면서 분산된 표적을 타격할 수 있었던 항공인들에게 항공차단 작전은 확실히 어렵지 않은 과업이었다. 항공차단 작전은 더욱이 우군 화력에 의한 위험도 훨씬 덜하기 때문이다. 필연적으로 이러한 것들이 1차 대전부터 20세기가 끝날 때까지 공지협조 관련 논쟁의 골격을 구성한 상이한 견해들이다.

대영제국 : "천천히 서둘러라"

1918년 대영제국은 장갑화 장비 및 장갑화 교리 모두에서 세계를 주도했다. 대부분의 군인들은 전차를 참호를 극복할 때 보병을 지원하는 특별한 무기로 간주했다. 이때에 많은 왕실 전차군단의 장교들은 기계화 편성부대의 더욱 광범위한 역할을 구상했다. 이것은 돌파와 전과확대를 포함한 것이다.

1918년 5월, 풀러(J. F. C. Fuller) 대령은 전차 군단 본부의 참모장교로서 소위 〈Plan 1919〉라는 것을 다듬기 위해서 독일의 침투전술을 예로 사용했다. 이것은 1919년 대규모 장갑부대 공세를 위한 정교한 개념이었다. 이 계획은 독일 전방 방어에 대해 다수의 돌파를 할 뿐만 아니라, 독일 지휘구조 및 후방 조직을 완전히 와해시키는 계획이었다.

풀러가 말한 최종 목표는 적 지휘본부, 통신에 대해 "뇌에 총을 쏘는" 식으로 해서 적을 격퇴하는 것이었다. 이것은 조직적인 소모전을 통해서 적 전투부대를 파괴하는 개념을 대신한 것이었다. 독일이 후퇴하기 전에 독일 지휘본부를 공격하기 위해서, 풀러는 중(中)형 D 전차에 의존했다. 이것이 바로 그가 계획을 만들 당시 바로 개발하기 시작한 전차였다.

잠재적으로 이 전차는 시간당 20마일을 달릴 수 있었다. 이것은 속도가 더 늦은 중(重)전차에 의해 참호를 파괴하면 이를 전과확대 할 수 있는 속도였다. 사실상, D 전차는 일반적인 개발상의 문제를 갖고 있었다. 이 문제는 새로이 개발되는 모든 혁신적 장비가 지닌 문제이기도 했다.

1919년까지 전쟁을 한다고 하더라도 가용하지 못할 수 있었다. 더욱이, 후에 알려졌듯이, 풀러가 기계화 팀에서 보병을 무시했다는 것은 주목할 가치가 있는 것이다. 그는 어떤 특별 상황에서 전차를 후속하는 트럭에 탑승한 보병을 생각했지만, 정밀 공격할 때를 제외하고는 기갑과 보병의 긴밀한 협조 필요성을 인식하지 못했다.

풀러의 많은 글과 마찬가지로 〈Plan 1919〉는 지나치게 낙관적이고 단순했다. 사실상, 이것은 전쟁이 끝날 시기에 영국 전차 장교들에 의해 써진 유사한 많은 계획 중 하나였다. 그러나 후에 전격전 경험을 하면서, 풀러의 미래전에 대한 비전은 결점이 있었지만 예언성을 가지고 있었다.

많은 혁신 노력과 함께, 영국 육군은 기갑뿐만 아니라 전술적 진보 영역 대부분에서 점차 주도권을 잃었다. 지속된 영국의 혁신에 몇몇 특별한 장애가 존재했기 때문이다. 가장 일반적으로 회자 것은 영국 육군의 전통주의였다. 이러한 제도적 저항은 자주 과장되었지만, 확실히 영국 연대 시스템의 강한 부대 정체성은 전통적인 병과 및 군종 속에서 혁신적인 변화를 저하시켰다.

이와 관련된 문제는 영국이 독립적인 공군을 만들었다는 것이다. 왕실 공군은 분리된 군종으로 육군과 모든 긴밀한 관계에 저항하면서 자신의 정체성을 발전시키려고 했다. 예를 들어 1922년 육군은 8개의 육군협동작전 비행대가 영구적으로 연락 및 정찰 임무를 수행하기 위해서 지상부대에 예속되기를 요청했다. 영국 공군은 단지 3개 비행대만을 제공하려했는데 그것도 경비행기여서 전투작전을 수행할 수 없는 것이었다.

항공인들에게 공평하게 말하자면, 모든 영국 군종이 규모와 예산에서 극히 제한되었다는 것을 주목해야 한다. 1928년 기계화 훈련 연습 동안, 많은 영국 공군 조종사들이 기계화부대를 근접항공지원 하기에는 잘 훈련되지 않았지만, 이후 공군 장관은 육군이 공군의 교리를 위배하도록 조종사들을 유도하는 것은 삼가야 한다고 공식적으로 요청했다.

이러한 제한은 1924년부터 영국 육군규정에 명확히 반영되었다. 이 규정에서 지상군 공격이 임박해서 영국공군은 연락 및 정찰만 하도록 기술되었다. 전투기는 기총소사 및 기타 지상공격을 예외적인 환경에서 할 수 있었지만, 이것은 공중우세 임무 달성을 포기할 때만 가능한 것이었다. 많은 영국 기갑 이론가들의 노력에도 불구하고 근접항공지원 교리는 1942년까지 영국에서 실제로 발전되지 않았다.

제국방어의 문제도 변화를 제한했다. 1868년 이래로 대부분의 영국군 부대는 영국에 위치하면서 주기적으로 외국에 교대로 주둔했다. 특히, 영국 육군의 많은 부분은 항상 중동과 인도에 위치했다. 이러한 외국 기지들은 민간 사회 소란을 통제하기 위해서 많은 보병을 필요로 했고, 정교한 장비 및 무기의 군수지원을 어렵게 만들었다. 결과적으로, 영국 섬에 위치한 부대들은 저강도의 제국 경찰작전에서 그 능력의 효과를 고려하지 않고서는 차량화 되거나 기계화 될 수 없었다. 이것이 더욱 기계화를 지연시켰다. 장갑화된 전투차량을 설계하는데 있어서 영국은 비교적 복잡하지 않은 적에 대한 전쟁 필요성에 대해 자주 생각하고 있었다. 그러나 잘 무장된 유럽의 적 부대는 생각하지 않았다.

이러한 혁신에 대한 제한에도 불구하고, 영국 교리는 1920년대까지 제대로 유지되지 않았다. 1차 대전이 반복된다는 것은 생각할 수 없어 보였다. 그래서 영국 교리에서 진지전 개념은 신속히 하향곡선을 탔고 특별한 경우로 고려되었다. 대신, 영국 육군은 넓은 지역에서 기동전 개념으로 회귀했다. 이것은 1914년 이전에 일반적인 것이었는데 단지 화력과 차륜차량의 효과를 인정한 것이 다른 것이었다.

1924년판 야전규정은 전차의 주요임무를 보병지원으로 규정했다. 또한 전차가 적을 와해하기 위해서 적의 측면과 후방을 공격할 수 있다고 생각했다. 이것은 풀러의 구상이었다. 이러한 규정들은 모든 병과들의 대전차 및 방공관련 문제를 심각하고 실질적으로 고려했다는 것을 보여준다.

이 문제를 해결하기 위한 실질적인 무기는 천천히 등장했다. 1929년까지 영국 규정은 보병에 의존하는 낡은 믿음을 포기했다. 대신 이것을 모든 병과와의 긴밀한 협조를 통해 "승리를 종결짓고 획득한 지형을 유지하는 병과"라고 했다. 여전히 이러한 협조 및 통제는 세부적이고 신중한 중앙집권화된 계획수립 그리고 통제에 의해 달성될 수 있는 것이었다. 이것은 1918년 영국이 사용한 방법이었다. 예상하지 못하고 갑자기 수행하는 조우 전투에서의 협조는 훨씬 어려운 것이었다. 그러나 영국은 심각한 예산 제약에도 불구하고 포병과 지원부대를 부분적으로 차량화하고 작은 왕실전차군단(Royal Rank Corps)을 지속적으로 발전시킬 수 있었다.

1927~1928년, 실험기계화부대(Experimental Mechanized Force)는 영국에서 여단급 연습을 실시했다. 이것은 수색정찰을 위한 경전차 대대, 강습을 위한 중(中)형 전차 대대, 경계 및 제한된 보병작전을 위한 기관총 대대, 5개의 차량화 또는 기계화 된 포대, 그리고 차량화 된 공병중대를 포함했다.

그러나 불행하게도, 야지에서 기동과 기계적인 신뢰성이 기계별로 다양하게 나타났다. 이것은 트랙화 및 차륜화의 결합이자, 실험적이고 잘 발전된 차량의 결합이었다. 그래서 이들은 매우 천천히 이동하지 않고서는 함께 움직일 수 없었다. 결과적으로, 왕실전차군단의 일부 장교들은 다른 병과는 장갑화 된 작전에서 양립할 수 없다고 결론지었으며, 거의 전적인 전차 편성에 주목했다. 풀러의 표독스런 말을 빌리자면 다음과 같다. "전차와 보병을 결합하는 것은 견인 말에 트랙터를 결합하는 것과 마찬가지다. 화력 속에서 이들을 함께 작전하도록 기대하는 것은 마찬가지로 어리석은 것이다."

영국 전쟁성은 1928년 실험기계화부대를 여러 가지 이유로 인해 해체하기에 이른다. 예산 제약 그리고 일부 전통적인 군대 보수주의에 의한 반대도 이 이유에 포함된다. 그러나 1929년 이 부대는 브로드(Charles

Broad) 대령이 기계화 및 장갑화 편성부대(Mechanized and Armoured Formations)라는 새로운 규정을 만드는데 기초를 제공했다. 이 규정은 분리된 기갑 편성부대의 역할과 임무를 기술하는데 있어서 상당한 진보를 보였다. 또한 이것은 왕실전차군단 내에서 지배적인 견해인 순수 전차 운용 개념을 반영한 것이었다.

브로드는 왕실장갑군단(Royal Armoured Corps)을 제안했다. 이것은 전차, 기계화기병, 기계화보병을 포함했지만, 그는 명백히 포병과 공병을 배제했다. 여전히, 브로드는 상이한 모델의 장갑화 차량과 상이한 역할의 그것을 인식하고 있었다. 특히, 독립 전차여단의 표준 "복합" 전차대대는 세 가지 다른 형태의 차량을 결합한 것이었다. 각 중대 내에, 7대의 경전차는 적 진지를 수색하고 5대의 중(中)전차는 화력지원을 하면서 실제로 강습하는 것이었다. 추가적으로 2대의 "근접지원 전차"는 실제로 자주화 곡사포 또는 박격포를 가진 것으로, 강습을 위해 연막 및 제압화력을 지원하는 것이었다. 실제로 경전차는 주로 장갑화 된 인원 수송용 차량이었다. 최근 미국의 장갑화 된 기병이 이와 비교될 수 있겠다.

영국 장갑화 이론가들은 항상 의견을 같이 하지 않았다. 리델 하트(Basil Liddell Hart)는 주목할 만한 기갑관련 저술가로 기계화보병을 위한 주된 역할과 함께 제대로 된 제병협동부대를 원했다. 풀러, 브로드, 그리고 다른 장교들은 순수한 전차의 역할에 더욱 관심 있었다. 한 가지 이유를 들자면, 영국 육군의 다른 병과들은 장비가 부족하고 전차부대와 긴밀한 협조를 할 의지가 없다고 보였기 때문이다.

마텔(G. L. Martel)은 당시 가장 혁신적인 이론가이자 전차 설계자였다. 그는 소형 장갑 인원수송차량을 사용한다는 아이디어에 매료되었다. 이것은 1~3명을 수송하고 기관총도 수송하여 보병을 공격시 지원하는 것이었다. 불행하게도 마텔의 교사로 설계된 기관총 운반 차량은 수색용 차량 및 보병 수송차량으로 실험에 참가했는데, 이 두 가지 기능에서 모두 부적합한 것으로 판명되었다. 2차 대전 전야 이전에 영국은 신뢰성 있는 기관총 운반 차량을 발전시켰다. 이 당시 이 차량은 도보로 전투하는 보병대대 내에 소량씩 분산 지급되었다.

비록 이런 상이한 견해가 있었지만, 장갑 무기의 역할을 발전시키는 다음 단계는 독립된 기계화부대를 사단급으로 편성하는 것이었다. 이것은 1934년 실험에서 호바트(Percy Hobart) 대령의 제1전차여단 그리고 린제이(Georgy Lindsay) 소장의 부분적으로 기계화 된 제7보병여단이 수행했다.

영국은 불행하게도, 인성의 차이, 훈련 부족, 중재자의 인위적인 제한으로 인해서 이 장갑화 된 부대의 연습은 시시하게 끝났다. 린제이 장군은 제병협동 기계화사단의 발전에 참가한 몇 안 되는 고급장교 중 한 명이었다. 실수로 인해 불신을 받게 된 그는 정책을 위한 영향력 발휘를 중단했다. 대신 아치발드(Sir Archibald Montgomery-Massingberd) 장군은 제국 일반참모총장으로 원만했는데, 그는 영국 기병의 많은 부분을 기계화 하면서 기동사단(Mobil Division)을 만들기로 했다. 기동사단은 1937년 12월 승인되었고, 두 개의 장갑화 기병여단과 1개의 전차여단, 2개의 기계화보병대대 및 제한된 수의 포병 및 공병, 지원부대를 보유했다. 장갑화 기병여단은 전체적으로 경전차 및 장갑화 차량을 보유했다.

결과는 거대한 사단에 500대의 대부분 경 무장 및 장갑화 된 전차가 편제되었다. 이 사단은 완전히 장비를 갖추지는 못했다. 명확한 지침의 부재 속에서 기병 장교들은 이 기동사단을 이끌기 위해서 지명되었다. 이 사단은 자연스럽게 말로 편성된 기병부대가 과거에 했던 수색정찰, 경계 같은 기능을 동일하게 해야 했다. 실제로 이 사단은 압도적이지 않았지만, 제국의 경찰작전 또는 기병 수색정찰에 의심의 여지없이 유용했다.

그러나 이것은 복잡한 적에 대해 돌파와 전과확대를 하기 위해서 상이한 전투병과를 작은 부대 수준에서 통합할 수 있는 능력이 없었다. 일반적으로, 수색정찰, 중(中)장갑, 보병, 포병은 개별 여단 수준의 지휘 하에 분리되었다. 1939년 이 기동사단은 제1기갑사단(1st Aromured Division)이 되었다.

그러나 이 사단도 균형 잡히지 않고 병과들을 분리시킨 작은 부대였다. 이것은 기계화기병 및 장갑여단을 하나씩 보유했고 1개의 차량화 보병대대, 견인 포병 및 공병을 보유했다. 이집트에서 제2기동사단이 만들어졌는데, 이것이 후에 그 지역에서 영국작전의 토대가 되었다.

장비에서 또한 문제가 있었다. 잦은 설계 및 기술 변화에도 불구하고, 왕실전차군단은 1922~1938년까지 동일한 기본 전차로 임시변통을 해야 했다. 거의 유일한 개선은 1930~1932년에 있었다. 무선 통신이 크게 발전한 것이다. 그 이전에는 각 차량 승무원은 공통된 주파수를 맞추기 위해서 손으로 무전기를 돌려야 했다. 그리고 움직이는 전차는 무전이 쉽게 두절되었다.

브로드 대령은 일련의 발전을 도모했다. 그래서 크리스탈로 고정주파수를 설치하는 장치를 제공했다. 이러한 무전기만이 지휘관이 전방에서 선두에 서고 관찰하면서 부대를 신속히 움직이게 통제할 수 있도록 만들어주었다. 이러한 장비의 복잡성과 비용은 개별 전차에 이런 장비를 빨리 설치하지 못하도록 하는 요인이 되었다. 더욱이 영국 육군은 고성능, 장거리 무전기를 무시하여 상급 지휘 및 통제를 위해 발전시키지 않았다. 영국 통신 부대는 1차 대전시 주로 설계된 장비를 가지고 2차 대전에 운용되었다. 이 장비는 유동적인 전쟁에서 신속히 대응할 수 없었다.

1930년대 전차 역할에 대한 의견이 일치되지 않았다. 이것은 국방 관료 구조의 잦은 변화와 결합하여 좋은 장갑차량 설계를 방해했다. 혼란 속에서 16톤의 Mark Ⅲ 중(中)전차가 만들어졌다. 왕실 전차군단은 다양한 기능을 수행하기 위해서 이러한 설계에 의존했으며, 이 결과 1936

년 재무장을 시작했을 때, 설계가 뒤죽박죽이 되었다. 일반적으로 말해서, 영국 장갑차량은 기동성 또는 방호력을 최대화하는 경향이 있었다.

기병과 왕실전차군단 옹호자들 모두가 빠르고, 정찰 및 습격을 위한, 경 장갑화 된 기동차량을 원했다. 이를테면 즉각적으로 대규모 생산이 가능한 전차는 기관총만 장착한 Mark Ⅳ 경전차였다. 이것은 개량 기병에 적합하게 보였지만, 왕실전차군단은 반 트랙화 되거나, 빈약하게 설계된 중(中) 또는 "순양" 전차 등 다양한 임시변통에 의존해야 했다.

다른 극단적인 예는 전통적인 보병지원을 위해 할당된 육군 전차 대대가 매우 중(重)장갑화 된 것이다. 대전차포를 지녔을 준비된 적 방어진지를 극복하기 위한 것이었다. 간단히 말해서, 영국은 설계와 생산 자산을 흩뜨렸다. 결국 서로 연계되지 않은 다양한 역할을 하는 차량들을 만든 것이다.

예를 들어 보병 지원을 위한 기관총 탑재 차량, 보병사단 및 기동사단(Mobile Division) 내 기병의 수색 자산으로 이용하기 위한 작은 경전차, 왕실전차군단의 순수 전차 이론가를 위한 중(中) 또는 순양전차, 그리고 중(重)보병지원전차를 만들었다. 그러나 이러한 모든 디자인은 화력을 소홀히 했다.

1937년 후반, 세계 대부분의 전차는 얇은 장갑을 지녔기 때문에 장갑관통 기관총, 또는 기껏해야 20미리 포가 등장했다. 이것은 전체적으로 대전차 방어에 적합하게 보였고, 따라서 전차 자신을 위한 무장이 되었다. 사실상, 많은 군인들은 전차는 과거보다 더 취약해졌다고 믿었다. 왜냐하면 보병은 대전차(anti-tank)를 위해 훈련되었고 장비도 갖췄기 때문이다.

전차 장갑의 성능 향상이 기대되었지만, 영국 육군은 2파운드(40미리) 포면 안전하게 표준화할 수 있다고 결론지었다. 또한 이것은 2차 대전에서 사용된 대부분의 영국 중(中)전차에 탑재된 표준화된 무기였다.

그러나 이러한 무기는 1939~1942년 독일의 중(中)전차를 사거리 500미터 이내에서만 관통시킬 수 있었다. 더욱이, 2파운드 포는 고폭탄 대신 오로지 장갑관통탄만 사격하도록 설계되었다. 고폭탄은 적 보병 또는 견인 대전차 포 요원들을 제압하기 위해서 필요한 것이었다. 비록 호바트(Percy Hobart)가 1938년 6파운드(56미리) 포를 요구했지만, 1940년 프랑스가 붕괴될 때까지 전차 설계에 대한 정식적인 소요제기로 받아들여지지 않았다. 그리고 나서도, 대부분의 포탑은 2파운드 포로 설계되어 더 큰 포를 장착하기에는 작았다.

영국이 기계화 영역에서 표류할 때, 더 전통적인 병과의 발전도 마찬가지로 복잡했다. 비록 말과 경 장갑화 차량 간의 기계 및 전술적 차이를 완전히 배우기에는 너무 늦었지만, 기병은 필연적으로 기계화 과정에 통합되어야 했다. 보병은 1920년대 부적합한 무기를 떠맡았다. 보병은 유용한 대전차 무기를 갖지 못했다. 르위스(Lewis) 기관총은 기동하는 분대화기로는 너무 무거웠다.

1936~1939년 사이, 새로운 장비 및 편제가 영국 보병의 화력과 기동성을 회복시켰다. 그러나 비용이 많이 들었다. 브랜(Bren) 경기관총은 작은 장갑화 차량과 함께 의미심장한 발전을 보였다. 소총 소대의 각 분대는 하차하여 브랜 기관총을 지녔고, 소대는 2인치 연막 박격포 및 캐리버 55의 보이스(Boyes) 대전차 소총을 지녔다. 보이스 대전차 소총은 운반하기에 너무 무거웠지만, 대부분의 장갑을 관통할 수 있었고, 보병에게 새로운 자신감을 부여했다.

보병 대대는 4개의 소총 중대와 브랜 기관총 탑재차량 및 2파운드 대전차 총 그리고 3인치 박격포 및 대공 기관총을 지닌 소대를 휘하에 두고 있는 본부로 구성되었다. 중기관총 그리고 4.1인치 박격포는 별도의 지원 대대 내로 중앙집권화 되었다. 결과적으로 영국 보병 대대는 과거보다 더욱 가볍고 기동화 되었지만, 화력이 다소 약화되고 제한된 대전차 능력을 지니게 되었다.

2차 대전 전야에 장갑이 두꺼워져서 보이스 총이 부적합해졌다. 이 때문에 기본적인 대전차 방어 책임을 포병이 떠맡게 되었다. 영국 야전 포병은 실제로 추가적인 대전차 능력을 지닌 우수한 포를 발전시켰다. 그러나 그 과정에서 영국은 1차 대전 동안 발전된 간접화력의 과학적인 절차를 무시했다. 단지 포병학교만 이러한 기술을 교육했기 때문에 몇몇 장교만이 간접사격에 익숙했다. 1939년 많은 포병들이 포병 측지기술에 대한 선입관을 가졌는데, 그것으로 인해서 포병 본부에 포병 측지반을 잠시 없애는 결과가 편제에 등장했다. 이 기술은 포를 올바로 설치하기 위해 필요한 기술이었다. 따라서 1939년까지 영국 육군은 장비 및 기술 모두에 있어서 개척자적인 발전의 많은 부분을 잃게 되었다. 보병 대대를 벗어나서, 상이한 무기체계 및 전투병과 가운데 협조는 1914년보다 거의 좋아진 것이 없었다.

독일 : "집중적으로 타격, 분산 금지"

프랑스, 영국 및 미국은 1918년 승리했지만, 전쟁 후에 1918년 물자 및 교리를 어느 정도 그대로 적용하는 경향이 있었고 이것은 당연한 것이었다. 더욱이, 이러한 국가들은 현역 및 예비군으로 혼합된 대규모 육군에 의존하고 있었다. 패망한 독일은 반대로 새로운 무기, 전술 및 훈련 개념을 받아들일 모든 이유를 갖고 있었다.

비록 독일은 이를 원했지만, 대규모 육군과 1914~1918년의 정적인 방어체계를 만들 수 없었다. 1919년 베르사이유 조약은 10만 명의 장기복무 군인만을 갖도록 제약했고, 준 군경찰 부대를 제외한 예비군을 보유하지 못하도록 했다. 이 조약은 독일로 하여금 전차, 독가스, 전투기 및 중포병을 갖지 못하도록 했다. 독설적으로 표현하자면, 이러한 금지는 독일에게 역겨운 것이었지만 축복할만한 것이었다고 하겠다. 독일 국방예산과 전술적 사고는 다른 국가의 육군보다 1918년 시대의 기술에 보다 덜 제약받았고, 아울러 의존하지도 않았다.

젝트(Hans von Seeckt) 장군은 독일 패망 후 육군을 재건했다. 그는 독일의 전쟁방식을 전체적으로 재검토했다. 1차 대전 간, 러시아 참전 경험을 바탕으로 젝트는 높게 훈련되고, 기동화 된 육군은 기동화 되지 못한 대규모 군을 크게 우회하여 포위할 수 있다고 믿었다. 그의 지도하에 독일 계획가들은 개념을 연구하고, 이어서 이를 구현하기 위해 편제 및 장비를 발전시켰다. 교리는 기술적 발전을 선도했다. 이것이 다른 국가 육군과 다른 점이었다. 이러한 조건 속에서 야전실험이 진행됐다. 독일은 실물크기의 모형을 만들어 금지된 장비 및 개념을 소련과 비밀리에 실험했다.

물론 독일 계획가들이 무에서 출발한 것은 아니다. 과거에서 벗어날 수 있는 육군은 없는 것이다. 마찬가지로 독일도 1차 대전의 교리를 많이 유지하고 있었다. 그럼에도 불구하고, 젝트는 혁신의 자유 속에서 승리한 연합군보다 훨씬 큰 이점을 지니고 있었다. 1860년대, 독일 전술 및 작전의 전통은 측면을 포위하고, 적을 완전 포위하거나, 만일 실패하면 돌파하여 적 지휘통신 구조를 와해시키는 것이었다. 이것은 독일의 적들이 1차 대전 간 사용했던 정면공격으로 적을 소모시키는 것과는 다른 것이었다.

이 독일 전통은 두 가지 의미를 지녔다. 첫째, 자신들의 측방을 방어하기 위해 넓은 정면에서 공격해야 한다고 믿었던 프랑스 및 영국과는 달리, 독일은 돌파를 위해서 상대적으로 좁은 정면에 그들의 모든 가용자산을 집중해야 한다고 믿었다. 둘째, 이러한 부대 집중은 모든 무기 및 병과를 대대 및 그 이하 수준으로 신중하게 통합할 필요가 있었다. 이로써 적 방어체계를 극복할 수 있었다고 본 것이다.

1917~1918년 침투전술은 이러한 견해를 반영한 것이고, 휴전 후에도 지속 유지되었다. 베르사이유 조약의 제약에도 불구하고 1921년 독일 규정인 『제병과의 지휘 및 전투(Command and Combat of the Combined Arms)』는 독일 강습 대대 및 신중한 포병 준비사격 뿐만 아니라 근접항공지원, 가스전, 보병지원 역할을 하는 전차에 대한 내용도 담고 있다. 독일은 경험을 바탕으로 교리를 발전시키는데 자유로웠다. 가용한 기술 사용에 제약을 받지 않았다. 이후 교범에도 불구하고, 젝트의 정교한 규정은 양차 대전 간에 독일 교리의 근간으로 남았다.

독일 군대 전통의 또 다른 국면은 분권화 시행이다. 독일 지휘관들은 전방을 관찰하기 위해 전방으로 나아갔고 스스로 결심했다. 이 능력으로 그들은 후방 지휘소에서 할 수 있는 것보다 신속히 결심한 내용을 예하 부대에 전파할 수 있었다. 이 분권화는 『제병과의 지휘 및 전투(Command and Combat of the Combined Arms)』같은 공통교범을 기초로 독일 지도자들 사이에 상호 이해를 함으로써 용이해졌다. 지휘관 의도와 공통된 교리를 알고, 예하 지휘관들은 교리와 연계하여 이러한 의도를 구현할 수 있었다.

그것으로 인해서 상급부대로부터 세부적인 지시하달 필요성은 감소했다. 이러한 분권화와 결심을 신속히 하는 것은 기계화 작전을 포함한 모든 유동성 있는 형태의 전투에 이상적으로 잘 들어맞았다. 1차 대전 간, 민주주의 국가의 군대에서 발견된 지휘통제의 융통성 없는 형태와는 완전히 다른 것이었다. 소규모 육군은 베르사이유 조약에서 용인되었다. 독일 지휘관들은 따라서 과거 자신들의 적들이 만든 시민군이라는 커다란 군대보다 더욱 높은 수준의 훈련을 하게 만들어주었다.

이러한 복잡한 기동전을 쉽게 하는 것은 전투현장에 근접해서 지휘관이 작전하는 것 이상의 것을 필요로 했다. 전후 독일 육군은 융통성 있는 무전통신을 크게 강조했다. 1920년대 중반부터, 새로운 차량에는 항상 무전기 가대를 설치했다. 미래의 독일 전차 원형에도 이것은 반영되었다. 히틀러가 1930년대 중반 육군을 확대할 때까지 독일은 무전시스템의 모든 계열을 발전시켰다. 이것은 전투차량 간의 단거리 무전기에서부터 사단과 그 상급부대 본부 간을 연결할 수 있는 고출력 저주파 무전기까지 다양했다. 독일은 단지 소수의 무전기만 구매하면 되었다. 징병제인 프랑스 육군 또는 이보다 작은 영국 및 미국 육군에게는 너무 비싼 장비였다.

근대전의 매우 많은 기타 국면에서 나타난 것과 마찬가지로, 젝트는 전차의 중요성을 강조했다. 비록 독일 육군이 베르사이유 조약 하에 공식적으로 전차를 보유할 수 없었지만, 이론적 연구, 교범 및 연습에서 장갑화 된 전쟁 내용을 포함시킬 수 있었고, 포함시켰다. 젝트가 기동성을 강조하자, 차량화부대시찰단(Inspectorate of Motor Troops)을 만들어 교리 발전에 주안을 두었다. 1920년대를 통해서, 일련의 탁월할 장교들이 이곳에서 장갑화 교리를 연구했고, 독일 육군의 기타 상위 지휘부서로 배치되었다. 비록 이들은 풀러와 같은 외국 장갑화 이론을 공부했지만, 독일은 장갑화전(armored warfare)에 대한 자신들의 결론에 도달했다. 그러는 동안, 소수의 전차가 소련에 비밀리에 배치되고, 독일 경찰의 장갑화 차량이라는 허식을 만들어 공개적으로 야전에 배치되었다.

이러한 공식적인 전차에 대한 지원으로 독일 육군은 후에 전격전이라고 불린 전쟁 스타일을 발전시켰다고 할 수 있다. 1차 대전 당시, 전차의 심리적인 효과에 대한 독일 경험, 자신들의 침투 전술, 협소한 정면에 대한 돌파에 대한 믿음. 그리고 지휘관 의도 하에 분권화 시행 개념이 전격전의 구성요소였다. 그러나 사실상 독일 육군은 전체적으로 1940년 프랑스가 패망하기까지 완전히 기계화전(mechanized warfare) 개념을 받아들이지 않았다. 이전에, 대다수의 독일 선임 지휘관들은 다른 육군들과 마찬가지로 다른 아이디어에 개방적이었지만, 기본적으로 전차가 보병을 지원하기 원했다. 히틀러의 선전을 위한 새로운 장갑화 부대의 후원은 선임 독일 지휘관들의 불만과 의구심을 더했다는 것에 의심의 여지가 없겠다.

그러나 히틀러의 후원은 독일 육군의 장갑화 이론가들로 하여금 1920년대 성숙된 아이디어의 일부를 적어도 실행할 수 있게 해줬다. 구데리안(Heinz Guderian)은 차량화 부대시찰단(Inspectorate of Motor Troops)에서 힘을 키운 명석한 장교로 가장 유명하고, 아마도 가장 영향력이 있었던 기계화 주창자였을 것이다. 영국의 호바트(Percy Hobart)와 같이, 구데리안은 군생활 초기에 무전 통신에 대한 중요한 경험을 가졌다.

그는 1914년 기병부대를 지원하는 무선전보 부대에 근무했다. 그는 새로운 교리와 장비를 통합하는 어려움을 여기서 알았고, 제도적인 저항을 극복하는 어려움을 배웠다. 1929년까지, 기갑을 연구한 많은 영국 학생들이 순수 기갑 편성부대를 지향하는 경향이 있었지만, 구데리안은 전차만 발전시키거나 전통적인 병과의 기계화 된 부분만을 발전시키는 것은 소용이 없다고 확신했다. 필요한 것은 전체적으로 새롭게 기계화 된 편성부대로 모든 병과를 포함하여 이것이 전차의 효과를 극대화시켜 주는 것이었다. 이러한 편성부대만이 공격이건 방어건 기동전에서 살아남을 수 있었다.

구데리안과 그의 동기들은 당시 군사 이론가들이 생각했던 대전차 방어가 보다 강력해졌다는 것에 구애받지 않았다. 기갑에 대한 대부분의 주창자들과는 달리, 그는 대전차는 기계화제병협동팀의 필수적인 부분이라고 보았고, 새로운 무기에 대항하기 위한 전통적인 병과의 방어무기로 보지 않았다.

대부분 초기 전차들은 정확한 고속 대전차포를 운반하기에는 너무 작고 안정성이 없었다. 이와 반대로, 견인 대전차포는 장갑에 대해 최대의 효과를 보기 위해 특별히 설계되었다. 그리고 이것의 실루엣이 작아서 전장에서 발견되고 타격되기가 쉽지 않았다. 독일 기갑부대는 다른 전차 또는 대전차 무기와 교전을 회피하기 위해 훈련되었고, 대신 적의 저항이 없거나 거의 적은 지역으로 전과확대 하도록 훈련되었다.

전차 대 전차 전투 상황에서 독일 전차는 일시적으로 철수했다가 전차부대 선두 뒤에서 숨어서 차장하고 있는 대전차 무기로 부주의한 적을 끌어들여 공격했다. 이를 위해서, 전차는 수색 부대가 필요했다. 이들은 길을 선도하고 진출 간 측방을 차장하는 역할을 했다. 그리고 전투공병은 기계화부대의 기동성을 유지시켜주었다. 차량화 또는 기계화보병, 그리고 포병은 우회한 저항 중심을 제거할 필요가 있었다. 이로서 전차 공격을 지원하고 이러한 공격에 의해 확보된 지역을 유지할 수 있었다. 모든 부대는 신속한 진출에 보조를 맞출 수 있는 지원부대를 필요로 했다.

1931년 구데리안은 제3차량화수송대대의 지휘관이 되었다. 베르사이유 조약의 제약으로 인해 그는 모형 장비를 사용했다. 이 대대는 사실상 실험기계화부대였다. 1개 중대를 모터사이클, 장갑차, 전차 및 대전차포로 구성했다. 유사한 소규모 시범이 있었다. 이것은 독일에서 최초로 생산된 경전차를 이용한 것으로 1934년 히틀러를 감동시켰다. 동년, 완전한 팬져사단을 위한 실험 기동훈련이 있었다. 1935년 히틀러는 최초로 이러한 사단을 영구적으로 3개 편성하였다(그림 5 참조).

이 시대에 타 육군처럼, 독일의 기갑화 편성을 위한 최초 노력은 엄청난 수량의 전차(사단 당 561대)를 포함하고 있었다. 또한 이 편제는 무기 수량과 형태에 있어서 상당한 균형을 보여준다. 따라서 최초부터 팬져사단은 균형된 제병과 개념을 반영한 것이었다. 이 개념은 1920년대 독일 육군에서 발전된 것이다. 더욱이 1930년대 후반, 다양한 여단 및 연대 본부가 부대 및 무기체계를 상호 교차시켜 배속 통제하여 제병협동팀을 만드는 훈련을 하였다. 이러한 시스템은 상당한 훈련을 필요로 했고, 교차시켜 배속된 부대에 대한 정비 및 군수보급이 크게 강조되었다. 예를 들어, 한 가지 형태의 차량 정비를 위해 훈련된 정비 요원은 다른 부대에서 빌려온 다른 장비를 똑같이 정비해야 했다. 여전이 이러한 시스템은 필요시 다른 무기체계를 결합하는 팬져사단을 가능하게 만들었다. 사실상, 독일 보병과 기갑은 중대 및 소대 수준에서 아직 서로 협조하지 않았다는 것은 인정한다. 그러나 전체적인 독일의 접근은 대부분의 적보다 더욱 기계화제병협동팀에 가까웠다고 하겠다.

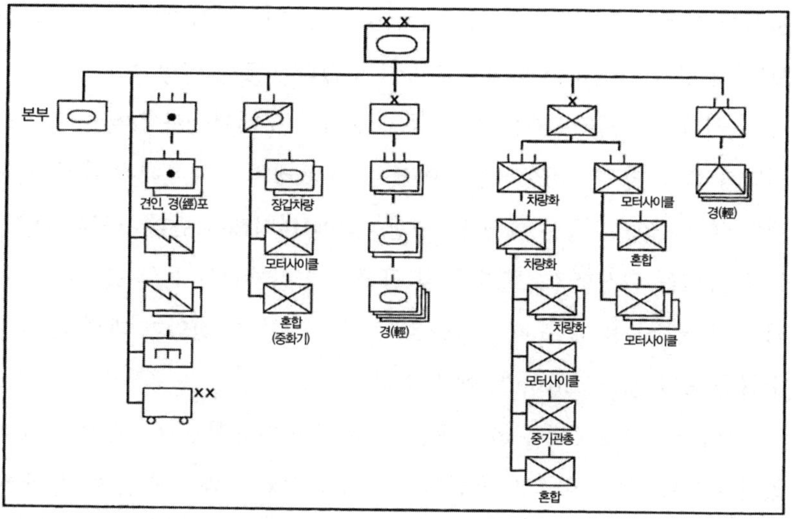

그림 5. 1935년형 독일 팬져사단

구데리안은 이 업적을 혼자 달성한 것이 아니며, 반대와 어려움 없이 성공한 것도 아니었다. 독일의 다른 병과들은 새로운 병과 창설을 반대하면서, 자연이 자신들에게 기계화 및 차량화를 분할해줄 것을 요구했다.

1930년대 독일 참모총장은 모든 대전차 부대와 각 보병 사단의 1개 공병중대를 차량화 시키라고 지시했다. 사단에게 적 전차에 대항할 수 있는 융통성 있는 방어력을 주기 위해서였다. 이 지시로 4개의 사단에 대해 차량화를 시행했다. 이때 팬저사단은 여전히 수송능력이 부족했다.

1937~1938년, 두 개의 분리된 전차여단이 보병지원을 위해 편성되었다. 다른 병과와는 분리된 부대였다. 동시에, 대부분 기병을 기초로 한 4개의 경사단이 더욱 많은 차량화 및 기계화 장비를 흡수했다. 이러한 부대의 실제 편성은 매우 다양했다. 그러나 가장 일반적인 형태는 1개의 장갑화 수색 연대, 2개의 차량화 보병연대, 1개의 경전차 대대, 그리고 2개의 견인 곡사포 대대를 가지는 것이었다. 화가 난 구데리안은 자신이 기동부대장(chief of Motor Troops)으로서 좌천되어졌고, 차량화 보병 및 경사단에 대한 통제능력이 거의 없다는 것을 알았다.

그러나 또 다른 문제는 초기 독일 전차가 구데리안과 같은 이론가의 개념과 함께 할 수 없었다는 것이었다. 히틀러의 팬저부대에 대한 지원에도 불구하고, 그들은 예산 및 생산능력에 대적해야 했다. 다른 독일군들도 능력을 확장했고, 또한 독일 공군도 마찬가지였다. 히틀러는 유럽의 다른 국가들을 다룰 때 공군으로 위협을 가할 수 있었기 때문에, 우선순위를 독일 공군(Luftwaffe)에 두었다.

괴링(Hurmann Goering)은 공군 및 독일 공업계획부서 모두의 수장이었기 때문에, 독일 공군기 생산을 선호하며 상황을 왜곡했다. 이 상황 하에서, 구데리안은 완전히 전투수행 가치를 갖지 못하는 전차를 불만스럽지만 받아들여야 했다. 팬저 캄프웨건 I 전차는 기관총을 장착한 완전하지 못한 전차였다. 이것은 영국의 카든-로이드(Carden-Loyd) 인원수송차량에서 파생된 것이었다. 팬저 II 전차는 20미리 포를 장착했지만 방호력이 거의 없었다.

이러한 두 가지 차량은 1940년 말까지 팬저 부대의 대부분을 이루었다. 이 차량의 가치는 장갑과 무장에 있었던 것이 아니라 이들이 먼저 가용했고 수량이 많았고 또한 무전통신 장비를 갖췄다는 것에 있었다. 이것은 새로운 팬저 부대에게 강한 훈련을 하고 전투절차를 만들고, 문제를 식별해서 해결하며, 편제와 장비에서 변화를 발전시킬 수 있도록 해주었다. 1939년까지 팬저 사단은 전쟁에 완전히 준비되지 못했지만, 가장 먼저 매우 필요한 편제 및 훈련 단계를 통과할 수 있었다. 이러한 이점을 대부분 독일의 적들은 인정하지 않았다.

또 하나 독일의 이점은 지상 작전을 위한 근접항공지원에 있었다. 1920년대 젝트는 공군교리를 살려두면서, 독일 민간 항공기를 기존 군용기 형태로 만들도록 했다. 독일 공군이 1933년 설립되었을 때 대부분의 상급지휘관들은 1차 대전시의 공군이었다. 교리에 의하면 독일 공군은 다른 나라 공군처럼 지상부대 지원보다는 전략적 공습 및 공중우세 달성을 선호했다. 그러나 스페인 내전(1936~1939)을 통해서 독일은 지상지원 및 전략적 폭격 모두를 경험했다. 독일의 "자원자"로 된 소규모 부대들이 프랑코(Francisco Franco) 장군을 지원하고 스페인 공화국 정부에 대항하기 위해 투입되었다.

스페인 공화국 정부군은 제한된 숫자의 구형 전투기를 지상공격을 위해 사용했으며 상당한 효과를 보았다. 이러한 경험은 독일에게 5개 지상공격 항공단을 1938년 가을에 만들도록 자극했다. 이것은 독일이 대륙의 세력 국가임을 고려할 때 어느 정도 필연적인 것이었다. 미국이나 영국의 공군력 주창자들과는 달리 독일 공군의 주창자들은 지상작전 지원 필요성을 무시할 수 없었다. 사실상, 독일공군 교범 16은 1938년에 발간되었는데 모든 항공기는 결정적 지점에 집중되어야 한다고 제시하고 있다. 이것은 그러나 독일공군이 지상 지휘관에 의해 통제돼야 함을 의미하지는 않았다. 이와는 매우 다르게도, 독일 공군교리는 공군력과 전략적 폭격 개념에 결합되어 있었다. 유일하게 다른 점은 일부 항공자산을 지상군 지원을 위해 투입한다는 실질적인 독일의 의지를 담았다는 것에 있다.

1934년 초기, 독일은 스웨덴 카운트파트와 연합 기동훈련을 한 후에 급강하 폭격기에 관심을 갖게 되었다. 고고도에서 폭격하는 것과는 달리, 급강하 폭격기는 말 그대로 조종사가 무장을 투하하기 전에 폭탄을 조준할 수 있게 해주었다. 이때부터 보다 나은 정확성을 가질 수 있었다. 동시에, 대공 사수에게는 급강하 하는 폭격기를 조준하는 것이 더욱 어려워졌다. 항공기의 속도와 고도가 급격히 변화했기 때문이다. 추가된 이점은 급강하 폭격이 심리적 효과를 표적 상에 있는 병력들에게 준다는 것이었는데 이는 마치 항공기가 각개병사를 개별적으로 조준한다고 보였기 때문이었다.

1936년 이후 독일 공군발전분과장이었던 우뎃(Ernst Udet)은 그의 상관을 설득하여 제한되지만 근접지원용 급강하 폭격기 조달을 설득했다. 이것은 미 해군의 커티스 헬다이버(Curtiss Helldiver)를 본뜬 것이었다. 결과적으로 JU-87 스투카 급강하 폭격기가 5개 공격단 중 4개 단에 배치되었다. 1939년 각각의 단은 27대의 항공기를 보유했다. 물론 스투카는 근접항공지원 임무가 없는 다른 부대에 더 많이 할당되었던 것이 사실이다.

더욱이, 스페인과 폴란드는 매우 적은 수의 공군연락 분견대를 가지고 있었는데, 이것은 주공을 담당하는 보병군단 및 기갑사단 본부에 배속되었다. 뛰어난 리치토펜(Wolfram von Richthofen)에 의해 조직되었기 때문에 이 분견대는 지상군으로부터 요청되는 항공지원 요청을 직접적으로 공군에 전달하고 비행 중에 실시한 정찰 보고를 확인할 수 있었다. 그러나 이들은 특정한 표적에 항공기를 유도할 수 없었고, 이러한 역할을 위해 훈련되지도 않았다. 더욱이 육군부대가 주공일 경우에만 어느 정도의 급강하 폭격단과 연락분견대가 가용했다. 모든 기타 육군 지휘부들은 사전에 계획된 요청서를 제출했는데, 이것은 적시에 받아들여지기도 하고 그렇지 않기도 했다.

1940년 늦은 시기에 독일공군사령관 괴링은 자신의 항공기에 대한 절대적인 집권적 통제를 고집하였다. 기회표적에 대한 항공지원 요청은 이후 독일군에게 양호하게 나타났다. 이러한 문제에도 불구하고, 제병협동 통합 전통은 양차 대전 기간 중, 독일 육군에서 계속 최신화 되었다.

구데리안이 육군의 다른 부대에 장갑 및 차량화 장비 제공을 인정하지 않았다는 것은 전술적으로 올바른 것이 아니었다. 이 당시 다른 병과는 필연적으로 걸어서 이동하거나 말을 이용해야 했다. 기계화 장비를 비팬저 부대에 전환하는 것은 그렇게 엄격히 통제될 것이 아니었다. 여전히, 구데리안의 불만에도 불구하고 또는 그것 때문에, 독일 육군은 다른 나라 육군에 비해 기갑부대를 보다 엄격히 하나로 집중해서 모았다. 1939년 9월, 33개 전차 대대 중 24개 대대 그리고 3,195대의 전차 중 1,944대의 전차를 6개 팬저사단으로 집중 편성했다. 다른 나라 육군은 이와 달리 많은 수의 전차를 보병 지원 및 기병 역할을 위해 운용했는바, 이러한 대조는 놀라운 것이다.

프랑스 : 질서정연한 전투

1920년대 독일에는 10만 명의 전문직업군이 존재했다. 그래서 프랑스는 기습침략에 대비하는 계획을 발전시켰다. 전쟁 이후 프랑스 육군은 서류상으로는 거대했지만, 심지어 독일군과 같은 작은 규모의 군대에 의한 기습을 막기에는 잘 준비되지 않았다. 1914년 이전 프랑스 장교들이 예비군의 능력을 잘못 의심했다면, 그들의 의심은 전쟁 사이 기간 중 보다 확실해졌을 것이다. 자신의 식민지를 제외하고, 프랑스 육군은 필연적으로 예비군을 담당하기 위한 기간요원으로 편성되었다. 이들은 동원을 위해 수주 또는 수개월이 필요했다. 1918년 이후 프랑스의 전쟁 피로감은 1914년 매우 잘 발달된 동원 시스템을 없애게 만들었다. 1928년까지 징집병력은 12개월 미만의 훈련을 받았다.

독일의 기습공격으로부터 자신을 보호하기 위해서, 프랑스는 정교한 방어선 구축계획을 선택했다. 이것은 베르덩에서의 소모전에는 명백히 적합한 개념이었다. 마지노선(Maginot Line, 지도 3 참조)은 포를 탑에 장착한 일련의 독립적인 콘크리트 요새였다. 이 요새들은 1930~1936년 사이에 프랑스 동북지역에 구축되었다. 이 기능은 1918년 다시 획득한 지역을 방어하고 독일의 공격을 프랑스로 도달하기 전에 벨기에 지역으로 통과하게 강요하는 것이었다. 이렇게 독일군이 장거리를 기동하게 되면 프랑스는 동원을 위한 시간을 벌게 되는 것이었다.

마지노선이 구축된 후, 많은 분석가들은 마지노선을 조롱한다. 독일에게 이 요새지를 우회하는 것은 어린애 장난 격이었기 때문이다. 실제로는 프랑스 공업지대가 벨기에 국경에 너무 가까워서 마지노선으로 방어되기 어려웠다.

그리고 프랑스는 도덕적으로 벨기에를 지원해줄 의무를 느꼈다. 1914년 독일로 인해 희생된 벨기에는 프랑스의 동맹이었던 것이다. 결국, 1920년부터 프랑스 군 계획가들은 프랑스 땅 대신 벨기에 내부에서 미래전을 수행할 것으로 기대했다. 마지노선은 안전장치 격이었고 이 기지를 돌아 프랑스 육군의 야전 기동부대가 기동하기로 되어 있었다.

1930년대 후반, 프랑스와 영국은 다가오는 독일과의 전쟁이 1914년의 복사판이 될 것으로 기대했다. 독일은 벨기에를 통해 진격하고 아니면 네덜란드를 통과할 것으로 보았다. 벨기에는 1936년 중립을 다시 주장했기 때문에 프랑스와 영국은 독일이 침략할 때까지 벨기에를 방어해주기 위해 진입할 수 없었다. 따라서 대부분의 프랑스 및 영국 기동부대들은 허겁지겁 벨기에와 서부 네덜란드로 들어가는 계획을 수립했다. 1940년 연합군을 기습한 것은 독일의 주노력이 남쪽으로 바뀐 것에 있다. 룩셈부르크와 남부 벨기에를 통해 세당(Sedan)으로 향한 것이다. 거의 우연히, 독일 진격은 약한 중심점을 자르고 나갔다. 이 중심점은 북부의 기동부대와 남부의 마지노선을 연결한 지점이었다.

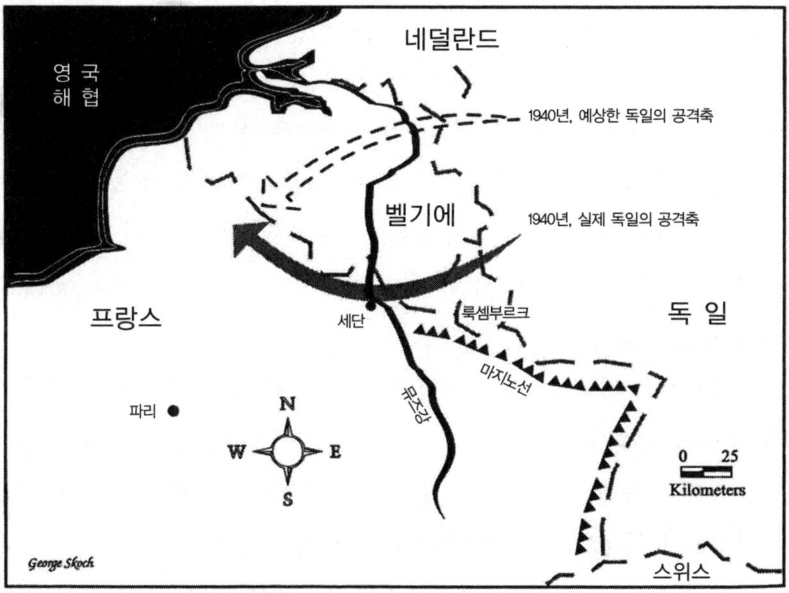

지도 3. 마지노선과 1940년 전역

더욱이, 마지노선의 의도된 목적(독일 침공을 지연)에도 불구하고, 실제 효과는 프랑스 국가안보에 훨씬 못 미치는 정도였다. 대공황 기간에 요새 구축을 위한 엄청난 비용은 종심 깊게 요새지를 편성하는데 제약을 주었으며, 요새의 규모와 그 내부의 무기 수량에도 제약을 주었다. 수 개의 진지만이 당시 선전을 위해서 풍부하게 장비를 갖춘 모습으로 전시되었다.

전쟁에서, 이 요새선은 참호를 구축하고 그 안에 병력을 배치하여 보강되어야 했다. 그리고 고정된 요새 간에 급조 벙커를 만들어야 했다. 더욱 중요한 것은 마지노선이 정치지도자 및 군사 지휘관들에게 부정적인 심리적 효과를 주었다는 것이다. 명확히 극복할 수 없는 방어력을 갖춘 모습은 좌익의 정치인들로 하여금 프랑스는 모든 공세적인 행동을 피하고 국경선에서 방어하는 것에 만족해야 한다는 주장을 강화시켰다. 따라서 기습공격에 대한 분별 있는 예방책은 1939년 이전 프랑스의 유화정책을 강화시켰고, 전쟁이 났을 때는 모든 공세적인 노력을 약화시켰다.

이러한 방어 지향주의는 국가 예산 및 프랑스 교리에도 영향을 미쳤다. 무엇보다도 1차 대전에 참가한 사람들은 전쟁 이후 프랑스 규정을 신중히 통제된 진지전투로 제한했다. 방어 전투의 마스터인 빼땡(Philippe Petain) 원수의 영향력 하에, 프랑스 육군은 1921년 『대부대의 전술적 운용을 위한 대비 지침(Provisional Instructions for the Tactical Employment)』을 만들었다.

지침규정은 전체적으로 방어적인 것만은 아니었다. 그러나 사상자를 최소화하기 위해서 공격 이전에 정교하고, 질서정연한 준비를 해야 한다고 강조했다. 또한 공격 시에는 신중히 협조된 환경 속에서, 전투는 보병을 지원하기 위해서 모든 전투병과를 운용해야 했다. "보병은 전투에서 주도적인 임무를 담당한다. 포병화력에 의해 선도되고, 방어되며, 포병과 함께 전투한다. 가능한 지역에서는 전차와 항공기가 보병을 돕는다. 보병은 정복하고 점령하며, 지면을 편성하고 지형을 장악한다."고 했다.

그러나 이러한 개념은 다음과 같은 결함을 갖는다. 우선, 매우 세심하게 계획된 이러한 중앙집권적으로 통제되는 작전은 갑작스러운 변화에 대응할 수 없다. 1918년 독일의 공세는 이미 이러한 면을 보여주었다. 방어자의 선형 방어선을 와해시킨 모든 적의 행동 그리고 융통성이 없는 계획수립은 프랑스 지휘본부를 방심하게 만들었고 매우 빠르고 융통성 있게 공격하는 적에 대해 방어를 재조직할 수 없었다. 한 가지 예를 들자면, 1940년 대부분의 프랑스 전술 통신은 야전의 무전기 네트워크보다는 유선 전화기에 의존했다. 하지만 독일은 무선 네트워크를 발전시켰다.

보다 일반적으로 살펴보자. 프랑스 교리는 제병협동을 프로세스로 봤다. 모든 무기체계는 전투를 진행하면서 보병을 지원한다는 것이었다. 전차는 일종의 장갑을 갖춘 보병으로 보병 병과의 하위에 놓여 있었다. 이러한 접근은 적어도 장갑이 순전히 전차에만 부여되지 않을 때 이점을 갖는다.

1920년대, 프랑스 기병은 많은 장갑차량 및 반트랙 차량으로 실험을 했었다. 반트랙 차량은 전방에 바퀴를, 후방에는 캐터필러를 지닌 차량이었다. 이러한 반트랙 차량은 적과 접촉이 있기 전까지 간혹 장갑차, 견인 포병, 모터싸이클 및 트럭이 후속하는 경전차와 전투팀을 만들었다. 사실상 프랑스 반트랙 차량은 후에 독일 및 미국의 보병 수송차량의 모델이 되었을지도 모른다. 여전히 전차는 보병의 부하 격이었기 때문에, 기갑이 보병을 지원하는 것 외의 역할 발전을 방해했다. 더욱이, 반트랙 차량은 식민지 전쟁이나 또는 수색에 적합했지만, 보병은 정밀한 강습작전을 할 때에는 발로 걸어야 했다. 기갑은 발로 걸어가는 보병과 천천히 진출하는 포병의 속도에 묶였다. 전차와 보조를 맞추기 위해 보병의 기동과 방호력을 갖추는 대안을 거의 찾으려 하지 않았다. 1차 대전 당시의 낡은 FT 경전차의 느린 속도로 인해 이러한 조치를 더욱 취할 수밖에 없었다. 1920년대 프랑스 기갑부대는 대부분 FT 경전차를 보유했다.

그러나 모든 프랑스 사람들이 이러한 견해를 가진 것은 아니었다. 에스탱(Jean-Baptiste Estienne) 장군은 1차 대전시 프랑스 전차 군단의 지휘관이었다. 이 군단은 나중에 해산되었다. 에스탱은 기계화전에 대해 멀리 보는 시각을 가졌다. 1919년 에스탱은 그의 『야전에서 전차 임무에 대한 연구』를 빼땡의 지휘본부로 제출했다. 이 괄목할만한 문서는 전차뿐만 아니라 수색, 보병, 포병 그리고 심지어 야전 수리정비팀에게도 장갑화 되고 트랙화 된 차량을 제공할 필요가 있다고 했다. 에스탱의 이 부대에 대한 비전은 공중폭격으로 이 부대를 지원하면서, 적 전선 상에 좁게 형성된 돌파구에 투입하여 종심 깊게 공격하는 것이었다. 이것은 2차 대전에서 가장 잘 나타난 기계화전 실상과 유사한 모습이었다.

1920년 에스탱은 4,000대의 전차 및 8,000대의 기타 차량 그리고 10만 명으로 편성된 기갑군을 제안했다. 보병을 부정하지 않고, 그는 장갑차량에 탑승한 보병이 구조적으로 편성된 무기를 가지고 공격할 수 있다고 했다. 에스탱의 개념은 군사적으로 급진적이었을 뿐만 아니라 본질적으로 매우 공세적이어서 엄청난 사상자를 경험했던 프랑스 정치인들이 받아들이기에는 너무 무자비한 것이었다. 그럼에도 불구하고 에스탱은 1927년 전역할 때까지 전차감(Inspector of Tank)으로 남는다.

대공황과 마지노선의 막대한 비용으로 부과된 제약에도 불구하고, 웨이간(Maxime Weygand) 참모총장은 1930년대 초기, 차량화 및 기계화를 향한 의미심장한 추진을 했다. 궁극적으로 7개 보병사단이 차량화 되고, 4개 경기병사단 중 각 1개 여단은 반트랙 장갑차량으로 장비되었다. 결과적으로 기병사단은 이상한 하이브리드 사단이 되었다. 1만 명의 병사, 2,200마리의 말, 50대의 차량을 보유했지만 겨우 24문의 야포와 20문의 대전차포를 지녔다.

1934년 웨이간은 최초의 "경기계화사단"인 DLM(Division Legere Mecanique)를 만들어 기계화기병을 향한 노력을 계속했다(그림 6 참조). 이 사단은 수색, 경전차, 트럭 탑승 보병 그리고 견인 포병을 보유하여 당시 발전 중이었던 독일의 팬져사단과 현저히 유사했다. 그러나 웨이간은 기병이었고, 공세적인 장갑화 강습부대보다는 방어적인 차장부대를 만드는 것이 정치적으로 정당화될 수 있었다. 결과적으로, 4개의 DLM은 궁극적으로 기계화 된 주전투(main battle) 과업이 아닌 표준적 기병의 임무인 수색정찰 및 경계 임무를 받게 되었다.

프랑스 육군이 조심스럽게 기계화 시대로 움직일 때, 이러한 발전은 드골(Charles de Gaulle)의 글이 나오면서 중지되었다. 1934년 드골 중장은 『전문직업군을 향하여(Towards the Professional Army)』를 발간했다. 여기서 그는 10만 명의 장갑화 된 군을 요구했다. 이것은 에스탱의 작품에 크게 기초한 것이지만 드골이 원(原)이론가로 일반적으로 알려져 있다. 드골의 책은 교리 및 편제에서 거의 혁신적이지 않았다. 그는 여기서 소탕작전을 하는 차량화 보병부대가 후속하는 길쭉하게 공격하는 전차 여단을 구상했다.

실제 문제는 정치적이었다. 극단적으로 평화주의에 휩싸인 국가 그리고 시민군의 원칙이 강요된 국가 속에서 드골은 공격적이고, 기술자로 구성된 전문적인 상비 육군을 주장했다. 그의 "누르고 예방하는 기동의 도구"라는 개념은 독일과 전쟁시 당연히 공세적인 전쟁을 시작하면서 또는 공화주의 프랑스 내에서 우익의 쿠데타를 지원하면서 사용될 것이었다.

드골의 멋진 책은 보다 서서히 진행하는 웨이간의 노력을 위협하고, 기갑사단을 구성하는 것에 대한 극히 높은 표준안을 제시했다. 1936년 뒤늦게 프랑스는 이전보다 많은 수량의 장갑차량과 기타 장비를 생산하기로 했다. 여기에는 385대의 B-1bis(또는 B-1b) 전차가 포함된다. B-1bis 전차는 1920년대 초기에 에스탱에 의해 개발된 것으로 향후 15년 동안 세계에서 가장 잘 설계된 전차 중 하나였다. 이것은 60㎜의 전방 장갑을 주조한 동체에 부착하고, 하이드로메틱 변속기와 기타 발전된 형태를 지녔다. 이것은 작은 크기의 포탑을 지녀 1명이 전차 지휘자 및 47미리 포수로 역할을 수행하고, 저속 75미리 포는 동체에 탑재되었다. B-1bis 전차는 또한 극히 제한된 연료 저장능력을 지녔다. 이러한 어려움에도 불구하고 이 전차는 1940년 독일을 어렵게 만들었던 아주 우수한 무기였다. 그러나 에스탱과 드골이 주장했던 기갑사단에 충분한 전차를 편성하기 위해서 생산하는 데는 수년이 걸렸다. 심지어 전쟁 개시 이후조차, 한 달에 50대의 전차도 생산하기 어려웠다. 탑재된 기술은 우수했지만 프랑스의 공업력이 그만큼 약해진 탓이다.

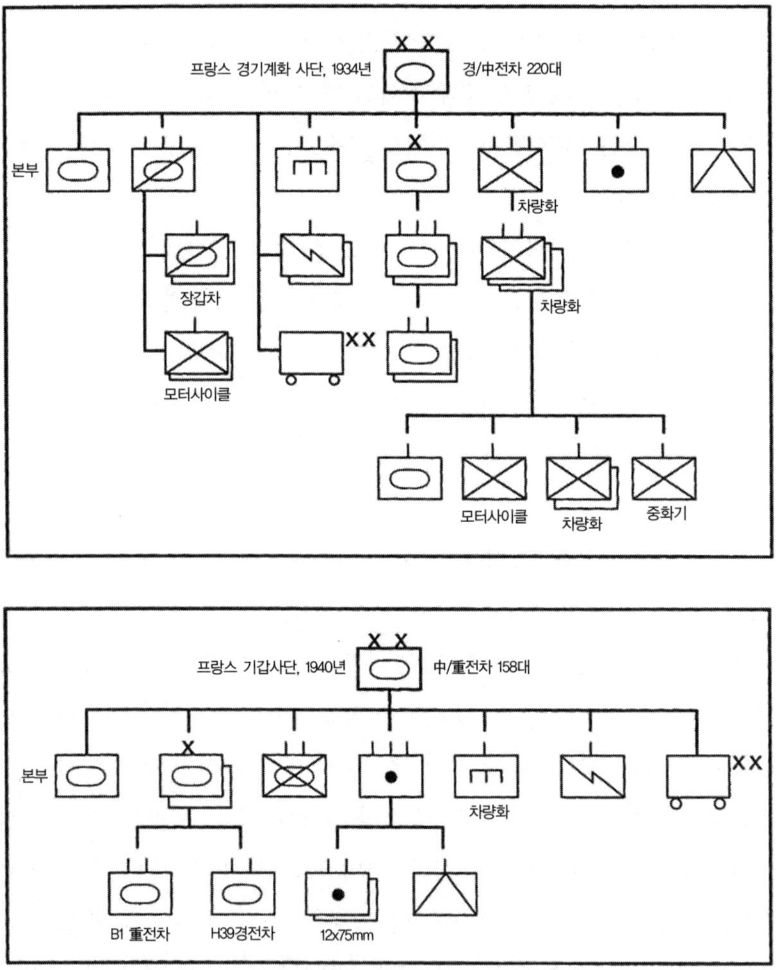

그림 6. 1934년형 프랑스 경기계화사단 및 1940년형 기갑사단

결과적으로 프랑스는 전쟁이 개시된 이후까지 최초 2개 기갑사단(Division Cuirassee[DCR])을 만들지 못했다(그림 6 참조). 전쟁 개시 후에도 각 사단에는 편제된 B-1bis의 반을 중(中)형 전차로 대체했었다. 결과적으로 나타난 사단의 모습은 기본적으로 전차를 끌어 모아서 돌파부대

로 운용하는 것이었다. 이것은 수색정찰, 대전차, 보병, 포병, 공병지원 측면에서 능력이 충분하지 못했다.

유사한 문제가 기타 전차 및 장비 생산을 괴롭혔다. 따라서 프랑스 병력들은 실질적인 훈련 및 실험을 위한 시간을 거의 갖지 못했다. 독일은 1939년 이전에 이러한 훈련 및 실험을 실시했다. 대규모 기갑부대 전술을 위한 프랑스 규정은 1940년 3월까지도 배포되지 않았다. 이때는 독일의 프랑스 침공이 있기 수주 전이었다.

이러한 제한에도 불구하고, 프랑스는 1930년 동안 서서히 근대화되었다. 1921년 『대비 지침(Provisional Instructions)』은 1936년 더욱 정교한 규정을 만드는 길을 열어주었다. 이러한 새 지침은 전쟁의 새로운 변화를 인식하고, 마지노선과 같은 요새 국경 관련 내용을 포함하고 있었으며, 차량화 및 기계화부대, 대전차 무기, 늘어난 방공전투 그리고 향상된 통신관련 문제도 포함하고 있었다. 규정은 더 이상 전차를 사이즈로 구분하지 않고, 특정임무를 부여하여 임무가 떨어지면 이를 수행하도록 했다. 전차는 보병을 동반하거나 보병을 선도하여 다음 지형으로 보병을 이동시키거나, 또는 적 방어진지가 돌파된 이후에 특히 독립적으로 전투를 수행하는 전술을 모두 사용했다.

그러나 1936년 규정은 보병을 기본으로 하면서, 신중한 포병 편성, 그리고 모든 수단들의 질서정연한 진출을 정교한 계획에 따라 실시하도록 했다. 규정은 "후퇴를 생각하지 않는 방어"의 필요성을 강조했다. 규정은 반복적으로 지형과 자신 전방의 적을 고려했지, 측후방 위협에 대처하는 기동을 고려하지 않았다. 종심 대전차 방어 역시 이 규정에 자주 나타나지만, 프랑스는 이러한 방어를 하기 위한 병력과 특히 대전차 지뢰가 부족했다.

마지막으로, 적의 통신 정보수집 가능성 때문에, 무전기는 다른 통신수단이 가용하지 못할 경우만 사용하도록 했다. 어쨌든, 대부분의 프랑스 전차의 무전기는 하차한 보병과 정밀 공격을 할 때 단거리 무전만 가능했다. 따라서 프랑스의 대부분의 지휘통제는 여전히 1차 대전의 통신 속도에 의해 좌우되었다.

영국처럼, 프랑스 지상부대에 대한 항공지원은 기본적으로 전장 지역에서 포병 사거리를 벗어난 지역에 대한 폭격 및 공중 정찰이었다. 공군부대가 전장에서 전투가 요구될 때조차, 프랑스 공군 계획가들은 급강하 폭격보다는 저고도 기총소사를 주장했다. 이 결정은 공격하는 공군기를 적 대공포의 먹이가 되기 쉽게 만들었다. 더욱이 양차 대전 사이에 프랑스 공군은 다목적으로 사용 가능한 항공기를 설계하려고 했다. 이러한 항공기는 통상 효과적이지 못했다. 기술의 잦은 변화에 대응하기 위해, 프랑스는 단지 수 개의 원형물 항공기들을 생산하려 한 경향이 있다. 이것은 항공기 설계와 전술을 새롭게 하기에는 너무 늦게 항공기가 생산되도록 만들었다. 교리에 의하면, 가용한 항공지원은 집단군 수준에서 중앙집권화 되어 통제되었다. 집단군은 사단의 3단계 상위 부대이다. 전화기 통신 및 당시의 참모활동절차로 인해 항공기는 적시적으로 필요한 장소에 결코 도달할 수 없었다.

프랑스는 두 개의 야전군으로 2차 세계대전에 참여했다. 대규모 시민군으로 부대를 편성하고 훈련하는데 수개월이 필요했으며, 기계화부대는 소규모만 있었다. 대표적인 야전군 부대는 제55보병사단으로 우선순위가 낮은 부대였는데, 1940년 5월 세당에서 독일 공격부대와 맞닿게 된다.

55사단의 96%는 예비군이었다. 전쟁 이전에 20년간 기초훈련을 받았던 병력들이었다. 사단은 1939년 전쟁이 시작된 이후까지 제대로 편성되지 못했고, 훈련하기 보다는 방어요새지 건설에 대부분의 노력을 쏟아 부었다. 전체 사단지역에 단지 1개 방공포대가 일일 800대가 넘는 독일 급강하 폭격기에 대적했다. 프랑스 기계화부대는 영국 대부분의 기갑부대처럼, 기병 임무 또는 정밀한 돌파 공격을 위해 편성되었다.

그러나 프랑스 기계화부대는 모든 형태의 기동작전을 실행하기에는 균형이 잘 맞지 않았다. 이러한 제한사항 때문에, 화력을 기초로 느리고 융통성 없이 공격하는 것만이 취할 수 있는 유일한 공격 방책이었다. 불행하게도, 이러한 공격을 프랑스가 계획하고 실행하도록 독일은 기다려 주지 않았다.

소련 : 종심전투

1차 대전 이후 소련연방의 군사 발전은 두 가지 이유에서 다른 유럽 국가들과 상이하다. 첫째, 적군(Red Army)은 볼셰비키 혁명 이후 1918년 창설되었다. 따라서 다른 주요 육군들에 비해 전통과 훈련이 빈약했다. 많은 새로운 적군(Red Army) 지휘관들은 1차 대전시, 부사관 또는 초급 장교였다.

그러나 극소수의 짜르 시대의 고위 장교들만이 새로운 정치체제에 남게 되었다. 이들 조차 자주 반(反) 볼셰비키로 의심받곤 했다. 결과적으로 적군은 변화의 바람에 열려있었다. 지나친 전통 또는 과거 습관에 의해 방해받지 않았다. 이것은 한편 무식함에 의한 실수를 피할 수 없음을 의미했다.

둘째, 러시아 내전(1918~1921)은 1차 대전 시, 대부분의 유럽 전역과는 현저히 달랐다. 광대한 거리 및 충분하지 못한 전투력을 지닌 야전군들이 내전에 참가했기 때문에, 돌파와 전면포위가 어렵지 않았고 유동적인 기동이 하나의 룰이었다.

내전이 끝날 때까지 적군의 엘리트는 부데니(S. M. Budenny) 원수의 '제1기병군' 이었다. 제1기병군은 가장 뛰어난 짜르의 기병을 전면포위와 추격한 본보기적인 작전을 수행했다. 이 기병군의 베테랑들은 소련 연방의 독재자 스탈린의 후원을 받았다. 스탈린은 고위 지휘본부의 인민위원으로 부데니의 기병을 통제했다. 결과적으로, 제1기병군의 많은 장교들이 2차 대전 이전에 상위 계급을 차지하게 된다.

히틀러의 독일처럼, 그러나 프랑스와 영국과는 달리, 소련은 공개적으로 공세적인 전쟁에 관심을 가졌다. 이것은 자신들의 정치적 교리를 확산시키기 위한 수단으로 필요한 것이었다. 실상을 보면, 스탈린은 유럽을 혁명화하기 이전에 소련을 우선 발전시키기로 했다. 여전히, 적군은 미래 전쟁이 공세적일 것으로 기대하면서 민주주의 사회가 매우 공격적이라고 혐오한 무기를 사용하려 했다. 이러한 공세적 기질은 적군과 독일군이 1923～1932년간에 존재했던 밀접한 관계에 의해 강화되었다.

소련 장교들은 독일에서 공부했고, 독일인들은 비밀리에 실험된 전차, 항공기, 그리고 독가스를 러시아의 유럽지역에서 생산했다. 그러나 소련군 교리는 독일군의 유사 교리와는 다르게 독자적으로 발전되었다. 소련의 개념은 구데리안이 정부로부터 부분적인 승인을 얻기 오래 전에 공식적인 정책으로 채택되었다.

1920～1930년대 초의 진행과정 동안, 소련 장교단은 투하체브스키가 주도했고 그는 종심전투 개념을 발전시켰다. 이 개념은 재래식 보병 및 기병 사단, 기계화부대 및 항공부대를 정연하게 운용하는 것이었다. 이러한 노력은 1936년 『야전 규정(Field Reaulation)』으로 최정점에 다다랐다. 보병을 최고의 전투병과로 보는 대신에, 투하체브스키는 모든 가용한 병과 및 무기시스템을 두 부분의 전투 속에 함께 활동하도록 하는 것을 구상했다.

첫째는 집중되고, 제대(echelon)로 편성된 부대를 좁은 전선으로 공격시켜 보병, 포병 및 대전차 무기를 지닌 방어자의 재래식 방어체계를 깨고 들어가는 것이다. 공격부대의 포병과 박격포는 적 방어 포병 특히 대전차포를 제압한다. 포병의 탄막 뒤를 후속하면서, 수 미터 보병에 앞서서, 전차는 안전하게 철조망을 뭉개면서 진출하여 기관총 진지를 유린하고, 기타 저항 중점을 제거한다.

이 시점까지, 구상된 전투는 1918년의 내용들과 유사하다. 그러나 적 전방 방어체계가 와해되면, 전차는 보병의 전진속도에 엄격히 묶이는 것이 아니라, 돌파하기 위한 국지적으로 발생된 기회의 이점을 이용하여 적 예비대, 포병, 지휘본부 및 보급소를 공격한다. 이 행동은 동일한 규모의 두 번째 전투 부분에서 반복되는데, 이 부분에서는 종심 깊은 공격을 통해서 적을 와해시키고 파괴시킨다.

"기동단(Mobile Group)"은 기병, 기계화부대 또는 이 양개로 구성되어, 속도 있게 전과확대 하여 적 측면을 포위하거나 또는 적 후방에 도달하기 위해 돌파구를 확장시킨다. 목표는 적 방어종심 전체를 동시에 공격하는 것인데, 이것은 전통적인 정면공격과 장거리 포병사격, 기동부대에 의한 종심 깊은 돌파, 그리고 중요지형에 대한 폭격 및 공정부대에 의한 공격과 함께 이루어지는 것이었다. 연막 및 기만작전은 공격자의 실제 의도를 적이 모르도록 하는 것이었다.

이러한 매우 정교한 교리는 부대 구조에 의해 강화되었다. 1937년까지 부대구조는 투하체브스키의 개념을 실행하기 위해 잘 만들어져 가고 있었다. 소련 정부의 1차 경제발전 5주년 계획(1929~1934)에 의한 생산시설이 확충됨에 따라, 미국 전차 창안자 크리스티(Walter Christie)가 만든 설계 형태를 일부 이용하여, 소련은 1934년까지 5,000대의 장갑차량을 만들었다.

이러한 장비의 확충으로 적군은 기계화 편제를 창안했다. 이것은 보병지원도 가능하고 제병협동 기계화 작전도 가능한 편제였다. 사실상, 모든 소총(보병) 사단은 배속된 1개 전차중대 또는 대대를 보유했다. 말을 보유한 기병사단은 각각 190대 또는 그 이상의 전차를 지닌 완전한 한 개의 연대를 보유했다. 1930년대 초, 적군은 기능적 기계화 집단에 모든 병과를 통합하는 것을 실험했다. 이것은 대대, 여단, 그 이상의 수준으로 실험되었다.

비록 부대 구조가 장비 및 전술적 기술들이 발전하면서 자주 바뀌었지만, 1935년 "기계화군단"은 이러한 발전의 전형적인 모습을 보여준다(그림 7 참조). 4개의 군단이 이러한 개념에 의해 편성되었는데, 실제로 이 군단은 작은 기갑사단 규모였다. 소련은 "군단" 및 "여단"이라는 용어를 각각 실험 및 제병협동 사단 및 연대 규모의 편성체에 대해 자주 사용했기 때문이다.

1935년 기계화군단은 전차 우위의 부대였다. 이것은 대부분의 현대 서구의 편성과 같은 모습이다. 그럼에도 불구하고, 소련은 상대적으로 낮은 부대 수준에 필수적인 전투병과를 통합하여 운용했다. 1930년대 후반의 추세는 1938년 "전차군단"이라고 다시 명명된 이러한 군단의 모습으로 나타났다. 이 군단은 점차적으로 커진 전차 위주의 부대였다.

물론, 소련 부대구조 역시 문제를 갖고 있었다. 무엇보다도 소련의 거대한 공업적 지원에도 불구하고, 모든 기갑부대는 매우 야심차있었지만, 모든 부대가 완전히 장비될 수는 없었다. 역사가 짧았지만, 소련 역사가들은 후에 가용한 장비를 보병지원 및 독립 편성부대에 분리하여 준 것을 비판했다.

이 문제는 대부분의 육군에게 공통된 문제였다. 더욱 특이한 것은, 일반 소련 시민들은 엔진을 갖춘 차량에 대한 경험이 거의 없었다. 정비에서 자주 문제가 발생했고, 1930년대 차량이 낡았을 때 특히 문제가 되었다. 소련 무전기는 성능이 매우 낮았고, 대규모 차량 이동을 위한 지휘통제도 어려웠다.

1930년대 중반 주요 연습이 자주 있었지만, 소련 기갑부대의 잠재력이 완전히 발휘되기 위해서는 실험과 훈련을 위해 몇 년간의 기간이 더 필요했다.

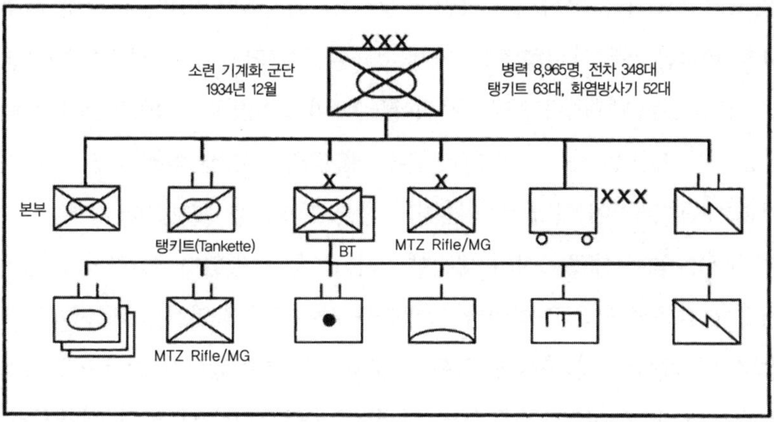

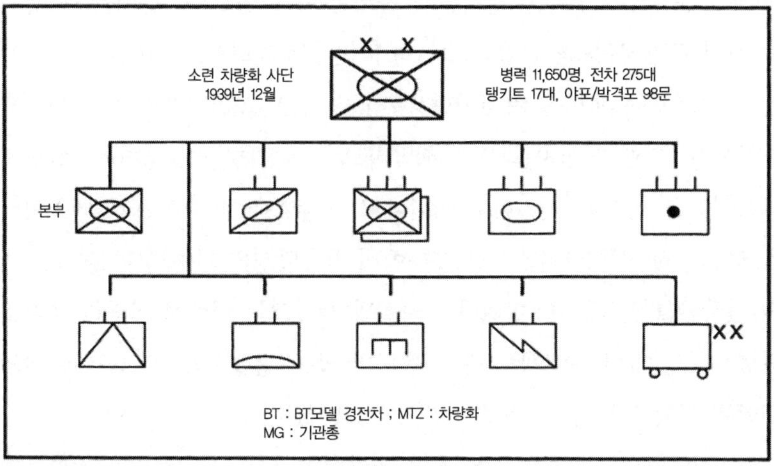

그림 7. 1935년 12월 소련 기계화 군단, 1939년 12월 차량화 사단

그러나 소련은 이러한 시간을 갖지 못했다. 1937년 6월 12일, 소련 정부는 투하체브스키와 기타 8명의 고위급 장교를 처형했다. 스탈린은 소련 사회에 대한 숙청을 적군(Red Army)으로 돌렸다. 적군은 그를 잠재적으로 위협한 마지막 파워 그룹이었다. 이후 4년 동안 소련 정부는 적어도 장교단의 40%를 투옥하거나 처형했다. 그들 대부분은 연대 규모 이상의 부대 지휘관들이었다. 약 7만 5천~8만 명의 군 장교들 중, 3만

명이 투옥되거나 처형되고, 1만 명은 오지로 유배되었다. 따라서 독일 나치와 일본 제국의 위협으로 인해 적군이 확장되었지만, 적군은 대부분의 경험 있는 계획수립가 및 지휘관들을 잃게 되었다. 정치적으로 신뢰받은 생존자들은 자신들의 과거 훈련 및 경험에 비해 엄청나게 높은 자리로 승진했다. 이 결과 부대 훈련과 전술에 재앙을 초래했다.

동시에 투하체브스키의 생각에 의심을 품고 있었다. 소련의 스페인 내전 경험은 적군으로 하여금 기계화를 재평가하게 만들었다. 전차부대장으로 스탈린에게 충성한 고위 장교 중 한 명이었던 파브로프(Dmitri Pavlov)는 매우 비관적인 견해를 가졌다. 소련 전차는 너무 경전차였고, 그들 승무원들이 스페인 병사들과 통화할 수 없었으며, 전투할 때 전차는 지원 포병 및 보병과 멀리 떨어져 작전하는 경향이 있었다.

파브로프는 새로운 기계화편성부대가 너무 크고 통제하기 힘들다고 주장했다. 또한 대전차 화력에 취약하고, 종심전투를 수행하기 위해 적 방어진지를 돌파하기가 너무 어렵다고 주장했다. 파브로프가 에스퀴바스(Esquivas) 전투(1936년 10월 29일)에서 기습달성의 기회 없이 단지 15대의 전차만을 운용할 수 있었다는 사실만으로 그는 명백히 이러한 생각을 단념하지 않았다. 어쨌든, 다른 육군의 많은 관찰자들은 스페인에서의 제한된 경험을 했지만, 동일한 결론에 도달했다.

1939년 7월, 스탈린의 옛 친구 쿨리크(G. I. Kulik) 원수는 전차부대 편제에 대한 문제를 검토하기 위한 특별위원회의 위원장이 되었다. 투하체브스키를 따르던 사람은 대부분 죽거나 투옥되었기 때문에, 대규모 제병협동 기계화 부대에 대한 주창자들은 거의 없었다. 위원회는 따라서 이러한 부대의 부분적 해체를 지시하고, 다시 전차의 보병지원 역할을 강조했다. 그러나 수개월 후에, 위원회는 새롭고 보다 균형 잡힌 편제를 창안했다. 이것이 1939년 12월의 차량화 사단이었다(그림 7 참조).

1936년 교리와 부대구조를 이렇게 유지한 것은 1939년 9월 폴란드에서의 독일 기갑부대의 성공과 그 해에 일본에 대해 수행한 소련의 작전 성공에 대한 응답이었을지도 모른다. 계획된 15개 차량화 사단 중 4개가 1940년 초 조직되었는데, 이것은 소련이 대체한 전차군단보다 나은 다목적으로 편성된 부대를 대표하는 것이라고 하겠다.

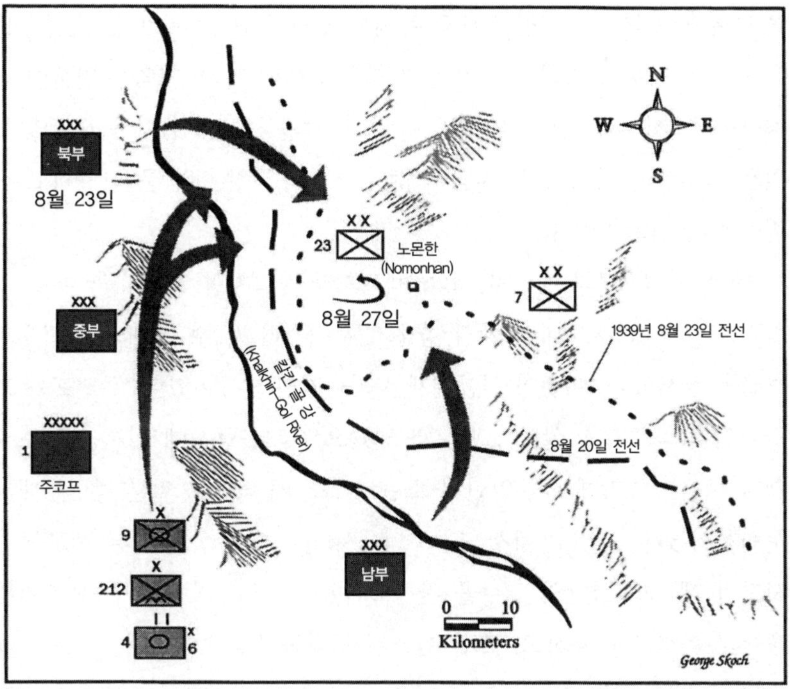

지도 4. 칼킨 골, 1939년 8월 20~31일

이 편제는 적군을 바로 혼란시켰다. 1939년 이 편제로 싸운 소련은 폴란드를 효과적으로 점령할 수 없었다. 이러한 전장에서의 실패는 편제, 리더십, 전술에서 일련의 개혁을 가져왔다. 이로서 소련은 군사 능력을 서서히 향상시키기 시작했다. 이 기간 중 유일하게 성공한 전역은 일본에 대해 포고되지 않은 전쟁에서 있었다. 스탈린은 동북아시아에서 일본의 팽창을 확실히 걱정했다.

스탈린은 투하체브스키의 추종자였던 주코프(Georgi Zhukov) 장군에게 그곳의 소련부대를 지휘하는 전권을 넘겨주었다. 시베리아의 적군은 스탈린의 숙청에 영향을 받은 마지막 부대들이었다. 따라서 위기 발생 시, 동원된 일부 예비부대를 제외하고, 시베리아 부대의 훈련과 지휘 구조는 일본군이 1939년 만주의 칼킨골 강(Khalkin-Gol River)에서 공격했을 때에도 여전히 온전한 상태로 유지되고 있었다(지도 4 참조). 일본인들은 소련과 싸우기 위해서 이 외진 지역을 선택했다. 이 지역은 일본이 점령한 만주 지역과 소련이 점령한 외몽고 지역 사이에 위치하고 있었다. 일본은 소련이 이 황량한 지역에 많은 부대와 적은 보급품을 가지고 집결할 수 없다고 믿었다.

소련은 469대의 경전차, 426대의 기타 장갑차량, 679대의 야포 및 박격포, 그리고 500대 이상의 항공기를 집중하고, 수 천대의 트럭으로 보급을 실시했다. 이것이 일본에게는 기습적인 행동이었다. 주코프는 고전적인 양익포위를 실시하고 북과 남쪽으로부터 동시에 일본군을 포위했다. 우선, 중앙에서의 일련의 소련의 돌진 공격으로 일본 방어부대를 무력화시켰다. 그러고 나서, 양 측익에서 공격해 나아가 일본 제23보병사단과 제7보병사단의 일부를 완전포위했다. 소련 공격은 전차와 기관총 직사화력을 사용하고, 또한 협조된 포병화력을 사용했다. 이를 통해 보병 공격을 보호했다. 일부의 경우, 보병은 장갑차량의 외부에 탑승하여 적에게 접근하기 위한 시간을 단축시켰지만, 차량과 탑승 보병을 적 집중 화력에 노출시켰다. 일부 소련 지휘관들은 주코프의 계획을 실행하기에는 상상력이 부족했다. 그러나 일본군의 저항을 우회하기 보다는 반복적인 정면 공격을 실시했다. 여전히, 칼킨골은 2차 대전 직전에 소련 교리의 탁월한 적용을 보여준다. 이 전투를 수행한 주코프와 그의 부하들은 2차 대전 동안 자연히 탁월한 지휘관으로 떠올랐다.

미국 : 날씬한 부대 만들기

미 육군은 독창적인 4각 사단 편성에도 불구하고, 1918년 프랑스 전술 및 참모 교리의 영향을 크게 받았다. 필연적으로, 미국 장교들은 매일 프랑스 부대와 유사한 방법으로 업무를 수행하는 방법을 배웠다. 프랑스는 심지어 일반 참모조직(G1, G2 등등) 시스템을 미국에게 전수했다. 따라서 어느 정도, 미 육군의 전쟁 직후 교리는 프랑스 육군의 교리와 평행을 이룬다.

전쟁 후, 초기 규정들은 프랑스의 제병협동 견해를 충실히 반영하고 있기 때문에, 1923년 미 전쟁성은 『대부대 전술임시교리(Provisional Manual of Tactics for Large Units)』 초안을 발간했다. 프랑스의 1921년 『대비 지침(Provisional Instructions)』을 그대로 번역한 것이라는 말이 이 책 속에는 없다. 동년, 『미 육군 야전근무규정(Field Service Regulations, U.S. Army)』이 재발간 되었는데, 여기서는 "단일 병과로는 승리할 수 없고 모든 병과의 협조된 운용이 성공의 필수요인이다."라고 되어있다. 그러나 다음 문장에서는 전체 부대의 임무는 "보병의 그것과 같다"고 했다.

여전히, 이러한 획일적인 전술적 견해는 모든 미국 장교에게 영향을 미치지 않았고, 오래 지속되지도 않았다. 1920년 초기, 코너(Fox Conner) 준장과 같은 참모장교들은 진지전의 필요성은 미 대륙에서는 적합하지 않고, 단지 미래 미국의 전쟁을 계획하는데 정치적으로 받아들일 수 있는 분야라고 했다. 코너 장군은 주 프랑스 전시지휘관인 퍼싱(Pershing) 장군에게 4각 편제는 미래 전쟁에 대해 너무 기동성이 떨어지고 통제하기 어렵기 때문에 4각 편제 사단의 폐지를 요청했다. 퍼싱은 미 보병사단이 유럽의 삼각 편제를 따라 재편해야 한다고 요구하면서, 특수 작전을 위해 필요한 부대들은 통합되거나, 아니면 군단 또는 야전군과 같은 고위 지휘본부에서 중앙집권적으로 통제되어야 한다고 했다.

이러한 날씬한 부대를 만들고, 통합하는 계획은 단지 전쟁 이후 전술 및 편제에 대한 일련의 소모적인 생산물 중 하나에 불과했다. 이 연구는 퍼싱의 지시 하에 유럽에 있는 미국 원정부대(AEF)의 조사위원회에 의해 수행되었다. 불행하게도, 이러한 제안들은 퍼싱과 워싱턴 전쟁성에 있는 그의 카운트파트 간의 쓰라린 정치적 논쟁으로 엉클어졌다. 비록 현역, 예비역 및 국가방위(National Guard) 사단들이 병력 부족으로 인원이 격감되어 편성되었지만, 결과적으로 4각 편제 사단의 인가된 구조는 1920년대에 단지 약간만 바뀌었다.

1925년까지 미국 장교 교육은 기동전에 다시 포커스를 맞췄다. 진지(참호)전은 특별한 상황에서 일어나는 것으로 고려했다. 예산의 제약과 미 육군의 게으름으로 인해 1930년대 중반까지 장비와 편성에서의 주요 변화가 없었다. 육군은 경기불황 시, 할당된 일반 노동 예산을 사용하여 제한되게 장비 개선을 하였다. 이것을 통해 부분적으로 현역 육군 및 국가 방위군 사단을 차량화 시켰고, 당시 포병 장비에 대해서는 공기 타이어를 사용하는 다양한 운반차량을 생산했다. 비록 여전히 오래되고 프랑스가 설계한 75미리 포를 보유했지만, 미국 포병들은 엔진 차량에 야포를 견인했고, 이를 통해 제한된 대공 임무를 수행할 수 있도록 포신을 높이 올릴 수 있도록 만들었다.

1935년 크레이그(Malin Craig) 장군은 미 육군의 참모총장이 되었다. 크레이그는 코너 장군과 1920년의 다른 개혁가들에게 명백히 영향을 받았으며, 그는 모든 전투 편성과 전술을 검토하면서 자극을 받았다. 크레이그는 특히 보다 작고, 보다 기동성 있는 사단으로 발전시키고, 가능하다면 인간의 노동력을 대치할 수 있는 기계적인 힘을 사용할 것을 제안했다. 일반 참모부 위원회는 제안된 사단 구조를 그려냈다. 이것은 단지 13,552명을 지녔으며 당시 유럽 사단들과 비견되는 사단이었다.

1936~1939년을 경유하면서, 미 제2보병사단은 이 개념을 광범위하게 시험했고, 화력의 양 그리고 인원수와 부대에 따라 할당될 수 있는 정면의 폭과 같은 것을 검토했다. 그리고 각 보병부대를 지원해야 하는 포병 및 수송부대의 비율, 상이한 보병 무기들이 결합되어야 할 제대(소대, 중대, 대대, 또는 연대)에 대해서도 검토했다.

이러한 시험 뒤에 당시 하나의 추진력이 뒷받침하고 있었다. 그것은 맥나일(Leslie J. MacNair) 장군이었는데, 그는 후에 2차 대전 간 모든 미 지상군을 설계하고 훈련시킨 사람이었다. 20년 전 초급장교로서 맥나일은 AEF(미 원정군)에 의해 수행된 1차 대전에 대한 연구에 참여했다. 이러한 연구에서 등장한 많은 개념들은 제2사단의 시험에 의해 다시 되살아났다. 불행하게, 맥나일도 보병소대는 여전히 소총을 필연적으로 가져야 한다는 퍼싱 장군의 입장을 받아들였다. 결과적으로, 그는 보다 상위 지휘본부에 보다 복잡한 무기체계를 통합하려 했다.

1939년에 나타난 편성은 1920년 AEF의 아이디어와 매우 가까웠다. 필연적으로, 기관총과 기타 특수 중화기들은 대부분의 제대별 보병 소총 편성체들로 통합되었다. 과도한 통제 범위를 갖는 것을 피하기 위해서, 모든 제대의 지휘관들은 본부를 지녔으며, 3개의 예하 소총 부대, 그리고 특별한 화기를 지닌 부대를 보유했다. 중대에는 3개의 소총 소대와 1개의 중화기 소대, 각 대대는 이러한 3개 소총 중대와 1개 중화기 중대로 편성되었다.

실제로, 연대장은 한 대대 예하의 중대를 다른 대대로 전환할 수 있었다. 사단장도 당연히 연대 간에 모든 대대들을 전환할 수 있었다. 이것은 지휘관들에게 결정적인 지점에 대부분의 전투력을 집중할 수 있게 해주었다. 그러나 교리적으로, 모든 부대들은 3개의 예하 기동부대로 작전하도록 되어 있었다.

각 제대는 또한 평사, 그리고 곡사 또는 고각 사격을 할 수 있는 무기를 조합해서 보유했다. 비록 보병은 자동화기 및 박격포로 보다 강력한 화력지원을 받을 수 있었지만, 각 수준의 보병부대는 상대적으로 가볍게 장비되고 기동을 잘할 수 있도록 제대를 편성했다. 따라서 보병소대를 예로 들면, 이 소대는 브라우닝(Browning) 자동소총보다 무거운 장비를 보유하지 않았다.

중대는 60미리 박격포보다 무거운 장비를 보유하지 않았다. 이렇게 기동에 주안을 둔 것은 계속적으로 소총병에게 믿음을 가졌다는 것을 의미하며, 따라서 미 육군의 소대는 유럽의 카운트파트보다 적은 화력을 지녔다는 것을 의미했다. 브라우닝 자동소총(BAR)은 유럽의 소대가 보유한 대부분의 경기관총보다 매우 느린 사격 발사속도를 지녔다. 이러한 결점은 양차 대전 사이에 미국에서 개발된 M1 게런드(Garand) 소총의 신속한 사격 능력에 의해 부분적으로 보완될 수 있었다. 미국의 전술이 1개 부대가 적을 향해 기동하는 동안, 다른 1개 부대가 제압사격을 한다는 전제를 기초로 했기 때문에, 이러한 편제는 미 보병을 불리하게 만들었다.

화기를 편성하는 동일한 원칙이 새로운 삼각 편제 사단에도 지속적으로 적용되었다. 경 대전차포, 중 박격포, 기관총은 각 대대의 중화기 중대에 편성되었다. 전차, 방공무기, 대부분의 대전차 무기와 같은 특수한 무기들이 사단에 인가되지 않기도 했다. 맥나일은 이러한 무기들은 중앙에서 집중적으로 통제해야 하고, 적 주력부대에 대해서만 사용되어야 한다고 믿었기 때문이다.

이와 유사하게, 사단은 단지 1개 중대 규모의 수색정찰 병력을 받았다. 장거리 수색정찰은 보다 상급 지휘본부에 예속되었다. 이러한 편성은 전장에서 사단장이 자신의 전방에 뭐가 있는지에 대한 시야를 제한했다. 보병부대는 여전히 결점을 갖고 있는 이전 보병부대보다 기동성 있고 무겁게 무장한 부대가 되어야 했으며, 이것은 외국군과 비교될 수 있는 것이어야 했다.

주요 결점은 자동화기 부족 외에도 방공 및 대전차 방어능력이 제한된다는 것이었다. 1930년대 후반, 중기관총은 항공기 및 장갑차량에 대적할 수 있는 것으로 보였다. 따라서 미국의 계획가들은 이러한 기관총과, 제한된 숫자의 37미리 대전차포가 삼각편제 사단에 편성되면 충분하다고 믿었다. 독일 전격전이 심리적 물리적 효과를 보병에 가한 것을 보자마자, 미 육군은 보다 강한 대전차 능력을 보유해야 한다고 깨달았다.

삼각사단에 대한 논쟁은 보병에 대한 공병과 포병의 비율 문제도 포함하고 있다. 육군은 1차 대전을 통해서 공병을 도로 건설과 제한된 요새 구축 지원 역할을 하는 것으로 고려했다. 한 때, 크레이그는 사단 구조에서 모든 공병을 없애자고 제안했다. 1938년 맥나일 장군은 사단에 1.7%에 해당하는 175명으로 편성된 단일 공병중대를 제시했다. 그는 다음 전쟁에서는 단지 신속한 도로 복구 및 제한된 도로 차단을 위한 구축 활동이 발생할 수 있다고 믿었다.

공병은 사단에 편성되어야 한다고 엄청나게 선전했다. 점차적으로 차량화 및 기계화 된 야전군은 대전차 방어 및 기타 장애물을 구축하고 제거하기 위해서 훨씬 많이 필요하다고 주장했다. 1939~1940년 이러한 과업을 위해 독일만이 전투공병을 유일하게 운용했다. 이것이 결국 미국으로 하여금 각 사단에 공병 대대를 유지하도록 만들었다. 이것은 공병에게는 여러 가지 축복이었다. 공병이 사단의 보병 예비부대로 자주 사용되었기 때문이다.

1935년형 사단 편성 제안은 사단의 포병이 3개의 75미리 포, 81미리 박격포대대를 혼합 편성하여 3개 보병연대를 직접지원하고, 전체 사단을 위해서는 105미리 곡사포가 일반 지원하도록 한다는 것을 명확히 보여주었다. 모든 기타 포병은 사단에 편성되지 않고, 상위 지휘본부에 편성되고, 특정 작전을 지원하기 위해 할당되었다.

그러나 실제 시험에서 포병은 81미리가 필연적으로 보병무기라는 것을 발견했다. 박격포의 짧은 사거리는 후방에서 포병이 통제하여 작전하는 대신 보병을 바로 지원하는 것에 잘 들어맞는다는 것을 알았다. 어쨌든, 맥나일은 포병 장교로서 보병에게 주어져야 한다는 주장에 반대했다. 그는 장거리 무기가 보다 중앙집권적으로 통제되면 보다 집중적이고 융통성 있는 화력을 유도할 수 있다고 주장했다. 궁극적으로, 육군은 새로운 무기가 보다 많이 생산되면서 75미리 포를 지닌 3개 대대를 105미리 곡사포로 교체하기로 했다. 일반지원 포병대대는 따라서 12문의 155미리 곡사포와 1개의 추가적인 중대전차 포대로 구성되었다. 1941년 6월 편성은 미국이 전쟁에 개입하기 이전에 마지막 모습을 제시하고 있다(그림 8 참조).

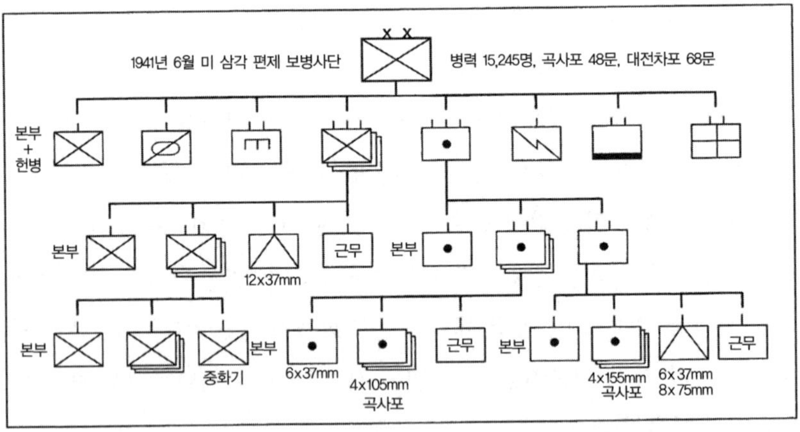

그림 8. 미 삼각 편제형 보병사단, 1941년 6월

사단 편성에서 포병에 대한 논쟁은 미 육군 야전포병학교에서 보병-포병 화력 협조에 대한 새로운 발전을 보이는 시기에 나타났다. 임기 표적에 대해 많은 부대들이 집중적으로 사격하는 능력을 발전시킨 것이다.

1차 대전 동안, 집중 화력은 보통 신중히 계획된 포병화력 집중의 결과로 나타났다. 이미 식별된 표적을 미리 표정하고 포 진지를 표시하거나 오버레이 시켜서 계획했다. 그러나 만일 예상치 못한 임기표적에 대해 보병이 포병화력을 필요로 하면, 이 표적을 향한 한 개 포대 이상을 사용하는 것은 어려웠다.

실제로, 관측자는 포대와 야전 전화로 계속 통화해야 했다. 비록 일부 전방 관측자들이 이러한 상황을 처리해야 했지만, 지상 유선통신에 의존함으로써 전진하는 보병과 함께 작전하는 능력이 제한됐다. 비록 전방 관측자가 표적을 타격하기 위해 포대의 화력을 조정할 수 있었지만, 지도상에 표적의 위치가 정확히 알려지지 않는다면, 다른 포대를 유도할 정확한 방법이 없었다. 따라서 다양한 포대들의 집중 또는 대규모 화력 지원을 위해서는 각 포대는 일반적으로 표적이 보이는 위치에 전방 관측자들을 위치시켜야 함을 의미했다.

1929～1941년 사이, 야전포병학교의 교관들은 점차적으로 임기표적에 대해 가용 포병의 모든 화력을 집중하는 수단을 발전시켰다. 한 가지 명확한 발전을 보면, 관측자들이 야전 유선 전화기보다 새롭고 보다 신뢰성 있는 무전기를 갖게 하는 것이었다. 보다 중요한 것은, 포술 교관들이 전방 관측자 행동절차와 사격 도표를 개발한 것이다. 이것으로 포병 지휘본부는 포대의 위치로부터가 아닌 관측자의 위치에서 보는 포탄의 파열 위치를 수정하여 기록할 수 있었다.

도시화된 사격 도판은 상이한 포대의 위치에서 본 차이점을 해결할 수 있었다. 궁극적으로, 각 대대 한 개 야포의 정확한 위치가 전 사단 지역에서 모든 포병부대의 일반적인 참고점과 연계하여 측량되었다. 결과적으로 사격지휘소(FDC)는 단 한 명의 관측자가 볼 수 있는 표적에 대해 전체 또는 다수의 대대 화력을 보병에게 제공할 수 있었다. 다른 포대들은 적 대포병 사격의 표적이 되는 위험을 줄이기 위해 광범위한 지역에 분산되어도 함께 사격할 수 있었다.

반대로, 2차 대전 기간 중 독일 포병은 임기 표적에 대해 사격하기 위해서 잘 알려진 지형을 이용했다. 따라서 다수 포대의 대규모 화력은 극히 어려웠고 시간을 많이 소비했다. 사격지휘소(FDC)는 미 육군에게 새롭고 그 이전에 볼 수 없었던 보병-포병의 통합능력을 부여해주었다. 또한 이것은 미 육군에게 많은 규모의 비사단급 포병을 유지하고, 필요시 사단을 증원할 수 있도록 해주었다.

그러나 미국은 기갑 및 기계화부대의 발전에 그렇게 앞서지 못했다. 프랑스에서처럼, 1차 대전 전차를 천천히 보급했고, 대부분의 전차를 보병병과 예하에 둠으로써, 돌파 공격시 보병을 직접 지원하는 역할 외에 추가적인 발전은 방해를 받았다. 그러나 1920년대 영국의 실험 그리고 채피(Adna Chaffee Jr)라는 기병장교의 지속적인 노력으로 기계화에 있어서 제한된 발전을 보였다.

1928~1929년 재차, 특별한 실험기갑부대(EAF)가 메릴랜드의 포트미드(Fort Meade) 기갑학교에서 편성되었다. 구식 전차를 지닌 2개 대대, 트럭을 탄 1개 보병대대, 그리고 작은 규모의 공병, 통신, 의무, 탄약, 화학, 정비부대가 EAF를 구성했다. 장비의 잦은 기계적 결함에도 불구하고, 이 실험은 1930년 버지니아의 포트 유스티스(Fort Eustis)에서 보다 영구적인 부대를 만드는데 충분한 관심을 이끌었다. 그러나 불행하게도, 대공황의 긴축예산은 육군으로 하여금 예산부족으로 1년 후에 이 부대를 해산하도록 만들었다. 조지아의 포트 배닝(Fort Benning) 보병학교는 기갑학교를 흡수하고 보병전차 부대를 유지시켰다.

1930~1935년까지 맥아더가 참모총장이었는데, 그는 차량화 및 기계화를 육군 전체에 걸쳐 발전시키고자 했다. 그는 하나의 전투병과나 부대로 이것을 구속하려 하지 않았다. 제한된 예산은 이것을 불가능하게 했지만 채피는 맥아더를 설득, 기병부대를 사용하여 제한된 기계화부대

실험을 하도록 했다. 기마에 탄 기병은 명확히 전장에서 구식 병과로 위협을 받기 때문이었다. 기병은 법령에 의해 보병 병과에 속해 있었다. 따라서 기병은 점차 "전투 차량" 즉 경장갑 및 경무장 차량을 대규모로 구매했다. 이러한 차량들은 새로운 보병 전차와 구분하기 어려운 것이었다.

1932년 기계화 된 기병대(예를 들어 대대)가 켄터키의 캠프 녹스(Campe Knox)로 이동했다. 1936년 추가적인 부대가 다시 이동했다. 이러한 부대들이 제7기병여단(기계화)의 핵이 되었다. 초기 기갑 주창자들이 이 여단을 지휘했다. 채피도 1938~1940년 여단장이 되었다. 그러나 이 부대는 영국과 프랑스에 있었던 기계화기병과 동일한 어려움으로 고난을 당했다. 무기는 너무 작았고, 장갑은 너무 얇았으며, 기병의 전통을 고려할 때 일반적으로 습격이나 추격부대로 보였다. 의당 제병협동부대로 본 것이 아니었다.

채피의 노력에도 불구하고, 기타 전투병과는 간헐적인 연습에서만 여단과 함께 훈련했다. 1940년 1월까지도 기계화공병(예를 들어 중대)은 7여단에 승인되지 않았다. 동시대에, 제6보병연대가 제7여단과 합쳐졌다. 이 부대는 트럭을 탑승한 부대였다. 그리고 포트 배닝에서 보병의 전차부대는 임시 전차여단(Provisional Tank Brigade)으로 성장했다.

1940년 5월, 프랑스에 대한 독일 기갑공격은 미 육군에서 이미 수행된 기계화 실험을 더욱 방해했다. 병과의 편견을 피하기 위해서, 채피는 전통적인 전투병과를 벗어난 "기갑부대(Armored Force)"를 창설할 것을 전쟁성에 설명했다. 결과적으로, 1940년 7월 제7기병여단과 임시 전차여단이 최초 두 개 기갑사단의 모체가 되었다. 이 사단들은 유럽의 최초 편제와 마찬가지로 전차를 너무 많이 가지고 있어서 균형이 맞질 않았다.

각 사단은 경전차를 지닌 6개의 전차대대 그리고 2개의 중(中)전차

대대로 편성되어 거의 400대의 장갑차량을 보유했다. 그러나 여전히 각 사단은 최초의 장갑보병 2개 대대(가용시 반트랙 차량에 탑승)와 3개의 포병대대를 보유했다. 경전차가 우세했던 것은 생산이 쉬웠고, 사단을 설계할 때 기병의 전통을 반영했기 때문이다. 이러한 구조는 전차를 지원하는 보병이 충분하지 못했고, 보다 나아진 장갑을 지닌 독일 전차와 전투하기에 너무 약한 장갑차량을 지녔다. 균형 잡히지 않은 미국의 기갑부대가 단단한 기계화부대가 되기까지에는 매우 많은 생산과 발전이 필요했다.

근접항공지원 또한 미 전투단에 부족했다. 전쟁 이후, 미 육군 항공병과는 두 개의 항공단을 만들었다. 1926년이 되면서 미 항공병과는 육군항공군단으로 성장했다(항공군단에는 총 32개의 항공대가 있었다). 이 항공단은 전장에서 작전할 때, 공격기로 알려진 특수한 비행기를 보유했다.

독설적이지만, 이 항공단이 지상군 지원에 종사했다는 사실은 다른 항공군단 부대들이 이러한 임무 수행을 위해서 부족한 자원을 사용하지 않으려 했다는 것을 의미한다. 더욱이 전략적 폭격 이론의 영향으로, 공격기를 위한 항공군단 교리는 점차 근접항공지원에서 적 보급선 차단과 적의 전선 종심 깊은 후방에 위치한 표적을 공격하는 교리로 변했다.

항공군단은 이에 대해 토의를 했지만, 지상 부대에 대한 공중공격이 주는 심리적 효과에 대해서는 거의 토의하지 않았다. 1934년이 되면서, 공격기의 적 지상부대 파괴 임무는 우선순위가 4번째로 밀렸다. 항공군단은 이보다 적 항공기 공격, 기지 공격 및 군수시설 공격을 우선시 했다. 시야를 좁게 본 것에 대한 그 이후의 비판과는 다르게, 육군의 선임 지도자들은 평화시 연습에서 항공군단이 이러한 이론을 실제 적용하도록 허락했다.

1939년 교리와 항공기는 공격기에 주력하면서 "경폭격" 개념으로 재

등장했다. 중폭격기의 표적과 마찬가지로, 이러한 경폭격 개념은 약화된 적 공군으로 지향됐다. 그리고 지상부대의 요구에는 부응하지 않았다. 이 결과 근접항공은 말할 것도 없이 항공차단 임무에서도 비효과적인 것으로 판명되었다.

구데리안과 마찬가지로, 채피는 공격 지연을 피하기 위해 항공지원을 활용하기 원했으며, 정밀 돌파 공격을 위한 군수지원이 강화되기를 원했다. 그러나 그는 1939~1940년 스투카 급강하 폭격기가 관심을 끌게 할 때까지 거의 지원을 받지 못했다. 그 이후, 육군 항공부대장 아놀드(Henry Arnold)는 2개 급강하 폭격단을 창설하라는 긴급 명령을 받았고, 지상부대와 협조를 향상시키기 위한 약간의 노력을 하게 되었다.

4장. 결론

5개국 육군에 대한 논의는 많은 각도에서 이루어졌다. 그러나 공통된 맥은 명확하다. 첫째, 반전사상, 제한된 국방예산, 그리고 이와 유사한 제약들은 서구 민주주의 국가 육군들의 새로운 무기 및 교리 발전을 방해했다. 독일 및 소련도 제한점에 봉착했다. 결국 2차 대전에 가담한 어떤 국가도 완전히 근대 장비를 갖추지 못했다. 그러나 독일은 새로운 무기와 함께 수년간 실질적인 연습을 할 수 있는 이점을 가졌다.

둘째, 평화시 육군 내에서는 보병-포병이 지배한다는 1차 대전의 전통으로 인해서 제병협동의 본질을 넓히기 위한 새로운 발전이 지연됐다. 적군(Red Army)은 1937년 숙청이 있기까지 예외였다. 영국, 프랑스, 미국 육군 내에서, 기계화는 두 개의 서로 다른 방향으로 발전했다. 그 중 하나는 중(重)기갑 발전으로 전통적인 보병 공격을 지원하는 거의 순수한 기갑 편성부대로 발전하는 방향이었다. 또 하나는 매우 기동성이 좋지만 장갑이 약하고, 경장갑부대로서 기병의 기능을 수행하는 방향이었다. 독일과 소련도 일부 기갑 장비를 특수 기병 및 보병지원 역할을 위해 전용했다.

1930년대, 대부분 육군의 전문직업군인들은 점차로 전통적인 1918년 견해, 즉 다양한 전투병과의 역할에 관한 견해에서 벗어났다. 독일은 이러한 새로운 발전을 이루는데 이점을 갖고 있었다. 특히 소련 상급 지휘부에서의 대숙청이 일어난 후가 더했다. 히틀러, 구데리안 그리고 기타 사람들의 덕택으로, 독일은 자신들의 적 보다 자신들의 자산을 보다 적은 팬져 부대에 집중시켰다. 독일의 적들은 자신들의 육군을 광범위하게 조금씩 근대화시켰기 때문에 1939~1941년 기계화 전투에서 실제로 잘 훈련되고 장비된 부대를 갖지 못했다. 더욱이 안 좋았던 사실은 영국과 프랑스 지휘관들이 융통성 없는 참모 및 통신 절차를 유지했다는 것이다. 이것은 참호전에 사용되었던 것이었으며, 신속히 변화하는 상황에는 대응할 수 없는 것이었다.

마지막으로, 모든 국가의 공군력 주창자들은 지상 작전을 위한 근접항공지원 발전을 방해했다. 독일조차 전쟁 개시 당시, 공지지휘통신시스템은 초보적이었다. 1936년 또는 1937년 2차 대전이 발발했더라면, 비록 자원과 훈련의 문제가 있다 할지라도, 적군(Red Army)에서 발전된 투하체브스키의 개념이 성공을 거두었을 것이다. 1942년 또는 그 이후에 전쟁이 발발했다면, 영국, 프랑스, 그리고 미국이 실험을 위한 시간을 가지고, 자신들의 기계화 편제, 무기 및 교리를 시대에 맞게 적응시켰을 것이다.

따라서 1913~1941년까지의 독일의 군사적 성공은 일시적인 상황이 낳은 산물이었다. 독일은 1930년대 중반, 장비를 생산하고 기계화부대를 배치했다. 그래서 장비가 사용가능했고, 1939년 전쟁을 시작했을 때 부대는 잘 편성되고 훈련되어 있었다. 더욱이 독일은 다른 국가들이 가지지 못한 이점을 갖고 있었다. 원시적이지만 항공지원 시스템을 갖췄으며, 지휘통제 네트워크를 갖췄다. 이것은 다른 국가들보다 더욱 빠른 기동을 보장했다.

제2부
총력전, 1939~1945년

1944년 생 비트(St. Vith) 방어

1944년 12월 16일 독일의 4개 야전군은 신장 배치된 미 8군단을 공격했다. 당시 미 8군단은 프랑스와 벨기에의 구릉성 지역인 아르덴느에 배치되어 있었다. 아돌프 히틀러는 1940년 달성한 성공을 동일한 장소에서 다시 얻고자 했다. 그러나 독일은 강력하게 지연작전을 하는 미군에 의해 자신들이 저지되고 있음을 알게 됐다. 미군은 주요 교차로를 확보하면서 적의 진출을 지연시켰다. 미 101공정사단은 바스토뉴(Bastogne)에서의 방어 성공으로 연합군의 승리를 크게 보장해주었다. 바스토뉴는 독일이 돌파하려던 지역 남쪽의 견부를 형성한 지역으로, 여기서의 전투는 "발지전투"라는 이름으로 후세에 불후의 전투로 알려졌다. 이것에 견줄 수 있을 정도로 중요한 전투지만 명성을 덜 얻은 전투가 생 비트 마을에서의 전투였다. 생 비트는 독일이 돌파하여 진출한 지역의 북쪽 견부를 형성한 지역이었다.

독일의 공세가 개시되었을 때, 생 비트는 수 일 또는 수 시간 내에 유린 될 것으로 보였다. 절반 정도만 잘 훈련된 병력을 지닌 미 106보병사단은 아르덴느 지역 중에서 조용할 것으로 보였던 이 지역에 4일 전에 투입되어 전투를 치르게 되었으며, 독일의 맹공격에 거의 와해될 상황이었다.

항공, 기갑 전력 및 대전차 무기 부족과 무엇보다도 경험이 부족했던 미군 병사들은 전투 초기부터 파멸의 지경에 이를 것으로 보였다. 사단장은 철수를 거부했기 때문에, 3개 보병연대 중 2개 보병연대가 포위되었고, 끝내 항복했다. 포위망의 양 측방에서는 두 개의 독일 종심공격부대들이 생 비트의 교차로에 위치한 사단 사령부로 접근하고 있었다.

위험을 인지한 연합군 사령관 아이젠하워는 포위된 8군단을 지원하기 위하여 벨기에 북부의 미 7기갑사단을 이동시켰다. 불행하게도, 열악한 도로망과 눈 내리는 날씨로 인하여 독일은 진출을 방해받았지만, 마찬가지로 미군도 이동이 늦어졌다. 독일군의 진출로 인해 후방의 많은 미군 병사들이 달아남으로써 상황은 더욱 복잡하게 되었다. 그런 동안, 7기갑사단의 클라크(Bruce C. Clarke) 준장은 12월 17일 생 비트에 도착했다. 클라크와 그 외의 장교들은 가용 전투력이었던 주변의 전투공병, 경장갑화 된 기갑수색(cavalry reconnaissance) 병력들, 심지어는 106보병사단의 군악대 요원까지 긁어모아 급조로 방어진지를 편성했다. 12월 17일 오후, 이 방어부대가 서둘러 공격하는 독일 진출을 생 비트 북부에서 정지시켰다. 미군의 대전차 포탄은 능선을 넘어오는 첫 번째 판터(Panther) 독일 전차의 얇은 복부 장갑을 관통시켰다.

놀란 독일 여단장은 상황을 판단하기 위해서 부대를 뒤로 뺐다. 이러는 동안, 미 106보병사단과 마찬가지로 잘 훈련되지 못하고 여러 부대를 긁어모아 만든 독일 18폭스척탄(Volksgrenadier) 사단은 마을의 동쪽 및 동북쪽의 개활지에 병력들을 집결시키는 오류를 범했으며, 곧 이들은 미군 방어부대의 시야에 놓이게 되었다. 275자주포병연대의 105미리 자주포들이 귀가 멍멍할 정도로 화력의 우위를 보여주었으며, 폭스척탄

(Volksgrenadier) 사단이 공격을 개시하기 이전에 이들을 박살냈다.

그날 저녁까지, 클라크의 B 전투사령부는 두 개의 장갑화 보병대대, 한 개의 전차대대, 한 개의 장갑화 공병대대, 그리고 수색 및 포병부대들을 편성하여 마침내 생 비트 근처에 도달했다. 수세적인 작전 대신, 클라크는 반복적으로 부분적인 역습을 했다. 주로 전차, 장갑화 보병 및 구축전차(대전차)[1] 중대를 지닌 대대급 특수임무부대를 운용했다.

포병화력 지원 하에 이 특수임무부대들은 노출된 독일 측방을 통과하여 공격함으로써 독일 선두 공격부대를 와해시키며, 독일 지휘관들이 이에 대응하기 이전에 본래의 위치로 복귀하는 작전을 수행했다. 이러한 역습들이 매우 자주 그리고 공세적으로 실시되었기 때문에 독일 제5팬저군의 만트팰(Hasso von Manteuffel) 장군은 실제로는 7기갑사단의 절반 규모와 전투하고 있었지만, 자신이 수 개의 사단으로 편성된 군단 전체와 전투하고 있다고 믿었다.

최종적으로, 이 지역 북부와 남부에서의 독일의 성공적인 공격으로 12월 23일까지 미군들은 철수할 수밖에 없었다. 그러나 생 비트, 바스토뉴 그리고 기타 교차로 지역에서의 방어는 독일의 신속한 승리를 달성하기 위한 계획을 무산시켰다. 생 비트에서의 방어부대들은 106보병사단에게 닥친 재앙을 회복시켰을 뿐만 아니라, 제병협동의 세련된 면을 보여주었다. 이것이 기계화전을 치른 3년 후 미군 지휘관들이 얻게 되었던 세련된 지식이었던 것이다.

1) 역자 주 : 일반적으로 전차 모습을 하였지만, 대전차용 포를 장착하여 오로지 대전차 임무를 수행하도록 설계 제작된 전차.

1장. 주축군의 진출, 1939~1942년

2차 대전은 모든 가용한 무기와 병과를 이동성 있고 융통성 있는 팀으로 통합하도록 강요했던 것 이상의 것을 보여주었다. 또한 이 전쟁은 다양한 위협, 기후 및 지역에 이러한 무기와 병과들이 적응할 것을 요구했다. 이와 관련된 범위는 매우 넓지만, 몇몇 현전한 추세가 분명히 나타났다.

첫째, 기계화제병협동부대는 이 전쟁에 있어서 전성기를 맞이했다는 것이다. 1939년 대부분의 육군들은 기갑사단을 여전히 전차 위주로 집중 편성한 부대라고 생각했다. 다시 말해 기타 병과의 지원은 상대적으로 적게 받는 것으로 생각했다. 이러한 육군들은 1943년까지 기갑사단을 발전시켜 서로 다른 전투 병과 및 기타 근무지원 부대들을 균형 잡히도록 편성했다. 그리고 이때 전투 부대와 동행하는 근무지원 부대들도 전차만큼의 기동성과 방어력을 갖추게 하려 했다. 소련, 독일, 미국 육군은 보다 장갑력을 갖춘 기갑사단을 만들기 위해서 보병지원 전차를 없앴다.

둘째, 이처럼 기계화 전력들을 몇 개 안되는 기갑사단을 만들기 위해서 집중함으로써, 일반 보병사단은 방어를 위해 필요한 대전차무기도 부족하게 되었고 준비된 적 진지를 공격할 때 함께 동반할 장갑 차량도 부족하게 되었다. 따라서 몇몇 육군들만 (적전차를 파괴하기 위한) 전차 파괴용 전차 및 (보병 진출을 지원하기 위한) 강습포 전차라는 대용품을 발전시켰다.

셋째, 이러한 두 가지 추세 뒤에는 전격전에 대응하기 위한 수단과 의지가 점차로 발전되었다는 것이다. 1939～1941년 기간 중, 전통적인 보병부대들은 신속히 이동하는 적, 특히 후방으로 돌파해 나아가서 견고한 1차 대전 스타일로 방어하는 부대의 병참선 및 조직을 와해시키는 적을 격퇴시키기 위한 심리적 및 기술적 준비가 되어있지 않았다. 1943년까지 이러한 보병부대들은 기갑부대의 돌파에 대해 심리적으로 마비되는 공포를 갖지 않았으며, 보다 강력한 대전차 능력을 확보했다. 소련이 보여주었듯이 성공적인 기갑부대 돌파는 여전히 가능했지만, 이러한 돌파는 매우 어렵게 되었다.

넷째, 2차 대전은 순수한 지상 작전의 종말을 보여주었다. 양차 대전 사이에 존재했던 공군력 관련 이론가들의 예언에 충실했던 나라는 없었지만, 1939～1945년간의 공군들은 자신들을 승리를 하는데 있어서 없어서는 안 될 존재로 만들었다. 해상에서 지원하는 것도 마찬가지로 필수적이었다. 기계화부대 공격은 공중우세권과 근접항공지원을 필요로 했고, 공수작전은 항공수송부대와 지상부대간의 긴밀한 협조를 필요로 했다. 육해공군 공중 착륙 및 상륙작전(amphibious landings)은 가장 정교한 형태의 제병협동 및 합동작전으로 발전했다. 이러한 합동군의 상호협조는 혹독한 작전적 오류 그리고 교리적 논쟁이 없이는 달성되지 않았지만, 전쟁이 끝날 무렵까지 지상군 지휘관은 타 군(service)과 대부분의 문제를 잠정적으로 타협하는데 도달했다.

마지막으로, 복잡한 다차원 분쟁에서의 협조 문제는 지휘, 통제, 통신, 그리고 정보에서의 주된 변화를 요구했다. 프랑스와 영국 지휘관들은 1차 대전 당시의 참모활동 절차 및 통신으로는 기계화 된 부대에 의한 강습돌파에 대해 즉각적으로 대응할 수 없다는 것을 비싼 대가를 치르면서 배웠다.

성공적인 리더는 융통성 있는 통신, 효과적인 참모활동, 그리고 전장에 대한 개인적인 인지도에서 균형을 유지해야 했다. 모든 지휘관들은 자신의 정보 및 정찰 자산으로부터 덕을 보았다. 그러나 이러한 방식을 통해서 얻게 된 첩보의 범위와 적시성에 대해 만족한 사람은 없었다. 그래서 자신 스스로 전장을 관찰하기 위해 나갔을 때, 지휘관들은 주 지휘소에 많은 참모들과 통신시설을 남겨놓게 됨으로써 제한점을 갖게 되었다. 이러한 발전을 시험하기 위한 가장 좋은 방법은 전쟁을 수행하는 동안 상대 부대가 어떻게 행동하고 대응하는가를 알아보는 것이다.

여기서는 어떻게 독일이 1939~1940년에 성공을 얻었는가에 대한 이유를 살펴보는 것에서 출발하고자 한다. 이어서 영국이 이에 대한 대응을 어떻게 토의했고 적응해갔는지를 살펴보겠다. 이어서 다음의 변화와 발전에 대한 관점은 1941~1942년에 러시아에서 독일이 승리했던 것으로 돌릴 것이다. 여기서는 반드시 소련이 독일 침공 전후에 어떻게 그들의 전술과 편제를 변화시켰는가를 살펴보아야 한다. 미국이 사단 구조를 어떻게 발전시켰는가를 검토한 이후에, 전쟁에서 많은 기술적 진보를 살펴보고 (2장), 이어서 전쟁의 마지막 해의 기계화부대, 근접항공지원, 그리고 특수 작전 관련 발전사항을 분석할 것이다. (3장)

1939년 폴란드

1939년 9월 최초 17일간, 독일은 폴란드군을 압도하여 폴란드의 반 이상을 점령했다. 서구 연합국들은 이때도 여전히 예비군을 동원하고 훈련시키고 있던 중이었으며, 이 기간 중 프랑스-독일 국경을 따라 상징적인 기동조차 할 수 없었고 의지도 없었다. 그러나 독일의 점령 속도는 그들의 육군들이 직면할 많은 문제들을 덮어버렸다. 이 문제들은 1939~1940년간 독일이 해결하려 했던 문제들이기도 했다. 독일은 많은 노력을 했으며, 그 결과 영국과 프랑스라는 그들의 미래 적들과 비교했을 때 독일은 더 많은 경험과 실험결과를 가지게 되었다.

우선, 독일의 상급지휘관들은 기동 및 돌파전을 수행하고자 했다. 그러나 이들은 구데리안(Heinz Guderian)의 이론을 받아들이지 않았다. 팬저 및 경 차량화 부대들은 수 개의 지점에 집중되기 보다는 다양한 야전군에 분배되었다. 유일한 예외가 독일의 제10군이었다. 이 부대는 6개의 전통적인 보병사단에 추가해 두 개의 팬저사단, 두 개의 차량화 사단, 그리고 세 개의 경 사단을 보유했다. 일반적으로 기계화 및 차량화 부대들은 광정면에서 보다 전통적인 기동부대의 첨단부대로 운용되었다. 이들은 폴란드 방어선에 대해 비교적 종심 얕은 돌파를 했다. 장갑화된 부대들은 조직적인 폴란드 저항능력이 붕괴된 후에야 적 후방으로 전과확대 작전을 전개했다.

비록 독일 전차 및 차량화 보병들은 이미 긴밀한 상호협조 기술을 발전시켰지만, 이 지상 부대들과 화력지원 부대들 간의 관계는 그렇지 않았다. 최초 공격을 한 이후 수 시간 이내에 구데리안 장군은 자신의 포병으로부터 거의 포격될 뻔했었다. 이것은 명령을 무시하고 아침 안개가 낀 상태에서 무턱대고 사격했기 때문이었다. 독일 공군은 적절하게 집중되어 공중 우세권을 장악하고 폴란드의 병참선을 차단했다. 그러나 이것은 지상부대를 직접 지원하는 항공지원이 초기에 거의 없었다는 것을 의미했다. 근접항공지원 작전의 복잡성, 다시 말해 항공 및 지상부대간의 협조 및 통신 그리고 이러한 방법에 대한 훈련부족은 독일공군과 육군이 함께 작전하는 것을 어렵게 만들었다.

많은 독일 전술지휘관들은 매우 조심성이 많았고, 폴란드의 작은 저항에서조차 일단 멈추었다. 이것은 수십 년간 전쟁을 경험하지 못했던 군대에게는 자연스러운 행동이었다. 그러나 이러한 행동은 당시의 상황에 맞지 않았다. 폴란드는 아마 최초부터 불행한 운명을 지니고 있었다고 할 수 있다. 왜냐하면 이들은 폴란드-독일 전 국경에 걸쳐 부대들을 분산 배치했기 때문이었다. 폴란드는 독일에게 조금의 땅도 양보하지 않으려 했던 것이다. 이러한 상황 속에서, 독일군들은 얇은 폴란드 국경방어선에 대해 펀치를 가하고 신속히 공격해 나아가야 했다. 그러나 독일군은 폴란드군을 만났을 때 대격전을 치를 목적으로 일단 정지했었다.

독일 사단과 그 이상 수준의 지휘관들이 현장에서 결심을 하기 위해 전방으로 나아가는 시스템은 작전의 템포를 크게 증가시켰다. 그러나 이 시스템은 한편 몇 가지 결점을 가지고 있었으며, 이 결점은 최초 전역에서도 명백히 나타났다. 상급 지휘관이 모습을 나타내는 것은 그때 작전을 지도했어야 했을 대대장 및 연대장의 주도권을 방해하는 경향이 있었다. 이러한 방해는 폴란드에서 독일군들에 의해 나타난 조심성에도 부분적인 원인이 있었다.

더욱이, 유동성 있는 전선을 움직이는 동안 상급 지휘관들은 적 공격에 극히 취약했었다. 구데리안은 군단장으로서 활동하면서 우회한 수 개의 폴란드 부대에 의해 수 시간동안 식별되기도 했기 때문에 부대를 통제할 수 없었다.

이것은 2차 대전 기간 동안 수 개의 육군들에서도 나타는 문제였다. 특히 북아프리카에서의 보다 과감했던 지휘관들에게 많이 발생했다. 궁극적으로 엘빈 롬멜과 같은 지휘관들은 특별 경계 특수임무부대를 편성하여 함께 활동했다. 그러나 이러한 부대 편성은 예하부대의 전투력을 저하시켰고 동시에 전선에 방문한 지휘관이 소부대의 행동을 보고 여기에 개인적으로 참여하려는 유혹을 증가시켰다. 만일 지휘관이 자신의 본부와 통신이 두절되면, 상급지휘관은 고립되고 지휘가 매우 효과적이지 못했다.

비록 250km 이상 폴란드 내륙으로 전진한 독일군 부대는 없었지만, 심각한 보급 및 정비 문제들이 나타났다. 모든 고장 난 전차들은 수리를 위해 독일로 긴급 후송되어야 했다. 아울러 전방 정비 부대들은 동적인 전역수행을 위해 필요한 요구가 준비되어 있지 않았다. 폴란드 전역이 끝날 때까지, 독일 기계화부대들은 정비 문제로 인해서 거의 기동할 수 없었다. 소련 기계화 부대들도 유사한 군수적 문제들을 경험했다. 이들은 같은 1939년 9월에 폴란드 동부를 점령했을 때, 연료보급이 자주 고갈됐었다.

초기 독일 장비의 부적합성도 문제였다. 독일은 팬저Ⅰ형 전차를 전투용이 아닌 훈련용으로 계획했었다. 팬저Ⅱ형 전차는 이것보다 겨우 조금 우수했다. 이러한 차량을 폴란드에서 사용하면서 두 가지 문제가 나타났다. 독일은 기계화부대를 완전히 발전시키기 이전에 전쟁을 했다는 것이다. 그리고 이 부대들은 생산의 우선권을 여전히 갖고 있지 못했다.

예를 들어 1939년 9월, 독일은 전투에서 218대의 전차를 잃었다. 전체의 약 10%에 해당하는 양이었다. 반면 새로운 전차 생산은 단지 57대에 불과했다. 8개월 후 프랑스 침공의 시기에도, 2세대 팬저Ⅲ과 Ⅳ형 중(中)전차는 야전부대에 전체의 1/4도 되지 않을 정도로 지급되었다. 폴란드 전역은 단점을 보여준 팬져Ⅰ형 전차의 퇴역을 가속시켰다. 아울러 팬져Ⅱ형 전차가 전선에서 빠지고 정찰, 공병 및 본부대로 편성을 서두르게 만들었다. 결과적으로, 상대적으로 매우 적은 팬저Ⅲ과 Ⅳ형 중(中)전차가 1940년의 공격의 예봉에 서게 되었다.

이와는 반대로, 기타 독일 장비들은 예상하지 못한 모습으로 사용되었다. 반 트랙화 차량은 원래 야포를 견인하기 위해 생산되었지만, 기동성이 우수해서 팬져사단 내의 보병부대는 이 장비를 장갑화 병력수송차량으로 획득하려고 시도했다. 대다수 팬져척탄보병(장갑화 보병)은 그러나 전쟁기간 내내 트럭과 모터싸이클을 지속적으로 사용했다. 전쟁 기간 내내 충분한 반 트랙화 차량이 지급되지는 않았다. 88미리 대공포는 지상지원 임무에 특히 유용한 것으로 판명되었다. 이것은 후에 사용될 독일 지상부대의 최고 대전차무기로서 전조를 보여주었다.

폴란드 침공은 기본적으로 독일 팬저사단의 구조가 보다 균형 잡힌 전투병과를 지니도록 발전시키는 결과를 낳았다. 폴란드 전역에서 6개 팬저사단은 각각 276~302대의 전차를 보유했고, 4개 대대를 지닌 1개 팬저여단이 편성되었다. 이 사단들은 각각 단지 3개 보병대대와 2개 포병대대를 보유했다. 이러한 전차 위주의 부대는 일부 지휘관들에게는 다루기 힘든 부대였지만, 어쨌든 히틀러는 더 많은 팬저사단을 창설하는데 관심이 있었다.

동시에, 독일 경사단은 대략 2개의 차량화 보병연대와 1개 전차대대로 편성되었는데 일련의 작전에서 매우 약한 것으로 판명되었고, 팬저 및 전통적인 보병사단에 비해 전투력이 부족했다. 독일은 전차 재고가 제한되었기 때문에 해결방법은 명백했다. 현존하는 팬저사단의 전차를 경사단으로 전환하여 1939년에서 1940년 겨울 동안 3개의 팬저사단을 공식적으로 더 만들었다.

추가해서, 폴란드 전역 기간 동안 특수 1개 팬저사단이 1938년 창설된 보병지원 전차여단 중 1개 여단을 보유했으며, 이 편성부대가 제10팬저사단이 되었다. 따라서 1940년 프랑스 전역에 이르기까지, 가용한 독일 전차가 더더욱 팬저사단에 집중되었으며 이중 일부는 4개 전차 대대를 지닌 여단에서 3개 대대를 지닌 전차연대로 감편되었다. 따라서 사단별 160~200대의 전차를 보유했다. 이로서 전차는 사단의 나머지 자산들과 보다 균형을 이루었다. 즉, 사단은 통상 3개 보병대대 및 2~3개 견인포병대대, 1개 장갑화 정찰대대, 대전차대대, 공병대대 그리고 통신부대로 편성되었다. 보다 적은 전차를 지니고 보다 균형 잡힌 사단을 만드는 이러한 추세는 전쟁기간 내내 지속되었다.

분명한 편성과 무관하게, 팬저사단들은 전투를 위한 특별한 편성 습관을 점진적으로 발전시키고 있었다. 그러나 이러한 과정은 1940년에조차 결코 완성되지는 않았다. 이 당시 구데리안의 한 사단은 보병과 분리되어 작전하는 전차여단을 운용하고 있었다. 그러나 여단, 연대, 대대본부들은 전차, 보병, 포병, 공병 및 경우에 따라 방공을 조합하기 위하여 다른 병과의 요소들을 배속하거나 타 부대로 파견하는 것을 더 많이 경험하였다. 이러한 병과들은 임무, 지형, 그리고 적 부대에 의해 다양한 모습으로 균형을 이루며 편성되었다.

이러한 편성에서의 변화 외에, 독일의 전술적 개념과 구조는 필연적으로 건전한 것으로 보였다. 특히 기관총 설계와 같은 일부 전술적 문제를 제외하고, 보병사단들은 기능을 잘 발휘했다. 폴란드 전역에서의 유일한 다른 교훈은 기갑부대들이 도시지역에서 전투할 때 불리점이 있다는 것이었는데 이것은 예상된 교훈이었다. 도시지역에서 전차들은 좁은 길을 지날 때 근처 건물로부터 행해지는 단거리 공격에 취약했다. 독일은 바르샤바를 점령하기 위해 공격하는 동안 하루에 57대의 전차를 잃었다. 이러한 경험을 통해서야 기갑부대에 전차 대비 보병의 비율을 높일 필요성이 있다는 주장이 힘을 받았다. 건물지역에서 전차에 대한 근접경계를 보병이 해주기 때문이었다.

1940년 독일의 진격

1939년 9월 폴란드 함락과 1940년 5월 벨기에-프랑스 전역이 개시되는 사이, 또 다른 독일의 작전은 연합군의 사기를 저하 또는 혼란스럽게 만들었고, 합동작전이 미래에 복잡해질 것이라는 점을 예시해 주었다.

1940년 4월 9일, 급조된 독일군 부대들은 차량화 부대들, 소규모 낙하산 부대 및 해양상륙부대를 이용하여 덴마크와 노르웨이를 기습으로 점령했다. 6개 독일군 사단 중 단 1개 사단만 노르웨이로 투입되었는데, 이 부대만이 완전하게 훈련되고 편성된 부대였다. 그리고 한 지점에서 히틀러는 공세가 좌절될 것을 두려워했지만, 모든 독일 부대들은 현저히 임무를 잘 수행했다.

독일 작전은 아슬아슬하게 진행되었지만, 독일의 "3차원(지상, 공중, 해양) 전쟁"은 연합군의 자원과 계획을 전장으로부터 멀어지게 했다. 독일의 관점에서 보면, 이러한 모험의 가장 심각한 결과는 소규모 독일 해군이 가지고 있는 13대의 군함을 잃은 것이었다. 이러한 손실은 독일에게 있어 이후 영국을 침공하는데 있어서 의미심장한 함의를 지니는 것이었다.

이와는 대조적으로, 영국 및 프랑스의 노르웨이에서의 작전은 비참했다. 특히 연합군은 독일이 공격하기 이전에 이 지역으로 진출하는 것을 훨씬 이전에 계획했었기 때문에 더욱 비참했다. 노르웨이 중부에 위치한 최초 영국군들은 대공포, 항공기 및 포병이 부족했다. 실제로 모든 작전기간 동안 이들은 연합군의 대공엄호거리 밖에서 임무를 수행했다. 더욱 저주스러웠던 것은 두 연합군간의 지휘 및 협조가 미약했다. 이것은 프랑스에서도 발생한 유사한 문제점이었다.

덴마크와 노르웨이에서의 갑작스런 전투에 이어 프랑스와 벨기에에서도 기습적인 침공이 이어졌다. 독일은 소규모 공정부대를 이용하여 전선의 다양한 지역에 위치한 중요지형지물을 확보했다. 이러한 공정작전 중 일부는 단지 부분적인 성공을 달성했다. 독일의 낙하산 부대원들이 네덜란드의 정부 핵심시설을 점령하는데 실패했으며, 보병들은 작은 연락기로 투입되었기 때문에 아르덴느 숲속에서 연락이 두절되어 기갑부대 진출로 상에 위치한 애로지역을 확보하는데 실패했다.

이와는 반대로, 독일 공정부대들은 에벤 에마엘(Eben emael) 요새에서 기습에 성공했다. 이 요새는 벨기에 방어진지 상에 핵심적인 방어 요새였다. 1940년 5월 10일, 글라이더를 이용한 일부 독일 병사들은 에마엘 요새 정상에 착륙하였다. 성형장약 무기를 사용하면서 기습을 했기 때문에, 이들은 지상부대가 도착할 때까지 거대한 요새를 무력화시키고 제 역할을 하지 못하도록 했다. 이로써 벨기에의 주방어 진지가 제거되었다. 노르웨이 침공에 이어서 이러한 기습은 많은 연합군 군사 및 민간 지도자들에게 공정부대와 비정규전 부대원들에 의한 후방지역의 위협을 걱정하게 만들었다. 이러한 걱정은 전격전이 성공하는데 필요했던 심리적 불확실성을 만들어 낸 최초 발판이었다.

벨기에와 프랑스를 점령하기 위해서는 선전선동 및 적은 규모의 낙하산 공수병 이상의 것이 필요했는데 이유는 심리적 마비를 얻어야 했기 때문이었다. 상투적인 분석과는 다르게, 1940년 서구의 육군들은 잘 무장되어 있었다. 1930년대부터 이들은 무기 생산을 크게 늘렸다. 계산에 의하면 1940년 전역 당시, 영국과 프랑스는 합쳐서 총 4,340대의 전차를 대륙에 보유했었던 반면, 독일은 3,860대만 보유했었다.

무전기 부족과 포탑이 빽빽하게 되어있다는 단점에도 불구하고, 연합군 전차는 사실상 독일 전차보다 잘 무장되고 장갑도 더 좋았다. 영국의 경(輕)정찰용 전차만이 유일하게 약한 전차였다. 프랑스의 구식 FCM 전차는 독일의 37미리 대전차포를 42발 맞았지만 파괴되지 않았다. 더욱이 중(重)장갑으로 방호된 프랑스의 B-1bis 및 영국 보병지원 전차를 공격하기 위해서, 독일은 88미리 대공포를 사용했다. 실제로, 독일은 1940년 자신들의 대전차포의 비효과성으로 인해 고전했다. 반대로, 수적으로 앞섰던 프랑스의 25미리 및 47미리 대전차포는 보다 빠른 포구속도를 지니고 있었기 때문에 독일 및 영국의 대전차포보다 더 강력한 관통능력을 가지고 있었다. 반면 프랑스군은 대공포 및 대전차 지뢰가 매우 부족했다.

그러나 독일은 매우 빠르게 연합군을 격퇴시켜 독일과 타국에서 가지고 있었던 전격전 개념을 구현했다. 사실상 독일은 세부적으로는 전격전 개념을 잘 이해하지 못했었다. 이러한 성공의 이유는 지금까지 본문에서 다뤄왔다.

우선, 독일이 폴란드에서 작전을 수행했던 것과 1940년 최초에 프랑스에 대해 부대를 배치했던 것과는 달리, 독일은 가용한 기계화부대를 몇 개의 결정적인 지점에 집중했다. 10개 팬저사단 중 6개 사단은 후속 지원하는 5개의 차량화 사단으로 하여금 잔적을 소탕하고 측방을 방호하도록 하면서 70㎞ 정면의 아르덴느 숲을 이용하여 진격했다. 따라서 3개의 기동군단 중 하나가 프랑스 방어부대에 의해 저지되었을 때조차, 두 개 군단은 프랑스 후방으로 진격해 나아갔다.

이와는 대조적으로 프랑스 군은 36개 전차대대를 국경지대에 균등하게 분산 배치하여 보병부대들을 지원하게 했다. 심지어 마지노선 지역에서도 분산시켰다. 대부분 전차 대대들은 보병 및 전차와 협조된 공격이나 역습을 하기 위해 협조하는 훈련조차 되어 있지 않았다. 많은 기타 영국 및 프랑스 기갑부대들은 최북단에 위치하여 벨기에로 기동하게 배치함으로써 독일의 주력이 진격하는 세당(Sedan)과는 이격되어 있었다(3장의 지도 3 참조).

4개의 프랑스 기갑사단들은 당시 새로 편성하고 있었는데, 전선 후방에 넓은 지역에 걸쳐 분산 배치되었고, 전투에 투입되었을 때는 와해되어 있기도 했다. 더욱이, 서구 연합국들은 선형방어를 택하여 넓은 전선에 걸쳐 자신들의 부대들을 얇게 배치했다. 프랑스 지휘구조는 특히 정형적이고, 절차적인 전투에 적합했지만, 1차 대전 당시의 종심방어를 하기에는 전투력이 부족했다.

아르덴느 숲을 신속히 통과한 독일군 주공은 프랑스의 약점을 이용하여 선형 방어선을 붕괴시켰다. 전역 5일째(1940년 5월 14일), 독일 기동부대들은 종심 깊은 전과확대를 실시하였는데 이것은 1930년대 많은 이론에서 구상된 것이었다. 이러한 돌파는 방어부대들을 심리적으로 무기력하게 만들었다. 이들은 갑작스럽게 적 주력부대를 후방에서 조우하게 되었으며, 이러한 위협을 저지하고 대처하기 위해 신속히 부대를 다시 전개시킬 능력이 부족했다. 프랑스 지휘통제 구조는 여전히 전화기와 서면 보고서에 의존했기 때문에 신속한 독일의 진격에 대응할 수 없었다.

영국 지휘관, 고트(John, Viscount Gort) 야전군 원수는 그의 주지휘소를 벗어나 참모들과 떨어져 있었는데, 이때 참모들은 대응하기 위해 필요한 정보를 적시에 얻지 못했다. 와인버그(Gerhard Weinberg)가 분석했듯이, "빈약하게 지휘되고, 협조가 잘 이뤄지지 않은 연합군 부대는 집중적인 독일 기갑부대에 의해 돌파되어 주도권은 말할 것도 없고 자신들의 균형을 다시 찾지 못했던 것"이 근본적인 원인이었다.

프랑스와 영국 부대들의 약점은 파악하기 어렵다. 1939~1940년 겨울 기간 동안, 일부 지휘관들은 능력이 있는 사단들을 강하게 훈련시켰다. 특히 우선순위는 기계화 및 차량화 부대들이었는데, 이 부대들은 신체적으로 우수한 젊은 장병으로 충원되어 있었다. 그러나 기타 지휘관들은 훈련에 실패했는데, 이유는 경험 있는 초급장교가 없었고 나이든 예비군을 편성한 부대를 보유하여 과업수행이 거의 불가능했기 때문이었다. 더욱이, 당시 상급부대는 정교한 야전요새들을 건설하고 있었다. 어쨌든, 부대들은 수준 이하로 훈련되고, 나이가 많은 예비군들을 지니고 있었기 때문에, 서구 민주주의 국가들이 뒤늦게 생산한 새로운 장비를 받아들이는데 어려움이 있었다.

독일 지휘관들은 그들의 진격을 선도하기 위해 항상 전차를 사용하지는 않았다. 후방에서는 저항이 거의 없었기 때문이다. 대신, 장갑화된 수색대대들은 장애물을 제거하기 위해서 경우에 따라 공병을 대동하고, 주력부대의 1일 도달거리에서 수색활동을 했다. 이때 속도가 느린

부대들은 종대 대형으로 뒤로 산개해 있었다. 추격 작전을 할 때 지휘관들은 장갑차량 또는 경항공기를 사용하여 통제했다. 물론 이러한 종대 대형으로 진출하는 것은 독일에게 약점을 부과했다. 왜냐하면, 방어부대들이 역습을 하게 될 경우 취약했기 때문이다.

실제로 5월 21일 아라(Arras)에서 롬멜은 적이 자신의 팬져사단 측방에 대한 공격을 감행했을 때 이러한 취약점을 발견했다. 즉흥적으로 88미리 대공포 및 105미리 곡사포를 대전차 공격용으로 사용함으로써 독일은 영국 제1 군 기갑여단의 중(重)형 보병지원전차를 정지시킬 수 있었다(영국은 북아프리카 전선에서 독일 88미리 포와 다시 전투할 때까지 88미리 포로 인해서 자신들이 격퇴되었다는 것을 모르고 있었다). 비록 빈약한 협조 탓에 성공적이지 못했던 영국의 아라(Arras) 역습은 독일 상급지휘관들에게 전차에 대한 두려움을 어느 정도 부과했다. 이로 인해 독일의 기갑 지도자들은 규모가 큰 대전차 무기와 포탄의 속도가 더욱 빠른 전차로의 개발에 박차를 가하게 되었다.

전술적 수준에서, 영국과 프랑스는 부대 구조와 경험에서 확실히 불리점을 가지고 있었다. 독일 기갑사단은 프랑스의 기갑사단보다 확실히 나은 편성을 가지고 있었다. 프랑스 사단 꾸라제(Cuirassee)는 너무 전차 위주로만 편성되어 있었는데, 4개의 전차대대에 단지 한 개의 보병대대 및 2개의 포병대대를 지니고 있었다. 이 사단의 불균형을 해소하기 위해 일반 보병 및 포병부대들이 배속되었다고 하더라도, 이들은 전차와의 협조를 위한 훈련이 되어 있지 않았다. 프랑스 군수지원은 이 사단의 모든 지형에서 기동하는 부대들을 후속함에 있어서 지나치게 도로와 철도에 의존했다. 사실상 철도는 모든 궤도 차량 및 차륜 차량과는 곧바로 이격되었다.

마지막으로, 기갑사단에 경험이 없는 프랑스 지휘관들은 그의 예하부대를 직접 지휘해야 했다. 왜냐하면 앉아서 통제하기에는 통제 영역이 너무 넓어졌기 때문이었다. “반(半) 규모의 여단(demi-brigade)” 본부는 전차대대를 통제하면서 기타 병과들을 통합하려는 의도도 없었고, 훈련도 되어있지 않았다. 반대로, 팬저사단의 지휘관들은 많은 예하 본부들을 지녔고, 각 본부들은 상이한 무기체계들을 통제하고 협조시킬 능력이 있었다.

독일의 제병협동훈련 수준은 특히 아르덴느 돌파에서 두드러지게 나타났다. 빈약한 도로망을 극복한 신속한 독일 진격은 오로지 전투공병에 의한 신속한 도로작업을 통해서만이 가능했다. 5월 13일 결정적으로 뮤즈(Meuse) 강 도하 당시, 독일 보병 및 일부 공병은 전차, 포병, 그리고 전술항공의 엄호 하에 도하했다. 실제로, 독일은 아르덴느를 통과하는 동안 포병부대 및 탄약 재보급 문제를 해소하기 위해 항공지원에 의존했었다.

하지만, 뮤즈강 도하 시, 공지(air-ground) 협조 관련 기념 영상은 1940년 독일 합동작전 능력의 장단점을 보여준다. 전역 전(前) 워게임에서 구데리안과 그의 공군 관계관들은 독일 공군(Luftwaffe)이 도하를 지원하기 위한 가장 좋은 방법은 스투카(Stukas) 전투기 및 기타 지상공격 항공기를 끊임없이 지원하는 것이라는데 동의했다. 이 전투기들은 독일군이 도하하는 동안 위협을 가하지 못하도록 프랑스 방어부대가 머리를 푹 박도록 만들 수 있었다.

그러나 구데리안의 1차 상급지휘관은 끝까지 프랑스 방어부대를 격파하기 위해서 전면적으로 중(中)폭격기를 운용해야 한다고 주장했다. 이러한 공격은 하지 않는 것만 못했는데, 이유는 독일군도 고고도에서 투하하는 분산된 폭탄으로 피해를 입을 수 있기 때문이었다. 따라서 폭격기가 벗어난 이후까지 기다렸다가 도하해야 하는 문제가 있었다. 이것은 프랑스 군에게 회복의 시간을 부여할 수 있는 것이다.

다행스럽게, 독일 공군이 육군의 요청에 동의할 무렵에는 대규모 공격을 실행하기에 너무 늦은 시간이었다. 그래서 대신, 독일 공군의 지휘관들은 단순히 항공공격 시간표를 따라 지원했다. 이것은 결국 워 게임 동안, 구데리안이 고안한 방법이었다. 프랑스의 입장에서 볼 때, 결과는 결정적이었다.

프랑스의 통신 유선은 독일 폭격에 의해 와해되었으며, 프랑스 포병도 사기가 꺾이게 되었다. 비록 수문의 포만 파괴되었지만, 프랑스 포병은 독일 항공 공격이 있을 때마다 사격을 멈추고 숨었다. 다시 한 번, 항공력의 심리적 효과는 실제 이것의 파괴력보다 더한 결과를 나았다는 것을 알 수 있다.

심지어 세당을 돌파한 이후에도, 진격하는 독일 지상군은 자신들의 항공기들과 통신하는데 어려움을 겪었다. 일련의 폭격선이 지도에 도식되어 있었는데, 이것으로 독일 공군이 한 선 넘어서 공격을 하면 지상부대들은 그 이전 선에서 멈추기로 한 것이다. 실제, 신속한 진격은 이러한 통제수단이 기껏해야 서투른 것임을 보여주었다. 독일 공군과 육군의 중견 계급을 가진 장교들은 비공식적인 협조절차를 발전시켰다. 왜냐하면 상급지휘관들의 시스템은 시간을 많이 소모하는 것으로, 육군의 지휘계통으로 올라가면 공군은 다시 수식적인 계통을 따라 내려와서 지원하는 시스템이었기 때문이었다. 그러는 동안, 영국과 프랑스 전투기들은 스투카(Stukas)를 요격했고, 독일은 엄청난 손실을 입었다.

그러나 독일 항공전역은 적보다 임무를 잘 수행했다. 프랑스 지휘부는 특히 항공정찰에 거의 관심을 가지지 않았고 항공자산과의 협조노력에도 무관심했다. 영국과 프랑스 조종사는 독일 공격종대 및 여단에 대해 자살 공격식의 작전을 펼쳤다. 이들은 수평 비행을 하면서 공격을 했기 때문에 독일 방공포병 및 전투기 조종사들에게 쉬운 먹잇감이 되었다. 이와는 반대로, 연합군 대공포 사수들은 사거리 및 고도가 갑자기 변하는 스투카의 수직 급강하 공격으로 인해 포를 조작하기가 쉽지 않았다.

프랑스 함락은 제병협동 기계화 편성부대의 중요성, 돌파 공격, 그리고 후방에서의 전과확대를 위한 기동의 중요성을 보여준 것 이상의 의미를 갖는다. 영국 및 프랑스에 대한 독일의 유리점은 마찬가지로 제병협동훈련 및 모든 작전 유형에서의 절차에서 명백히 나타났다. 그러나 낙하산 공수병, 전차, 날카로운 소리를 내는 스투카로 인해, 오늘날 많은 분석가 및 일반 역사 기록자들은 전격전이 근본적으로 제병협동에서 야기된 것임을 잘 알지 못했다.

영국의 대응, 1940~1942년

1940년 갑작스런 프랑스의 몰락은 전문직업군인들로 하여금 그들의 편제, 훈련, 교리를 재평가하도록 만들었다. 유일한 히틀러의 적대 국가로서 대영제국은 덩커크(Dunkirk) 전투 이전에 성급히 자신의 부대를 재편하고 교리를 재조직해야 할 필요성이 있었다. 영국은 불행하게도 두 개의 상이한 군(軍) 발전을 1940~1942년까지 목격했다. 하나는 모국에 있는 군(軍)으로서 이것은 점차로 재건되고 새로운 교리 및 편성으로 발전되었다.

두 번째는 중동에 있는 야전군이 있었는데, 이것은 초기에 이탈리아군에 대해 성공을 달성한 이후, 수회에 걸쳐서 소규모 부대로 편성된 독일의 아프리카 군단에 의해 유린당했다. 경험이 많은 영국 사막 부대들이 1941년 그리스를 방어하기 위해 희생되자마자, 북아프리카의 부대들은 더 이상 모국의 육군처럼 재편되거나 능력을 유지할 기회를 갖지 못했다. 그러나 이러한 두 개의 군은 실제는 아니더라도 교리상 접촉이 있었고, 1942년부터 1945년까지의 영국의 승리는 모국에서 조용한 재건과정에 상당한 영향을 받았다고 하겠다.

프랑스가 항복한 이후 독일의 침공 위협에 직면하면서, 영국은 최초에는 편성, 교리, 또는 장비에 있어서 커다란 변화를 할 시간이 없다고 믿었다. 덩커크 철수 부대의 재무장을 위한 필사적인 노력 속에서, 영국 공업력은 지속적으로 무기를 생산했는데 이 무기들의 디자인은 파기할 만한 것은 아닐지라도 낡은 것이었다. 경무장된 순항 전차와 장갑 차량들은 2파운드 포를 장착한 채로 수백 대가 생산되었다. 보다 좋은 무기를 설계하고 만들 시간이 없었기 때문이다.

몇몇 영국 지휘관들은 새롭게 편성된 장갑사단에 보병을 차량화 할 트럭을 획득하는데 있어서 어려움을 겪고 있었다. 이로 인해서 보병과 전차의 협조 하에 근접 작전하는 교리와 방법의 필요성이 모호해졌다. 영국은 이 기간 동안 새로운 몇몇 무기를 발전시켰다. 매우 주목할 만한 것은 6파운드(57미리) 포로서 이것은 새로운 전차에도 장착되고 대전차 무기로도 사용되었다. 그러나 이 무기는 1942년까지 야전에 등장하지 못했으며, 그때까지도 구형 전차의 포탑을 개조해 장착하기에는 너무 컸다.

침략 위협이 감소되면서, 영국 육군은 훈련을 재차 강조하면서 1940년 경험을 기초로, 전쟁 이전의 교리를 다시 검토했다. 독일 참모부는 일련의 비망록을 발간했는데 이것은 전쟁의 다양한 전구 경험을 기초로 한 것이었다. 여기서 독일은 사단급 이하의 제병협동 편제의 필요성, 그리고 전차를 격퇴시키기 위해서 전차 대신 대전차 무기를 사용할 필요성을 인식했다.

국토방위부대 사령관이자, 후에 제국 일반참모부 참모총장이 된 브루크(Alan Brooke) 장군의 지도 아래, 규모가 커진 현역 및 (지역별) 예비군 부대들은 보다 실질적인 훈련을 모든 수준에서 실시했다. 이중 일부는 전쟁 이전 원칙을 단순히 개선한 것으로 예를 들어, 화력과 이동 전투 훈련의 발전이 그것이다. 이것은 소규모 보병부대를 위해 표준화 되고 자동적인 반응으로 화력을 지원한다는 원칙이었다.

참으로, 이러한 전투훈련의 몇몇 경우는 정형화되고, 고정적인 훈련이었다. 이러한 방법으로는 전투에서 주도권을 확대할 수 없는 것이었다. 이때, 파함(H. J. Parham) 대령은 단일 무선통신네트워크를 사용하여 포병을 집중하는 실험을 했다. 이때 표적을 지도의 참조점으로 표정하여 사용하였다. 결과는 꽤 정확하지 않았지만, 미국식의 사격지휘소가 없어도, 파함의 아이디어로 인해 왕실 포병은 임기 표적에 적어도 어느 정도 대응할 수 있는 능력을 갖게 됐다. 이러한 혁신은 두 가지 다른 경향에 의해 제한되었다.

첫째는 고정된 방식의 화력 계획수립이었고, 둘째는 기동여단을 지원하기 위해 개별 포병대대를 할당한 분권화된 화력통제에 지속적으로 의존했다는 것이다. 1940~1942년 기간의 가장 비정상적인 모습은 대규모 부대 지휘소 연습과 야전기동훈련이었다. 이 훈련은 사전 세부적인 연구와 사후 각 연습단계를 비평하는 식으로 이루어졌다.

몽고메리(Bernard L. Montgomery) 중장은 1930년 및 1940년 프랑스에서 사단장으로 있으면서, 이러한 연습을 개척한 장본인이었다. 그는 이 연습에서 자신의 사단을 다른 영국군 부대에 비해 더욱 신속하고 융통성 있게 움직이도록 만들었다. 덩커크(Dunkirk) 이후, 몽고메리는 두 개의 다른 군단장을, 최종적으로는 야전군 수준의 부대장을 맡으면서 동일한 훈련 기술을 적용했다. 그는 또한 영국의 다른 부대를 포함한 연습을 위하여 주요 중재자로서 역할을 했다. 이와 유사하다고 가정할만한 훈련으로, 1940년 12월 왕실 기갑군단 사령관이 된 마텔(Giffard Martel) 중장 휘하에서 새롭게 편성된 기갑사단이 보다 덜 정교한 훈련을 실시했다.

몽고메리는 여단 이상의 부대를 기동시켜 본 영국장교들이 거의 없다고 주장하면서, 분명히 그의 훈련이 1차 대전 당시 영국 육군보다 상황 발전과 임무의 더 빠른 변화에 적응할 수 있는 장교를 만드는데 도움이 될 것이라고 했다. 더욱 중요한 것은, 몽고메리와 그 외 사람들이 상이한 무기를 상호 잘 조화되게 운용하고 어떻게 사단 및 그 이상의 부대를 전투에 투입하는가에 대한 일반 개념을 발전시켰다는 것이다.

예를 들어, 몽고메리는 독일 기계화부대의 추격과 전과확대의 분권화된 특성을 본 영국 장교들이 정밀 공격 및 방어에서 중앙집권화 된 통제 필요성에 대한 감각을 잃게 하였다고 했다. 신중하게 조화시키는 가장 훌륭한 전통은 1차 대전시 영국 참모 계획수립과정에 있었다. 몽고메리는 정찰, 포병, 전차, 보병, 공병 및 공군력은 "국면별로 관리" 되어야 한다고 했다. 이것은 공격 및 방어 시, 결정적인 지점에 전투력을 집중시키기 위해 최고사령부급에서 이뤄져야 한다고 했다. 지휘관은 단지 유동적인 상황에서만 자신의 전투력을 분권화하여 통제하고 이들을 전방으로 진출시킬 수 있다고 믿었다. 이렇게 함으로써 예하부대 지휘자들은 무기를 즉시 사용할 수 있다고 생각했다. 몽고메리에게 방어는 지형에서 고정된 전선을 이루는 것이 아니라, 종심 깊게 진지를 편성하여 차단하고, 1917~1918년 독일이 잘 했던 것과 같은 대규모 역습을 하는 것이었다. 모든 병과는 적 조준사격에 의한 치명적인 효과를 감소시키기 위해 야간에 운용될 필요가 있었다.

마지막으로, 몽고메리는 전차부대는 마치 기병 또는 바다의 함선처럼 독립적으로 기동해야 한다는 전통적인 영국 개념에 반대했다. 대신에 그는 기갑부대를 중요지형을 확보하는 제병협동부대로 보았다. 적이 기갑부대에 의한 역습을 할 때, 중요지형의 이점을 이용하여 방어할 수 있다는 것이었다. 지형을 확보하고 잔적을 소탕하기 위해 보병과 대전차부대가 기갑부대의 최초 강습을 후속하고, 이어서 전투력을 회복한 전차부대를 투입하거나 다시 공격해야 한다고 했다.

왕실기갑군단(RAC; Royal Armoured Corps)에서 마텔은 일련의 연습을 통해 동일한 개념을 발전시켰다. 1942년 6월까지 영국의 선임 기갑 지휘관들은 RAC 신조에 동의했다. 이 신조는 각종 연습의 산물이자, 북아프리카에서의 경험을 비판적으로 분석한 산물이었다. 이 신조는 "기갑사단은 모든 병과의 편성체이다. 각 병과 및 근무부서들은 이 팀의 구성원이다. 각기 중요한 역할을 수행한다"라는 말로 시작했다. 이것 이전에 독일과 마찬가지로, 영국 지휘관들은 대전차포는 적 전차를 격퇴시키는 가장 좋은 무기라고 결론지었다. 물론 전차 대 전차 전투는 여전히 발생하리라고 보았다. 차량화 보병과 대전차 무기를 함께 통합하여 중요지형을 확보시키고, 그것 주변으로 기갑부대를 투입하는 개념을 갖고 있었다.

편제의 변화는 교리의 변화를 수반한다. 덩커크 직후, 기갑사단의 순수 전차여단은 3개 전차대대 및 1개 차량화 보병대대로 편성되는 길이 열렸다. 따라서 1940년 영국 기갑사단은 1개 장갑화 차량 정찰대대, 2개 기갑여단, 1개 지원단으로 구성되었다. 지원단은 다시 말해서 야전포병대대, 대전차대대 및 방공포병대대 또한 추가적인 1개 보병대대, 2개 공병중대 및 지원 병력을 보유했다. 마텔과 그의 부하들은 신중하게 이 편제를 1942년까지 유지시켜 훈련을 방해할 수 있는 변화를 피했다.

그러나 1942년까지 이 구조는 지나친 전차위주의 편성이었다. 따라서 전쟁성(War Office)은 2개 기갑여단 중 하나를 사단구조에서 없앴다(그림 9 참조). 이로서 분리된 여단은 특수한 임무를 위해 필요시 모든 사단에 증강될 수 있었다. 더욱이, "지원단"이라는 용어는 명백히 사단의 비장갑화 부대들로 전차를 보좌하는 것으로 고려됐다. 이러한 생각을 바로잡기 위해서, 1개의 장갑화 보병여단과 1개 사단 포병연대로 지원단을 대체했다.

사단장은 자신의 포병, 대전차, 방공, 공병 및 지원요소들을 중앙집권통제 하에 두고, 필요시 한 개 또는 두 개 여단에 이들을 배속시켰

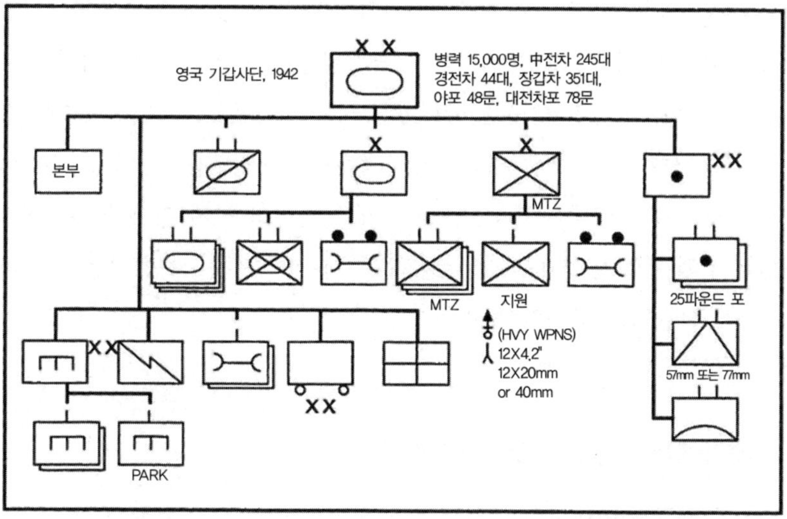

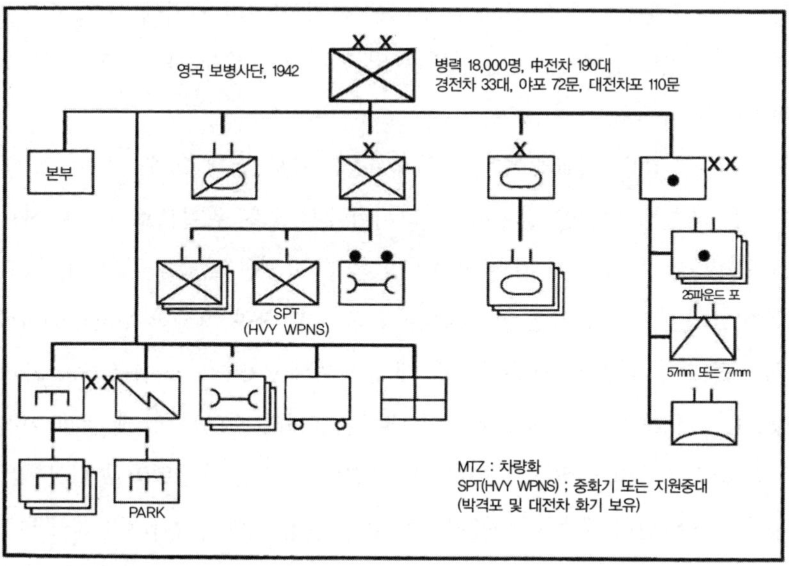

그림 9. 1942년 영국 기갑 및 보병사단

다. 동시에 영국은 두 개의 다른 유형의 보병사단을 창설했다. 본래 "사단"은 아시아에서의 작전을 위한 의도로 만들어 진 것이었다. 전통적으로 3개의 보병 여단과 각 여단은 3개의 대대를 각각 보유하는 모습이었다. 이와는 반대로 "보병사단"은 보병지원 전차여단을 위해 1개 보병여단을 잃었다. 마텔과 새로운 국토방위 사령관 패짓(Bernard Paget)은 훈련을 향상시키고, 보병과 지원전차의 협동을 위해 후자의 변화를 주장했다. 불행하게도 영국은 1944년까지 3개 보병여단을 지닌 사단으로 회귀했다. 결과적으로, 1944~1945년간 각 사단의 전차-보병 협동은 저마다 다른 모습을 나타냈다.

사막에서의 전쟁, 1940~1942년

북아프리카 전투가 항상 영국 내 육군의 상태를 나타낸 것은 아니었다. 1940년 후반 중동의 소규모 부대는 전쟁 이전의 교리에 따라 훈련된 영국군만 있었다. 이 부대의 장비는 영국 국내의 부대보다 거의 나은 것이 없었다.

1940년 중반 이탈리아가 독일의 편에 서서 전쟁을 개시하자, 처칠 수상은 계산된 위험을 감수하고, 리비아에서 오는 위협으로부터 이집트를 방어하기 위해서 매우 부족하지만 일부 자산을 보냈다. 리비아는 당시 이탈리아의 식민지였다. 파견된 부대는 48대의 중장갑 Mark Ⅱ(마틸다) 보병지원 전차를 보유한 1개 대대(제7왕실전차연대 소속)를 포함하고 있었다. 이 대대는 이집트에 이미 배치된 2개의 사단과 함께 전쟁 이전 고전적인 영국의 교리를 기초로 하고 있었다. 당시 이집트의 2개 사단은 전투력을 완전히 갖추지는 못했지만 잘 훈련된 사단이었다(지도 5 참조).

1940년 9월 그라지아니(Rudolfo Graziani) 원수의 이탈리아군은 10개 사단을 보유한 상태로 리비아로부터 영국령 이집트 서부 사막지역으로 진격했다.

그러나 그라지아니는 조심스럽게 공격했고, 그의 부대들은 주로 빈

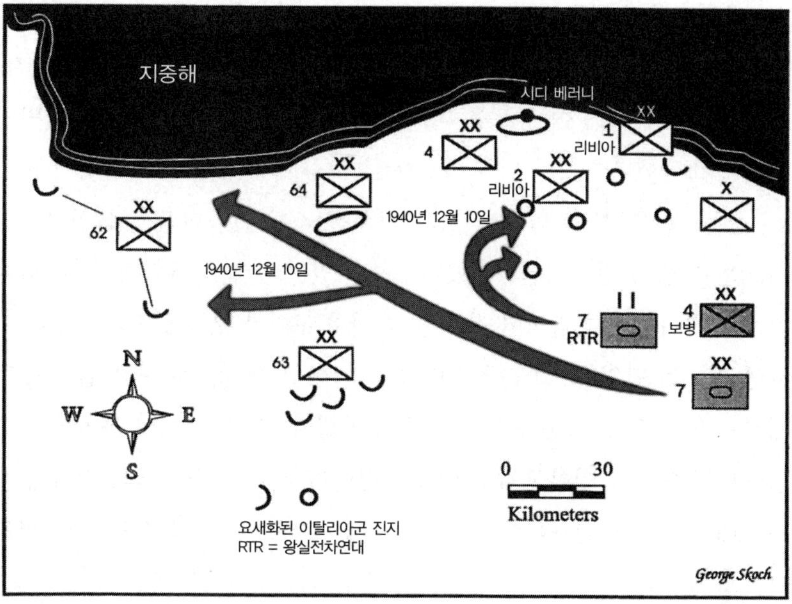

지도 5. 1940년 12월 시디 베러니

약한 군수지원을 받는 보병이었다. 따라서 그는 리비아 국경 동쪽 약 80 km 정도에 위치한 시디 배러니(Sidi Barrani)에서 멈춘 후, 넓은 지역에 커다란 체인과 같은 모습으로 주둔지를 분산하여 전개시켰다.

영국 서부 사막부대 사령관 오코너(Richard O'Connor) 중장은 1940년 12월 8일~10일까지 보병지원 전차를 운용하고 제4인도보병사단을 투입하여 기습적으로 이 주둔지를 격파했다. 이때의 전술은 전쟁 사이 기간 영국이 실시한 훈련을 대표하는 것이었다. 이탈리아 주둔지는 지뢰 및 장애물들로 방호됐기 때문에 영국은 주둔지들 사이 지뢰가 없는 진출로를 이용하여 진격하고, 서부 먼 지역부터 공격했다. 포병과 박격포는 방어진지를 무력화하고, 예상하지 못한 강습을 알아차리지 못하게 했다.

전방으로 느리게 전진하는 전차를 보유한 2개 중대는 브랜(Bren) 기관총 운반차량을 지닌 소대를 후속시키면서, 바깥쪽으로 우회하면서 공격시켰다. 이 소대는 측방 경계를 제공했고 기관총 화력으로 전차를 지원했다. 영국이 적 방어진지로 돌입하여 맞붙어 싸우기 시작하자마자, 트럭에 탑승한 보병이 통로를 따라 들어와 하차하고 전차를 후속하면서 잔적을 소탕했다.

전차-포병-보병 팀이 적 방어시스템을 진압한 다음, 제7영국기갑사단은 가볍게 장갑화된 차량으로 속도 있는 추격을 실시했다. 후퇴하는 이탈리아군은 효과적인 전차 및 대전차 무기가 부족했고 지중해와 평행을 이루는 단일 도로에 묶여 버렸다. 따라서 제7기갑사단은 일련의 측방으로 크게 도는 기동을 도로 남쪽에서 실시하고 계속해서 북쪽 해안으로 진격하여 이탈리아군의 퇴로를 차단하려 했다. 결국 영국군은 1개 장갑차대대 및 3개 전차대대를 선두의 창끝 부대로 이용하여 약 13만 명을 포로로 잡았다.

영국 승리의 근원은 우수한 훈련, 기동성, 장비의 이점을 잘 활용한데 있다. 그러나 이러한 장점은 이탈리아군의 패배에 따라 북아프리카로 독일군이 들어오면서 효과를 잃게 되었다. 1941년 초 그리고 1년 후, 영국은 다른 전구를 위하여 이집트의 영국군을 감소시켰다. 영국은 우선 그리스와 이어서 일본이 전쟁에 가담한 뒤, 동남아시아로 부대를 보냈다. 결과적으로 독일의 아프리카 군단이 1941년 3월 공격할 때, 독일은 단지 일부만 훈련되고 낡은 장비와 열세한 장비를 보유한 영국군을 상대했다. 그 이후, 독일의 승리와 영국의 반복되는 공세 요구로 인해 영국 사막부대들은 자신들의 실수를 분석하고 이를 시정하기 위해 훈련할 시간을 거의 갖지 못했다.

일부 예외는 있었지만, 영국 지휘관들은 사막전의 교훈을 배우고 적용하기 위해 사무실에 충분히 앉아있지 않았다. 독일은 제병협동전투단, 융통성 있는 지휘관, 그리고 전투훈련을 기초로 전투력을 집중시키는 다양한 전술 시스템을 갖추고 아프리카에 도착했다. 반대로, 영국 부대들은 거의 제병협동 전술을 연구하지 않았다. 영국에서 새로 도착한 부대들은 잘 훈련됐지만, 사막을 익히기 이전에 자주 조금씩 각개격파 당했다.

또한 영국 지휘관들은 중앙집권화 된 계획수립 및 통제 버릇으로 인해 부실함이 들어났다. 이러한 시스템으로 나타나는 시간 지연은 영국 전투 통신의 부실함으로 인하여 배가되었다. 프랑스와 마찬가지로 양차 대전 기간 중, 영국 육군은 무선보다는 유선에 의존했다. 영국은 무선을 신뢰하지 않았고, 적 무선감청에 취약한 것으로 생각했다. 예산 제한은 전술 통신시스템의 발전을 약화시켰다. 결과적으로, 1943년 영국 사단과 군단 지휘본부는 암호화된 보안 무선통신장비가 없었고, 무선 조작을 위해 훈련된 사람도 거의 없었다. 그때까지 사막에서의 무선은 장거리 통신을 위한 유일한 수단이었다.

전투 위기가 발생했을 때 영국 장군들은 거의 음성 무선통화 장비를 수 개만 사용했으며, 이것은 정보를 수집하고 예하 부대에 명령을 하달하는 유일한 수단이었다. 독일 감청자들은 이러한 암호화되지 않은 무선통신을 모니터링 했고 결국 영국 작전에 관한 정보의 금광을 얻게 되었다.

독일은 또한 무기에서도 상당한 기술적 장점을 가지고 있었다. 영국 및 프랑스 중(重)전차를 프랑스 지역에서 조우한 것은 충격이었다. 그 후 독일은 88미리 대공포를 대전차 화기로서 효과적으로 사용하기 위해 노획된 영국 장비를 대상으로 실험에 들어갔다. 아프리카로 파견된 독일 사단들은 수많은 편제상의 변화를 겪었다. 예를 들어, 곡사포를 적게 갖는 대신 적은 수의 88미리포를 포함한 대전차포를 많이 갖게 된 것이 그것이다. 더욱이, 아프리카에서 독일 전차는 대부분 팬져Ⅲ과 팬져Ⅳ형 중(中)전차였다.

1942년 중반, 독일은 일부 팬져Ⅲ 전차에 50미리(장포신) 고속포를 장착했다. 이것은 비효과적이었던 독일의 37미리포를 이미 대체한 50미리 견인포와 같은 관통력을 지녔다. 이 새로운 50미리 전차포는 조준시스템을 향상시켰고, 특수한 "화살모양의 탄두"를 지닌 탄약을 발사했다. 이것은 초기의 장갑관통 세보우(Sabot) 탄으로 작고 속도가 빠른 막대형 관통체로 적 전차를 타격하는 방식이었다. 화살모양의 탄두는 심지어 장갑이 두꺼운 장갑보병지원전차도 근거리에서 관통시킬 수 있었다.

반대로, 독일은 다른 전차를 지원하기 위해서 지역사격을 하기 위한 팬져Ⅳ 전차를 설계했다. 이 전차는 팬져Ⅲ가 공격할 때, 적 대전차 방어를 제압하는 것이었다. 팬져Ⅳ 전차의 최초 무장은 75미리 저속포로 이것은 1,000미터에서 영국의 트랙 및 차륜 차량에 피해를 입힐 수 있었다. 그러나 두꺼운 장갑을 관통하지는 못했다. 1942년 동안, 포의 위력을 강화하기 위한 독일의 지속적인 노력으로 독일은 일부 팬져Ⅳ 전차에 75미리 고속포를 장착할 수 있었다. 주목할 것은 1942년 5월 롬멜 조차 고속포를 장착한 4대의 팬져Ⅳ 스페셜형과 19대의 팬져Ⅲ J형 전차만을 가질 수 있었다.

2파운드(40미리) 포는 대부분의 영국 전차 포탑에 장착되었고, 보병에게 대전차무기로 지급됐다. 독일 전차는 추가적인 표면 보강을 통해 정면 장갑을 강화함으로써 이 무기를 능가했다. 영국 포수는 독일 전차를 두 번이나 맞춰야 하는 경우가 많았다. 우선적으로 표면을 부수고, 이어서 장갑을 관통시켜야 했던 것이다. 더욱이 2파운드 포는 독일 대전차 요원을 제압하기 위한 연막 또는 고폭탄을 사격할 수 없었다.

1942년 5월 말, 북아프리카의 영국군은 단지 100문의 6파운드 포를 보유했고, 이제 막 미국이 만든 그란트(Grant) 전차를 보급받기 시작했다. 악명 높은 즉흥적인 장비였던 이것은 75미리 중속포를 동체 양 옆에 장착했다. 이유는 포탑에 맞지 않았기 때문이다. 이것은 겨우 650~850야드의 거리에서 독일의 장갑을 관통할 수 있는 능력을 영국군에게 제공했다. 75미리 포는 또한 영국군에게 최초로 전차에서 고폭탄을 발사할 수 있는 능력을 제공했다. 그리고 그란트 전차의 장갑은 250야드를 벗어난 거리에서 독일의 50미리 포에 견딜 수 있었다.

장갑차량 및 효과적인 대전차포가 없었기 때문에, 영국과 오스트레일리아 보병은 1941~1942년 사막 전투에서 매우 취약했다. 영국 전차병들은 보병을 성가신 것으로 생각했고, 제병협동팀에 동등한 팀원이라고 보기 보다는 뭔가 보호받아야 할 병과로 생각했다. 그러므로 많은 영국 기갑부대가 양차 대전 사이 기간에 순수한 장갑화된 기병의 마인드로 바뀐 것은 놀라운 일이 아니다. 마텔의 훈련 노력에도 불구하고, 영국과 북아프리카의 영국 전차대대는 적과 근접하려는 유혹을 떨쳐버리기 쉽지 않았다.

일정 기간 동안, 영국은 독일 대전차포를 인식하지 못했고 진짜 적(敵)은 전차가 아니라는 것을 몰랐다. 이것을 알고서도 영국은 대전차포 배치선을 찾아내지 않고 공격했다. 이것은 재앙적인 결과를 초래했다. 이를테면 1941년 6월 15일, 몇몇 독일 전차가 제16왕실전차연대를 50미리 대전차포막으로 유인했다. 영국은 여기서 수분 내에 17대의 전차를 잃었다. 같은 날, 독일의 88미리 포가 11대의 마틸다 전차를 한방에 파괴했다고 주장했다. 이러한 쓰라린 교훈은 영국에게 포의 위력이 그 어느 것보다 가치 있다는 것을 확신시켰다. 전차가 혼자 기동하여 보병을 자주 노출되게 만들었다. 여기서 발생한 불신은 이러한 병과 간의 협조를 극히 어렵게 만들었다.

영국과 호주 보병이 효과적으로 참호를 구축할 수 있었지만, 지휘관들은 서로 지원하기 어려운 거리로 너무 분산시켜서 진지를 편성했다. 따라서 독일은 한 영국 단위부대에 모든 가용 화력을 동시에 집중할 수 있었다.

사막 전쟁 초기, 영국 지휘관들은 작은 부대 수준에서의 제병협동 전투편성을 하는 독일의 개념을 명확히 알았다. 그러나 이러한 편성에 대항할 올바른 전술을 항상 사용하지 않았다. 몽고메리가 대영제국에서 설교했듯이, 영국의 여단 및 대대 규모의 제병협동 특수임무부대 편성 경향은 항상 적절하지도 충분하지도 않았다. 이로서 사단은 모아 놓은 작은 부대들을 협조시키지 않고 분산시켜서 전투했다. 영국 포병은 특히 화력을 집중할 수 없었다. 독일 아프리카 군단의 집중된 노력은 이렇듯 많은 영국의 특수임무부대를 자주 각개 격파하였다.

영국은 이러한 과정을 뒤집으려 했다. 마텔 장군은 1942년 초에 아프리카를 방문했다. 이때 기갑부대 지휘관들은 제병협동 기갑사단이라는 새로운 개념에 동의했다. 그러나 북아프리카 부대들은 다음 독일의 공세가 있기 전에 편성과 전술을 변화시키지 못했다. 그리하여 영국은 또다시 기갑여단들을 하나씩 잃게 되었다. 물론 영국은 사단을 통합된 부대로 운용하려는 의도를 가지고 있었다. 대부분의 전차를 잃고 나서, 영국은 거의 남지 않은 야포 및 대전차 부대를 모아서 만든 소규모 차량화 부대에 의존했다. 이것은 차량화 보병에 의해 필요한 지엽적인 경계를 제공받았다. 나머지 남아도는 보병은 후방에 남겼다. 이것이 몽고메리가 1942년 8월 제8군 지휘를 맡을 때의 상황이었다.

호락스(Brian Horrocks) 중장은 기갑사단장으로 마텔의 훈련 연습에 참가한 사람이었다. 그는 이후 8군의 1개 군단을 지휘하기 위해 도착했다. 몽고메리는 상처로부터 벗어나 자신의 군을 효과적으로 다시 훈련하기 시작했다. 그에게 있어서 불가능하지는 않았더라도 영국 육군의 절차를 완전히 바꾸는 것은 어려웠을 것이다. 대신에 그는 사막에서 협조된 절차에 의한 중앙집권화 된 전통적인 지휘통제 방법을 구현하기 위해 노력을 집중했다.

영군은 독일을 알람 하이파(Alam Haifa)에서 저지함으로써 시간을 얻었다(1942년 8월 31일~9월 5일). 독일이 확보할 것이라고 생각한 중요지형을 예측하면서, 영국과 호주 방어군은 참호를 파고 들어가서 적의 지형확보를 거부하고자 했다. 왕실 공군은 독일 기갑부대가 영국의 지뢰지대에 봉착하여 움직이지 못할 때 이를 공격했다. 영국은 주 방어지대에서 그란트 전차에 의한 원거리 사격, 견인 대전차포에 의한 근거리 사격, 마지막으로 단거리에 도달 시, 집중적인 포병 방어 사격을 실시했다. 이러한 연속적인 다층 방어를 적이 쉽게 우회할 수 없는 곳에서 실시함으로써 독일 공격부대를 지치게 했다.

알람 하이파 전투 이후, 몽고메리는 영국의 훈련 프로그램을 단축시키고 2차 알라메인 전투(1942년 10월~11월)라고 알려진 정밀 공격을 위해 8군을 준비시켰다. 전체 군이 협조된 방법으로 공격하도록 하기 위해, 그는 1차 대전시 영국의 공격 특징인 정교한 계획수립과 중앙집권화 된 지시를 사용했다. 이를테면 각 군단은 자신의 포병을 직접 관리했다. 이러한 절차가 영국군 장교들에게는 더욱 익숙한 것이었다. 영국 장교들은 독일군을 모방하려 했던 유동적이고 즉흥적인 전술에는 덜 익숙했다. 공병, 보병, 포병은 독일-이탈리아 방어 진지를 야간에 돌파했다. 그리고 고지대를 확보하고, 보병-대전차 방어지대를 편성했다. 다음으로 몽고메리는 이들의 보호 하에 기갑부대를 전방으로 투입하여 독일의 역습을 유도하려고 했다.

몽고메리의 계획은 영국군이 자신의 교리와 훈련에 따라 임무를 수행할 수 있게 해주었다. 동시에 연료와 장비의 부족은 독일과 이탈리아군의 발목을 잡았고, 융통성 있는 기동을 한 롬멜의 장점을 약화시켰다. 이 전투의 결과는 소모전 시합이었다. 몽고메리는 그의 계획을 상황에 맞게 자주 수정했다. 주된 이유는 여전히 기갑부대는 포병 및 보병과 협조하는데 어려움을 가졌기 때문이었다. 궁극적인 영국 승리는 몽고메리의 전투 방법에 있었다.

그는 제병협동을 예하부대에 강요했고, 마찬가지로 당시 영국군은 군수적 우세를 달성했다. 역사가들은 몽고메리의 너무 조심스러운 행동을 자주 비판했다. 몽고메리는 조심스럽게 정밀공격을 수행했으며, 보다 유동적인 전과확대와 추격을 실시했다. 그러나 이러한 조심성은 이전 지휘관들이 저지른 잘못을 피하거나 최소화시킬 수 있게 해주었다. 과거의 잘못은 주로 상이한 병과를 사전 계획수립 없이 협조했던 무능함 때문에 발생한 것이었다.

1941년, 러시아에서 독일의 진격

독일이 1939~1941년 동안 승리에 승리를 거둔 반면, 적군(Red Army)은 거의 무능했다. 부분적인 이유는 스탈린의 장교단 숙청에 있었다. 1939년 가을 동안 폴란드의 행정적 점령은 소련의 군수능력을 한계에 다다르게 했다. 그리고 재앙적인 소련-핀란드 전쟁(1939~1940)은 소련의 무능함을 보여준 것이었다. 소련은 정밀 공격시 부대 간의 협조가 되지 않았다. 진실로, 소련은 자신들의 실수를 알게 되었고, 그들의 노력을 배가하여 핀란드로 하여금 1940년 3월 휴전을 하도록 강요했다. 그럼에도 불구하고, 적군은 비틀거렸다.

이러한 경험 측면에서, 1940~1941년 동안, 소련 정부는 군사 편성, 장비, 지휘구조 및 전개 측면에서 주요 개혁을 단행했다. 소련은 이러한 많은 변화를 잘못 관리하여 1941년 6월 독일 공격이 있을 때까지 어느 하나도 달성하지 못했다. 한마디로 독일은 변화하고 있는 적군을 잡아서 내동댕이쳤다.

이 책의 주제와 연관시켰을 때, 독일이 침공하기 이전 가장 주목할 만한 소련의 변화는 커다란 규모의 제병협동 기계화 편성부대를 다시 등장시킨 것이다. 1940년 독일 승리에 대한 반응으로, 소련 정부는 이러한 부대에 대한 이전의 결정을 뒤바꾸었다. 따라서 1940~1941년에 29

개의 기계화군단을 창설했다. 각 군단은 2개의 전차사단과 1개의 차량화 소총사단으로 편성되어 각 야전군에서 전과확대 부대로 이용됐다. 서류상 이 거대한 군단은 1,031대의 전차가 인가됐다.

그러나 불행하게도 이러한 야심찬 계획을 즉각 시행할 수 있는 병력도 장비도 갖지 못했다. 모든 전차를 보병 및 기병 지원부대에서 제거하면서, 적군은 대략 17,000대의 전차를 모을 수 있었지만, 새로운 편제는 총 29,899대의 전차가 필요했다. 더욱이 현존하는 전차는 거의 전부 경전차였고 1930년대 중반에 생산된 다양한 장갑차량들이었다. 1941년까지 이러한 장비는 전술적으로 구식이었고, 기계적으로는 낡은 것이었다.

1939년 후반, 적군은 새로운 2세대 장비 설계를 승인했다. 여기에는 T-34 중(中)전차와 KV-1 중(重)전차가 포함된다. 이 두 전차는 훌륭한 76.2미리 주포를 장착했고, 독일 전차보다 더 강력한 장갑 방호력을 지녔다. 포탑의 설계 부분에 있어서는 모두 약점이 있었지만, 1942년 고속포를 장착할 때까지, T-34와 KV-1에 대적할 독일 전차는 없었다. 그러나 대숙청이 소련의 공업부문 관리에 영향을 미쳤기 때문에, 이런 뛰어난 전차들은 독일의 공격이 있기 전까지 단지 1,475대만 배치될 수 있었다.

이와 유사한 관리적, 관료적 문제들로 인하여 소련은 보병과 포병을 운반하기 위한 충분한 트럭 생산에 실패하고, 전차를 멈추게 하기 위한 지뢰 그리고 독일의 공중우세와 겨룰만한 근대 항공기 생산에도 실패했다. 전형적인 소련 부대들은 낡은 구식 장비와 그보다 조금 개선된 신형 장비로 혼합되어 있었을 뿐이었다. 게다가 승무원들은 충분히 훈련되지 못했다.

소련의 무질서와는 반대로, 독일 육군은 1941년 6월 22일 침공 당시 최고의 수준을 이루고 있었다. 히틀러의 더 많은 팬져사단을 갖고자 했던 지속적인 욕망으로 인해 이 사단들은 의도하지 않게 병과의 균형을 향상시켰다. 추가적인 부대를 만들기 위해서 충분한 전차를 모아야 했으므로 독일은 모든 팬져사단의 전차 수를 감소시켜서 단지 2~3개 전차대대를 보유하게 했다.

각 대대는 3개 전차중대로 편성되어 전체적으로 사단 당 120~202대의 전차를 보유했다. 이 행동과 결국 전체적으로 1개 모터사이클 대대 및 4개 트럭 탑승 대대를 보유함으로써 보병을 늘린 결과 1941년 사단은 6~9개 전차 중대와 15개의 차량화 보병중대를 편성했고 기타 병과는 변화 없이 그대로 유지했다. 차량화 보병의 사상율이 높아 많이 소요됨으로써, 이 비율이 대부분의 기계화 전투 형태에서 아마 가장 효과적이었을 것이다.

기계화에 대한 열정적인 사람들은 전차 전력을 감소시킨 히틀러를 자주 비판했다. 그들은 이 결과 등장한 팬저사단은 러시아의 유럽지역에서 도로가 없는 광활한 지역을 횡단하기 위해 필요한 전투력이 부족하다고 주장했다. 실제는 독일 계획수립가들이 전체 군사력을 상대적으로 제한된 거리에서 작전하도록 했고, 이들을 철도와 말을 사용하는 군수지원 시스템으로 묶어 놓았다고 표현하는 것이 보다 정확한 표현일 것이다.

독일 정비 시스템의 문제는 1939년 폴란드 전역에서 명확히 나타났다. 그러나 러시아 전역은 보다 먼 거리에서 보다 오래 작전해야 했다. 이러한 환경 속에서, 독일은 수리부속을 중앙집권적으로 통제했고, 피해를 입은 전차 정비를 위해 다시 공장으로 이동시켰다. 이것은 완전히 적절하지 못한 행동이었다. 1941년 8월, 러시아에 있던 야전 지휘관들은 히틀러에게 300대의 전차 엔진을 지급해달라고 강하게 요청했다. 그들은 마모된 엔진을 야전에서 교체하길 희망했다. 소련을 침공하기 이전, 많은 독일 기계화부대들은 발칸 전역에 참가했기 때문에 장비가 마모되고 수리부속을 모두 사용했다.

1941년 여름과 가을, 동일한 장갑 차량들이 평평하지 못하고, 먼지가 많으며 때때로 진흙으로 덮인 도로를 수백 마일 더 달려야 했기 때문에 많은 고장이 발생했다. 만일 각각의 팬져사단이 1개 전차대대를 더 보유했더라면, 추가적인 전차대대 장비도 나머지 사단의 장비와 마찬가지로 동일한 속도로 마모되었을 것이다. 그리고 1941년 12월 모스크바의 문턱에 도달할 때까지 작전할 수 있었던 차량은 수대에 불과했을 것이다. 추가적인 전차보다 더 필요했던 것은 보급을 위한 추가적인 트럭이었고, 현재의 장비를 수리할 보다 좋은 야전정비시스템이었다. 이것들은 결국 나중에 개선되지만, 1941년에는 아니었다.

그러나 이러한 문제들은 즉각 명확히 나타나지는 않았다. 작전적으로, 1941년 전역은 독일 전격전의 전성기였으며 특히 전면포위전의 전성기였다. 소련 분석과 자료들은 이러한 전면포위에 대해 잘 요약하고 있다(그림 10 참조). 우선, 공격자들은 돌파하여 적의 방어 측면을 우회하면서 공격해야 했다. 이것은 1941년에는 상대적으로 쉬웠다. 독일은 평화시 소련군의 주둔지역을 쉽게 점령했다. 이 주둔지역은 확실히 방어를 위해 준비되지 않았었다.

이러한 환경 속에서, 공격자들은 적 후방지역으로 전과확대하기 위해서 기갑부대를 곧바로 투입했다. 만일 정밀공격에서 돌파구를 만들 필요가 있었다면, 독일은 공병의 지원을 받아 장애물을 개척하고, 포병과 이미 계획된 항공지원으로 적 방어 화력을 제압하면서 재래식 보병으로 돌파하도록 했을 것이다. 전쟁이 길어지면서, 이러한 돌파는 점차적으로 모든 야전군 지역에서 어려워졌다.

돌파 또는 측면 우회 기동이 성공하자마자, 독일 기갑부대는 일익 또는 양익을 통하여 적 부대를 전면포위하려고 했다. 대대 또는 연대 규모의 제병협동 전투단(600~2,000명)이 통상 이러한 측익 포위부대를 선도했다. 포위부대가 포위망을 폐쇄한 후에, 공격부대는 두 개의 전면포위망을 만들어야 했다.

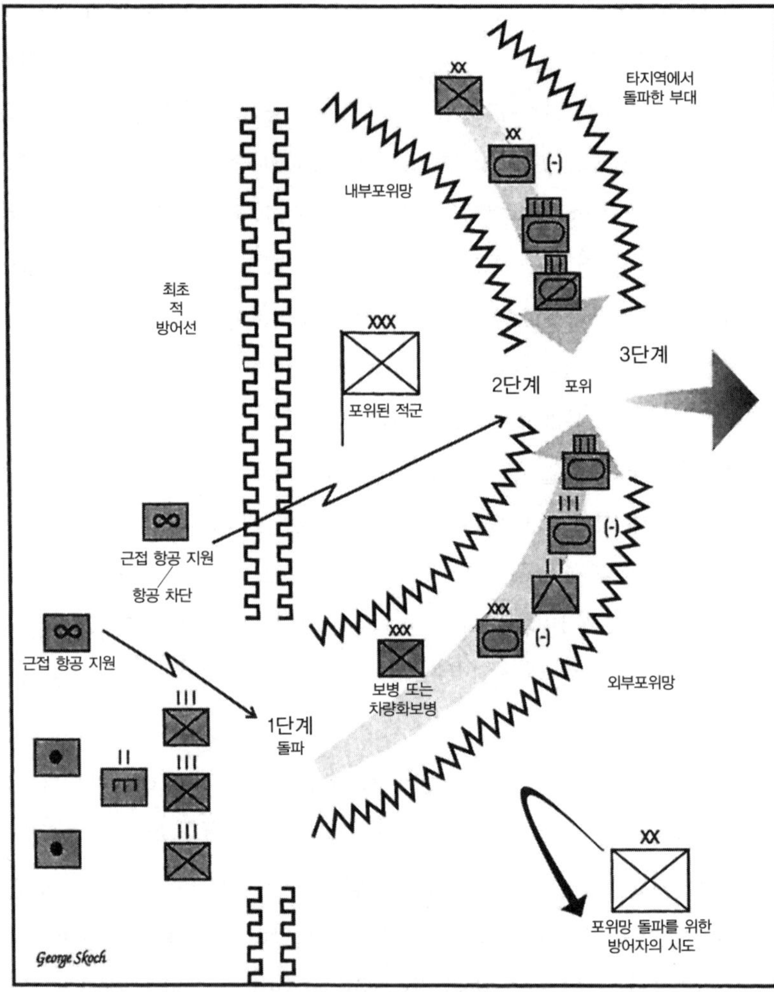

그림 10. 전격전 전면포위 요도

하나는 내부에서 적 부대를 에워 쌓고 적 부대를 점차 격멸하기 위해서, 그리고 또 하나는 외부에서 포위된 부대를 구출하려는 모든 시도를 격퇴시키기 위해서 형성해야 했다. 이러한 두 개의 전면포위망을 만들기 위해서, 독일은 각 팬져군단에 1개 또는 그 이상의 차량화 보병사단을 배속시켜, 2~3개의 팬져사단을 후속지원하도록 했다. 실제로, 독일은 전면포위망을 완전히 봉쇄하기에 충분한 부대를 결코 가져보질 못했다. 따라서 포위망을 구축하고 포위부대를 격멸하여 포위전투를 종결하는 과정에서 전통적인 보병사단이 완전히 포위망 내의 적을 소탕하고 적 퇴로를 차단한 부대와 연결할 때까지 기다려야 했다.

이러한 시간 동안, 소련군은 개별적으로 때로는 적군(Red Army) 부대 전체가 느슨하게 차단된 전면포위망을 탈출하거나 돌파하여, 지역 빨치산과 연결하거나 자신들의 방어 전선으로 복귀하여 다시 전투를 수행했다. 이러한 시간 지연은 팬저부대를 움직이지 못하도록 했고, 또한 추가적인 전과확대를 방해했으며, 적이 훨씬 후방에서 재편성을 하여 새로운 방어 준비를 갖추는 시간을 제공했다. 보병과 군수지원 병력이 팬저사단을 따라잡을 때만, 팬저사단은 전과확대와 추격을 재개할 수 있었다.

소련의 대응, 1941~1942년

독일이 러시아의 유럽지역으로 진출하면서, 소련 야전군을 하나씩 전면포위 할 때, 소련 군대는 자신들의 약점을 극복하기 위한 처절한 대책을 마련했다. 두 가지 기본적인 문제는 곧바로 명확히 나타났다. 첫째, 대체적으로 소련의 지휘관 또는 참모장교는 상이한 병과와 무기를 효과적인 방어 및 역습을 하기 위해서 잘 조화시키는데 필요한 기술이 부족했다.

숙청에서 살아남은 사람들은 자신들의 경험과 능력에 비해 너무 높은 자리를 차지했다. 일반참모부는 결국 이러한 지휘관들을 징계해야 했다. 이들은 교과서적으로 자신들의 부대들을 일정하게 방어 전선에 전개시키고, 지형과 종심으로 대전차 방어가 필요한 고속 접근로에 대해 고려하지도 않았기 때문이다. 둘째, 적군(Red Army)은 특수한 부대 및 무기가 매우 부족했다. 따라서 당시 지휘관들은 공병, 전차, 대전차포 및 포병을 효과적으로 운용하기 어려웠다.

돌이켜보면, 이 두 가지 문제의 해결책은 명확해 보였다. 그러나 독일의 맹공에 대항하기 위해 다투었던 반면, 주된 변화에 너무 민감했다. 1941년 7월 15일자 스타브카(최고사령부) 회장 1호는 지휘영역의 단순화를 명령했다. 이것은 지금까지 했던 것보다 특수화된 부대를 상급 지휘본부에서 한데 모아 집중하도록 했다. 이로써 보다 경험 있는 지휘관 및 참모들이 결정적 지점에 부족한 자산을 집중할 수 있었다. 특히 최고사령부 회장은 한 지휘 수준인 소총군단 사령부를 해체했다. 이후 2년간, 소련 야전군은 단지 4~6개 사단 또는 독립 여단으로 구성됐고 여기에 포병, 전차, 대전차 무기들과 같은 특수한 부대를 추가했다.

이와 유사하게 최고사령부 회장은 전차 및 대전차 부대들을 제거하고, 각 사단에서 장갑화된 포병을 감소시켰다. 소련 소총사단은 이 당시 다른 유럽 군대의 사단들과 매우 유사했는데, 인가 병력을 14,483명에서 10,859명으로 감소시켰다. 많은 장비들이 단지 문서상으로만 존재했다. 실제 사용 가능했던 장비들은 야전군 또는 그 이상의 수준에서 중앙집권화 하여 관리하고 있었다. 동일 회장은 1940~1941년의 규모가 너무 큰 기계화군단 해체 명령도 포함하고 있다. 이 군단 내의 개별 사단들은 독립 편성부대로 살아남았지만, 일반적으로 보면 최초 독일의 공격으로 인해 이미 기계화군단은 와해됐다.

1941년 남은 기간은 적군을 위한 절망적인 투쟁이었다. 이 투쟁 속에서 종심전투라는 전통적인 교리와 대규모 기계화부대는 독일의 장비 및 주도권 이점 때문에 적합하지 않았다. 몇 안 되는 소련의 전차가 생산되어 작은 규모의 여단에 배치되고 단지 보병지원을 위해 사용되었다.

1941년 12월, 적군(Red Army)이 침공군의 진격을 멈추고 모스크바로부터 뒤로 물러나게 하자마자, 소련 지휘관들은 그들의 편성과 교리를 부활시켰다. 소련은 공장들을 우랄 산맥을 너머서 대피시키는데 성공했다. 1942년 봄, 이곳에서 경이로운 새로운 무기들을 생산해냈다. 기갑부대 행정부장 페도렌코(Yakov Fedorenko)는 이러한 무기를 이용하여 새로운 전차군단을 4월 창설했다. 1942년 7월까지 이러한 군단의 편성은 1개 소총, 3개 전차여단 및 지원 병과로 결정되었다. 이것은 상대적으로 전차가 주를 이루는 편성이었다. 소련은 이것을 야전군의 기동화 된 전과확대부대로 사용하려고 했다(그림 11 상단 참조).

1942년 가을, 페도렌코는 기계화군단을 추가적으로 만들었는데, 이것은 차량화 보병을 보다 늘렸으며, 따라서 병력과 트럭을 더 많이 보유하고 있었다. 트럭의 생산은 사실상 2차 대전 전체 기간 중에 주요 문제였다. 소련은 미국으로부터 수입한 차륜 차량에 의존하여 기동부대의 이동과 보급을 담당하도록 했다.

1940년 기동군단과는 다르게, 1942년형 군단은 사실상 사단 또는 그보다 작은 규모였다. 1930년대 구상된 종심 깊은 전과확대는 150㎞ 또는 그 이상의 적 후방 종심까지를 계획한 것이었다. 이를 위해서 소련 적군은 독일의 팬져군단이나 팬져군과 같은 정도의 보다 거대한 편성부대집단을 필요로 했다. 1942년 5월, 국방인민회의는 다음의 군수적인 조치를 취하여, 일부 현존하는 전차군단을 전차군으로 통합했다. 그러나 이러한 1942년 전차군들은 거의 즉흥적으로 기갑, 기병, 보병부대들을 조합하여 만들어진 것이어서 공통된 진출 속도를 가질 수 없었고 운용교리도 부족했다. 더욱이, 1942년 여름 이러한 최초 전차군(tank army)들은 하나의 팀으로 작전하기에 충분히 훈련되지 않은 상태로 독일과의 전투에 뛰어들었기 때문에 크게 파괴됐다.

1943년 1월이 되어서야 소련은 마지막으로 확고한 전차군을 만들 수 있었다(그림 11). 그 해 만들어진 6개의 전차군은 남은 전쟁 기간 동안 모든 소련의 공세작전에서 최선봉의 창끝부대로 역할을 수행했다. 비록 실제 편성은 다양했지만, 1943년 전차군의 전형적인 모습은 2개의 전차군

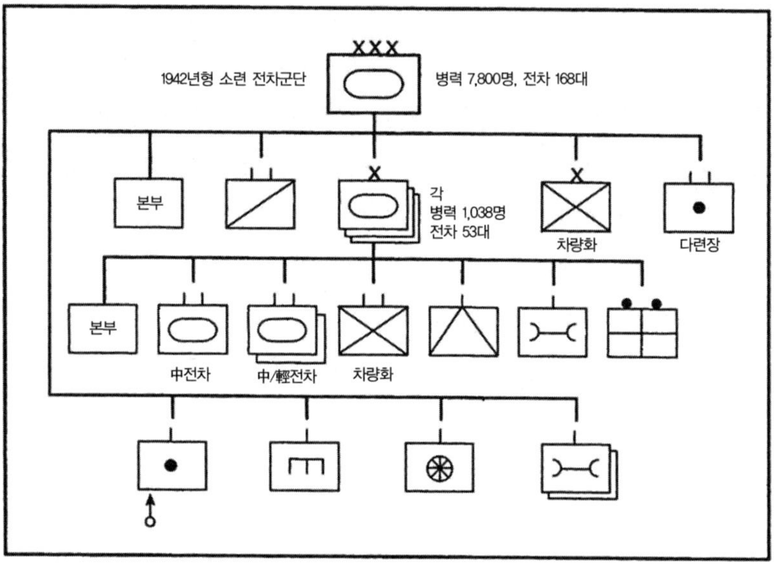

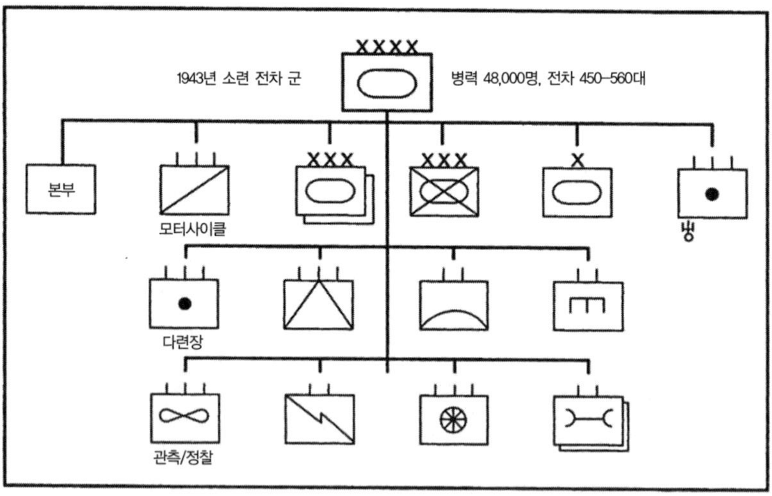

그림 11. 1942년 소련 전차 군단과 1943년 전차 군

단, 1개의 기계화군단, 그리고 특수화된 지원 편성부대들을 갖는 것이었다. 각각의 군들은 서구의 용어에 의하면 사실상 군단규모의 부대로 전차군단이라고 할 수 있다. 그리고 소련의 전차군은 극히 전차 위주로 편

성된 부대였다. 이것은 적합한 편성이었다고 할 수 있는데, 이유는 러시아의 유럽지역이 전차 운용에 적합한 개활지이고 또한 독일에 비해 소련의 전차 손실률이 높았기 때문이다. 1941~1943년 적군(Red Army) 대부분의 전차 승무원과 초급 지휘자들이 경험이 없어서, 보다 잘 훈련된 독일 전차 및 대전차 부대는 적군에게 이러한 불균형 된 전차 손실률을 부과하게 되었다. 따라서 소련의 기갑부대는 다른 육군보다 더욱 전차 위주로 부대를 편성 유지했다. 그러나 전쟁 전(全) 기간을 통해, 소련은 또한 군단 규모의 말을 사용하는 기병부대를 보유했다. 이 부대는 제한된 전차 및 포병의 지원을 받았고, 습지, 산악 및 기타 무겁게 기계화된 부대에 적합하지 않은 지형에서 사용하기 위해 편성된 군단이었다.

새로운 기계화부대는 반드시 자신들의 교리를 이해해야 했다. 1942년 동안 소련은 전쟁 첫해의 교훈을 소화했고, 잘못을 고치기 위한 일련의 명령을 하달했다. 이것은 1942년 11월 스탈린그라드를 포위한 자신들의 공세 효과를 크게 높여주었다. 1941년 12월~1942년 1월의 최초 역습은 너무 분산 실시되어 일부의 경우 오히려 독일 방어부대가 수적으로 훨씬 우세했다.

이러한 잘못을 반복하지 않기 위해서, 스타브카 회장 3호가 1942년 1월 10일 하달됐다. 이것은 충격집단이라는 편성을 지시했다. 즉, 좁은 공격정면에 전투력을 강하게 집중하여 적 방어선을 깨고 나아가라는 것이었다. 사단과 그보다 큰 부대는 이러한 방식으로 특정 한 개의 지점 또는 여러 개 지점들에 대해 가용 부대를 집중하라고 지시받았다.

1942년 10월 8일 스탈린 명령 제306호는 이러한 지시를 보강하여 명백히 보병의 연속적인 제파식 공격을 금지했다. 지속적으로 장비 및 화력이 부족했기 때문에, 소련은 모든 보병부대를 단일 공격 제대로 만들어 가용부대를 최대 집중하기로 결정했다. 따라서 전형적인 소총사단에서는 27개 소총중대 중 19개 중대를 정밀공격 시, 전방에 내세웠다.

1942년 독일 방어는 매우 얇게 신장되어 공격을 지속적으로 하기 위해서는 연속적인 제대를 편성하는 것보다 보병을 집중하는 것이 보다 중요했다.

나중에, 양측 모두 커다란 종심을 가지고 방어했을 때, 소련은 이에 따라 자신들의 공격을 제대를 편성해 실시해야 한다고 배웠다. 그러나 1945년조차 얇은 독일 방어는 소련의 1개 제대에 의한 공격을 유발시켰다. 1942년 다른 명령은 보병 강습을 지원하기 위해 여전히 예속된 전차를 올바로 사용하기 위한 지시를 내렸다. 보병 지휘관들이 아직 경험이 없었기 때문에, 이러한 모든 전차부대들은 자신들의 지휘관 예하에서 집중적으로 운용되어야 했다.

소련이 돌파에 성공하자마자, 소련의 기동단들(mobile groups)은 전과확대와 전면포위작전을 위해 공격해야 했다. 효과적으로, 이러한 전면포위는 기타 작은 전면포위들을 이 속에서 하게 된다. 이것은 마치 러시아의 큰 인형 안에 품어져 있는 작은 인형과 같은 모습이다. 각 야전군은 자신들의 기동단을 사용하고자 했다. 이 기동단은 전차, 기병 또는 기계화군단으로 구성되어 약 50㎞의 상대적으로 얇은 지역 종심 돌파를 이용하여 전과확대 하고자 했다. 이러한 종심이 얇은 지역에서의 돌파는 독일 방어를 와해하고, 적 예비대를 격퇴하거나 또는 인접 군의 유사한 돌파와 연결하려는 것을 목표한 것이었다. 동시에, 전차군(tank army)들은 전선군(집단군)과 같은 보다 상급 제대의 기동단으로 역할을 수행했다. 전차군들은 보다 깊은 독일 후방지역으로 돌파하여, 독일이 새로운 방어선을 만들기 이전에 도하지역 및 기타 중요지형을 점령하기 위해 기동하려 했다.

이렇게 거대한, 작전적 수준의 최초 소련 전면포위가 1942년 11월에 있었다. 독일의 6군이 스탈린그라드에서 포위된 것이 이것이다. 독일이 포위되자마자, 포포프(M. M. Popov) 중장은 완전한 능력을 갖추지 못한

4개의 전차군단을 이끌고 1943년 2월 독일 후방 깊숙이 공격했다. 비록 대부분의 포포프 부대가 독일의 역습으로 격퇴되었지만, 이 경험은 새로운 전차군들의 운용을 위한 모델이 됐다. 따라서 1942년 말까지 기계화전을 위한 독일 기술은 최정점을 지나, 더 이상 1939~1941년간의 성공을 거두지 못했다.

반대로, 영국과 소련은 자신들의 군을 재편성하고 유지하여, 자신들의 성공적인 기계화 공세작전을 개시했다. 독일과 영국 기갑부대들은 균형 잡힌 구조로 발전하여 전차는 더 이상 다른 병과를 수적으로 앞서지 못했다. 더욱이, 위의 3개 육군들은 기계화 공세를 유지하기 위한 효과적이고 기동화 된 군수지원을 필요로 했다. 무대는 새롭게 바뀌었다. 독일의 팬저사단이 전쟁의 전반부에 전쟁을 결정했듯이 이제 후반부에는 군수, 기술 및 종심방어가 전쟁을 결정짓게 되었다.

2장. 연합군의 대응과 기갑 전투

필자는 태평양 전쟁을 가급적 다루려 하지 않았다. 대신 독일의 진격과 연합군의 대응이라는 측면에서 2차 대전의 제병협동 관련 혁신사항을 살펴보았다. 2차 대전은 미국, 일본 및 소련의 참가로 인해 보다 복잡해졌고, 전장에서 기동을 포함하여 생산과 기술이 중요하게 된 전쟁이었다. 따라서 기술 및 전술의 이러한 국면은 2차 대전 후반부에 제병협동부대 및 전술 발전에 상당한 영향을 미쳤으며, 이점은 꼭 살펴볼 필요가 있겠다. 미군의 부대구조 및 교리 발전을 검토한 후에, 필자는 전차 설계 및 운용에서의 변화를 살펴볼 것이다. 이것이 2차 대전의 전반부와 후반부를 매우 다르게 만든 요인이었다.

미국의 대응 1914~1944년

1941년 12월 일본의 진주만 공격 이전까지, 미국은 2차 대전에 관심 있는 관찰자에 불과했다. 대부분의 미 육군은 전쟁 1년간 또는 심지어 전쟁을 개시한 직후 한참동안 주요 지상작전에 투입되지 않았다. 그러나 1941~1942년 동안, 미국은 무기, 편성 및 전술의 본질에 대한 어떤 결론을 도출했다. 그리고 이러한 결론을 3각 편제로 된 보병사단과 1940

년 기갑사단 발전을 위해 지속해서 활용했다. 이어서, 미국에서 실시됐던 대규모 기동과 외국에서의 최초 전투경험을 기초로, 추가적인 변화가 전쟁이 진행되던 중간 시기에 미군의 교리 및 편성에서 나타났다. 이 결과 나타난 시스템이 1950년대 전반에 걸쳐 미국 군대의 주류를 이뤘다.

1942년 3월 맥나일(Lesley McNair) 중장은 삼각 편제 사단을 설계했다. 그는 육군 지상부대의 최고 책임자가 되어 모든 부대 훈련 및 편성에 책임을 지고 있었다. 맥나일은 1930년대 그를 이끌었던 개념을 계속 따랐다. 따라서 삼각 편제 사단의 기본적인 편성은 전쟁 이후까지 커다란 변화를 보이지 않았다.

첫째, 맥나일은 각 단위부대들이 최소한의 필수적인 부대들만을 가져야 한다고 생각했다. 유동적인 기동전 환경 속에서는 상대적으로 제한된 저항을 하는 적에 대해 공세작전을 수행해야 하기 때문에 최소한의 필수적인 부대만이 필요한 것으로 보았던 것이다. 따라서 삼각 편제 보병사단의 경우, 1937~1941년까지 세 개의 보병연대와 네 개의 포병대대, 정찰 병력, 그리고 공병대대로 편성된 표준적인 모습을 유지했다.

맥나일의 견해에 따르면, 사단에는 특수화 된 부대가 필요 없었다. 특수화 된 부대는 단지 특정한 상황 또는 임무에 필요한 부대인 것이다. 이러한 원칙은 예를 들어 대전차 및 방공포병과 같은 방어임무에 긴요한 병과에 특히 잘 적용됐다. 맥나일이 보병사단으로부터 빼낸 단위부대들은 특수화 되고 사단에 속하지 않은 중대 및 대대들이 됐다. 보다 상급 지휘본부, 이를테면 군단 및 야전군이 이러한 부대들을 통제하기로 했다. 이와 같은 지휘본부들은 특별한 임무가 있을 때 이러한 부대들을 사단에 배속했으며, 전장의 결정적 지점에 대해 이러한 부대를 집단적으로 투입하기도 했다. 사단의 실제 전투력은 요구에 따라 또는 임무에 따라 날마다 바뀔 수 있었다. 이것은 맥나일 스스로가 결국 적군이 1941년 위기 간 도입한 해결책과 동일한 해결책에 귀착된 것이라 하겠다.

1942년 12월 맥나일은 비사단급부대를 이용하여 특별한 목적을 지닌 부대들을 만들기 위해 이러한 개념을 확대 적용했다. 맥나일은 이를 위해 전쟁성을 설득하여 독립적이고 사단에 속하지 않은 연대들(하나의 전투병과로 만들어지고 고정된 편성표를 지녔으며 사단 구조 속에 포함되지 않은 연대)을 없애려 했다. 그리고 그는 두 개 또는 그 이상의 독립 대대로 된 융통성 있는 그룹(단)을 만들었다. 비사단급 기갑, 방공, 포병, 기계화기병, 그리고 전투공병 대대는 단 본부에서 통제하도록 했다. 이러한 단 지휘본부, 특히 기계화기병를 지닌 지휘본부는 전술적 지휘본부와 같았다. 수 개의 대대를 지니게 되면 예하 대대를 통제하면서 작전을 수행했다.

맥나일의 또 다른 원칙은 참모부와 지원 요소들은 가능한 한 작아야 한다는 것이었다. 이렇게 해야 전투에 실제로 사용되는 부대들의 비율이 최대로 높아질 수 있으며, 신속한 결심수립과 통신을 방해하는 서류작성 업무 등 기타 편성상의 장애를 없앨 수 있다고 보았던 것이다. 사단 및 군단 지휘본부가 작고 기동성 있으며 전술적 상황에 부합되도록 하기 위해서는 일상적인 보급물자는 사단 및 군단 지휘본부를 통과(pass by)해야 했다. 가능하다면, 특수화 된 단위부대 또는 개인은 부차적으로 보병 또는 후방지역 경계부대로서 임무를 수행할 수 있도록 무기를 가져야 했다. 물론, 이러한 모델은 지휘본부 및 지원부대의 전체적인 계층구조(야전군 이하)가 만들어지고 전투 단위부대들을 지원하기 시작하면서 서서히 구현됐다.

마지막으로 맥나일은 전략적 전개를 용이하게 하기 위해서 단위부대 내의 수송차량 숫자를 제한하려 했다. 사단에 영구적으로 예속되거나 편성된 차량의 숫자가 적을수록, 유럽과 태평양에 보낼 때 필요한 선적 공간이 적어진다. 예를 들어, 맥나일은 한 번에 필요한 물자를 수송할 수 있는 트럭의 숫자를 편제에 반영하려 하기 보다는 필요한 보급품과 탄약을 보병연대에 24시간에 걸쳐 왕복 수송할 수 있는 만큼의 트럭 숫자로 최소화 하면서 편제를 만들려고 했다. 소총 부대는 차량화 되지 않았지만 사단에 6개의 수송중대를 일시적으로 배속하여 차량화 할 수 있었다.

대조적으로 사단이 전차대대와 같은 부대를 배속했다면, 보병은 전차에 탑승할 수 있었으며, 포병에서 빌려온 차량을 이용할 수도 있었다. 이로써 약간의 군수지원상의 희생은 있었지만 단거리 이동을 가능하게 해주었다. 이러한 해결방법은 지금의 시각으로 보면 극단적이라고 할 수 있다. 그러나 그 당시의 미국 보병사단은 발로 걷거나 말을 이용하는 적군들보다 여전히 훨씬 많은 차량을 보유하고 있었다.

미 육군이 이러한 개념을 외국에서 적용했을 때, 이들은 단지 부분적인 성공만을 달성할 수 있었다. 지형 또는 적과 무관하게, 유럽에서의 대부분 보병사단과 태평양에서의 많은 보병사단들은 사실상 모든 환경 속에서 자신들에게는 전차, 방공, 구축전차(tank destroyer, 대전차 전용 전차), 그리고 사단에 소속되지 않은 공병지원이 필요하다고 믿었다. 군단 및 야전군 지휘관은 상황에 따라 사단에 소속되지 않은 부대들을 한 사단에서 다른 사단으로 배속 전환하는 교리를 따랐지만, 이들은 이렇게 하면 많은 손실이 따르고 비효율적이라는 점을 발견했다. 다른 사단으로 배속전환하게 되면 배속된 부대에서 적응할 때까지 친밀하지 못한 인원과 어울리고 상이한 부대의 활동 절차를 따라야 했기 때문이었다.

1944년 6~7월의 노르망디 지역을 돌파할 때 이러한 문제가 가장 잘 드러났다. 사단에 소속되지 않은 전차대대는 길게 늘어선 장애물을 개척하는데 있어서는 공병, 보병 및 박격포 부대와 긴밀한 협조가 필요하다는 것을 알게 됐다. 결과적으로 긴밀하게 조직화된 팀을 만들어야 한다는 것을 알게 된 것이다. 박격포가 적을 무력화시킬 때, 공병폭파조와 전차에 부착된 쟁기모양의 지뢰제거기를 이용하여 두터운 장애물 지대에 통로를 만들었다. 이에 앞서 전차와 보병은 상호 엄호를 하면서 약진하여 주변지역을 확보했다. 문제는 이러한 팀들이 친밀한 관계를 형성하게 되면, 사단은 이러한 배속된 부대를 명령에 따라 배속 해제하는데 주저했다는 것이다.

많은 사례가 있었다. 전술제대지휘관[2)]들은 비 사단 소속 부대들을 배속했던 동일한 사단과 연대에 그대로 배속하여 내버려두는 것이 편리하다는 것을 알아차렸다. 이것은 수개월간 배속되면 상호간에 서로 익숙해진다는 것을 기초로 한 것이었다. 1944년 프랑스에서 임무를 수행했던 전형적인 미 보병사단에는 통상 전차대대, 대전차(구축전차) 부대, 방공 자동무기 및 군단 공병이 배속됐다. 또한 군단 및 야전군으로부터 이 사단에 4.2인치 화학박격포, 트럭 및 군수지원 부대들이 배속된 경우도 일부 있다. 따라서 전투 시, 삼각 편제 사단은 맥나일이 구상했던 것보다 규모가 커지고 강했으며, 보다 많은 차량을 지니게 됐다. 이러한 형태로 보강된 보병사단은 차량화사단 만큼의 기동성과 화력을 지녔지만 기갑사단 보다는 떨어지는 기동성과 화력을 지녔다고 할 수 있겠다. 이것은 당시 표준적인 독일 보병부대와 비교할 때 미국 보병부대의 기동성이 우수했던 것을 설명해준다.

이러한 많은 배속부대는 다시 분할되어 예하 보병연대에 재배속 되었다. 이것은 사단의 편성체를 이뤘던 공병 및 의무지원부대가 할당되어 배속된 것과 마찬가지 모습이었다. 1942~1943년에는 연대 편성상 약간의 변화가 있었다. 그것은 6문의 105미리 곡사포가 추가되어 직접지원 포병대대가 없더라도 연대가 자체적으로 포병을 운용할 수 있게 된 것이다. 실제로 대부분의 보병연대는 통상 "연대전투단(RCT)"으로 작전을 수행했다. RCT는 최소한 사단의 의무, 공병, 야전포병을 배속 받거나 아니면 직접지원 받았다. 또한 많은 RCT는 전차 및 대전차(구축전차) 중대, 자주화 방공포 중대를 지원 및 배속받기도 했다. 따라서 이것은 하나

2) 역자 주 : 통상 군단급 이하 제대 지휘관들을 말한다.

의 제병협동부대였다. 그 자체를 보면 작은 사단이었던 것이다.

동일한 기간에, 기갑사단은 보병사단보다는 많은 변화가 없었다. 기갑부대의 편제 변화는 전쟁 기간 중에 6번 있었는데, 그 중에 2번이 상당한 의미를 갖는다. 1940년 미 기갑사단은 주로 경전차로 편성됐다. 경전차부대가 중(中)전차, 보병 및 포병부대를 크게 웃돌았다. 또한 이 사단은 단지 한 가지 형태의 부대들만을 통제하기 위해 설계된 수 개의 지휘본부들을 지녔다. 기갑부대를 위한 지휘본부, 보병연대를 위한 지휘본부가 그 예다.

디버스(Jacob Devers) 소장은 1941년 기갑부대 최고책임자(chief of the Armored Force)였다. 그는 기갑부대를 보다 융통성 있고, 기능적으로 구성된 부대로 만들려고 했다. 그의 노력은 1942년 3월 1일의 재편성을 통해 정점에 이르렀다(그림 12, 上). 이 재편성을 통해서 기갑여단 지휘본부를 없애고 기갑사단 예하에 두 개의 전투지휘본부(Combat Commands) A 및 B(CCA 및 CCB)를 설치했다.

이 지휘본부는 특정한 임무에 따라 할당되는 모든 예하 대대들의 혼성집단을 통제하기로 되어 있었다. 이것은 독일 팬저부대가 즉흥적으로 만든 전투단(kampf gruppe) 개념을 미국식으로 제도화한 것이었다. 1942년 편성은 또한 경전차와 중(中)전차의 비율을 뒤바꿨다. 그러나 기갑사단은 두 개의 기갑연대를 그대로 지녔으며 각 기갑연대는 하나의 경전차 및 두 개의 중(中)전차 대대로 구성됐다. 새로운 구조는 여전히 6개의 전차대대와 3개의 장갑보병대대 그리고 3개의 장갑야전포병대대(armored field artillery battalion)만을 유지했다. 독일의 기갑군단과 같이 기갑부대를 많은 수의 기갑군단으로 만들어내려고 했기 때문에 불균형이 부분적으로 나타났다. 각 기갑군단을 2개의 기갑사단과 1개의 차량화보병사단으로 편성하려 했다.

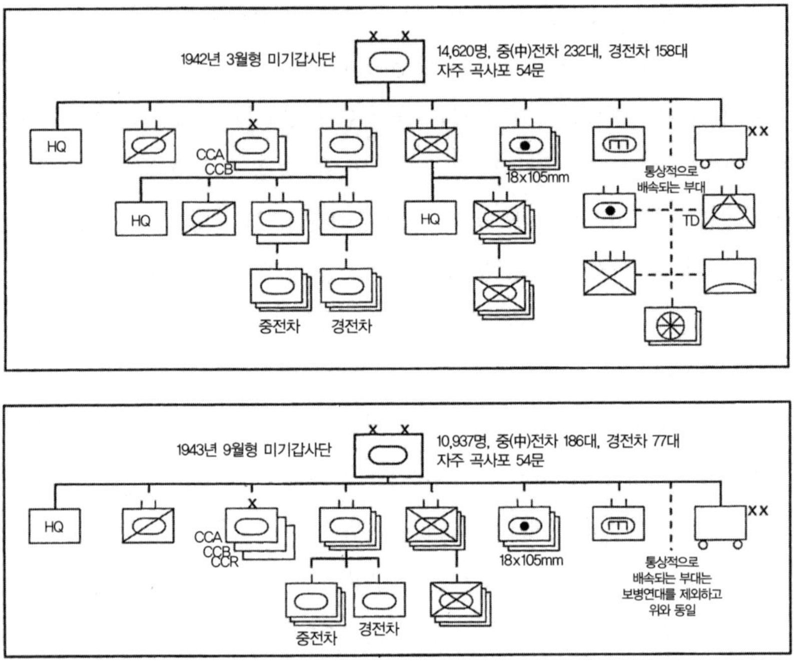

그림 12. 1942년 3월 및 1943년 9월형 미기갑사단

1943년 초까지 정보기관은 보다 균형이 잘 잡힌 독일 및 영국 기갑사단을 연구했다. 이를 통해 맥나일은 자신의 육군에 보다 성가시지 않은 사단 구조를 가지려는 욕망을 드러냈다. 하나의 미 기갑사단이 1942~1943년 북아프리카 전역에서 사용됐는데 결코 완전한 사단으로 운용되지 않았다. 이 사단은 3개에서 4개의 전투단으로 운용됐기 때문에 대규모 기동과 같은 것을 하기 어려웠다. 동시에 미 육군은 기갑군단과 차량화보병사단의 개념을 백지화했다. 이로써 1942년 기갑사단 내의 병과 불균형을 더욱 심화시켰다. 미국 경전차는 기술적으로 잘 무장되고 장갑화 된 독일 차량에 대적할 수 없었다. 따라서 미국은 이전의 영국과 같이 경장갑차량으로 종심 깊게 돌진해 나아가는 개념에 대한 열정을 잃게 됐다. 결과적으로 1943년 9월, 전쟁성은 새롭게 편성된 규모가 보다 작은

기갑사단 구조를 만들었다(그림 12, 下).

즉 연대급 지휘본부를 없앴으며 3개 전차대대만을 편성했다. 연대급 지휘본부는 이론적으로 단 한 가지 유형의 대대만을 통제하도록 되어있었던 것이다. 전차대대는 각각 4개의 전차중대로 편성됐다. 따라서 1943년 구조는 각각 3개의 전차대대, 3개의 장갑보병대대, 그리고 3개의 장갑야전포병대대를 지녔다. 그러나 사실상 전체적으로는 전차 12개 중대와 보병 9개 중대를 지닌 것이었다.

또한 보다 작은 규모의 예비전투지휘본부(Combat Command Reserve)가 추가되어 사단 통제 하에 부대들을 통제하도록 되어 있었다. 이것은 예비로 편성된 것이므로 다른 두 개의 전투지휘본부 예하에 편성되지 않은 부대를 통제하도록 했다. 일부 사단장들은 이러한 CCR을 CCA 및 CCB와 똑 같이 제3의 전술통제요소로 운용했다.

두 개의 미 기갑사단(제2 및 제3)은 전쟁을 통해서 1942년 편제표대로 1943년형보다 무거운 편성을 유지했다. 군단 및 군 지휘본부는 타 보병사단 소속 보병연대를 추가로 증원받은 제2 또는 제3기갑사단을 배속받곤 했다. 결과적으로 미국 사단들의 전차와 보병은 대략 균형을 이뤘다. 이로써 독일과 영국 기갑사단과 같은 모습이 된 것이다.

이 두 가지 형태의 미 기갑사단은 보병사단에 배속된 부대와 유사한 부대들을 배속 받았다. 추가적으로, 사실상 모든 미국의 기갑사단은 두 개의 보급수송중대를 상습적으로 통제하곤 했다. 이 중대들이 이동하는 기갑사단의 많은 군수 소요를 해소해주었다.

이 사단 내의 전투편성은 매우 다양했다. 그러나 1943년형 (경)기갑사단 내에 편성된 전형적인 전투지휘본부는 2개 대대 규모의 특수임무부대를 지녔다. 전투지휘본부는 전차대대의 중(中)전차중대를 보병대대의 장갑보병중대와 상호 주고받으면서 이러한 특수임무부대를 만들었다. 이렇게 하여 어떤 특수임무부대는 3개의 전차중대와 1개의 장갑보병

중대를 지녔으며, 또 다른 어떤 특수임무부대는 2개의 장갑보병중대와 1개의 전차중대를 지니게 됐다.

일부 부대의 경우, 하위제대까지 두 개의 병과를 통합하여 전차 1대와 장갑보병의 반트랙화 장갑차에 탄 보병분대로 된 팀을 만들기도 했다. 이러한 대대 특수임무부대는 또한 대전차(구축전차)소대, 장갑공병소대, 일부 경우에는 자주방공포를 배속 받았다. 장갑포병대대는 전투지휘본부를 직접지원하거나 사단이 넓게 분산되어 작전할 경우에는 배속될 수도 있었다.

대전차 기술

효과적인 부대구조와 전술은 효과적인 무기설계와 밀접한 관계가 있다. 따라서 제병협동전에 관한 모든 연구는 반드시 기술의 주요 효과를 고려해야 한다. 2차 대전 동안, 기술과 전술이 엇갈린 한 가지 명확한 예는 전차와 대전차전에 관한 결정적인 문제에 있었다. 비록 방어부대가 기계화부대의 종심돌파에 대한 두려움을 어떻게 해서든지 극복해야 했지만, 전격전은 방어부대가 효과적인 대전차무기와 교리를 갖지 못하게 되면 지속적으로 성공을 거두고 있었다. 대전차구와 유사한 장애물은 기갑부대의 전진을 늦추거나 아니면 대전차 살상지대로 전환시킬 수 있었지만, 이러한 장애물은 일반적으로 설치하는데 많은 시간과 노력을 필요로 했고 실질적으로 많은 전차를 파괴시키지 못했다.

궁극적으로 장갑차량을 격파하는 방법은 두 가지가 있었다. 하나는 운동에너지무기를 이용하여 순수 운동량으로 장갑판을 강타하는 것이다. 이것은 마치 금속을 관통하는 것과 같은 것이다. 다른 하나는 화학에너지무기인데 이는 장갑을 파괴하기 위해서 폭발적인 불꽃분사를 이용하는 것이다.

2차 대전 중반까지, 화학에너지무기가 일반적으로 장갑에 효과적이었다. 대전차 설계는 따라서 이후 운동에너지 시스템으로 집중됐다. 수학적으로, 물체의 에너지는 물체의 질량과 속도 제곱의 1/2이다(1/2MV). 따라서 운동에너지 무기의 장갑 관통력을 향상시키기 위해서는 이것의 질량을 증가시키거나 속도를 증가시키거나 아니면 둘 다를 증가시켜야 한다. 질량이 커지면 무기의 구경이 커지거나 무게가 커짐을 의미한다. 동일한 구경에서는 탄약의 밀도가 보다 강하게 된다. 그러므로 2차 대전 당시는 구경이 보다 큰 무기를 만드는 추세가 있었는데 이것은 기초물리학으로 설명할 수 있겠다.

구경 하나만 증가시키면 탄약의 속도가 감소된다는 사실에도 불구하고 2차 대전 당시는 이러한 추세가 사실이었다. 따라서 설계자들은 다른 방법을 택해야 했다. 바꿔 말하자면, 속도는 포신이 보다 긴 포를 가짐으로써 증가될 수 있다. 아니면 효과적인 추진제를 사용하거나 포미를 보다 잘 폐쇄시켜야 한다. 추진효과가 크면 포신을 벗어난 탄환의 속도가 빨라진다.

사실상 2차 대전에서 대전차포의 성능 향상은 세 가지 결과를 낳았다. 첫째, 이러한 포들의 크기와 무게가 점차로 증가되면서 구경도 증가했다. 포신은 길어지고 보다 강력한 포가(砲架)를 만들어서 발사되는 포의 반동을 흡수시켰다. 둘째, 전차는 보다 강력한 방호력을 필요로 했다. 장갑판 성능을 향상시키거나 아니면 장갑두께를 두껍게 하거나 아니면 비스듬하게 장갑을 관통하도록 하는 식의 장갑판 각도를 변화시켰다. 세 번째, 새로운 대전차 무기는 10년 전보다 효과적이었다. 그러나 이 무기는 보다 비싸졌고 많은 장치를 필요로 했다. 이러한 무기는 모든 대전차 방어의 핵심골격이었다. 그러나 여전히 충분한 대전차 무기를 소부대까지 영구적으로 편성시킬 수 있는 여유를 가진 육군은 없었다. 당시 전장의 요구는 적 전차와 갑자기 조우했을 때 모든 부대는 일부 방호력을 지녀야 했다는 것이었다. 따라서 운동에너지 대전차포가 전장 요구에 충실하지는 못했다.

장갑을 파괴하는 대안은 화학에너지 무기였다. 장약을 폭발시키는 것은 장갑에 영향을 거의 미치지 못했다. 왜냐하면 폭발효과는 모든 방향으로 동시에 흩어지기 때문이었다. 보통 포병 고폭탄으로 장갑 트랙차량이나 차륜차량에 손상을 입히기 위해서는 포탄이 매우 커야 했다. 충분한 크기(일반적으로 105미리 또는 그 이상)의 포는 대전차포로 사용하기에는 보병, 공병 및 기타 걸어서 전투하는 병력에게는 너무 크고 전문적인 기술을 필요로 했다. 더욱이 야전포병을 대전차 무기로 이용하게 되면 야전포병의 간접화력 지원이라는 기본적인 기능을 잃어야 했다.

해결방법은 상대적으로 작은 양의 폭발 효과를 적 장갑의 한 지점으로 집중하는 것이었다. 이것이 성형장약 원리였다. 탄의 운동량이 아니라 폭발이 장갑을 파괴하는 것이기 때문에, 화학에너지 무기는 높은 속도를 필요로 하지 않았으며 운동에너지 무기와 같은 정교한 포가를 필요로 하지 않았다. 향후 잠재적으로, 싼 가격에 운반이 가능한 대전차 무기를 모든 병사들에게 줄 수 있다는 이유가 여기에 있었다.

1942년 4월까지 미 육군 병기부는 2.36인치 바츄카를 개발했다. 이것은 작은 로켓모터를 사용해서 성형장약 탄두를 발사하는 것이었다. 결국, 미국은 이러한 탄두가 두꺼운 독일군 전차를 관통하기에는 너무 작다는 결론을 내렸다. 그래서 3.5인치 슈퍼 바츄카포가 등장했다. 이 동안 1942년 후반에 독일군은 소련에서 미국의 바츄카포를 노획하여 구경이 보다 크고 효과적인 팬저슈랙(Panzerschreck) 대전차 로켓 발사기를 개발했다.

영국 PIAT(Projector, Infantry, Antitank)와 독일 펜져파우스트(Panzerfaust)는 작은 재래식 장약으로 발사되는 성형장약을 사용했다. 이것은 유탄 발사기와 유사한 원리를 사용한 것이었다. 동일한 형태의 탄두를 저속 무반동총을 이용해서 발사하는 실험적 기술을 독일과 미국이 개발했다. 이것은 경포(輕砲)라고 할 수 있는데 추진력을 후방으로 내보냄으로써 반동을 제거하는 기술을 사용한 것이다. 비록 무반동총과 로켓 발사기가 재래식 포병의 사거리와 정확도를 능가할 수 없었지만, 보병에게 그리고 실제로는 모든 단위부대에 보다 나은 단거리 대전차 방어 능력과 화력을 제공해주었다.

전차 대용물들

단거리 대전차 무기만으로는 대규모 기갑 공격을 정지시킬 수 없었다. 이러한 무기들은 이미 방어진지를 통과한 전차의 약한 측면 또는 후방에 매우 효과적이었다. 실제로, 독일의 전차척탄병이나 미국의 장갑보병과 같은 전차를 지원하는 보병의 기본적인 역할은 적 보병에 의한 근거리 매복으로부터 전차를 보호하는 것이었다. 모든 육군은 탐지 및 조우된 적의 소규모 표적에 대해 견인 대전차포를 사용했다. 더욱이 이러한 포는 경사진 언덕에서 기동할 수 있었으며, 도하할 수도 있었다. 반면 자주포는 이렇게 할 수 없었다.

그러나 견인무기는 거의 장갑화 되지 않았다. 비록 적이 이러한 포를 정확히 타격할 수 없었지만, 주변에 포탄이 떨어져도 사상자를 내거나 아니면 견인포의 사수가 조준을 쉽게 할 수 없었다. 많은 전문직업군인들은 가장 효과적인 대전차 방어는 장애물, 대전차 지뢰, 포병, 단거리 대전차무기 그리고 몇몇 형태의 대전차 임무를 위해 특별히 설계된 대구경 장거리포를 신중하게 통합 운용하는 것이라는 점을 깨달았다. 방어 시, 이러한 기동성 있는 대구경 대전차포가 요구됐기 때문에 정밀공격 시에 보병을 지원하는 기갑차량이 지속적으로 필요했던 것이다. 방어의 본질이 적 전차를 극복하기 위해서 항상 전차를 필요로 하는 것은 아니었지만, 전차 또는 전차와 유사한 모습의 차량이 있다면 공격하는 측과 방어하는 측 모두에게 심리적인 효과를 강화시켜 주었다.

어쨌든 대부분 육군 내의 기갑 전문가들은 보병에 묶이는 것을 피해야 한다고 결정 내렸다. 그리고 모든 상황에서 전차는 극히 복잡하고 비싸며 따라서 희소성이 있는 무기였다. 영국은 두 가지 트랙차량 개발을 주장했다. 하나는 보병을 지원하는 중(重)전차였고, 또 다른 하나는 독립적인 기갑부대에 필요한 보다 빠르고 가벼운 경전차였다. 소련은 거의 중(重)전차를 이용한 돌파작전으로 전쟁을 종결지었다. 그럼에도 불구하고, 기계화부대 외에 전차 및 전차와 유사한 차량이 필요하다는 요구는 넓게 퍼져있었다. 이것은 많은 수의 전차 대용물을 생산하도록 만들었다. 기동화 된 대전차 방어력을 제공할 수 있도록 설계된 무기, 보병 공격을 근접 지원하는 무기 또는 이 두 가지를 모두 할 수 있는 무기가 그것이었다. 후자의 경우, 대용물은 상당히 강력한 전방 장갑과 이중 목적을 지닌 주포(대전차 및 대인탄 用)를 필요로 했다.

가장 오리지널한 전차 대용물은 미국의 구축전차(tank destroyer)였다. 1940년 독일의 성공으로 미국은 대전차 방어에 대해 걱정했다. 그러나 현존하는 전투병과가 이러한 방어임무를 기본적으로 수행할 것이라고 생각하지 않았다. 다른 많은 분야에서, 이러한 문제에 대한 맥나일의 해결책은 논쟁의 여지가 있었다. 맥나일은 1940~1941년에 있었던 사례 즉, 기갑사단이 보병사단을 거의 무용지물로 만들었다는 극단적인 견해를 받아들이지 않았다. 대신, 그는 독일군의 개념 즉 기갑부대 공격을 막을 수 있는 최선의 방법은 보병부대를 이용한 통합된 대전차 방어라는 것에 동의했다.

맥나일과 전쟁성 참모부의 브루스(Andrew D. Bruce) 대령은 고기동성을 갖춘 대전차포를 모색했다. 공격하는 기갑부대에 대해 이 무기를 사용하여 무자비하게 대응함으로써 전격전의 심리적 위협을 종결지으려

했다. 그러나 그의 개념을 고집하면서, 맥나일은 이러한 대전차부대 대부분을 사단에 속하지 않는 독립적인 부대로 운용하려 했다.

1941년 대규모 기동훈련을 하면서 미국은 이러한 개념을 실험했다. 브루스는 구축전차 센터(Tank Destroyer Center)의 책임자가 됐다. 이 센터는 이러한 새로운 무기에 맞는 교리를 발전시키고 있었다. 브루스는 맥나일 보다 더 앞선 개념을 지녔다. 그는 이동하는 플랫폼에 탑재된 고속포를 생각했다. 이 무기는 보다 나은 속도와 포의 위력을 위해 장갑방호력을 일부 포기하는 것으로 고려됐다. 구축전차는 기갑부대와 마찬가지로 준독립 전투병과가 됐다.

1942년 구축전차(tank destroyer) 대대는 비록 모든 병과를 균형 잡히게 편성하지는 않았지만 자체적으로 보면 제병협동부대였다. 각각의 구축전차 소대는 4대의 자주화 대전차포와 경계임무를 수행하는 1개의 장갑차반, 그리고 방공반으로 편성됐다. 구축전차 대대는 3개의 자주화 대전차포를 지닌 중대를 포함하여 3개의 정찰소대로 편성된 1개 정찰중대 및 공병소대를 보유했다. 적 기갑부대가 돌파가 돌파했을 때, 구축전차 대대는 미군 방어지역에서 집중적으로 적 전차에 대한 종심 매복을 실시하는 것이 이상적인 모습이었다. 각 구축전차대대와 함께, 정찰중대는 가장 가능성이 높은 대전차 살상지대를 선정하고 적의 진출을 방해하기 위해서 지뢰지대를 설치했다. 취약성을 감소시키기 위해서 구축전차 중대는 낮은 구릉지 뒤로 이동하여 포탑만 노출되도록 진지를 점령했다. 이러한 엄폐진지 또는 차폐진지로부터 적 기갑부대를 공격했다.

1942~1943년 미 육군이 최초로 튀니지아에서 독일군과 교전했을 당시, 구축전차는 슬프게도 실망스러운 모습을 보였다. 구축전차 교리와 독일군의 장갑차량 설계 때문이었다. 미군의 구축전차 발전은 사실상 이에 미치지 못했던 것이다. 1942년에 구축전차는 얇은 장갑을 지닌 반트랙화 차량 위에 임시변통 식으로 포를 올려놓은 것에 지나지 않았다. 초

기 구축전차는 기동성과 효과적인 관통능력이 부족했다. 문제는 구축전차를 이러한 성능에 사실상 뛰어나도록 설계했어야 했다는 것이었다. 더욱이, 북아프리카에서의 대부분 미군 부대는 몇 개 안 되는 도로 상에서 넓게 분산되어 있었다. 따라서 교리에서 제시된 것과 같이 구축전차 부대를 집중 운용하기 어려웠다. 그리고 북아프리카의 많은 지역은 구축전차가 효과적인 차폐진지를 점령하기에는 너무 개활한 지형이었다.

결과적으로, 아프리카에 있던 미군 지휘관들은 영국의 견인 대전차 무기를 선호하는 경향이 있었다. 이들은 특히 1944년 프랑스 공격에 참가하기로 예정된 구축전차 대대들의 절반이 자주화 포 대신 견인포를 지녀야 한다고 요구했다. 그러나 미군들은 프랑스에 도착하자마자, 서부 유럽의 비교적 굴곡이 있는 지형에서는 견인 대전차포가 무용지물이라는 것을 알게 됐다.

견인포는 움직이기에 어려웠을 뿐만 아니라 너무 낮아 울타리나 장애물 위로 사격하기가 어려웠다. 더군다나, 북아프리카 및 노르망디 전역 동안, 구축전차 센터는 보다 효과적이고 적절하게 설계된 자주화 포를 조달했다. 76미리 포를 지닌 M18 모델과 90미리 포를 지닌 M36 모델이 뛰어난 모델이었다. 그러나 90미리 포는 독일의 88미리 포보다 관통력이 약했다. 1944년 7월 초, 미 육군은 모든 구축전차 대대를 예전처럼 다시 자주화된 무기로 무장시켰다. 하지만 새롭게 편성된 대대는 한 지점에서 집중적으로 운용해야 한다는 브루스의 교리대로 거의 운용되지 않았다.

최초의 구축전차 대대는 표준적인 보병사단으로부터 대전차대대를 분리시켜 만들었다. 1944년까지 성능이 향상된 독일의 장갑으로 인해 미군 보병연대에 편제된 57미리 대전차포는 효력을 크게 상실했다. 구축전차부대는 결과적으로 대전차방어를 위해 보다 중요하게 됐다. 1944년 12월 아르덴느 역공세 이전에, 서부전선에서 독일 전차의 위협은 매우 와해되었기 때문에 집중된 대전차 방어는 중요하지 않은 것으로 보였다. 대신에 보병 지휘관들은 모든 부대에 분배되는 약간의 효과적인 대전차 무기를 원했다. 이렇게 되면 그 당시 일반적이었던 소규모 독일군의 기갑부대 공격을 격퇴시킬 수 있었기 때문이다. 따라서 대부분의 경우, 유럽전구의 군단장과 군사령관은 각 보병사단에 하나의 구축전차대대를 배속하곤 했다. 다시 말해서, 사단장들은 보병연대에 구축전차중대를 할당했다.

이 수준에서, 자주화된 구축전차는 전차를 대신하여 사용됐다. 연대는 이 무기들을 적 전차에 대항하기 위해 포병과 동반시켜서, 그리고 보병공격을 지원하는 전차를 대신하여 사용했다. 충분한 장갑방호력이 없었기 때문에 이 구축전차는 독일군의 대전차 무기인 팬저파우스트에 심각한 손실을 입었다.

다른 경우, 구축전차는 재래식 야전포병을 보강하는 간접화력 무기로서의 역할을 했다. 따라서 미군 구축전차 부대들은 교리에 따라 기능을 거의 발휘하지 않는 전통적인 병기가 된 것이다. 왜냐하면 이것이 야전지휘관들에게 확실히 인식되지 않아서 야전지휘관들은 다른 형태의 무기가 필요하다는 압력을 가했기 때문이다.

기동 교리에 따라, 미 구축전차는 일반적으로 포탑에 장착된 포를 가지고 있었다. 사실상 이것은 전차와 유사했기 때문에 전차로 오인되곤 했다. 그러나 상대적으로 유럽 육군은 포탑을 지닌 전차 대용물이 많지 않았다. 왜냐하면 포탑이 없는 차량이 보다 단순하고 생산 가격이 많이 들지 않기 때문이었다. 포탑이 없는 대용물은 독일과 소련이 생산한 강습포 및 대전차 무기였다. 이 강습포는 평평하고 개활한 동부 유럽 전쟁에서 전차보다 작은 크기의 표적이었다고 알려져 있다. 작다는 이점이 있었지만 이 차량은 불과 몇 도(degree)만 포를 움직이려 해도 동체 전체를 돌려야 한다는 단점으로 인해 작다는 이점이 상쇄됐다. 따라서 전차

대용물들은 전차나 매복진지와 같은 장소에 숨어있는 보병과 조우했을 때 불리했다.

독일은 사실상 두 가지 종류의 전차 대용물을 개발했다. 하나는 전차가 가용하지 않은 상황에서 보병을 지원할 목적으로 운용한 강습포 전차(assault gun)였다. 또 하나는 대전차 임무를 수행하는 전차사냥꾼(Panzerjaeger)이었다. 이 두 가지 모두는 장갑의 두께가 상당히 두껍고 고속의 평사포(직사포)를 장착했다는 점에서 자주화된 간접화력 포병과 구분된다.

비록 순수 전차 옹호자들이 이러한 하이브리드를 순수 전차 대신 생산함으로써 자원 사용을 방대하게 만들었다고 비판하지만, 이 무기들은 필요한 역할을 수행했다. 특히 독일 견인 대전차포가 소련 전차에 대해 점차로 효과를 발휘하지 못하게 되면서 필요했다. 장갑화 되고 자주화된 전차사냥꾼은 견인 대전차포보다 더욱 생존성과 기동성이 좋았다. 이러한 무기의 한 가지 결점은 견인 대전차포와는 다르게 경사진 언덕이나 도하 지역으로 보병과 함께 진입하기가 어려웠다는 것이다.

소련 연방도 전쟁 후반기에 우수하고, 무거운 장갑을 지닌 강습포 전차를 생산했다. 그러나 정밀 공격 시, 세 가지 전차를 사용하여 하나의 공격 팀으로 구성했다는 특징을 갖는다. 중(中)전차가 강습을 선도했다. 이 전차는 독일 방어진지의 측방으로 어디서든 돌아서 진입할 수 있는 기동성을 발휘했다. 이때 중(重)전차가 짝을 이뤘는데, 이 전차는 중(中)전차의 뒤를 이어 공격하면서 소련 보병을 지원하고 독일의 거점(strong point)들을 파괴시켰다. 이때 강습포 전차는 전차 및 보병을 원거리에서 엄호했다. 이러한 직사화력 임무를 수행하기 위해서 강습포 전차는 은폐된 장소에 숨어서 전진하는 전차 및 보병을 보면서 직사화력으로 교전을 실시했다.

강습포 전차는 공격 이전에 소련 포병이 실시한 대규모 포격으로부터 살아남은 적의 저항 중심지를 공격했다. 이것은 역습이 없다면 강습하는 부대가 적에 의해 정지하지 않고 계속 전진할 수 있도록 해줬다. 강습포 전차는 새로운 진지로 진지변환을 하면서 중(重)전차 및 보병과 500미터 간격을 유지했다. 이러한 방법을 사용함으로써, 강습포 전차는 기동을 하면서 적 기갑부대와의 근거리 조우를 회피했다. 이러한 전투에서, 포탑을 지닌 전차는 포탑이 없는 강습포 전차보다 빨리 포탑을 회전하여 신속히 사격할 수 있었다. 강습포 전차는 포를 조준하기 위해서는 동체 전체를 돌려야 했기 때문이다. 물론, 소련의 기갑부대가 세 가지 다른 유형의 전차를 지닌 경우는 적었다. 그러나 강습포 전차는 감제[3]가 가능한 진지에서 작전하기를 선호했다.

전차 설계 및 생산

2차 대전 간 등장한 대전차 무기 및 전차 대용물들이 보여준 기술적 추세는 실제적인 전차 설계 및 생산에 있어서 긴요한 백그라운드였다. 일반적으로, 전차의 장갑 및 무장 개발은 대전차 기술과 보조를 크게 맞춰나갔다. 그러나 각국은 상이한 설계 및 생산 전략을 추구했다. 이러한 요소들은 전장에서 상당한 영향력을 발휘했다.

전쟁 기간 중에, 독일 전차 설계는 크게 세 가지 세대를 형성했고 그 가운데 각각 약간의 변형물들이 등장했다. 1세대는 팬저 I 및 II와 같은 전쟁 이전에 생산된 전차로 전투성능 가치는 없었던 전차들이다. 이것들은 러시아의 T-26 및 BT 전차시리즈 그리고 영국의 크루저 전차와 유사했다.

독일은 1940년 프랑스 전역 이후에 자신들의 전차 대대를 대부분 팬

3) 역자 주 : 관측뿐만 아니라 사격도 가능한 상태를 말한다.

져Ⅲ 및 Ⅳ형의 중(中)전차로 편성했다. 이로써 슬그머니 소련과 영국으로 공격을 전환하려 했다. 이 당시만 하더라도 소련과 영국은 낡은 장비를 가지고 있었다. 그러나 1941년 독일의 소련 침공 기간에 T-34와 KV-1 전차가 등장했다. 이로써 독일은 우수한 장갑 및 주포를 보유하기 위해 경쟁하지 않을 수 없었던 것이다. 이와 동시에 1939~1941년 동안의 승리로 인해 독일은 신속한 돌파전투를 수행할 때 점차적으로 보병보다는 전차에 더욱 의존하게 됐다.

독일의 해결방법은 3세대 전차를 설계하는 것이었다. 이 전차는 보다 커다란 장갑 방호력를 지녔으며, 대전차 무기로는 아주 효과적인 것으로 증명된 88미리 방공포를 포신을 짧게 하여 대전차 무기로 사용했다. 설계는 소련 침공 이전에 시작됐지만, 독일은 전투 경험을 통해서 이 새로운 전차가 필요하다는 것을 절실히 느끼게 됐다. 1942년 8월 아돌프 히틀러는 팬져Ⅵ형 전차 생산을 승인했다. 이것이 통상 타이거-Ⅰ 전차로 알려졌다.

그러나 이 전차가 생산에 들어가기까지, 전차의 장갑은 두꺼워져서 차량의 무게가 거의 60톤에 이르렀으며, 따라서 최고 속도는 시속 24마일 이하였다. 더욱이, 설계도 너무 복잡해서 각 타이거 전차는 생산하는데 300,000人時(man-hours)와 80,000마르크의 비용이 들었다. 결과적으로, 독일은 2년간 겨우 1,350대를 생산했고, 클라이막스를 이룬 쿠르스크(Kursk) 전투에서 단지 178대만 운용할 수 있었다.

히틀러는 차량에 더욱 치명적이고 포신이 긴 88미리 포를 장착하길 원했다. 그래서 "엘리펀트 강습포 전차(Elephant assault gun)"가 나왔다. 이것은 페르디난드라고 불리기도 했다. 이것의 설계자 페르디난드 포르쉐(Ferdinand Porsche)의 이름을 딴 것이다. 이 무포탑 강습포 전차는 매우 육중해서 67톤에 이르렀으며 시속 18마일로 달릴 수 있었다. 이 차량의 혁신적인 전기 변속기는 생산에 들어가면서 심각한 문제를 야기했다.

더욱이, 최초 엘리펀트 전차는 단거리 대전차 무기를 지닌 적 보병을 방어하기 위한 기관총이 부족했다. 결과적으로, 76대의 엘리펀트 전차가 쿠르스크 전투시 보급됐지만, 전방에 투입되지 못하고 소련 전차를 감제하는 후방 진지 상에 남아 직사화기 교전만 실시했다.

독일의 3세대 설계 전차로 매우 많이 생산된 차량이 팬져Ⅴ형 또는 판데르(Panther) 전차였다. 이 전차는 소련의 T-34 등장에 따라 설계됐기 때문에, 75미리 주포를 장착했다. 그러나 이것도 41톤의 무게를 지니게 되어 결국 엔진에 무리를 주었고, 그래서 속도가 제한됐다. 더욱이, 1943년 봄 독일은 충분한 시험 없이 팬져Ⅴ형 전차를 급히 생산했다. 이것으로 인해서 쿠르스크 전투 이전 그리고 쿠르스크 전투 간에 기계적인 문제가 많이 나타났다.

소련에 대한 독일의 세 번째 대규모 공세였던 시타델 작전(Operation Citadel)의 목표는 쿠르스크였다. 1943년 5월 시타델 작전을 시작할 때, 히틀러의 애초 의도는 쿠르스크 돌출부를 제거하는 것이었다. 그러나 새로운 장갑 차량을 야전에 투입하는 등 많은 요소들 때문에 작전은 1943년 7월 5일까지 지연됐다. 이렇게 늦어지면서 2년간 동부전선에서 쇠퇴한 독일군은 재편성되고 재훈련될 수 있었다. 심지어 구형 팬져Ⅳ 전차도 새로운 측방 스커트 장갑을 장착하여 성형장약무기로부터 어느 정도 보호받을 수 있었다. 그러나 이러한 지연은 또한 적군(Red Army)에게도 독일군이 공격을 가하리라 예상되는 지역에서 거대하고 종심 깊은 방어를 구축할 시간을 허용해줬다. 실제로, 시타델 작전은 소련군이 독일군의 주요 공세를 예측하고 준비할 수 있었다는 예를 최초로 보여주었다. 이러한 사실은 독일군의 패배에 대한 이유 이상의 것이라 하겠다.

독일군이 공격할 시점에 비록 적군(Red Army)이 자신들의 효과적인 자주화 대전차포를 최초로 생산했지만, 적군은 팬져Ⅴ 및 Ⅵ형에 상응하는 전차를 야전에 배치할 수 없었다. SU-152(기계화 탑제포)는 25일 만에 설계된 차량으로 현존하는 전차 차대에 152미리 야포를 결합시킨 것이었다. SU-152 일부가 쿠르스크 전투에서 사용되었는데, 여기서 타이거, 판데르 및 엘리펀트 전차를 파괴시켰고, "동물사냥꾼(Zvierboy)"이라는 별명을 얻게 됐다.

그러나 쿠르스크에서 소련이 승리한 주요 원인은 기술의 힘이 아니라 세부적인 준비 및 용감한 실행에 있었다. 수일 동안, 겹겹이 쌓인 방어선을 돌파하면서 느리게 전진해 나아갔다. 엄청난 사상자를 냈지만 소련의 후방지역으로 돌파하는데 실패했다. 새로운 독일 전차는 소련 전차를 능가했지만, 방어 부대는 창끝과 같은 팬져 돌파부대를 서서히 마모시켰다. 특히 쿠르스크 돌출부 남쪽에서, 헤르만 호트(Hermann Hoth) 장군의 제4팬져군은 지속적으로 소련 전차 및 기계화군단의 역습에 의해 위협을 느꼈다. 비록 이러한 역습이 간혹 효과적이지 않았지만 상당한 위협이 됐다(지도 6의 제2전차군단 및 제2경계전차군단 운용을 참고할 것).

이 전역의 절정은 1943년 7월 11일과 12일 쿠르스크 남동쪽에 위치한 프로코로브카(Prokhorovka)라는 철도 합류지점에서 발생했다. 프로코로브카는 소문에 따르면 한 지점에서 거대한 숫자의 전차가 교전을 했기 때문에 전설적인 곳이다. 사실상, 헤르만 호트 장군의 첨단 돌파부대인 제68팬져군단 및 제2SS팬져군단은 계속 진격하기에는 아주 제한된 자산만을 가지고 있어서 매우 어렵게 소련의 측방을 압박하고 있었다. 더욱이, 철도 둑 그리고 다양한 낮은 계곡으로 인해서 전장은 수 개의 상이한 전투지대로 나뉘게 됐다.

프로코로브스카에서 제1 및 제2 SS팬져사단은 제3 SS팬져사단 일부에 의해 지원을 받았으며, 소련 제5경계전차군 소속 보병부대 및 3개의 기동군단(제5경계기계화, 제18전차, 제29전차군단)과 교전을 벌였다. 이 소련군 부대는 새롭게 편성된 부대 중 가장 강력한 부대였다. 따라서 타이거 전차보다 팬져Ⅲ 및 Ⅳ 전차가 주를 이루면서 약 200대의 독일 전차

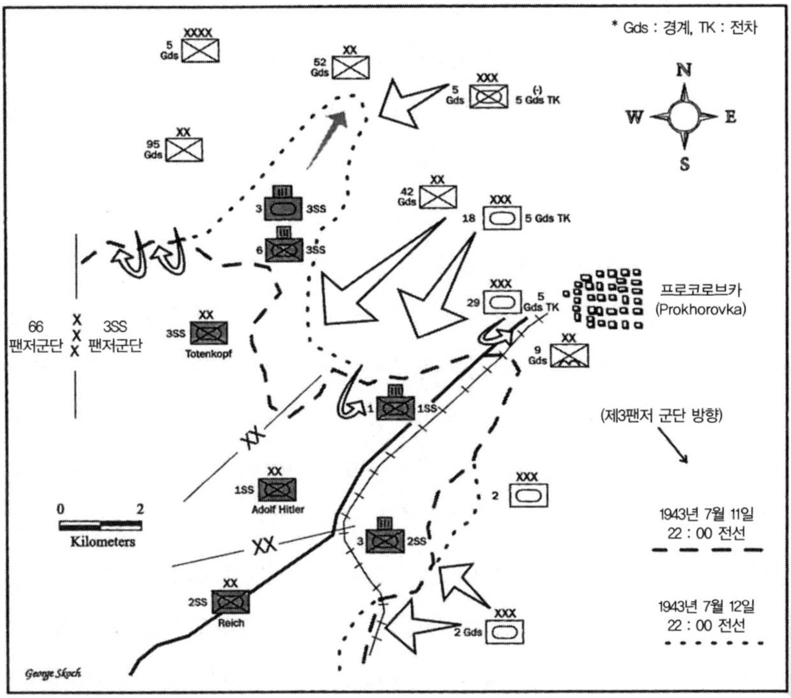

지도 6. 1943년 7월 쿠르스크 전투 시, 프로코로브카에서의 기동

가 프로코로브스카에서 450~500대에 이르는 소련의 중(中)전차 및 경(輕)전차와 교전했던 것이다. 제5경계 전차군 사령관인 로트미스트로프(Pavel Rotmistrov) 장군은 새로운 독일 전차의 기술적 우위를 극복하는 유일한 방법은 T-34 전차를 돌진시켜서 사거리 500미터 이내로 접근하는 것이라고 결론 내렸다. 이렇게 되면 소련의 76.2미리 주포가 효과적으로 독일 전차의 장갑을 파괴시킬 수 있었던 것이다.

양자는 동시에 공격을 실시해서 서로 뒤엉킨 혼전을 거의 7월 12일 내내 치렀다. 전차, 강습포 전차, 그리고 급강하 폭격기는 프로코로브스카의 개활하고 구릉진 지형에 엄청난 탄흔을 만들었다. 전술적으로, 소련은 최악의 손실을 보았다. 그리고 제3SS팬저사단은 일시적으로 2km를 추가로 진출할 수 있었다. 계속해서 제2팬저사단도 더 진출할 수 있었으며 동남쪽에서 프로코로브스카 방향으로 공격하는 제3팬저군단과 연결하고 있었다. 그러나 이 시점에서 쿠르스크의 문제는 종결됐다. 일주간의 절망적인 전투의 정점에 서면서 제4팬저군은 프로코로브스카에서 멈춰 서게 됐다. 최초로, 전격전이라는 공세가 전면포위는 고사하고 돌파조차도 달성하지 못하게 된 것이다.

이 전투와 이어진 전투에서의 독일의 패배 원인 중 하나는 적은 독일 전차 생산량에 있었다. 히틀러와 그의 부하들은 기술적 성능향상에 매혹되어, 현존하는 전차에 최신기술을 반영하기 위해서 자주 생산을 멈추곤 했다. 더욱이, 대부분의 독일 계획수립가들은 우수한 성능을 높이 평가하고 대규모 생산기술에 대해서는 미심쩍게 생각했다. 이러한 문제는 원자재 부족과 함께 독일이 순수한 전차 생산 숫자에 있어서 자신의 적과 경쟁할 수 없었다는 것을 보여줬다. 1943년을 예로 들면, 독일의 모든 유형의 전차 생산은 단지 5,966대였다. 미국은 29,497대였으며, 영국은 7,476대였다. 소련은 어림잡아 20,000대였다. 이러한 숫자에 있어서의 불균형은 결국 최고 성능의 전차를 설계해도 감당할 수 없음을 보여줬다. 이것이 프로코로브스카에서 증명된 것이다. 1941년 생산량이 뒤졌을 때, 독일은 노획된 프랑스 전차 및 트럭을 사용하여 일부 부대를 무장시켰다. 이와 유사하게, 동일한 전차의 상이한 변형체들이 동일한 중대 및 대대에 편성됐다. 따라서 독일은 수리부속을 획득하고 손상된 장비를 정비하는데 있어서 어려움을 겪었다.

전차 설계에 있어서 지속적인 변화에 대한 대안은 비록 기술을 일부 반영하지 않더라도 설계를 몇 개의 기본적인 형태로 표준화하고 이를 대규모로 생산하는 것이었다. 소련의 T-34를 예로 들면, 이것은 기본적으로 탁월하게 설계된 전차였다. 비록 다양한 형태로 약간씩의 변화가 있었지만, 전쟁 기간 동안 의미 있는 성능개량은 단 한 가지만 있었는데 이는 대량 생산을 단순화시키기 위해서였다. 그것은 쿠르스크 전투 후에

76.2미리 포를 85미리 포로 대체한 것이었다. 1944년 소련이 이처럼 보다 무거운 자주화 전차포라는 새로운 설계를 받아들였을 때조차, 노후화된 형태의 전차 생산을 멈추지 않으면서 이를 개량했다.

미국은 소련보다 표준화하고 대량생산할 이유가 더 많았다. 다른 주요 국가와는 다르게, 미국은 모든 보급물자와 장비를 전쟁지역으로 투입하기 위해서 넓은 바다를 가로질러 배로 수송해야 했다. 미국은 기계적 신뢰성을 집약하여 차량을 생산함으로써, 보다 적은 수리부속을 사용하면서 보다 장기간 운용할 수 있었다. 이것은 육군이 유럽과 태평양으로 이동할 때 나타나는 고질적인 문제였던 해상 수송 공간의 부족을 경감시켜줬다. 게다가 해상수송 문제를 용이하게 해줬으며, 미국의 전차가 당시의 군 교량장비와 잘 조화되도록 해줬다. 전쟁성은 전차의 폭을 103인치로 그리고 최고 무게를 30톤으로 제한했다. 이러한 제한사항을 둠으로써 당시 해군의 전차 수송선과 육지와 해군 수송선 간을 연결하는 포터블 교량장비는 전쟁 기간 도중에 재설계될 필요가 없었다. 육군은 1944년 후반에서야 이러한 요구사항을 완화시켰다.

이러한 제한사항에는 전술적인 목적도 있었다. 맥나일 장군은 미군 전차가 기갑사단을 운용하는 미군 교리와 조화를 이루면서 설계되기를 희망했다. 미군 교리는 적 기갑부대를 격파하는 기본 수단을 전차가 아닌 구축전차로 예견했다. 전차 간에 조우가 일어날 수 있지만, 기갑사단의 기본적인 역할은 전과를 확대하고 추격하는 것이지, 적 기갑부대와 싸우는 것이 아니라는 것이다.

이러한 모든 이유 때문에, 미 육군은 M4 셔먼 중(中)전차를 모델로 표준화했다. 이 전차는 신뢰성, 기동성, 장갑 방호력 및 화력에서 뛰어난 절충성을 지녔다. 1942년 말 북아프리카에서 영국이 최초로 셔먼 전차를 운용했을 때, 이 전차는 독일 2세대 전차인 팬져Ⅲ 및 Ⅳ 전차보다 우수하지는 않았어도 적어도 성능이 같았던 것으로 판명됐다. 그러나

1943년 튀니지아에서 타이거 전차가 출현했을 때, 셔먼 전차와 대부분의 미 대전차부대는 적합하지 않은 것으로 보였다. 이것 때문에 셔먼전차가 엉성하게 설계되고 및 취약하다는 통상적인 이야기가 나오게 된 것이다.

더욱이 103인치로 폭을 제한함에 따라 설계자들은 셔먼 전차에 좁은 트랙을 설치해야 했다. 이유는 평방인치 당 보다 많은 지면 압력을 줘야 한다는 데 있었다. 이것이 달리 말해서 진흙이나 늪지에서 소련이나 독일이 사용했던 폭넓은 트랙에 비해 셔먼전차의 기동성을 떨어지게 만든 이유였다.

후에 만들어진 독일 전차에 비해 M4 전차의 유일한 이점은 신뢰성과 파워드라이브가 가능한 포탑에 있었다. 근거리에서 예상하지 못한 조우가 있게 되면, 셔먼의 승무원은 독일 승무원이 손으로 크랭크를 돌려서 포탑을 회전시키는 것보다 빠르게 포를 돌려서 적에게 사격할 수 있었다. 셔먼전차 승무원은 자신들의 포미에 백린탄(white phosphorus round)을 장착하곤 했다. 이것으로 갑작스런 조우가 되면 적 전차의 시야를 가릴 수 있었다.

결점에도 불구하고, 셔먼전차는 미 육군의 주력 전차로 남았다. 1945년 2월 발지전투 간 대규모 독일 기갑부대 공격에 확실히 대응하기 위해서, 결국 미 육군은 소량의 M26 중(重)전차를 유럽에 보내기로 했다. 이것은 전투시험을 위한 것이기도 했다. 육군 병기부는 1943년 이와 같은 종류의 전차를 개발했다. 그러나 교리, 해상 수송 및 대량 생산 문제로 인해서 전쟁이 끝날 때까지 전투에서 이 전차를 사용하지 않았다.

대영제국도 셔먼 전차를 2차 대전 후반부에 사용했다. 그러나 M4가 지닌 75미리 중속(midium velocity) 주포의 제한된 관통력을 우려했다. 미국과 상당한 토의를 거쳐, 영국은 결국 자신들이 받아들인 셔먼전차의 일부를 개량했다. 셔먼전차의 영국 버전은 파이어플라이(Firefly)였다.

이 전차는 영국의 3세대 대전차포인 17파운드(77미리) 포를 탑재했다. 이것은 긴 포신과 보다 빠른 포탄 속도로 인해 독일 장갑에 대해 보다 우수한 성능을 발휘했다.

2차 대전 전체를 통해서, 공격과 방어 간의 기술적 결투는 지속됐다. 이것은 전차 및 대전차전으로 집약되곤 했다. 1943년까지 기술에 의해 보조를 받는 보병의 자존심은 기갑전에 대해 엄격한 제한점을 부과했다. 그러나 성공적인 전격전의 가능성을 완전히 제거시키지는 못했다. 동시에, 역사상 가장 복잡한 전쟁은 많은 발전들을 야기했는데, 이것은 전장에 영향을 미친 발전들이었다.

3장. 근대전의 복잡성, 1943~1945년

2차 대전 후반부에 전술적 실상에 있어서의 일반적인 추세를 계속 연구하기 위해서, 공지 협조(air-ground cooperation), 공정작전, 상륙작전 및 특수 작전 부대들에 대한 보다 긴밀한 검토를 필요로 한다.

신호정보 및 통신

신호정보 또는 SIGINT란 무선 신호를 가로채서 분석하는 것으로 1차 대전 기간 동안 발전했지만, 2차 대전 기간에 한 시대를 맞이한다. SIGINT와 밀접하게 연관된 전자전은 기타 많은 기술 가운데 무선 전파 방해, 적 교신을 조작하여 기만하는 것을 포함한다. 이러한 속임은 신속히 통신하는 육군의 능력을 와해하는 것이므로 대체로 중요하게 되었다.

정보의 원천으로서 SIGINT, 적 지휘통신을 와해하는 새로운 수단으로서 전자전은 전술 지휘관들에게 전투에서 협조를 보다 잘 고려하도록 만들었다. 2차 대전의 최근 역사는 상위 수준의 SIGINT에 대한 전략적 중요성을 지나치게 강조했다. 적의 의도를 찾는 것과 관계되었기 때문이다. 반면 전술적 부대 수준에서의 이 역할은 무시되었다.

ULTRA는 정보전을 위한 영국의 암호명으로 고급 비밀인 독일 무전

텔레타이프 메시지의 암호를 해독하는 것이었다. 이것으로 서구 연합국은 독일 군사 의도와 능력을 제한된 범위만 접근할 수 있었다. 독일 해군 및 공군은 모두 자신들의 교신문을 무전으로 보냈다. 독일 육군은 일반적으로 고급제대의 전문을 유선(전화선을 이용한) 통신을 이용하여 보냈다. 예외는 유동적인 작전으로 인해 무선을 사용해야 했을 경우다.

실제로, 영국 주파수 감청 운용요원에게 북아프리카에서 롬멜의 지상작전을 감청하기 위한 가장 좋은 방법은 SCORPION 암호 전문을 감청하는 것이었다. 이 전문은 롬멜 팬져사단에 배속된 독일공군이 연락관에 의해 전송되는 것이었다. 독일은 매 24시간마다 자신들의 암호를 변경했다. 기간별로도 암호 또는 장비를 변경했다. 따라서 연합군은 수 일 또는 수 개월간 특정의 통신네트워크를 감청하였지만 암호를 해독하지 못할 경우도 있었다.

이를테면 1940년 5월 1일, 독일은 사실상 모든 무선 암호를 바꿨고, 연합군은 5월 22일까지 독일군 무전을 감청할 수 없었다. 그 이전에 아르덴느를 통한 독일 공세는 이미 성공한 상태였다. 전쟁 대부분의 기간 동안 유사한 문제가 재발했었다. ULTRA가 해독한 전문이 항상 전술적 작전적 상황에 도움이 되는 것은 아니었다. 최고급 지휘관들은 그들의 특정 계획을 비정상적인 상황에서만 교신했다. 예를 들어 히틀러가 개인적으로 그러한 계획을 보고하라고 했을 때이다. 대신, 연합군 정보 분석가들은 장기간 동안 전문을 감청하거나 어떤 특정 량의 연료나 탄약을 요청하며 끼어들어서 첩보를 얻고 이를 짜 맞추어야 했다. 더욱이, 극소수의 연합군 야전 지휘관들만 ULTRA 첩보에 접근할 수 있었다. 이유는 자신들의 암호가 해독 당한다는 것을 독일이 알 수 있다는 걱정 때문이었다.

아마 ULTRA급 SIGINT의 가장 커다란 결점은 매우 신뢰가 높아 ULTRA를 확인하거나 부정할 수 있는 다른 정보 수집 자산 사용을 방해

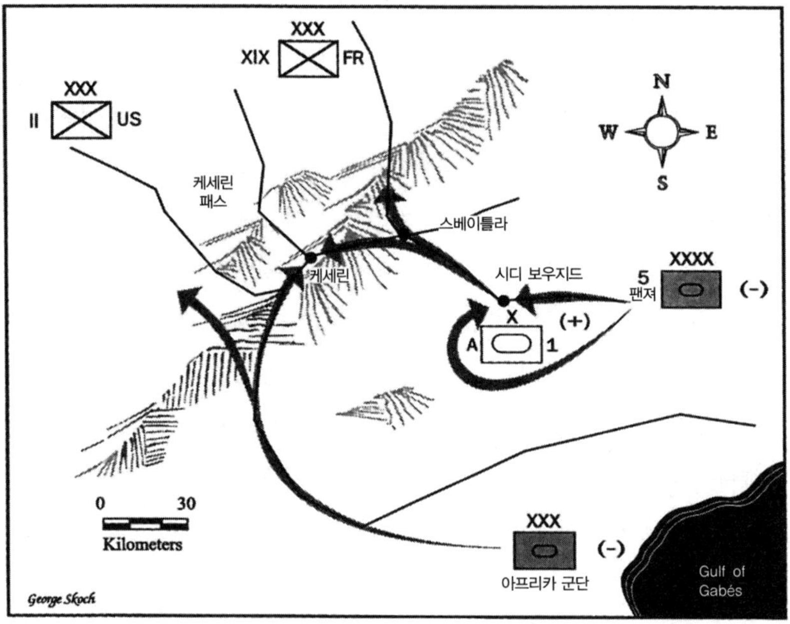

지도 7. 시디 보우지드 - 케세린 패스, 1943년 2월

했다는 점일 것이다. 이것 때문에 연합군 지휘관들은 독일이 무선 통신으로 논의하지 않은 사항에 대해서는 잘 알 수 없었다. 예를 들면, 1943년 초 북아프리카, 튜니지아의 연합군 부대들은 ULTRA에 크게 의존했다. 다른 정보수집 수단들은 즉흥적으로 만들었거나 아니면 매우 효과가 떨어졌다. 1943년 2월 시디 보우 지드(Sidi Bou Zid)와 캐세린 패쓰(Kasserine Pass)에서 독일 공세는 기습적이었다(지도 7). 당시 가용한 ULTRA 정보는 독일의 고급 지휘부에서 이 작전을 승인하지 않았고, 다른 곳에서 전투를 수행할 것이라고 제시했기 때문이다. 당연히 SIGINT는 롬멜과 다른 독일 지휘관들이 2월 9일 직접 만나서 시디 보우 지드(Sidi Bou Zid)에서 공격작전을 발전시킨 것을 몰랐다. 이것으로 인하여 분산된 미 기갑부대는 타격을 받았고, 캐세린에서 집중된 화력으로 인해 더 이상 진격할 수 없었다. SIGINT의 부족과 가용한 도청수단의 잘못된

해석 역시 연합군 실패의 주요 원인이었다. 연합군은 1944년 12월 아르덴느에서 독일 역습의 규모와 강도도 예측하는데 실패했다.

비록 ULTRA의 전략적 SIGINT가 광범위하게 연구되었지만, 역사가들은 전술적 SIGINT의 역할에 대해서는 일반적으로 관심을 보이지 않았다. 전술적 SIGINT는 단순한 암호 또는 전투를 막 진행하면서 암호를 사용하지 않고 부대 간에 교신할 때 감청하여 획득한 것이었다.

예를 들면, 1940~1942년간 하나의 독일 무선감청 및 방해 중대(Horch)는 621부대로 알려졌는데, 북아프리카에서 영국군부대의 암호화되지 않은 전술통신을 엿들었다. 롬멜은 이 중대의 연락팀을 항상 대동하고 다녔고, 따라서 전투를 수행하면서 적의 배치와 의도를 잘 알 수 있었다. 1942년 7월 마침내 영국은 이러한 부대의 존재를 알게 되었고, 호주 대대가 습격을 하여 621부대원 대부분을 사살 및 포획했다. 당시 621부대는 전선 1km도 안 되는 언덕 위에 대담하게 위치해 있었다. 독일은 대체 부대를 만들었지만 분석 전문가를 잃게 되어 동일한 능력을 발휘하지 못했고, 이후 영국의 기만작전을 감지하는 데 더 많은 어려움을 겪었다.

연합 전술 SIGINT는 더욱 어려운 과업이었다. 부분적인 원인은 독일 통신의 특징에 있었다. 사단 및 그 이상 제대에서 독일 지휘관들은 음성 무선통신을 거의 사용하지 않았다. 그들은 텔레타이프 또는 무선 전보 메시지를 선호했다. 이것은 음성 무선통신보다 적은 출력만 있으면 가능한 것이었다. 따라서 연합군은 독일 주파수 변조기의 위치를 찾는 것을 고사하고, 감청조차 어려웠다. 더욱이, 무선 텔레그래프에 의해 송신된 전문을 받아 적어야 했기 때문에, 독일은 전문을 보내기 전에 쉽고 자연스럽게 이를 암호화할 수 있었다. 전투를 한참 진행하는 동안, 독일은 이니그머(Enigma) 암호코드를 폐기하고, 더욱 단순한 3개 문자 암호를 사용했다. 이니그머 암호코드는 ULTRA 정보 소스였다.

1940년 재앙적인 전역에서, Y부대라고 알려진 영국 전술 SIGINT 부대들은 스스로 감청하고 암호를 해독할 수 있는 순전히 통신 내용을 해석할 수 있는 분석가가 더욱 필요하다는 것을 알았다. 따라서 영국은 보다 중앙집권화 되고 효과적인 Y부대를 중동지역에 창설했다. 그러나 이들은 사막에서 각 기갑사단을 지원하기 위해서 장갑차량에 탑승한 소규모 감청팀을 실험했다. 사막의 Y부대원들은 매우 기술이 좋아서 롬멜이 개인적으로 전투현장을 지휘하는 것도 알아낼 수 있었다. 1942년 엘알라메인 전투 이전에, 영국은 신형 적 통신 위치 확인 차량을 3대 배치했다. 이것은 100야드 이내에서 독일 송신기 위치를 알아낼 수 있었다. 몽고메리가 2차 엘 알라메인 전투를 개시할 때, 공정 재머(airborne jammer)들은 독일 전술 무선통신을 수 시간 교란할 수 있었다.

미 육군의 전술 SIGINT는 전쟁 이전에 아주 보잘 것 없는 것이었다. 그래서 미국은 영국과 협조하면서 많을 것을 배웠다. 그러나 편제의 잦은 변화로 인하여 감청 및 간섭부대는 육군의 정보참모부에 소속되지 않고 결국 통신보안국(Signal Security Agency)이 되어 통신군단에 소속되었다. 정보장교들은 SIGINT 및 전자전에 있어서 통신군단 및 육군 항공부대와 자신들이 경쟁관계라는 것을 알았다. 육군 항공부대는 유럽 폭격을 위해 재머(jammer)들을 원했다. 이러한 제도적 논쟁에도 불구하고, 1945년까지 유럽주둔 미 육군은 커다랗고 효과적인 SIGINT 편성을 갖게 된다. 즉, 각 군단을 지원하기 위해서 통신근무감청중대(Signal Service intercept company)들을 편성한다.

미 육군 통신군단 또한 2차 대전에서 또 다른 변화의 중심에 선다. 효과적인 전술 무선통신의 발전이 그것이다. 이것은 유동적인 기계화 작전 그리고 순수한 전술 SIGINT를 기초로 한 것이었다. 이러한 통신 발전을 위한 군대의 요구는 이 분야의 연구 발전을 크게 가속시켰다. 특히, 미 육군은 단거리 전술통신을 위한 주파수 변조(FM; frequency modulation) 무전기와 보다 장거리 통신을 위한 초단파(VHF) 및 극초단파(UHF) 무전기를 개발했다. 유럽의 육군들과는 달리, 미 육군은 FM을 광범위하게 사용했다. 각 주파수를 위한 독립적인 광석 검파기를 사용하지 않고 넓은 대역의 채널을 자유롭게 사용할 수 있기 때문이었다.

신뢰성 있는 무선 통신 및 효과적인 전술 통신간섭 부대를 조합함으로써, 지휘채널 속에서 정보를 지연하지 않고 상하 전달할 수 있게 되었다. 이것은 상급 지휘관에게 전투의 과정을 알 수 있는 기회를 제공했다. 영국과 미국 육군은 상급 지휘본부가 무선으로 전투보고서를 받을 수 있는 수단을 발전시켰다. 이것으로 중간 지휘부를 경유하는 시간 지연을 없앨 수 있었다. 즉, 상급 지휘본부는 직접 전술부대 무선 네트워크를 감청할 수 있었고, 또는 무선장비를 갖고 있는 연락파견대를 각 전방부대에 예속시켜서 상황을 상급 지휘본부에 보고하도록 했다. 영국 일반지휘본부연락부대(GHQ Phantom)와 미국 통신정보 및 감청중대(SIAM)는 1944~1945년 놀라울 정도로 이러한 역할을 잘 수행했다. 거슬러 올라가면, 영국의 경우는 1942년부터였다.

이러한 감청 시스템의 위험은 아이젠하워가 전쟁 후 인정했듯이, 상급지휘관이 중간 지휘본부를 무시하거나 또는 전투를 직접 관여하고자 하는 유혹을 준다는 것이었다. 즉, 적시적인 작전적 소스 또는 정보로 사용하지 않고 지휘를 위한 시스템으로 사용할 수 있다는 것이었다. 정보지원 역할에서 이러한 감청부대들은 더욱 효과적인 전투협조를 할 수 있었다. 또한 지휘관이 자신의 예하 지휘관을 통해 상황이 발전함에 따라 대응할 수 있게 해주었다.

소련, 개념과 실제 1943~1945

이미 앞에서 언급한 많은 기술적 고려사항들이 쿠르스크 전투 이후 독일-소련 분쟁에서 명백히 나타났다. 물론 소련이 모든 전선에서 독일군과 주축군 동맹을 항상 공격한 것은 아니지만, 소련은 주도권을 잡았다. 각 새로운 공세 이전에, 소련은 정교하고 일반적으로 성공적인 기만을 실시했다. 독일은 이것 때문에 가상의 공격에 대응하기 위해 부대를 집중했고, 자신들을 실제 공격에 노출시켰다.

이러한 기만 이후, 소련은 독일 방어선을 돌파하기 위해서 엄청난 노력을 쏟았다. 뒤이어 전과확대를 할 때, 군수적 제약으로 인해서 소련은 독일의 저항이 거의 없었음에도 불구하고 멈춰야 했다. 전쟁 과정 속에서, 소련 군수는 종심 깊은 전과확대를 하면서 점차 향상되었다. 독일은 쉴 수 있는 시간을 얻으면 방어를 위해 재편성을 했고, 이러한 순환이 반복되었다. 따라서 소련 적군(Red Army)은 돌파와 전과확대 모두를 위한 다양한 기술을 발전시켰다.

1944년에 중요한 하나의 발전이 있었는데 이는 정밀 공격 이전에 실시하는 소련 정찰 기술의 변화였다. 그 해 이전에, 적군(Red Army)은 소규모 장거리 정찰대를 효과적으로 잘 운용했다. 이 정찰대는 당연히 시간을 많이 소모했다. 새로운 공격을 준비하는데 필요한 시간을 단축시키기 위해서 소련은 1944년 초, 중대 및 대대 규모의 부대를 파견하여 독일 전초(outpost)들과 교전하거나 화력에 의한 수색을 실시했다. 이 방법으로 과거 정찰 및 공격방법보다 더욱 빠르게 독일 방어편성을 식별할 수 있었다.

이 과정에서, 적군(Red Army)은 예상치 못한 보너스를 얻었는데 이는 소련 정찰부대들이 독일 전초를 통제 및 장악할 수 있었다는 것이다. 독일은 전초부대를 매우 약하게 편성하였는데, 이것은 오래전부터 유지해 왔던 독일의 융통성 있는 종심방어 교리의 한 형태였다. 1944년 후반까지 소련은 정찰부대를 정밀공격 시, 1제파 부대로 변형시켰다. 정찰임무를 지닌 중대 및 그 이상 규모의 부대들은 주력 공격 이전 24시간 동안 공격해 나아갔다. 독일 전초기지를 탈취하고, 그 근처의 주 방어지대를 식별했으며, 와해시키기도 했다. 그런 다음 남은 방어부대에 대해 주력 공격부대가 집중적으로 공격했다.

비록 소련 지휘관들이 상대적으로 좁은 돌파 정면에 부대를 집중했지만, 그들의 성공은 순전히 수적 우세만으로 이루어진 것은 아니다. 정찰 제대 공격이건, 또는 주력 부대 공격이건, 적군(Red Army)은 독일 방어선을 극복하기 위한 다양한 절차를 적용했다. 우선, 포병부대는 중앙집권화 된 통제 하에 정교한 계획에 따라서 사격했다.

또한 소련은 다양한 기만수단을 활용했다. 이를테면 포병 사격이 잠잠해 지면 먼저 보병 강습부대를 투입하여 독일군을 벙커에서 끌어내고, 곧바로 다시 포병사격을 실시하여 독일군을 격멸했다. 보병을 지원하고 거점을 제거하기 위해 중(重)전차를 운용하고, 신속한 돌파 그리고 적 보병 화력을 제압하기 위해 중(中)전차를 운용했다. 이어서 강습포의 직사화력으로 적 대전차포 및 이와 연계된 거점을 공격했다. 전투 공병 또는 특별히 훈련된 보병은 자주 전차에 탑승하여 공격했다. 이들의 임무는 장애물을 제거하고 독일 단거리 대전차무기로부터 전차를 보호하는 것이었다. 전차는 일시적으로 낮은 구릉지에서 동체를 감출 수 있도록 진지를 점령하여, 공병이 지뢰지대를 개척하고 보병이 적 단거리 대전차무기를 제거하는 동안 엄호사격을 해주었다.

소련 지휘관들은 이러한 기술에 의해 야기된 높은 사상자를 마지못해 받아들였다. 대신 돌파의 속도를 향상시키고자 했다. 독일은 정밀하게 방어 준비를 했고, 소련은 병력 운반용 장갑차가 부족했기 때문에 사상자를 고려하지 않고 공병, 보병 그리고 전차를 이러한 방법으로 결합시켰다.

1944년까지 사상자는 소련 장군들에게 커다란 걱정거리였다. 사상자를 줄이는 가장 좋은 방법은 기만, 집중(concentration), 돌파 속도, 신중

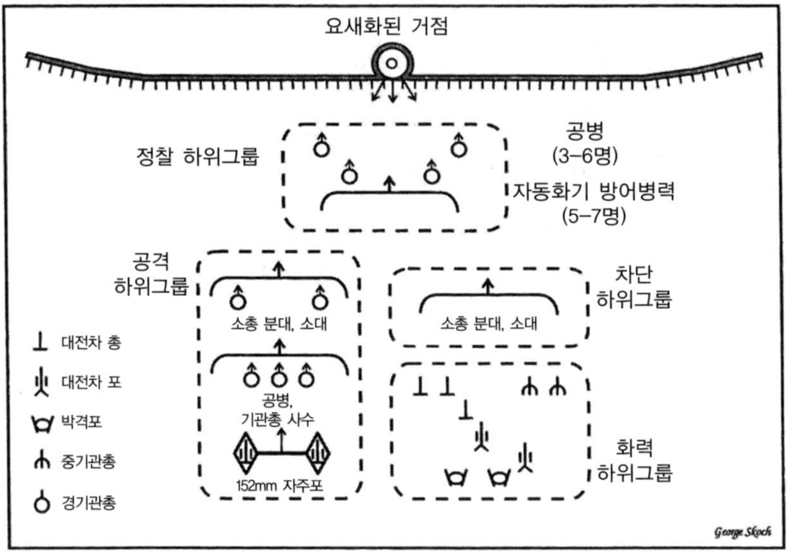

그림 13. 소련 강습단 대형, 1944~1945년

한 공격부대 전투편성이었다. 보병이 집중적으로 전선을 형성하며 공격하는 대신, 소련은 소대에서 대대 규모로 편조된 강습단(assault group)들을 만들어 작전했다(그림 13). 시간이 허락하면, 소련 항공 및 지상 정찰이 제거되어야 할 독일의 특정 거점에 대해 완벽한 정보를 수집했다. 그리고 각 소련 강습단은 이중 하나를 제거하고 중요 거점을 제거함에 따라 독일 방어조직을 와해시키는 예행연습을 했다.

강습단들은 통상 4개의 하위 그룹(조직)을 지녔으며 다음과 같이 운용했다. 정찰 하위그룹은 목표에 이르는 접근로의 위협을 제거토록 했다. 차단 하위그룹은 방어부대와 교전하고 무력화시키도록 했다. 화력 하위그룹은 증원부대로부터 적 거점을 고립시키도록 했다. 공격 하위그룹은 공병 및 중(重)전차 또는 강습포 전차를 보유하고 목표를 측후방에서 공격하여 제거하는 임무를 수행했다.

소련은 돌파를 완료하자마자 기세를 유지하려고 했으며, 신속히 전면포위로부터 새롭게 전과확대 및 추격을 실시함으로써 독일이 재편성하지 못하고 견고한 방어선을 구축할 기회를 박탈하려고 했다. 1940~1942년 독일 전과확대는 일반적으로 중앙에서 통제되어 모든 부대들을 거의 같은 방향으로 이동하게 하고 적의 역습 시에는 서로 지원할 수 있도록 했다.

이와는 반대로, 소련 전과확대는 보다 분권화되고 확산되는 경향이 있었다. 특히 최초 전면포위전이 완성되면 이렇게 전과확대를 실시했다. 악명 높게 열악한 소련 무선통신이 이러한 분권화의 한 원인이 되었을 것이다. 그러나 더 중요한 것은 소련이 양차 대전 중간 기간에 만들어진 이론을 믿었기 때문이었다. 신속하게 이동하는 부대들은 부채꼴 식으로 퍼져나가 방어하는 적을 혼란에 빠뜨리고 와해시킨다는 이론을 믿었다.

전쟁 이후의 고정되고 상상력이 부족했던 소련군의 작전 유형과는 달리, 상대적으로 젊은 적군(Red Army) 지휘관들은 그들의 주도권 유지에 고무되었다. 이러한 분권화는 교량, 도하지점과 같은 기회에 따라 발생하는 목표물을 탈취할 수 있게 해주었다. 이러한 목표물은 상급 지휘관들에게는 처음부터 명확한 목표가 아니었다. 그러나 이러한 목표물 탈취는 특히 중요했는데 그 이유는 도하 시, 교두보를 확보할 때 이를 방어하는 독일이 이것을 장애물로 사용하려는 의도를 가졌기 때문이었다.

이러한 분권화는 독일 역습에 각개격파 당할 취약성을 증대시켰다. 그러나 1943년 초, 독일 전투 효과의 감소, 소련의 전술적 경험 향상, 양호해진 전과확대부대의 근접항공지원과 같은 요소들이 결합함으로써, 소련군은 대부분의 독일 역습을 격퇴하고 임무를 계속 수행할 수 있었다.

가장 일반적인 소련의 전과확대부대는 전방분견대(forward detachment)였다. 이 부대는 제병협동 편성체로 보다 강력한 기동성과 화력을 지녔고 중요지형지물을 확보하고 적이 효과적인 방어를 위해 재편성하는 것을 방해하기 위해 주력부대에 앞서 전방에 먼저 나아가 전투하는 부대였다. 전쟁이 진행되면서, 전형적인 전방분견대는 규모가 커졌고, 주력부대 전방으로 나아가는 거리도 점차로 증가했다. 전쟁 마지막 2년간, 전방분견대는 전형적으로 야전 포병 및 방공포대 또는 대대, 중(重)전차, 강습포 및 공병으로 증강된 전차여단이 되었다. 이 부대의 진출은 상급지휘관들에게 매우 중요했기 때문에 항공통제관이 이 분견대와 동반하면서 근접항공지원을 유도했고, 항공부대는 특정 분견대 지원에 전념했다.

이렇듯 증강된 여단은 아마 2,500여명 정도의 병력을 보유했을 것이다. 그리고 모체 전차군단 전방 약 90km(56마일)에서 작전했고, 다시 전차군의 전방분견대로 역할을 했다. 전방분견대는 주력부대가 통과하는 동일한 통로만을 사용한 것은 아니다. 그리고 이 부대에 대한 경계책임도 없었다. 효율적인 전방분견대 지휘관은 자주 급편 방어하는 독일군을 쓸고 지나갔다. 그렇게 함으로써 후속하는 부대가 분산된 독일군을 공격하기 위해 전개 없이 전과를 확대하고 계속 추격할 수 있게 해주었다. 따라서 주력부대는 도로 상에서 종대 대형을 유지하고 다음 하천 장애물 너머 교두보를 확보할 수 있도록 해주었다. 이렇게 함으로써 다음 날 새로운 공격작전을 하기 위한 출발점을 확보했다.

물론, 전방분견대는 때때로 너무 과감하여 대가를 치렀다. 독일 기갑부대에 의해 차단되고 격멸되기도 했다. 그럼에도 불구하고, 전방분견대는 전쟁 이전 소련 교리에 의해 구상된 기동단(mobile group)을 선도했고, 그것에 의해서 전과확대 및 추격 속도와 거리를 증대시켰다.

독일의 몰락, 1943~1945

적군(Red Army)이 장비 및 전술적으로 우세하게 된 반면, 독일은 수적으로 그리고 전체적인 훈련 및 전투력에 있어서 쇠퇴했다. 소련이 부대를 좁은 정면에 집중하면서 압도적인 우세를 달성했을 때, 독일은 태연하게 그들의 성공을 수적인 이득 때문이라고 생각했다. 그러나 실제로는 독일의 군사력이 수적으로 감소된 것과 같이 질 역시 떨어진 것에 있었다.

1942년 초여름, 동부에서 두 번째 대규모 공세에 참가하지 않았던 독일 사단들은 인가된 병력에 단지 55%만을 겨우 유지하고 있었다. 심지어 창끝 선봉부대도 인가된 장비의 85%만 받았다. 1943년까지 전형적인 독일의 사단들은 수천 명의 비전투원 노무자들을 이용하여 보급과 건설 업무를 수행할 수 있었다. 이들은 이전 전쟁 포로들로서 음식과 보다 나은 대우를 대신하여 노동자로 일해준 것이다.

야전에서 군을 유지하기 위해 독일 지도자들은 신병 교육의 양을 점차적으로 감소시켰다. 사단에 소속된 야전 훈련부대들은 자주 전선에 투입되어 소련의 돌파를 막는 역할을 수행했다. 이것은 악순환을 초래했다. 잘 훈련되지 못한 독일 병사들은 전선에서 짧은 기간만 생존할 수 있었고, 더 짧은 시간 안에 또 다시 신병으로 교체되었다. 이러한 보병의 질적인 쇠퇴로 인해 독일 지휘관들은 강습포, 대전차 로켓, 자동화기 및 포병이라는 형태로 강화된 화력을 추구하게 되었다.

독일 보병사단은 1942년 이후 병력이 부족해서 단지 6~9개의 인가된 보병대대로 작전을 해야 했다. 남은 3개 보병대대는 단지 문서상으로만 존재했다. 1944년 독일 일반참모부는 공식적으로 사단 구조를 변경했는데 이것은 이러한 실상을 반영한 것이었다. 1944년 재편성에 따르면, 보병사단은 각각 2개 대대만을 보유한 3개 보병연대로 구성되었다. 이러한 형태로 인해 각 대대들은 전투력이 약화된 포병 그리고 대전차 중대로부터 일부 지원을 받았다. 결국 이것은 3개 대대가 받을 수 있는 것보다는 많은 양의 지원이었다고 하겠다.

다른 한편으로 보면, 이러한 구조는 3개 연대라는 많은 상부구조와 지원 요소들을 유지했다고 하겠다. 이 구조로 인해 국부적으로 충분한 예비부대를 갖지 못했다. 넓은 방어정면을 2개 대대로 커버했기 때문에 연대는 겨우 1개 중대나 그 이하의 예비대를 가질 수 있었다. 실제, 일부 보병사단은 각각 3개 보병대대를 보유한 2개 연대로 편성하기도 했다. 이 두 가지 모든 경우에서, 1944년 독일 보병사단은 이전의 4개 포병대대 구조를 유지했다. 따라서 적어도 문서상 보병의 감소된 능력을 많은 부분 화력지원으로 상쇄했다고 하겠다. 각 포대에 단지 3문의 포를 할당하는 독일의 관습으로 인해서 독일 보병사단들은 사단 전체에 단지 27문의 포만 보유했다. 이것은 영국과 미국 포병의 1/3에도 미치지 못한 수준이었다. 적의 항공우세를 인식한 후, 1944년 사단 편성은 자주화 대공포를 갖게 됐다.

1943년 이후, 독일 방어부대들은 소련의 공세를 막는 것은 고사하고 점차로 그들에 의해 에워 쌓인다는 것을 발견했다. 독일 종심방어 교리에 따르면 적 공격을 흡수하고 상호 지원하는 보병과 전차를 분리하여 각각 격파하는 것이었다. 그러나 1944년에 이르러 소련은 각 병과간의 협조를 강화했고, 이로서 공격부대의 구성물들을 하나씩 분리시키려는 독일의 노력은 효과를 보지 못했다.

많은 독일 지휘관들은 선제적인 후퇴라는 아이디어를 실험했다. 소련의 정밀공격이 있기 바로 직전에 부대를 뒤로 빼서 생존성을 보장하고, 서부로 수 킬로미터 진출한 지점에서 새로운 공격을 위해 재편성하게 만들고자 한 것이다. 그러나 이러한 압박 하에 철수는 탁월한 정보뿐만 아니라 높은 사기를 필요로 했다. 그리고 정말 필요한 훈련이 잘된 병사는 독일군에서 급격히 사라졌다.

보병사단이 점차로 쇠퇴하는 동안, 독일은 팬져부대를 재건하기 위한 뒤늦은 노력을 했다. 구데리안은 기갑부대 검열감(1943~1944)이 되어 이 업무에 종사했고, 이어서 참모총장(1944~1945)이 됐다. 그러나 다른 육군부대에서 분리된 팬져부대를 만들기 위한 그의 지속적인 노력은 더 이상 지원받지 못했다. 팬져사단이 적 돌파 및 전면포위 부대에 대한 독일의 주요 역습 수단이었다는 것은 사실이다. 그러나 이러한 사단들은 엄청난 거리의 러시아 전선을 고려할 때 수적으로 너무 적었다. 그래서 독일은 사단 단독으로 또는 두 개 사단으로 역습을 했고, 따라서 팬져부대는 구데리안이 부대를 재건하는 것보다 빠르게 소모되어갔다. 기갑부대 훈련 및 교리를 일반참모부의 영역에서 제거함으로써, 구데리안은 팬져와 보병부대 간의 거리를 더욱 소원하게 했고, 병과간의 훈련을 더욱 어렵게 만들 뿐이었다. 이러한 문제에도 불구하고, 균형 잡힌 팬져사단은 전술적 수준에서 극히 효과적인 부대가 됐다.

1941년 작은 편제 및 전술상의 변화가 있었다. 전차, 강습포, 기타 트랙 차량의 생산요구로 인해 팬져척탄병(팬져를 지원하는 보병)은 대부분 트럭에 탑승해야 했다. 이들은 소화기 및 포병 파편으로부터 보호받을 수 있는 차량이 거의 없었다. 결과적으로 팬져척탄병들은 그들이 지원하는 전차보다 더욱 취약했다. 1943년 가을 절정기에도, 독일 팬져부대는 단지 226개 팬져척탄대대 중 26개, 즉 11%만이 장갑화 반트랙 차량에 탑승할 수 있었다. 따라서 SS와 같은 엘리트 부대를 제외하고, 4~5개 보병대대 중 하나만이 팬져사단 내에서 기계화 되었다.

일반적으로 말해서, 전방에 진출한 팬져대대에는 1~2개 팬져척탄중대가 동반했다. 그 뒤를 차량화 보병이 공격에 의해 확보된 지역을 굳게 확보하기 위해서 후속했다. 전차 또는 반트랙 차량을 탑승한 포병 전방관측자 역시 1제파에 위치했다. 차량화 보병만이 가용한 곳에서는 이러한 병력들이 하차하여 전투를 수행했다. 장애물을 제거하거나 적 보병을 방어할 필요가 있을 때까지 전차를 뒤따라 후속했다.

공격자가 효과적인 대전차화력에 직면하여 하차보병에 묶이는 것을 피하기 위해서, 독일 전차들은 때때로 진지변환을 하며 나아갔다. 동체를 감출 수 있는 진지를 점령하여 적에게 표적으로 노출되는 것을 감소시키고, 보병이 서둘러서 다시 전차와 합칠 수 있도록 엄호하기 위해서 제압사격을 실시했다. 공격하는 팬져부대를 적 기갑부대의 역습으로부터 보호하기 위해서, 대전차포는 전진축의 측방에 일련의 감제 가능한 진지로 축차적인 진지변환을 실시하게 했다.

강습포는 차량화 보병 예비대와 함께 위치해서 획득한 지역을 공고히 확보하고, 팬져 선두부대가 지나쳐간 적 역습부대와 교전하도록 했다. 연합군의 항공우세가 모든 전선에서 달성되자, 독일 기갑부대는 1940년보다 1944~1945년에 더욱 강력한 대공방어를 필요로 했다. 트럭에 탑승한 팬져척탄대대는 따라서 20미리 대공포를 가지고 있었고, 이것은 전쟁 초기에 매우 효과적이었다. 전차를 보유한 대대들과 반트랙 차량에 탑승한 보병은 자주화 대공포를 지원받았다. 경우에 따라 이러한 포들은 각 중대에 배속됐다. 적어도 이것은 팬져 편성과 전술의 이론적인 측면이었다. 물론, 실제로는 이러한 부대의 전투력이 감소되면서 즉흥적으로 편성된 다양한 전투단이 만들어졌다.

미국 개념과 실제, 1943~1945

최초 미군 부대가 주축군 부대들과 접촉했을 때 미군은 이전의 교리 및 편성의 발전 개념에 충실하지 않았다. 1942~1943년 북아프리카 침공기간 중 경험부족과 같은 다양한 요소들로 인해서 미군 지휘관들은 부대를 연대 또는 그보다 작은 규모로 분산시켰다. 이것으로 인해서 미군의 장점인 중앙집권화 된 화력통제시스템을 잘 사용하지 못했다.

미 기갑사단은 분권화 되고, 전차 직사화력을 사용하는 기동전투를 훈련에서 매우 자주 강조했기 때문에 자주화 포병대대는 간접화력 기술

연구에 소홀했다. 충분하지 못한 군수로 인해 미군은 군단 포병을 튀니지아 전선 훨씬 후방에 남겨두었다. 1943년 2월, 독일 역습이 있었을 때에는 가용 화력이 매우 적었다. 그러나 캐세린 패스에서의 위기 상황에서는 제1 및 제9보병사단의 포병은 하나의 편성조직으로 작전하여, 독일군을 유린했다(지도 7 참조).

태평양 서남지역에서도 유사한 문제가 발생했는데 이는 곧, 1942년 맥아더 장군이 파푸아(Papua) 전투에 포병 없이 단지 수대의 박격포만 지원받은 제32보병사단을 투입했을 때이다. 제32보병사단장의 반대에도 불구하고, 맥아더의 참모들은 정글에서는 포병이 효과적이지 않다고 잘못 판단했다. 더욱이, 지역 항공사령관 케니(George C. Kenney)는 사단에게 "이 전구에서의 포병은 비행하는 포병"이라고 했다. 그러나 오래 지속된 쓰라린 전역에서 효과적인 항공지원을 하는데 실패했다. 기상과 지형은 많은 경우 항공지원을 하지 못하도록 만들었다. 그리고 항공기와 지상 간의 통신이 거의 두절되었기 때문에 케니의 조종사들은 일주에 한 번씩은 미군을 폭격하는 실수를 범했다. 일본 벙커시설을 적당한 화력지원 없이 강습하는 쓰라린 경험을 기초로, 제32사단은 보병과 함께 포병 및 항공화력의 협조가 필요하다는 것을 비싼 대가를 치르면서 배웠다.

2년 후, 제32사단은 올목(Ormoc) 계곡 전투에서 이러한 교훈을 적용할 기회를 가졌다(지도 8). 1944년 10월, 미 6군은 필리핀을 재점령하기 위한 첫 걸음으로 레이테 섬을 공략했다. 이에 맞서 일본은 많은 부대로 하여금 레이테 기지를 증강했다. 여기에는 잘 장비되고 완편된 일본 제1보병사단이 포함되어 있었다. 전체 역공격의 한 부분으로, 일본 사단은 올목 계곡으로부터 북쪽 및 동쪽으로 전진하고자 했다. 이들은 곧 제32사단에 의해 교대된 제 24보병사단과 마주쳤다. 이 사단은 반대방향에서 스위핑 하여 섬의 안전을 지키려고 시도했다. 미국과 일본 사단은 거의 같은 조건 하에서 고전적인 대결을 벌였다. 올목 계곡은 2차 대전에서 미국 교리 및 실제 전투에 대해 적절히 시험된 전투였다.

이런 경험에도 불구하고, 제32사단은 이 전투에서 많은 불리점을 갖고 있었다. 레이테 정글은 시간 당 100야드 정도의 진출만이 가능한 경우가 자주 있었고, 재보급을 어렵게 만들었다. 1944년 11월 몬순 기후로 인해서, 양자 모두 항공지원 없이 싸운 경우가 많았다. 더욱이, 전투에서 다른 미 사단들과 마찬가지로 제32사단은 전투 이전과 전투 과정을 통해서 적어도 병력을 1/3이나 잃었다. 질병과 전투사상자 발생 때문이었다. 그러나 미국이 지닌 한 가지 유리한 점은 필리핀 저항부대의 지원을 받았다는 것이다. 이들은 전투 간에 수색, 노동 제공, 보급 수레 운반 등을 해주었다.

1944년 11월 중순에서 12월 말까지 6주 동안, 쌍방은 올목 계곡 북쪽 끝단을 통제하기 위해서 비 그리고 정글과 싸워야 했다. 작전 개시 당시, 제24보병사단의 19 및 34보병연대로부터 차출된 2개 대대는 지형을 횡단하여 감제 가능한 진지를 점령했지만, 올목 계곡 내의 2번 통로를 차단하지 않았다.

두 대대는 전투 내내 포병화력을 유도하고, 그렇지 않으면 일본의 주요 보급로 사용을 방해했다. 제32사단은 이 두 개 대대의 통제를 떠맡았지만, 지속적인 일본 방어선에 부딪쳤고, 일본군 제1사단의 57, 49 및 1연대의 시기를 놓친 역습을 받으며 남쪽으로 맹렬히 싸워 나아갔다. 최초 미군의 공격은 충분한 지원 없이 급하게 실시됐다. 그러나 피할 수 없이 비용이 많이 드는 노력을 통해 결국 일본군을 남쪽으로 밀어냈다.

올목 전투를 보면, 빈약한 지도와 관측으로 인해 양자는 포병 지원에 제약을 받았다. 보병을 뒤로 빼고 계획적인 포병 준비가 없으면, 화력 지원이 곤란했다. 대신, 미군 병사들은 수대의 전차를 운용하여 선두부대와 함께 공격하면서 직사화력 지원을 받았다. 그러나 전차-보병 협조는 빈약하곤 했다.

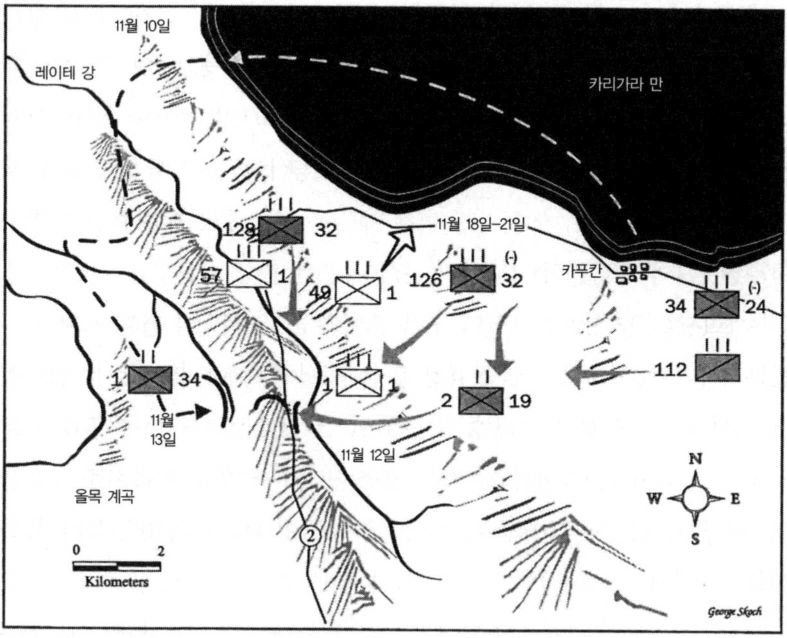

지도 8. 올목 계곡 전투, 1944년 11월~12월

적 저격 때문에 전차는 해치를 닫고 작전해야 했다. 이렇듯 "단추를 채운" 전차병들은 보병을 볼 수 없었고, 자신들이 유기된 것은 아닐까 하고 의심했다. 보병은 전차병들과 통신할 수 없었다. 결국, 12월 21일 잇따른 3명의 전차 소대장이 전차 후방 갑판에 올라타서 적 화력에 노출된 상태로 전차 승무원과 함께 기동하는 보병 간의 의사소통을 하게 해주었다. 이 방법을 사용하면서 2명의 중위가 부상당했다. 그러나 미군 보병은 마침내 전차를 믿고 협조해야 한다는 것을 배웠다. 이러한 노력과 동쪽(112기병연대, 보병처럼 전투를 수행함)과 남쪽(77보병사단)에서 공격하는 미군 공격부대와의 협조를 통해 결국 일본 방어의 척추를 끊어 놓을 수 있었다.

어느 정도, 1944년 노르망디를 공격한 미군 병사들은 협조관련 동일한 교훈을 배워야 했다. 이 공격작전에 참가한 많은 미 보병사단들은 과거 전투에 참가하지 않았고, 자신들을 지원하는 별도의 전차대대와 강화된 전차–보병 훈련 기회를 갖지 못했다. 더욱이 보병, 전차, 전투기 부대에 지급된 무전기는 상이한 주파수 영역을 가지고 있어서 이들 간의 통신이 불가능했다. 보병 지휘관이 전차 외부에 탑승하거나 그 옆에 서 있어도, 전차 엔진의 소음으로 인해 얼굴을 마주하고도 전차 지휘관과 의사소통하기가 힘들었다.

미 육군은 점차로 이러한 문제를 해결하고, 노르망디 전투 이후 보다 효과적인 제병협동팀을 발전시켰다. 긴밀한 전차–보병 협조의 필요성으로 인해서 동일한 전차대대와 보병사단에 대한 습관적인 결합을 강화시켰다. 통신요원은 전차 후미에 즉흥적으로 만든 외부 전화기를 설치했다. 이렇게 해서 함께 전투하는 보병이 전차 승무원과 통화할 수 있게 되었다.

1944년 7월, 제9전술공군사령부 사령관 퀘사다(Elwood A. Quesada) 장군은 각 기갑 특수임무대대 선두 전차에 VHF 항공기 무전기를 설치하도록 해줬다. 미군이 노르망디 교두보를 돌파했을 때, 이 전차들은 하늘 위의 전폭기와 통화할 수 있었다. 몇몇 우선순위를 높게 했던 발전으로 인해, 제9전술공군사령부는 "기갑 종대 엄호" 항공기를 운용했다. 이들은 근접항공지원을 위해 요청시 전폭기를 제공했다. 이 전술로 항공기 자산을 낭비한 것이 사실이지만, 야전포병이 뒤처져 있을 때, 항공기가 기갑부대 진출과 페이스를 유지할 수 있었다. 이 결과 나타난 전과확대시의 높은 템포는 생명을 구했고, 결국 참전을 정당화시켰다.

평행한 통로로 진격함으로써 미군은 프랑스에서 전과확대와 추격을 쉽게 했다. 도로망이 허락하면, 미 기갑사단과 전투사령부는 평행한 통로를 따라 2개 또는 그 이상의 특수임무부대를 진격시켰다. 독일 거점은 한 개 기동 종대를 자주 멈추게 했지만, 곧바로 수 킬로미터 떨어져 종대대형으로 공격하는 다른 미군 기동부대에 의해 측면이 포위된다는 것을 발견했다.

연합군은 적 방어만큼 군수 요인에 의해 진출이 방해를 받는다는 것을 알게 됐다. 전략적으로 군수는 1944~1945년에 연합군을 방해했다. 전술적으로 일부 기갑부대는 자신들의 보급 및 정비부대를 진격하는 종대대형에 편성하여 함께 기동하는 것이 더욱 안전하다는 것을 알았다. 이 부대들이 후속하면 우회한 적 저항에 마주칠 수 있었기 때문이다. 물론, 이러한 전술은 제한된 적 방어선에 대해 전과확대를 할 때만 적합했다. 군수요소가 스스로 움직일 때는, 소규모 방공부대와 구축전차 부대, 그리고 보병이 이를 에스코트하면서 국지경계를 제공해주어야 했다.

이렇듯 소규모 분견대로 방공부대를 분산한 것은 특정 기능이 필요하지 않을 때의 미군 특수병과 부대의 운명을 보여주는 예가 되었다. 미 방공부대는 많은 대공방어작전을 수행했다. 특히 독일을 점령할 때, 레마겐 다리를 확보하고 이를 보호하기 위해 중요했다. 그러나 일반적으로 압도적인 연합군의 항공우세는 1944~1945년 동안 집중된 방공시스템을 점차 중요하지 않게 만들었다. 대신, 상급 지휘관들은 1944년 가을에 방공무기로 하여금 지상 표적을 공격하게 했고, 일부 방공부대를 해체하여 보다 필요한 보병으로 대체하여 사용하였다. 이와 유사하게, 화학 연막중대는 원래 적으로부터 시설과 활동을 차장하기 위해 만들어진 것인데, 전선의 부대가 연막을 필요로 하지 않자 아스팔트 도로를 복구하도록 운용되었다. 이러한 잘못된 사용은 전투 지휘관 사이에서 잘못된 태도와 잘못된 우선순위를 만들었다. 그러나 병력 부족이 너무 심각했기 때문에 한가한 부대는 없었다.

발지 전투에서 독일의 역공격이 있었을 때, 많은 특수병과 부대들은 보병처럼 싸웠다. 이러한 역할을 매우 훌륭히 수행했기 때문에 자신의 부대를 스스로 방어하고, 필요시 싸우기 위해서 지원부대도 훈련되고 장비를 갖춰야 한다는 미국의 정책을 정당화시켰다. 예를 들어, 비록 공병이 독일의 진격로 앞에 장애물을 설치하는데 운용되었지만, 이러한 장애물을 보호하기 위해서 화력을 제공해줄 가용한 보병이 없었다. 이 시점에서, 상황이 매우 심각했기 때문에 일부 지휘관들은 모든 가용한 병사들을 소총병으로 사용할 수 있다고 전적으로 믿었다.

공-지 (비)협조 문제

연합군 지휘관들은 지상 제병협동부대의 기술을 착실히 발전시켰지만, 공군과 지상군 간의 협조는 매우 어려운 문제였다. 독일 공군과 지상군 부대의 친밀성은 1940년 명확했다. 독일은 영국군과 미군에게 이러한 문제를 해결하도록 충격을 주었다. 그러나 결과는 고통스럽게도 더디게 나타났다.

1940년 이 분야에서의 영국의 성과는 심연에 빠진 듯 했다. 육군과 왕실공군(RAF) 본부는 분리된 위치에 있었고, 상호간에 의사소통도 불명확했다. 5월 말, 모든 왕실공군부대들이 프랑스에서 철수한 후, 전투에서 살아남은 영국 육군 장교들은 런던의 전쟁성에 항공지원을 재정비해달라고 요청했다.

영국전투가 8월 창궐했지만, 영국은 효과적인 공지시스템을 발전시키기 위한 첫걸음을 내딛었다. RAF 본부의 웬(A. H. Wann) 대령과 육군 우달(J. D. Woodall) 대령은 북아일랜드에서 일련의 실험을 했다. 이 결과 웬-우달 보고서는 별도의 전술공군과, 구어로 촉각이라고 알려진 많은 기동통신팀을 창설해야 한다고 주장했다. 이 팀은 지상 기동사단 및 여단과 함께 이동하면서 작전해야 한다고 했다. 이 보고서를 기초로, 1940년 12월 RAF는 육군협력사령부(Army co-operation Command)를 창설했고 각 여단본부에 공군연락장교(ALO)를 두기 위한 통신장비와 절차를 발전시키기 시작했다. 이러한 약속된 시작에도 불구하고, RAF는 자신의 항공기 통제 유지에 대해 걱정했다. 많은 영국 지휘관들은 항공작전의 복잡성을 이해하려고 거의 노력하지 않았기 때문이다.

이런 동안, 북아프리카의 영국군 부대는 공-지 문제에 대해 스스로 즉흥적인 해결책을 발전시켰다. 1941년 두 명의 상급 RAF 지휘관, 테더(Arthur Tedder) 경(卿)과 코닝햄(Coningham) 경(卿)은 다수의 RAF 본부를 이에 상응하는 지상군 본부에 함께 위치시킴으로써 문제를 해결하기 위해 노력했다.

1941년 10월 이들은 합동 RAF-육군 항공지원 통제 참모부를 각 군단 및 기갑사단 본부에 창설했다. 여단급에서는 RAF 전방 항공지원 연결반이 항공지원 요청을 전송하도록 했다. 1942년 최초로 훈련된 연락팀이 영국에서 북아프리카로 도착했다. 그리고 30분으로 항공 요청 시간을 단축시켰다. 실제로, 1942년 말까지 영군과 사막에서의 방법론은 단일 절차로 융합됐다. 그러나 결과적으로 나타난 시스템은 아직 다루기 쉬운 것이 아니었다.

미군 부대들은 동일한 많은 문제로 고전했고 영국으로부터 많은 것을 배웠다. 전쟁 기간 동안, 미 육군항공부대(AAF)는 육군의 다른 부대들과는 거의 독립적으로 작전했다. 진주만 직후, 루즈벨트 대통령은 독일에 대한 거대한 정밀 전략폭격 임무를 부여했다. 그리고 마침내 일본에 대해서도 임무를 부여했다. 이러한 이전에 없었던 과업은 AAF의 자원을 제한될 수준까지 무리하게 사용하도록 했지만, 교리는 완벽하게 만들도록 강요했다. 이러한 임무부여는 AAF 지휘관들이 지상의 병과와 거리를 두게 만들었다. 결과적으로 전장에서는 거의 재앙을 맞이했다. 결국 이것은 현장에 있던 전술지휘관의 상식에 의해서 만회될 수 있었다. 육군항공부대 교리는 전술항공을 위해 세 개의 우선순위를 정의했다.

첫 번째 우선순위는 항공우세였다. 두 번째는 전장 고립이었고, 이는 곧 적 보급선에 대한 항공차단을 의미한다. 세 번째는 적과 접촉한 부대의 지상 표적을 공격하는 것이었다. 그러나 전쟁 내내, AAF의 근접항공지원에 대한 관용구는 "3단계" 또는 "우선순위 3번" 임무였다.

이것은 이러한 표적이 공군력을 사용하기에는 경제적이지 않고, 효율성이 떨어지며, 중요하지 않다는 것을 의미하는 것이었으며, 이 임무는 야전포병에 속하는 것이 옳다는 것을 의미했다. AAF는 전술항공자산을 중앙집권적으로 운용하여 적을 항공차단 하는 것이 항공무기를 가장 효율적으로 운용하는 것이라고 주장했다. 실제로, 대부분의 항공차단 전역은 전장을 분리시킨다는 그들의 목표 달성에는 미치지 못했다. 더욱이, 지상 지휘관들은 우군과 적군에 대해 근접항공지원이 주는 심리적 효과에 가치를 두었다.

이들이 볼 수 없는 항공차단 작전은 효과가 없는 것으로 보였다. 항공부대 리더들이 그들의 항공기를 근접항공지원을 위해 분권화 운용하는 것에 대해 더욱 반대할수록, 지상부대 지휘관들은 필요시 확실히 사용하기 위해 적어도 일부 항공자산이라도 통제할 필요가 있다고 더욱 느꼈다.

프랑스가 함락되고, AAF 사령관 아놀드(Henry Arnold) 중장은 스투카 급강하 폭격기의 확실한 성공에 대응했다. 그는 미 해군에 의지했다. 미 해군은 급강하 폭격기 분야를 개척했다. 1941년까지 해군은 SPD-2 육군 버전인 A-24 급강하 폭격단 2개를 창설했다. AAF는 후에 급강하 브레이크를 장착한 P-51을 개선한 A-36을 획득했다. 이 폭격기는 없어질 때까지 이탈리아와 버마에서 엄청난 손실을 가했다.

육군지상부대의 지휘관 맥나일(Lesley McNair)은 육군 항공부대 우선순위를 변경하기 위한 보람 없는 노력을 이끌었다. 돈에 쪼들려서 AAF는 소규모 부대 훈련은 말할 것도 없이 주요 지상작전을 위해 항공기를 제공할 의지가 없었다. 6월의 노르망디 침공 이전을 예로 들면, 영국 주둔 33개 미군 사단들은 합동 공지훈련 경험이 없었다. 21개 사단은 전투에서 식별해야 할 우군 항공기의 모습조차 보지 못했다. 1943년 AAF는 전폭기에 무전기를 교체하여 주파수를 지상부대 무전기와 상응하게 만들었다. 간단히 말해서, 공지 부대는 각자의 카운트파트너가 지닌 전술과 능력을 거의 이해하지 못하고 바다를 건넜다.

결과는 예상대로 부실했다. 1942~1943년 북아프리카 침공 기간에 지상부대들은 항공지원을 거의 받지 못했고, 지상지휘관들은 전술항공지원 운용 경험이 없어서 겨우 얻을 수 있었던 지원조차 잘못 사용했다. AAF는 정보요구에 맞춰 대부분 항공사진 촬영 임무를 수행했다. 지상부대의 정보 오류는 더욱 커졌다. 미군 병사들은 우군 항공기를 거의 보지 못했기 때문에 날아다니는 비행기가 발견되면 무조건 사격했다. 1개의 미군 관측 항공대는 북아프리카에서 10대의 항공기를 잃었는데, 두 대는 적 공중 공격으로, 3대는 적 지상화력으로, 5대는 미 지상군의 사격으로 잃은 것이었다. 점차, 양측은 서로 식별하고 협조하는 것을 배웠지만, 그 과정은 매우 쓰라렸다.

영국 연방국가 및 미국의 부대들은 이탈리아 전역(1943~1945)에서 장기간 함께 작전했다. 가까이 있던 관계로 인해 항공지원에 관한 아이디어를 서로 잘 교환했다. AAF의 12항공지원사령부는 미 제5군사령부와 함께 위치했다. 이들은 다음날 타격을 위해 매일 밤 회의를 하고, 연락장교와 무전기 네트워크를 향상시켰다. 상급부대에서 항공자산을 할당하면, 지상군 작전장교는 우선순위를 정하고, 항공 작전장교는 지상군의 항공기 운용이 기술적으로 불가능할 경우만 거절했다. 반응시간을 높이기 위해, 영국은 수 개의 전방통제소(FCP; forward control post)들을 설치했다. 여기에는 선임 RAF 장교와 몇 명의 육군참모장교들이 위치했다. FCP들은 관용적인 표현으로 로우버(Rover)라고 불렸으며, 근접항공지원을 유도했다. 물론 영국은 전쟁의 마지막 수개월 전까지 전차에 항공통제관을 탑승시키지 않았다. 따라서 1944년 초, 영국 및 미국은 근접항공지원 시스템을 향상시켰다. 그러나 어떤 역사가가 말했듯이 이것은 공군부대에 의해 이루어진 것이며, 공군의 고위 사령부들은 기본적으로 이러한 역할에 반대했고, 항공기 사용에 익숙하지 않았고, 육군의 일반 참모부는 대부분 공군력의 잠재력과 단점을 완전히 알지 못했다.

1944년 노르망디 침공으로 보다 커다란 연합군 부대가 만들어지면서, 전술항공부대를 투입했다. 노르망디 침공을 위한 영국 지상군 사령관 몽고메리는 항공지원관련 문제에 대해 자신의 북아프리카 경험을 적용했다. 그러나 대부분의 혁신적인 발전은 미 육군에서 일어났다. 9공군이 12집단군에 대해 전술적 지원을 실시했다. 전술항공사령부 본부들은 각기 3개의 육군 야전군 본부와 함께 위치했다. 9전술공군 사령관은 미 제1군을 지원했다.

퀘사다(Elwood Queseda) 장군은 최고 수준의 근접항공지원 및 항공차단작전을 제공했다. 기갑부대 선두 엄호 기술 발전에 추가해서, 퀘사다 장군은 전투폭격기의 비행을 추적하기 위해 방공레이더를 개조하여 사용했다. 이렇게 하여 그들이 보지 못하는 표적에 대해 폭탄을 투하할 수 있도록 지시하거나, 또는 필요시 즉각적인 항공지원을 재지시하기도 했다. AAF는 또한 기갑전투사령부에 전술항공통제반을 위치시키는 것을 실험했다. 전투기 조종사를 잠시 지상에 위치한 항공통제관으로 임명한 것이다. 이를 통해 근접항공지원의 문제들을 더욱 잘 이해하게 만들었다.

그러나 실제로, 퀘사다는 지상 카운트파트가 전면적인 공세를 취할 경우만 근접항공작전을 강조했다. 하루하루 지나면서, 영국과 미국 전술항공부대들은 항공차단 임무에 더욱 매진하기 시작했다. 이것은 임기 표적과 교전하는 무장정찰도 포함됐다. 이러한 항공차단작전은, 비록 근접항공지원보다 두 배 위험하다는 분석이 있었음에도 불구하고 계속 우선적으로 시행됐다.

더욱이, 실수로 우군 부대를 공격하는 문제는 전쟁 내내 지속됐다. 예를 들어, 이탈리아에서는 A-36기가 계속 미군 전차에 대해 폭격을 가했는데 이는 조종사가 신호를 보는 방법을 몰랐기 때문이었다. 결국, 자체 방어를 위해 지상 부대는 우군기를 격추했다. 1944년 8월 3일간, 제1 캐나다군은 RAF와 AAF 항공기로부터 52회 공격을 받아, 72명이 사망하고 191명이 부상당하는 결과를 겪었다. 지상 부대들은 마찬가지로 우군 항공기에 사격하기 쉬웠다. 문제는 넓은 흑백 줄무늬를 연합군 항공기에 도색해서 이러한 문제를 유발시킨 것이다.

A-36의 일부 예외를 제외하고, 영국 또는 미군 항공기는 근접지원을 위해 특별히 설계되지는 않았다. 냉전시 선구자들의 논쟁을 보면, 항공사령관들은 전투기 또는 전투폭격기를 선호했는데 이런 이유는 위기상황에서 근접지원을 할 수 있었기 때문이었다. 특히 P-47 썬더볼트가 주목할 만한 기종으로, 이 항공기는 놀랍게도 지상공격을 잘 수행했다. 그러나 대부분의 다목적 항공기는 제한사항이 매우 많았다.

외부에 장착한 폭탄 및 기타 무장 항력으로 인해 연료가 쉽게 소모됐으며, 더욱이 많은 전투기 엔진들은 고고도 작전을 위해 최적화되어 있었다. 따라서 지상 지원을 위해 비행할 경우 작전반경이 매우 제한됐다. 결국, 이러한 항공기가 전장에 도착하면, 표적을 발견하자마자 공중선회하지 않고 즉시 무장을 다써버리고 기지로 돌아갔다. 게다가 공대공 전투에서, 전투기에 부착된 기관총과 기관포는 눈으로 볼 수 있어야 했으므로 탄약이 수백 미터 전방에서 집중되어야 했다. 이것은 지상 공격 역할을 위해 사용하기에 부적합한 것이었다. 지상 공격을 위해서는 더 먼 거리에서 한 점에 탄착점이 집중되고, 기총소사를 효과적으로 하기 위해서는 어느 정도 비행하는 항로 밑으로 사격해야 하기 때문이다.

퀘사다와 기타 사람들은 또한 지상 공격임무를 위해 적합한 무장을 개발했다. 이것은 전략 폭격기에 의해 운반되는 소형 투하무기를 대신하는 것이었다. 1944~1945년 가장 의미심장한 혁신 중 하나는 비유도 로켓이었는데, 이것은 RAF에 의해 개발된 것이었다. 이 로켓은 일반 투하 폭탄보다 정확도가 꽤 높았다. 그러나 지상공격 항공기는 여전히 많은 수를 이루는 얇은 장갑의 트럭제대에 효과적이었으며, 참호를 구축하여 들어가 있는 병사나 분산된 장갑차량에는 보다 비효과적이었다.

연합군이 효과적인 공지 시스템을 개발하기 위해 고전하는 동안, 독일은 군 내부의 오해와 경쟁주의를 경험했다. 예를 들어, 1941년 말 독일 공군은 아프리카 군단이 요청시 항공지원을 위해 단 한 명의 공군 연락장교라도 배치해달라는 롬멜의 요청을 거부했다. 이러한 배치는 전체적으로 공군을 가장 잘 사용하는 것에 위배된다는 이유 때문이었다. 이러한 태도로 인해서, 독일 스투카 급강하 폭격기가 적어도 한번은 독일 기갑사단에 폭격을 했다는 것은 놀라운 일이 아니다. 물론 동부전선에서 독일 공지 협조는 1941~1943년에 피크를 이루었다. 그 이후 독일 전술 항공기의 숫자와 성능은 점차 감소됐다. 이것은 소련 공군의 전투력 증강 그리고 미국 및 영국의 전략적 폭격에 대항하여 독일을 방어하려고 독일 공군 자산을 재배치했기 때문이었다.

더욱이, 1942년 이후 향상된 성능을 지닌 소련 전차로 인해서 독일 공군은 더 좋은 공대지 대전차 무기를 실험해야 했다. 이것은 30미리 자동포와 성형장약 장갑관통 폭탄을 포함한다. 그러나 독일은 이러한 무장을 개별 전차에 대해 사용하는 것이 어렵다는 것을 알게 된다. 따라서 독일 공군이 모든 분야에서 공지협조를 위한 충분한 절차를 발전시켰지만, 이러한 지원을 위한 항공기 및 연료가 부족했고, 적과 비교할 경우 기술적으로도 쇠퇴하여 1943년 이후 거의 지원할 수 없었다.

공중수송 및 공중착륙부대

2차 대전 시, 자주 스쳐지나가는 공지 작전의 국면은 공중수송으로서 이것은 작전 전구로 보급품과 낙하산을 사용하지 않고 병력을 이동시키는 것을 말한다. 과거 철도와 트럭이 군수 및 작전적 기동성을 변화시켰듯이, 공중수송도 모든 지상부대의 역사적 취약점, 다시 말해서 지상에 기초한 병참선이 갖는 취약점을 제거할 것으로 보였다. 공정부대를 잠시 접어두고서라도, 공중수송 및 재보급 기술은 보다 면밀한 검토를 필요로 한다.

공중수송을 가장 의미심장하게 사용한 곳은 아시아다. 이곳은 거리가 멀고, 도로망이 빈약했으며, 철도가 거의 없어서 공중보급이 거의 필요한 사안이었다. 그러나 버마에서 영국의 공중수송작전을 이해하기 위해서, 우리는 반드시 영국의 적인 일본의 전술을 잠시 살펴볼 필요가 있다.

일본 공업은 적국의 무기 생산 능력을 따라잡을 희망이 없었다. 일본군은 이러한 발전된 무기를 갖기를 원했지만, 장비와 화력의 부족을 메우기 위해서 이단적인 전술을 채택해야 했다. 특히 야간 기습공격 또는 예상하지 못한 방향으로 기습하면, 일본군은 신속히 적과 근접전투할 수 있다고 믿었다. 즉, 적을 끌어안겠다는 것이었다. 독설적인 표현이지만, 적과 일본군이 근접하면 할수록 그들은 더 안전했던 것이다. 왜냐하면 영국과 미군은 포병, 공중공격 및 기타 기술적으로 발전된 무기를 우군 피해를 우려해 사용할 수 없었기 때문이다. 육박전에서, 일본 지도자들은 자신들의 우세한 사기를 믿었고, 훈련이 장비 및 병력 부족을 해소해 줄 것이라고 믿었다.

1942년 말라야 및 버마 점령 당시, 일본은 전술로 중화기 부족에 대처했다. 일반적으로 말해서, 영국과 연방군 방어자들은 보급을 위한 수 개의 가용도로에 묶여있었다. 자신들을 둘러싼 언덕과 정글은 거의 통과할 수 없다고 생각했다. 적과 접촉하면 일본군은 도로 방향으로 소규모 양동작전을 수행하여 적의 주위를 고착시키고, 경무장된 보병부대를 어려운 지역을 멀리 우회하여 통과함으로써 적 배후로 진출했다. 진지에 도달하자마자, 이 측면 포위부대는 영국 보급시설을 공격하고 우회한 방어자 뒤에 장애물을 설치했다. 영국의 대응은 예상 가능한 것이었다. 영국은 부대를 돌려서 후방의 장애물을 개척하고 보급부대와 다시 연결하려 했다. 결국 일본군은 이를 이용하여 각개 격파할 수 있었다. 전쟁이 지속되면서 보급이 적어지자, 많은 일본군 지휘관들은 노획된 적 보급물자에 의존하는 계획을 세우곤 했다. 목표를 탈취하면, 일본군은 정교한 벙커를 만들었다. 영국군이 역습할 때 파괴는 고사하고 식별하기도 어려웠다.

이러한 전술에 대한 일부 영국의 대응 방법은 간단했지만 효과적이었다. 사단은 차륜차량 제대를 감소시키고, 측방방호를 위한 훈련을 강화했으며, 통과가 어려운 지형을 극복했다. 이것은 마치 레이테에서 미국이 했던 것과 같은 방법이었다. 일본 벙커를 파괴하기 위해서, 영국 제14군은 두 가지 전술을 개발했다. 이것은 우연히 부분적인 해결책이 되었다. 공격부대가 마지막 수 미터 남은 지역까지 강습할 때까지 어떻게 방어 부대를 화력으로 계속 제압할 것이냐는 것이 관건이었다. 우선, 영국의 공격 가담 전차는 신중히 순서대로 탄약을 사용하여 벙커에 사격했다. 먼저 정글을 개척하기 위해서 일반 포탄을 이용한 후, 지연신관을 장착한 고폭탄을 사용하여 벙커를 파괴하고, 마지막으로 보병이 돌격을 할 때는 장갑관통탄을 사용했다. 보병이 전차의 직사화력 사선에 있어도 이들은 안전하게 일본군에게 접근할 수 있었다. 왜냐하면 장갑관통탄과 같은 딱딱한 탄체는 폭발효과가 없었기 때문이었다. 전쟁 후반에, 버마에서 공군과 지상군 간의 매우 높은 협조 및 상호 신뢰로 인해 공군은 적에 대해서 마지막 단계에서 가짜 폭격을 하는 근접항공지원을 실시했다. 이 결과 일본군은 연합군 보병과 전차가 자신들이 위치한 산 정상에 오르기까지 벙커에 숨어있었다.

일본의 침투 전술을 격퇴시킨 핵심적인 능력은 공중수송이었다. 이것으로 우회된 영국군 기지는 거의 한계점에 도달하지 않고 생존할 수 있었다.

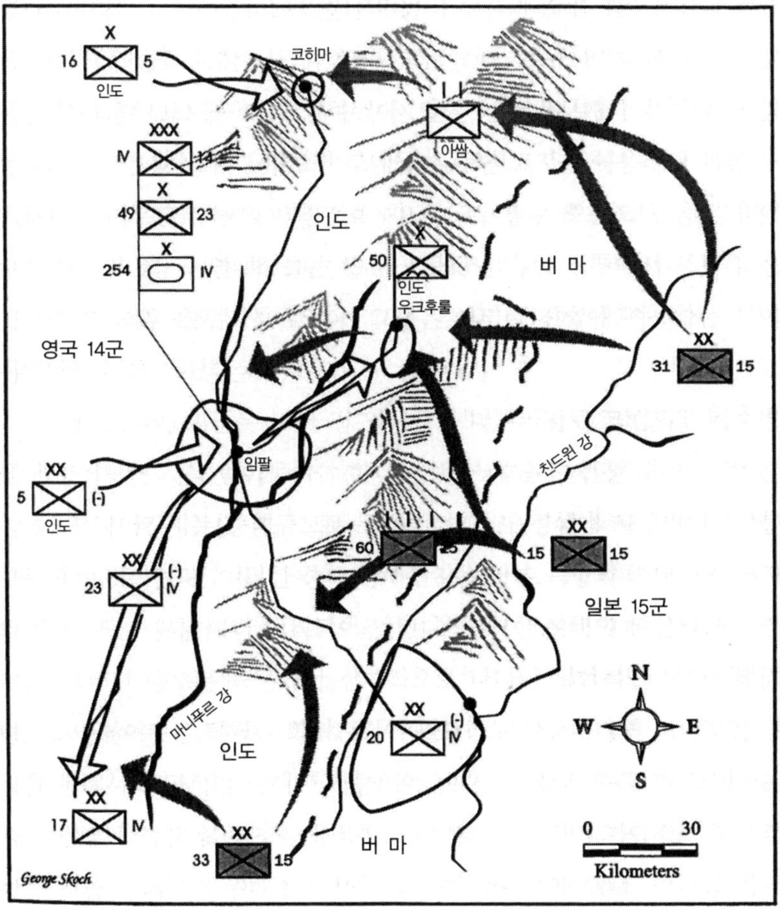

지도 9. 임팔라-코히마, 1944년 3월~4월

1944년 3월, 제14군 사령관 슬림(Willian Slim) 장군은 임팔(Imphal) 마을 주변의 군수기지 지역을 일본군 주력이 공격할 것이라고 제대로 예측했다(지도 9). 많은 수의 RAF와 미군 수송기를 사용해서, 슬림 장군은 낙하산 또는 공중에서 지상 착륙 보급을 실시하여 일본군에 의해 우회된 영국군 기지를 지원했다. 따라서 이 기지들은 일본군으로부터 위협받는 병참선에 묶이지 않고 전투할 수 있었다. 더욱이, 슬림은 제5인도사단을 임팔 주변 활주로로 항공기를 이용하여 착륙시켰다. 이를 통해 행군을 하지 않아서 지치지 않은 새로운 병력을 전투에 투입시킬 수 있었다.

1945년까지 버마 중부지역의 더 개활한 지역에서 제14군의 성공적인 진출이 가능했던 것은 공중 및 지상 수송의 조합에 의한 결과였다. 슬림 예하의 2개 사단은 진출하는 동안 일반적이지 않은 방법으로 재편성했다. 각 사단의 3개 보병여단 중 2개 여단을 완전히 트럭으로 무장시켜 군의 전차여단과 도로를 따라서 병행 공격하도록 했다. 각 목표가 확보되면, 2개 여단 중 하나는 재보급을 위한 활주로 건설을 위해 장기간 정지했다. 각 사단의 3번째 여단은 특히 작고 가벼운 트럭 그리고 폭이 좁은 야포 운반차량을 보유했다.

이것은 그 당시 항공기로 공중수송하기에 적합했다. 따라서 강한 저항이 있어서 지상군이 증원되어야 했을 때, 여단 전체가 임시 활주로나 또는 점령된 비행장으로 공중 수송되어 착륙할 수 있었다. 그러나 이때까지 여단은 필연적으로 사단의 예비였으므로 전투지대에서 군수시스템의 짐을 지지 않았다.

전차, 차량을 탄 보병, 공중에서 지상으로 착륙하는 보병을 조합하여 전진의 템포를 살렸기 때문에 빈약한 장비를 갖고 도보 이동에 의존한 일본군은 이에 대적할 수 없었다. 지뢰를 제거하여 차량화 부대의 전진을 보장하는 과정에서 영국 연방군 공병은 심각한 사상자로 인해 고생했다. 이러한 형태의 공중 재보급 및 재전개 방법이 갖는 기타 결함 사항은 공중우세를 필요로 한다는 것, 또는 적어도 적과 대등한 공중 우세권을 가져야 한다는 것이었다. 이렇게 되어야 당일 수백 대의 수송기가 전방지역으로 진입할 수 있었다.

기타 국가들 역시 재보급 및 제한된 부대 이동을 위해 공중수송을 사용했다. 독일은 근접항공지원과 같이 공중수송도 미래가 밝다고 보았다. 그러나 독일 공군은 이를 유지하기에는 대부분 너무 약했다. 따라서 스탈린그라드에서와 같이 전면 포위된 독일군은 거의 충분한 공중 재보급을 받지 못했다.

공정작전

근접항공지원 그리고 공중수송의 모든 고려사항과 어려움은 지상부대가 낙하산과 글라이더를 사용하여 적 전선 후방에 착륙하려 할 때 크게 나타났다.

예를 들어, 1943년 7월 연합군의 시실리 침공을 고려해 보자. 적절한 협조 없이 미 육군항공부대는 82공정사단의 일부를 침공군 함대 상공으로 수송했다. 독일 항공기에 의해 공격받았기 때문에, 신경이 날카로워진 함대의 사수들은 자신들의 항공기에 포문을 열었고, 229명의 낙하산병 및 항공기 승무원을 사살했다. 사실상, 미국과 영국은 이러한 협조 문제를 해결하는 유일한 방법은 합동 및 연합 조직을 만드는 것이라고 결론 내렸다. 이 결과 제1연합 공정군(the First Allied Airborne Army)이 만들어졌다. 이 부대는 병력과 수송기 모두를 통제했다. 공군 및 지상군 자산을 긴밀하게 통합했지만, 공정작전 계획수립 및 실행에서 잠재적인 오류는 큰 것이었다.

이론적으로, 공정작전은 준비된 방어진지를 돌파하는 어려움에 대한 답변으로 보였다. 공격자는 단순히 방어진지 상공으로 날아가 적 후방을 강습하면 된다는 것이었다. 상공으로부터의 갑작스런 강습은 초기 기갑 돌파와 같은 심리적 효과를 갖는 것이었으며, 방어하는 적을 혼란에 빠뜨리고 와해시키는 것이었다. 실제로는 물론 이러한 작전에서 공중, 지상부대 간의 계획수립 및 통신은 극도로 복잡한 것이었다. 방어부대의 방공화력 효과, 공중 항해의 비정확성, 착륙 초기 낙하산 및 글라이더 통제의 어려움으로 대부분 낙하는 넓게 분산됐다. 낙하산 보병들은 각기 전투를 준비한 상태로 착륙하거나, 특별히 소규모 그룹으로 편성해야 했다. 따라서 각개 병사를 합친 것 이상으로 부대를 효과적으로 만드는 편성의 이점을 볼 수 없었다.

이렇게 혼란스러운 전투 최초 몇 시간 동안, 낙하산병들은 근접항공지원의 도움을 크게 받았다. 그러나 분산되고 혼란스러운 공정 투하작전의 본질상, 조종사는 적과 아군부대를 구분하는데 어려움이 있었다. 독일 공정부대는 항공기와 의사소통을 위해서 신호불빛을 사용했다. 그러나 연합군은 고장이 잘나는 당시 무전기에 의존했다. 이러한 환경 속에서, 특정 무전기의 고장 또는 분실은 낙하산병에 대한 활동 지원을 불가능하게 만들 수 있었다. 더욱이, 미 육군 내에서 공지 협조관련 일부 발전된 사항이 공정부대에 전파되지 않았다. 이유는 공정부대는 전통적인 지휘구조 라인에 포함되지 않았기 때문이다.

몇몇 작전 속에서, 특히 1941년 독일이 점령한 크레테(Crete) 같은 곳에서 공정부대원들은 거의 지원을 받지 못하고 목표를 확보 및 유지했지만, 장비 및 인원 피해가 매우 컸다. 일반적으로 공정작전은 재래식 지상공격과 연결해서 실시할 때 잘 수행됐다. 왜냐하면 낙하산병이 최초 투하된 후 수 시간 또는 수 일 이내에 공격하는 지상부대와 연결할 수 있었기 때문이다. 이러한 이상적인 상황을 발견하기란 쉽지 않았다. 지휘관들은 계획된 많은 공정작전을 중단해야 했다. 이유는 결심하고 계획수립을 완료하는 시간에, 진격하는 지상부대가 이미 계획된 투하지역을 통과했기 때문이었다.

중화기 및 차량을 글라이더로도 수송하기 어려웠기 때문에, 공정부대는 전통적인 보병처럼 장비를 갖출 수 없었다. 더욱이, 낙하한 병사들은 중화기를 운반한 글라이더 및 물자 투하용 낙하산과 멀리 떨어져 착륙했다. 따라서 공정부대는 화력, 방호력 그리고 지상 기동성이 일반 보병사단에 비해 부족했다. 공중에서 공정부대는 훌륭한 작전적 기동성을 가졌지만, 지상에 착륙하면 오로지 걸어야 했고 적 기계화부대 공격에 극히 취약했다.

공정부대원들은 방어부대가 대응하기 전에 가능한 한 빠르게 목표를 확보할 필요가 있었다. 그리고 지상으로 지원부대가 도착할 때까지 목표를 방어해야 했다. 가빈(James Gavin) 장군과 기타 미 공정부대 지도자들은 많은 사상자를 내더라도 목표상이나 목표 근처에 직접 착륙하는 것이 차라리 낫다고 결론지었으며, 목표 밖 수마일 떨어진 안전한 지역으로 하강하는 것이 오히려 더 안 좋다고 보았다.

공정사단의 빈약한 화력 및 기동성은 특히 영국과 미국에서 심각했다. 1944~1945년 모든 병종의 전투병이 부족했기 때문에, 공정사단은 연결 후에도 전통적인 사단과 함께 지상전투에 자주 투입됐다. 왜냐하면 낙하산병을 대신할 추가적인 사단이 없었기 때문이다. 결국, 미 공정부대 지휘관들은 자신들의 부대가 일반 보병사단과 같이 장비되고 편성되어야 한다고 재촉했다. 착륙지대가 안전하게 확보되면, 중화기 및 차량을 지닌 공정사단이 지상을 통해서 연결하자고 했다.

많은 동일한 문제들이 소련 공정작전에서도 나타났다. 소련은 1930년대 최초로 공정 개념과 훈련을 선도했지만, 1941년까지 적군(Red Army)의 고위 낙하산 부대 지휘관들은 지상에서 활동하는 그들의 지상 동료들과 동일한 문제로 고생했다. 빈약한 리더십, 참모 능력, 불충분한 정보, 그리고 충분한 수송기를 포함한 중요 장비의 부족이 그것이었다.

2차 대전 시, 1942년 초에 있었던 두 개 사단 규모 공정작전인 비야즈마(Vyazma) 착륙 작전은 기껏해야 부분적인 성공만 거두었다. 왜냐하면 공격 지상부대가 공정부대와 소련 주 전선 사이에서 확실히 접촉을 유지하지 못했기 때문이다. 1943년 9월 드네프르(Dnepr) 강 착륙작전도 재앙이었다. 왜냐하면 생각지도 않은 독일군이 착륙지역에 집중해 있었기 때문이었다.

이것은 마치 1944년 아른햄(Arnhem)에서 영국 공정부대가 겪은 것과 같다고 하겠다. 보다 규모가 작은 소련 공정작전이 자주 실시됐다. 이것은 자싱공격에 대한 독일군의 관심을 돌리기 위한 것이었고, 매우 성공적이었다. 그러나 전체적으로 독재자 스탈린은 혼합된 소련군의 공정부대 작전 경험을 보고 공정작전 전술을 사실상 무시했다. 이로 인해서 전쟁 후 수년간 발전이 없었다.

상륙작전

공정작전은 공군과 지상군 간의 세심한 협조와 도움을 필요로 하지만, 상륙작전 역시 더욱 복잡하다고 하겠다. 2차 대전 시, 적과 대적한 상태에서의 상륙, 다시 말해서 준비된 적 방어부대 정면으로 상륙하는 것은 그 어떤 작전보다 정교한 작전이었다. 이러한 상륙은 미래 전쟁의 본질을 예시하는 것이었다. 미래에는 해군, 공군 및 지상군 부대들이 통합되어야 하고 협조되어야 하며 빈번히 다른 나라 부대들과도 통합되고 협조되어야 한다는 것이다.

이런 가장 거대한 상륙작전의 많은 경우가 해병대 대신 미 육군에 의해서 실시됐다. 노르망디, 레이테(Leyte), 그리고 루존(Luzon) 상륙작전이 포함된다. 이러한 합동작전을 위한 교리가 빈약했기 때문에, 육군과 해군은 효과적인 계획과 지휘관계를 발전시켜야 했다. 공정작전이 추가

될 경우 문제가 더 심했다. 이 상황은 협조가 더욱 어려웠다. 유사한 문제가 해병대에 의해 상륙할 때 나타났다. 터너(R. K. Turner) 제독은 중부태평양에서 많은 상륙작전을 지휘했었던 사람으로 상륙작전 절차를 발전시키는데 도움이 되는 사람이었다. 그가 발전시킨 절차를 통해 병종에 관계없이 상륙작전 지휘관이 모든 부대를 통제하게 되었다. 고위 육군 또는 해병 지휘관이 해변으로 자신의 지휘본부를 옮긴 후에야 자신들 부대에 대한 책임을 떠맡게 됐다.

미 해병대(USMC)는 전쟁 사이 기간에 상륙작전에 대한 전술적 절차를 발전시켰다. 그 당시 모든 장교들은 이러한 작전은 불가능하다고 생각했었다. 2차 대전이 발발하고, 해병들은 항공지원 문제를 해결하기 위해 여전히 고전하고 있었다. 준비된 적 방어진지에 대한 상륙강습은 정밀 공격 때의 모든 문제를 내포할 뿐만 아니라, 공격부대가 즉각 해안으로 포병을 가져갈 수 없다는 문제도 있었다. 공격부대는 또한 바람, 파도 및 수중 장애물이라는 어려움과도 만나야 했다. 이러한 문제의 해결책은 신중하게 편성 및 지휘통제하는 것 외에도 해군 및 공군부대로부터 화력지원을 받는 것이었다.

그러나 1940년 후반, USMC의 항공대 역시 항공타격은 오로지 포병이 가용하지 않을 때 해야 한다는 유사한 논쟁에 휩싸였다. 1944년 6월 사이판(Saipan) 침공 당시에도 해병 근접항공지원을 통제하기 위해 41개 항공연락팀에게는 단지 1개의 무전 주파수가 가용되었다. 이것은 항공타격을 하는데 심각한 지연을 초래했다. 하지만, 전쟁이 끝날 때까지 USMC는 극히 효과적이고 대응성이 좋은 항공지원을 할 수 있었다. 해군 함포사격도 잘 발전되어 있었기 때문에 해변의 공격부대 전방에 이동탄막사격을 할 수 있었다. 단지 해군의 평사포만 육지 내륙으로 사격하는데 제한을 받았다. 항공 및 해군 함포 사격지원을 모두 통제하기 위해서, 군종들은 마침내 합동강습 통신중대(JASCO; joint assault signal company)를 만들었다. 이 중대는 육군, 육군 항공부대 및 해군 통신요원을 600명까지 통합하여 운용했다.

화력지원 요소의 협조에 추가해서, 강습보병과 지원부대들을 해변을 지나 해안선 방어부대를 통과하여 이동시키는 문제가 있었다. 많은 측면에서 공격 부대는 노출되고 기동이 느리다는 불리점을 가졌다. 이것은 1차 대전 시, 공격부대들이 참호전을 맞이할 때와 같은 불리점이었다. 상륙 트랙터는 일반 상륙선을 운용하기에 너무 얕은 지역에서도 공격부대에게 이러한 문제를 극복하게 해주는 수단이었다. 이 트랙터는 나중에 상륙 장갑차가 된다.

비록 이러한 발전이 태평양 상륙작전에서 두드러졌지만, 유럽에서도 유사한 발전을 보았다. 영국 육군은 완전한 기갑사단을 발전시켰다. 제79기갑사단은 셔먼 전차 또는 지뢰제거 또는 도리깨질을 하는 전차와 같은 특수 무기로 장비됐다. 이 장비는 1944년 6월 노르망디 침공과 1945년 라인강 강습도하 시, 값을 헤아릴 수 없을 정도로 가치가 있었다. 양개 작전 모두 여러 국가들의 지상군, 공군, 상륙 및 낙하산 부대를 조합했으며, 서로 다른 장비 및 부대들을 효과적으로 합치는데 필요한 모델이 됐다.

특수작전

2차 대전은 또한 특수작전에 대한 새로운 발전을 보았다. 일반적으로, 이러한 작전은 편성에 따라 두 개의 그룹으로 분할될 수 있다. 독창적인 유격 또는 코만도 작전은 특수하게 훈련되고 자급할 수 있는 부대로 적 후방지역으로 들어가서 정보를 수집하고 사보타지, 매복, 기타 전투작전을 수행한다.

역으로, 비록 특수작전팀의 병사-교관이 지역주민을 이끌고 편성하고 훈련하기 위해서 투입될 수도 있지만, 게릴라 또는 빨치산 작전은 적이 통제하는 지역의 지역주민에 의존하는 것이다. 필연적으로, 이러한 게릴라 작전은 열매를 맺기에는 오랜 시간과 기간을 필요로 한다. 그리고 무장 및 비무장한 지역주민 지원에 크게 의존한다.

독일과 일본군은 넓게 분포된 게릴라 저항에 직면했다. 십여 개의 독일 사단들은 소련과 발칸지역의 빨치산 부대에 대비하기 위해 후방지역 경계에 투입됐다. 프랑스에서 그리고 미국이 재탈환한 필리핀에서, 이러한 게릴라 부대들은 점령부대를 괴롭히는 것보다 더한 작전을 수행했다. 많은 경우에서, 미국과 영국 부대들은 병력절약의 수단으로서 게릴라를 사용했다. 적 진지를 우회하고 게릴라를 남겨서 우군 측방과 후방을 보호했다. 이러한 접근은 게릴라의 훌륭한 정보수집 및 잠재적인 사보타지를 통해서 의미심장한 무기가 됐다.

게릴라를 활용하는데 있어서 연합군의 주요 결점은 인식에 있었다. 대부분의 군사계획가들은 게릴라를 보조부대로 생각했고 무기와 훈련을 전통적인 군대에 의존하기 때문에, 1950년대와 1960년대 지배적이었던 독립적인 게릴라 능력을 과소평가했다. 서구의 군인들 중 일본군과 중국 국민당 정부에 대항했던 중국 공산당 게릴라의 효과성을 연구한 사람은 극히 소수에 불과했다.

독선적으로 말하자면, 전문직업군인이 게릴라의 역할을 과소평가 했어도, 비군사 정보기관은 이것을 높이 평가했다. 영국 특수작전부(Special Operations Executive)와 미국 전략사무국(OSS; Office of Strategic Services)은 잘 훈련된 장병 및 민간인 수천 명을 통제했다. 이들은 비밀리에 점령된 지역을 들어가서 주축국에 대한 저항세력을 조직했다.

이러한 경험을 기초로, OSS와 이것의 후신격인 중앙정보국(CIA)은 수 개의 잘 훈련된 작전이면 적을 전복시킬 수 있다는 지나친 아이디어를 얻었다. 그러나 이러한 성공은 현재 권력을 차지한 정부에 대한 광범위한 국민들의 반대에 의존하는 것이다. 즉 이러한 상황은 전쟁 이후 세계에서 항상 발생하지는 않았다.

이러는 동안, 유격대와 코만도 부대는 번성했다. 작지만 엘리트 부대들인 이들은 기본적으로 경보병이었으며, 정찰과 일부 경우에는 적 지휘본부와 기타 시설들을 강습할 수 있었다. 게릴라는 전통적으로 지역 거주자들로서 대개 전문직업군 간부에 의해 훈련되었다. 유격대와 코만도 부대는 편성된 정식 부대로 특수목적 대원들이었다. 이러한 부대들은 전선에서 정상적인 전투를 회피하고 몰래 낙하산, 수륙상륙, 또는 지상 침투로 적 후방으로 들어가려고 한다. 게릴라와 마찬가지로 특수목적 부대들은 필연적으로 약하고, 적에 대한 기습과 후방 방호의 취약성에 의존한다. 만일 기습을 달성하지 못하면 이러한 부대들은 보다 덩치가 크고, 중무장된 부대의 역습에 취약해진다. 이러한 환경 속에서, 기민한 항공 및 해군 화력지원만이 코만도부대의 탈출을 도울 수 있다.

이러한 전술은 1918년 독일 침투부대에 의해 확실히 입증됐다. 2차 대전 동안, 사실상 모든 전투사령부는 특수목적부대를 지니고 있었다. 적군(Red Army)과 해군은 반복적으로 이러한 부대를 보내서 독일 후방에 중요지형을 차지하게 만들었다. 미 육군도 이러한 특수화된 부대를 다수 만들었다.

이 중에서 가장 유명한 것이 유격 대대들이었다. 면밀한 훈련과 적당한 임무가 주어졌기 때문에 유격대원들은 중요지형을 확보하고, 포로를 구출했으며, 그렇지 않으면 주축군의 후방을 혼란시켰다. 그러나 기타 경우에는 타격부대로 잘못 사용했다. 강하게 요새화된 진지를 강습할 경우 커다란 손실로 고전했다. 괴짜 천재 윈게이트(Orde Wingate) 휘하에서 영국 연방군은 버마에서 경보병여단, 즉 친디트(Chindits)를 많이 창설했다. 이들은 일부만 성공적이었다. 버마에서 후방지역 작전을 수행하여 일본군을 괴롭히고 유인하기 위해 작전을 하면서 많은 인원을 잃었다.

이러한 복잡한 기록, 그리고 특수부대는 일반 부대에서 가장 훌륭한 군인을 전환했다는 인식으로 인하여 많은 선임 장교들은 게릴라보다 특수목적 부대에 대해 회의적이었다. 위원회를 통해서, 2차 대전 시의 주요 국가들은 가장 잘 훈련된 일부 전투 지도자들을 이 두 가지 형태의 특수작전에 투입했다. 그러나 그 결과는 기껏해야 좋지도 나쁘지도 않았다.

도시지역 전투

게릴라전은 기계화 전투와 마찬가지로 전통적으로 시골 지역에서 작전하는 모습을 연상하게 한다. 사실상, 2차 대전 시에 가장 맹렬한 많은 전투는 도시지역에서 발생했다. 도시의 빌딩은 방어부대로 하여금 근거리에서 공격부대에 대한 매복을 용이하게 해주고, 항공 및 포병 타격으로 파석 더미들이 길을 막는 모습이 흔하다. 전차는 신중하게 에스코트되어야 하며 단거리 대전차무기에게 노출을 피하기 위해 원거리 전투를 하게 된다.

가장 유명한 도시전투는 당연히 스탈린그라드다. 독일은 1942년 가을 소련을 공격했고 소련 역공격 이후 폐허를 방어해야 했다. 이러한 전투에서, 적군(Red Army)은 일본이 적 화력을 무력화시키기 위해 사용했던 동일한 유형의 끌어안는 전술을 사용했다. 소규모 그룹을 이루는 보병, 공병, 대전차병 등등 그리고 간혹 전차가 단지 한 개의 빌딩 벽을 두고 갈라선 경우가 많았다.

연합군이 독일에 대해 집중적으로 공격할 때, 그들은 중부 및 서부 유럽에서 도시가 매우 많은 지역 안에서 점차로 전투를 많이 하게 된다는 것을 알게 됐다. 아마 서부 지역에서 이러한 전투의 가장 심각한 예는 1944년 11월 프랑스의 메츠(Metz)일 것이다. 여기서 도시전의 어려움은 도하, 광범위한 홍수, 그리고 독일이 차지한 프랑스 요새지의 많은 장애물로 매우 복잡했다.

미국에게 다행스러웠던 것은, 독일 방어가 연결되지 않았다는 것이었다. 양측은 한 집 한 집 전투해 나아가는 악몽을 피할 수 있었다. 이러는 동안, 적군(Red Army)은 스탈린그라드에서의 경험을 이용하여 방어하는 독일 도시에 대해 매우 광범위한 공격을 실시했다. 특히, 베를린이 대표적이었다.

4장. 결론

독일군의 경험은 2차 대전시 모든 육군들의 발전을 어느 정도 반영하고 있다. 처음에 독일은 훈련과 경험에서 이점을 지니고 있었다. 이런 이점은 장병들에게 상이한 무기를 전장에서 통합하고, 신속히 적을 향해 기동하여 적이 반응을 제대로 하지 못하고 분별력을 잃게 만들었다.

전쟁이 장기화 되면서, 독일은 점차로 항공지원과 성능이 좋은 기갑부대에 의존하는 경향이 있었다. 그러나 당시 임무는 이러한 부대의 능력을 초과한 임무였다. 예를 들어, 준비된 방어진지를 돌파하거나 적 주력부대 공격을 정지시키는 임무가 그것이었다. 중(重)전차는 보병을 동반하기 위해 필요한 반트랙 차량보다 생산 우선순위가 높았다. 따라서 독일의 생산 능력은 완전히 기계화된 부대를 만들 수 없었다. 동시에, 독일의 적들은 전술적 수준에서 어떻게 그들의 부대를 통합하고, 기갑부대에 대항하기 위해 효과적으로 종심방어를 어떻게 편성해야 하는가를 배우게 되었다. 이것은 1943년 쿠르스크에서 나타났다. 더욱이 연합군의 공군 및 지상군의 수와 질 모두가 향상되면서 초기 독일의 훈련 및 무기체계 상에서의 이점은 사라졌다.

일본에 있어서 양과 질의 두 가지 문제는 더욱 민감한 것이었다. 일본은 병력과 생산력에서 그들의 적에 대적할 수 없었다. 특히 일본 수십

만 명의 병사들은 중국에 묶여 있었다. 그러나 단순한 집중만으로는 주축군(Axis)을 전장에서 격퇴시킬 수 없었다. 소련, 영국 및 미국 기갑부대 역시 전투병과로 더 훌륭한 기술을 얻었고, 이것과 조합을 잘 이루기 위해서 편성을 이에 맞게 고쳤다.

1945년까지 이들 육군들은 소규모 부대 수준에서 실제 전투 효과를 발전시켰다. 물론, 이러한 효과는 간혹 제도적으로 신중히 고려되어 발전된 것이라기보다는 야전에서 즉흥적으로 발전된 것이었다. 그 시점에서, 적어도 일시적으로 제병협동 통합 문제는 보다 상위 수준의 편성으로 이전됐다.

1945년 우물쭈물했던 제병과를 협동시키는 문제는 대대급과 사단급이라기 보다는 육군과 다른 군종 간에 있었다. 특히 항공지원은 2차 대전에서 대부분 공격을 성공시키는데 중요한 연결고리였다. 그러나 미 육군은 이 문제에 대해 육군 항공부대와 단지 일시적인 협상만 했다. 전쟁이 끝나고, 소규모 부대의 통합 그리고 군종간의 협조와 관련된 실질적인 교훈은 자주 잊혀졌다.

제3부 열전과 냉전, 1945~1999년

1950년 스미스 특수임무부대

1950년 6월 25일 일요일 새벽 4시, 북한인민군(NKPA)은 경고 없이 남한을 공격했다. 소련은 자국 야전군을 모방하여 NKPA를 훈련시키고 장비를 대주었다. 인민군은 135,000명의 병력과 T-34 150대, 2차 대전시 사용된 프로펠러 전투기 110대를 보유했다. 이중 3만 8천명은 중국내전에 참전한 사람들이었고, 독재자 김일성과 같은 많은 지도자들은 2차 대전 동안 적군(Red Army)에 근무했다.

갑작스런 공격에 직면한 한국군은 도망치지 않았다. 그러나 전차를 정지시키기에는 무기가 부족했고, 곧바로 압도당해서 철수할 수밖에 없었다. 지구상의 냉전이 진행되면서, 미 대통령 트루먼(Harry Truman)은 어쩔 수 없이 미군을 투입하여 진출을 저지하고 최종적으로는 침공을 멈춰야 한다고 생각했다.

최초 북한군을 지연시키기 위한 과업은 미 육군에 전체적으로 부여된 것이 아니라 440명으로 구성된 한 그룹에 부여됐다. 이들은 1950년 7월 1일 일본에서 한국으로 날아갔다. 이 그룹은 21보병연대 1대대에서 주로 편성되어 스미스 특수임무부대로 알려졌다. 지휘관이었던 브래드 스미스(Brad Smith)의 이름을 딴 것이었다. 스미스는 진주만 공격 참전용사였다. 1950년 말 그대로 그는 미 육군을 전투에서 이끌었다. 9년 만에 두 번째였다.

1950년 7월 무더운 시기에, 스미스 중령은 적어도 10년 전을 거슬러 올라가 여행하고 있다고 분명히 느꼈을 것이다. 즉 미 육군이 2차 대전 시 제병협동 경험 이전의 시기에 있었던 것으로 말이다. 그는 전차도 없었고, 항공지원도 못 받았고, 효과적인 대전차무기도 거의 없었다. 스미스 특수임무부대는 단지 보병대대의 1/2 규모인 2대 중대로 편성되었고, 작은 규모의 본부, 그리고 몇 문의 박격포와 기타 중화기를 보유하고 있었다. 여기에 추가해서 6문으로 구성된 105미리 곡사포를 포함하고 있었다. 스미스는 주로 제24보병사단 여기저기서 병력과 장비를 받아서 전투력을 높였지만, 당연히 자신의 병력들을 잘 알 수 없었다. 사단 전체는 단지 13발의 포병용 대전차 고폭탄을 가지고 있었다. 이것만이 북한 전차를 관통할 수 있었다. 이 13발을 스미스 특수임무부대가 가지고 갔다.

한국에 도착했을 때, 스미스는 지시를 받기 위해서 지역을 담당한 미 지휘관을 만나러 갔다. 그는 주도로를 따라 북서쪽으로 가서 부산으로 진격하는 적의 진출을 늦춰보라는 지시를 받았다. 그는 이 과업에 따라 적합한 지역을 찾기 위해 일부 지원요원을 대동하고 출발했다. 그리고 마침내 수원 남쪽에 도로를 끼고 있는 낮은 구릉지를 선택했다. 스미스는 다시 돌아와 병력을 이끌고 야밤에 북으로 이동했다. 그는 피난민과 철수하는 남한군을 피하며, 그리고 신경이 예민해진 한국인들에게 그들이 통과할 교량을 폭파하지 말라고 설득하면서 이동했다.

1950년 7월 5일 자정을 넘자마자, 스미스 특수임무부대는 예정된 수원 남쪽 진지에 도달했다. 스미스는 진지를 편성하기 위한 행동을 하면서 보병을 능선에 배치했다. 아울러, 전방에 단거리 대전차무기를 후방에 포병을 배치했다. 곡사포 1문에만 대전차 고폭탄 모두를 주고, 도로를 따라 내려오는 전차를 사격하도록 진지를 편성했다. 차가운 안개비 속에서 특수임무부대는 참호를 파고 방어를 준비했다. 새벽에 병력들은 반호까지만 팔수 있었지만, 제원을 위한 연습사격은 완료했다.

다수의 병사 및 심지어 장교까지 북한군이 미군을 만나게 되면 철수할 것으로 생각했지만 그런 일은 일어나지 않았다. 7월 5일 07:00시, 스미스 중령은 자신의 방향으로 8대의 북한 전차가 도로를 따라 내려오는 것을 발견했다. 과거 소련군의 전방 분견대 모습의 선두부대였다. 전차가 사거리 내로 들어오자, 미 보병들은 바츄카포와 무반동총을 사격했지만, 포탄이 전차에서 튕겨나갔다. 미군 곡사포 1문이 2대의 전차를 파괴했지만, 그러고 나서 적의 공격으로 인해 남은 대전차탄이 모두 파괴됐다. 다른 전차들은 포를 쏘면서 미군을 통과해 계속 남하했다.

양자는 1시간 동안 조용했고, 미군은 참호를 더욱 깊이 팠다. 10시에 적 주력부대가 나타났다. 3대의 전차가 트럭의 긴 행진을 선도해왔고, 보병들이 하차했다. 적이 1000야드에 전에 도착했을 때, 스미스는 모든 화기 사격을 개시했다. 적 보병은 엄청나게 두드려 맞았지만, 병력을 전개시켜 미군 양 측익으로 우회시켰다. 스미스는 지원포병과 통신이 두절되었기 때문에, 이러한 새로운 위협에 대해 사격을 요청할 수 없었다.

14시 30분에 그는 거의 포위되고, 탄약이 부족했고, 상급부대와 통신할 수 없었다. 그는 그가 해야 할 사항을 결심하고 철수하기 시작했다. 그러나 주간에 적 사격을 받으며 철수하는 것은 가장 좋은 환경 속에서도 어려운 것이었다. 적이 매우 근접했기 때문에 많은 미군들은 장비와 무기를 버리고 그저 도망쳤다. 부상하고 전사한 미군들은 북한군의 손에 놓여졌다. 곡사포를 견인하기 위한 트럭은 이미 파괴돼서, 포수는 중요한 부품만 제거하고 후방으로 걸어서 철수했다. 153명이 죽고 포로로 잡힌 대가로, 스미스 특수임무부대는 적 진출을 약 5시간 정도 지연시켰다. 1945년 당시의 포병-보병-항공부대 팀으로 재건하기 위해 미군은 추가로 2개월 더 처절한 싸움을 해야 했다. 그러고 나서 한국 남동부에 위치한 부산 돌출부에서 침략군을 멈출 수 있었다.

1장. 제한된 전쟁, 1945~1973

1945년까지 유엔의 승리한 육군들은 매우 정교하고 장비를 강화시킨 형태의 제병협동 기계화전 형태를 발전시켰다. 태평양에서도, 미국과 영국은 풍부한 양의 공군력, 특수화된 상륙함, 그리고 장갑차량을 사용하여 보병작전을 지원했다. 그러나 전쟁 이후 곧바로, 주요 육군들은 제병협동 전투문제를 기계화 및 기갑화로 해결하려는 것에 반한 두 가지 추세에 직면했다.

첫째, 많은 전략가들은 원자탄의 파괴력이 전통적인 지상전을 낡은 행위로 만들고, 모든 미래 지상전에 대한 급진적인 변화를 가져올 것이라고 확신하게 만들었다. 원자탄은 좁은 정면에 지상부대를 밀도 있게 집중하는 것을 극히 위험하게 만들었고, 세계의 공군력 주창자들로 하여금 공-지 협조는 이전에 생각했던 것보다 중요하지 않다고 믿게 만들었다. 왜냐하면 슈퍼무기는 근접항공지원을 필요하지 않게 만들 것이기 때문이었다.

특히 1940년대 말, 미국이 핵 독점을 했을 때, 육군의 미래 역할은 전쟁 전에 전략 무기를 갖고 있는 기지를 경계하고 핵공격 이후 파괴된 적 지역을 소탕하고 점령하는 것으로 보였다. 1950년대 초까지 기술적 한계는 실제로 작은 규모의 전술 핵무기 생산과 설계에 어려움을 주었다. 따라서 핵전쟁을 정의하자면, 거대한 규모의 전략적 핵무기를 사용하는 것이었으며, 이런 정의는 곧 지상 전투를 게을리 하게 되는 결과를 낳게 되었다.

후에, 지상군이 여전히 중요한 역할을 한다는 것이 명확해졌을 때에도, 핵 옵션은 계속 거대한 재래식 부대를 견제하는 영향을 미쳤다. 특히 미국과 미국의 유럽 동맹에게 핵무기는 마찬가지로 잠재적인 적을 상대할 때 필요한 값싼 대안으로 보였다. 더욱이, 핵 억제력은 핵을 무장한 두 국가가 직접 싸우게 되면 자살행위로 보였다. 대신 미국과 소련은 일련의 대리전쟁을 했다. 한편 또는 양편은 약소 동맹국을 도왔지만, 이 두 슈퍼파워들은 서로 평화로운 가상 상황을 유지했다.

이러한 대리전쟁은 또한 1945년 기계화된 육군에게 두 번째 도전을 맞이하게 한 책임이 있다. 소위 민족해방전쟁이라는 것으로 게릴라 전술을 채택하고 군사적 목표보다는 정치적 목표를 강조했다. 1940년대 후반 중국, 인도차이나, 그리스, 말라야에서의 전복전으로 인해서 재래식 육군은 소총과 쌀 짐을 짊어진 정치화된 농부들에 대해 효과적으로 대항하기에는 너무 값이 비싸고 또한 딱딱한 부대로 보였다. 돌이켜보면, 대부분의 이러한 반정부세력들은 마르크스주의자 보다는 민족주의자에 가까웠다. 그러나 공산 세력은 이 저항세력들에게 도움을 주고 서구를 쩔쩔매게 하고 불안정하게 했다. 그러나 게릴라 또는 인민의 전쟁이 게릴라에게 호의를 가진 대중이 있는 곳에서만 효과가 있다는 것은 가치 없는 말이다. 중국, 베트남 그리고 다른 전복세력들은 국경 밖에서 싸우고자 했다. 그들은 곧바로 많은 부분에서 서구 육군의 군수 및 수송구조가 필요하다는 것을 알았다.

민족해방 전쟁의 도전에 대응하기 위해서, 서구 육군들은 두 가지 선택을 했다. 재래식 부대를 자신들이 의도하지 않았던 전쟁을 위해 적응시키고자 했거나, 또는 새롭게 만든 경보병부대를 위한 새로운 세대의 기갑 무기 개발을 무시하고자 했다. 인도차이나와 알제리아에서 프랑스, 말라야, 케냐, 아덴에서 영국은 확실히 1945년 기계화 추세로부터 벗어났다. 물론 대전복전(counterinsurgency)에서의 보다 강력한 기계화 환경을 적용했던 일부 발전이 당연히 있었지만, 이러한 발전은 일반적인 추세의 예외에 불과했다.

1960년대 유럽은 강력한 기계화된 전쟁에서 자신들의 국가를 방어하기 위해 중점을 둘 의사와 능력이 있었다. 그러나 이와 거의 동시에 미국은 베트남전에 참전했고, 바르샤바 동맹의 중대한 위협으로부터 자신들의 관심과 자산을 빼내어갔다. 1970년대 중반 이전에 모든 북대서양조약기구 멤버들은 유럽에서의 방어를 위한 교리를 적극적으로 연구하고 발전시켰다. 1945년에서 1979년까지 소련은 중요한 전쟁을 수행하지 않았다. 그 동안 소련은 과거 재래식 전투에서의 기술적 불리점을 만회하는데 성공했다.

소련 육군을 포함한 대부분 주요 육군들은 핵전쟁, 게릴라 전복전, 또는 이 양자 모두에 대해 적응해야 했다. 유일한 예외가 이스라엘이었다. 그러나 국내에 지속적인 테러리즘과 레바논에서 게릴라전은 기계화된 이스라엘 군대에게 어려운 문제점을 부과했다. 따라서 2차 대전 이래로 제병협동에서의 주요 논제를 식별해내는 것은 어렵다. 다양한 육군들이 동일한 문제에 직면했지만, 대게 동시에 이루어진 것은 아니다. 필자는 1945년 2차 대전 종료부터 2차 베트남 분쟁 그리고 1970년대 초 4차 아랍-이스라엘 전쟁 전야까지를 논하면서 시작하고자 한다. 이 분석의 초점은 세 가지 발전에 있다. 소련군의 편제와 교리 발전, 미국과 유럽 동맹의 혼란스런 경험, 그리고 이스라엘 국방군이 게릴라에서부터 기갑 위주의 재래식 병사까지 마침내 신속히 발전시킨 내용이 그것이다.

소련 육군, 1945~1966 : 재래식부대의 쇠퇴

소련 육군(Soviet Army)이라는 명칭은 2차 대전 이후 새롭게 붙여진 것이다. 소련군은 1945년 이후 교리와 편제에 있어서 4개의 구분되는 기간을 경험했다. 첫째는 전쟁이 끝나고 1953년 스탈린이 죽을 때까지의 기간으로, 소련은 부대의 일부를 해산했지만 전쟁 기간에 발전된 전술적 그리고 작전적 교리와 편제를 계속 동일하게 유지했다. 두 번째는 1953년부터 대략 1967년까지다. 지상군이 소련의 핵 무장 부대에 의해 뒤로 물러난 시기였다.

이 기간 중, 소련 육군은 규모가 축소되고 제병협동의 역사적 경험을 무시하고 핵 공격에서 살아남고 이를 이용할 수 있도록 설계된 전차 위주의 부대를 선호했다. 세 번째는 1960년대 후반부터 1980년대 중반까지다. 소련은 지상군을 다시 재건하고 위대한 애국전쟁(Great Patriotic War)의 경험을 다시 연구했다. 그리고 핵무기를 사용하거나 사용하지 않은 상태로 강력한 제병협동 기계화전을 수행하기 위한 준비를 했다. 마지막으로, 아프가니스탄 전쟁 경험과 다양한 신무기가 소련군의 구조에 영향을 미친 1980년대 후반이다(2장 참조).

2차 대전 직후, 소련은 핵무기가 없었고 따라서 자신의 기계화 재래식 부대를 유럽 우발 상황에 대비하여 개선하려고 했다. 그 당시 이것이 미국의 핵 독점상황에 대해 균형을 맞출 수 있는 유일한 방법이었다. 스탈린은 1948년까지 총 500개가 넘는 사단 규모의 부대를 대략 175개 사단으로 감소시켰다. 그러나 평화시 소련 육군의 사단급 기갑 및 기계화 부대는 이 기간 동안 사실상 39개에서 65개로 늘어났다. 이 과정에서, 전쟁 당시 전차군단은 전차사단이 됐고, 기계화군단은 기계화사단이 됐다(그림 14 참조). 각각의 새로운 사단 구조는 2차 대전의 경험을 반영했다. 전차, 자주포, 보병, 포병, 그리고 방공을 연대 수준에 통합시켰다.

실제로, 1951년 제병 중(重)전차/자주포 연대를 기계화사단에 추가하여 기계화사단은 작은 인원의 소련 참모부가 통제하기에는 다루기 힘들었다.

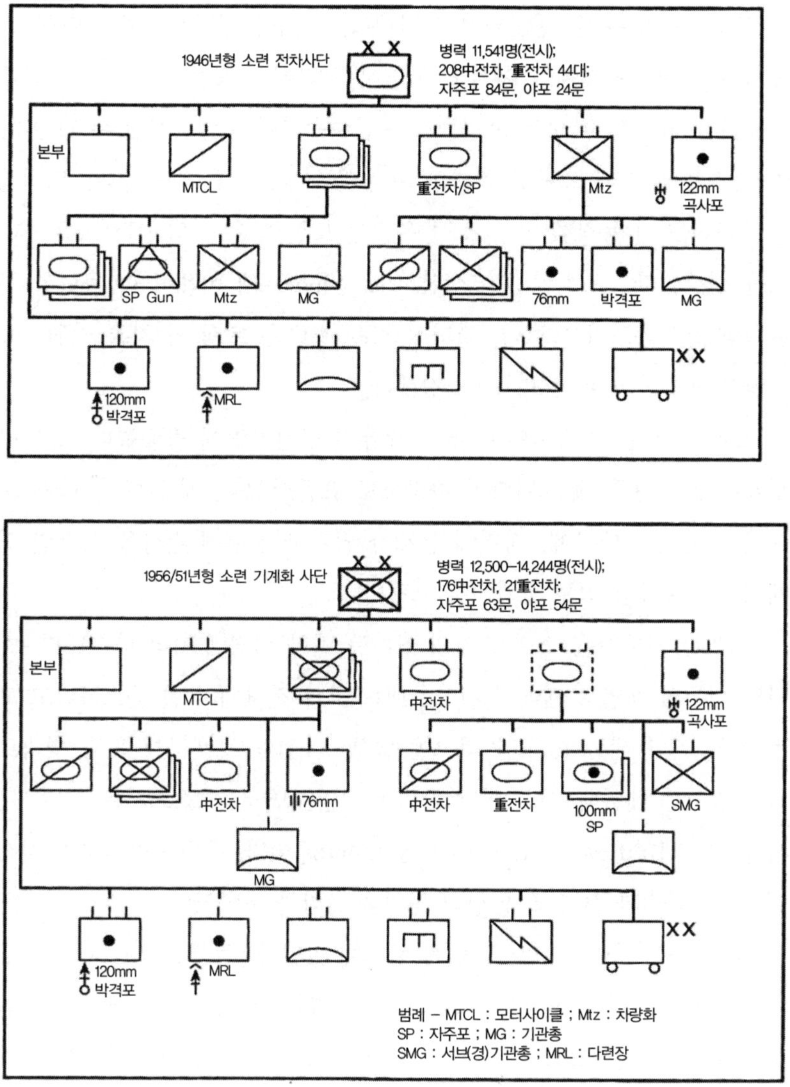

그림 14. 1946년형 소련 전차사단 및 1946~51년형 기계화사단

동시에, 소련은 남은 소총사단을 차량화 시켰다. 1945~1949년 부대 해산으로 인해, 남은 부대 모두를 수송차량과 함께 완전히 무장시켰다. 소총사단에 인가된 트럭의 수는 1944~1946년 간 세배로 증가했다는 것이 그 증거다. 최초 유치한 모습의 소련 장갑인원수송차량은 BTR-152 시리즈로 1945년 말 생산되기 시작했다. 그러나 전차사단의 차량화 소총연대는 1950년대에 들어서도 여전히 트럭에 탑승했다. 결국, 공업생산능력을 되살린 후 모든 보병들을 장갑수송차량에 탑승시킬 수 있었다. 이 차량은 파편과 소구경 화기로부터 일부 방호력을 제공했다. 트랙화된 BTR-50이 등장했지만, 소련 육군은 또한 많은 수의 BTR-60 시리즈를 생산했다. 트랙 차량은 생산하고 운용하는데 비용이 더 들었고 차륜차량보다 속도가 느렸다. 결과적으로, 소련은 트랙 및 차륜 인원수송차량을 혼합하여 유지하기로 결정했다.

1963년 모든 소총사단은 어느 종류건 장갑차량에 탑승했다. 그러나 성급하게 소련은 매우 커다란 차량으로 표준화했다. 각 BTR은 반개 소대를 운반했기 때문에, 정비에 문제가 있거나 전투에 손상을 입으면 전체적으로 소대급 전투 효과가 감소됐다.

이러한 기계화는 소련 교리의 커다란 변화 배경에 따라 나타났다. 소련의 핵무기 개발로 재래식 지상부대는 국가 전략에서 덜 중요하다고 고려됐다. 이 추세는 1959년 최고에 달했다. 전략 로켓군이 독립 병과로 자리 잡았던 때였다. 1953년 스탈린이 사망하면서, 모스크바는 소위 "군사에서의 혁명(Revolution in Military Affairs)"이라는 것을 인식하기 시작했다. 핵 화력과 전자 및 통신의 혁명을 포함한 것이었다.

두 인물이 이러한 개념의 변화 중심에 있었다. 주코프(Georgi Zhukov)와 소콜로브스키(Vasily Sokoliovsky) 원수였다. 1952~1960년까지 총참모장이었던 소콜로브스키는 새로운 개념을 발전시키는데 지적인 골격을 제공했다. 정치적인 인기로 인해 1945년 이후 불명예스런 일을 당했던 주코프는 스탈린이 사망한 이후 다시 권력을 되찾았고, 1955년까지 군의 주요 재편성을 위한 승인을 정부로부터 얻어냈다. 그의 기본 목표는 핵전쟁의 현실 속에서 지상군을 개조하여 이에 적응시키는 것이었다. 모든 부대는 지휘통제가 더 잘되기 위해 보다 규모가 작아져야 했고, 핵무기의 효과로부터 방호를 받기 위해서 장갑이 더 좋아져야 했다. 위대한 애국전쟁(Great Patriotic War) 당시의 재래식 야포에 의한 공격준비사격은 급격히 감소했다. 핵 타격으로 적 방어를 박살낸 다음 기계화, 기갑 위주의 부대를 전과확대 부대로 운용하자는 견해를 교리로 받아들였다.

편제 영역을 살펴보면, 주코프는 소총군단본부, 다루기 힘든 기계화사단, 걸어서 이동하는 보병사단, 그리고 남아 있는 말을 타고 작전하는 기병부대들을 없앴다. 차량화 소총사단이 기계화 및 소총사단 모두를 대체했다. 1958년까지 단지 세 가지 형태의 사단만이 소련 부대 구조 속에 남게 됐다.

전차, 차량화 소총, 공정 소총사단이 그것이었다. 1943~1945년 당시 커다랗고 다수의 군단을 보유한 야전군과는 대조적으로, 제병협동군(combined arms army)이 2 또는 3개의 차량화 소총사단 및 1개 전차사단으로 편성됐다. 전차군(tank army)은 3 또는 4개 전차사단을 보유했다. 미사일을 장비한 포병과 방공부대들이 소련군의 재래식 야포를 대체했다.

새로운 장비의 유입과 군(army)의 전체적인 규모 감소가 의미하는 것은 모든 부대들이 대부분 기계화 되었거나 아니면 적어도 차량화 되었다는 것이었다. 예외는 공정사단이었다. "기동단(mobile group)"이라는 용어는 30년간 사용된 용어로, 기계화 및 기병부대들로 편성되어 재래식 보병보다 기동성을 더욱 갖췄던 조직을 의미했는데 그 의미를 잃게 되고, 사용하지 않게 됐다. 그러나 돌파를 활용하는 기능은 유지되어 전차 및 차량화 소총사단이 이 역할을 수행하게 됐다.

1960년대 초, 신속한 돌파와 종심전투(Deep Battle)의 필요성으로 인하여 소련군 지휘관들은 제한된 규모의 공중기동성 운용을 검토하게 됐다. 1951년 초 스탈린은 24명을 수송할 수 있는 헬리콥터를 설계하라고 명령했다. 이 설계가 성숙될 무렵, 헬리콥터 수송은 도하지점 및 기타 중요지형지물을 확보함으로써 전과확대의 템포를 증대시키는 또 하나의 옵션이라고 보게 되었다.

헬리콥터는 낙하산 투하 작전에 만연되는 문제인 병력이 분산되고 투하 시에 편성이 무질서해진다는 것을 해결할 수 있을 것으로 보았다. 그러나 초기 소련군은 이러한 종류의 작전에 지상부대를 운용하지 않았지만, 헬리콥터 수송은 재래식 차량화 소총대대의 추가적인 임무가 됐다. 장갑화 차량을 뒤에 둔 채로, 이러한 대대들은 대전차, 방공, 포병 및 공병부대를 배속 받아 적 후방으로 투입되기로 되어 있었다. 결국, 착륙지대에 헬기는 대대 특수임무부대와 남아 있다가 필요시 추가적인 전술적 기동성을 제공하는 것이 표준적인 운용 모습이 되었다. 그러나 무장헬기는 수송헬기를 에스코트하는 제한된 역할만을 수행했다.

그러나 이러한 예외와 함께, 전체적인 제병협동 개념은 소련군이 미래의 전쟁은 핵전쟁이 될 것이라고 결론내리면서 덜 중요하게 되었다. 지상군은 일반적으로 핵 타격 후에 잔적 소탕을 하는 것으로 보았다. 특히, 보병과 재래식 포병은 당시 편제 속에서 규모가 감소됐다. 1947년 예를 들어, 전형적인 기계화 군(mechanized army)은 2개 전차 및 2개 기계화사단으로 편성됐다. 이 사단 안에 있는 기동 연대들은 보병부대를 통합했기 때문에, 기계화 군에는 총 34개 차량화 또는 기계화 보병대대가 있었다. 반대로, 1958년 전차군(tank army)은 단지 4개 전차 사단으로 편성됐고, 차량화 소총대대들은 편성에서 제외됐다. 이 차량화 소총대대들은 이전에는 전차 연대에 소속되어 있었던 대대들이었다. 결과적으로 전차군은 단지 12개의 보병대대만을 지녔다. 이 보병대대들은 모두 핵무기의 폭발과 방사능으로부터 약간의 방호력을 제공하는 장갑화 인원수송차량에 탑승했다.

후르시초프(Nikita Khrushchev)는 전략 로켓부대를 강조했다. 이것은 소련군의 재래식 부대들이 평소와는 달리 주목을 거의 못 받았다는 것을 의미한다. 소련군의 전체 전투력과 각각의 편성 규모는 전쟁 후 최저 수준인 140개 사단으로 저하됐고, 각 사단의 규모는 소규모로 편성됐다. 모스크바는 당시 모든 전면전은 핵전쟁이 반드시 수반된다는 기대를 유일한 옵션으로 완전히 받아들인 것으로 볼 수 있겠다.

1967년, 소련 제병협동군의 부활

1964년 말 후르시초프가 권력을 잃은 다음, 소련군 내에서는 군사혁명에 대한 일반적인 방향에 대해 논쟁이 시작됐다. 왜 이러한 논쟁이 발생했는지 정확한 이유는 알려지지 않았다. 미국의 유연반응전략에 대한 반응이었을 것이라고 어느 정도 짐작할 수는 있겠다. 이 교리는 가능한 분쟁의 전체 스펙트럼 속에서 전투할 수 있는 부대를 요구했다. 이것은 게릴라전에서부터 완전한 재래식 전쟁 그리고 핵전쟁을 포함한 것이었다.

후르시초프는 핵전쟁을 강조했기 때문에, 그가 권력을 잃으면서 소련 군대는 미국 카운터파트와 동일한 옵션을 고려할 수 있는 자유를 얻었다. 소련이 재검토한 이유가 어쨌든 간에, 1966~1967년 클레믈린의 단일 옵션은 너무 단순하다고 결론 내렸다. 예를 들어, 1968년 1월 이론을 선도한 쉬트릭(S. Shtrik) 소장의 논문이 발표되었는데 그는 "핵무기를 사용하지 않고 전투작전이 시작되고 일정 기간(상대적으로 짧은 기간으로 예상) 지속될 상황이 있을 수 있다. 그리고 이어서 이러한 무기들을 사용하는 작전으로 전환될 것이다"고 주장했다.

이러한 가능성에 대처하기 위해서, 소련 장교들은 재래식 제병협동전에 대한 연구를 재개했다. 정부는 2차 대전의 많은 고급 지휘관들에게 자신들의 회고록을 발간하도록 허락했고, 공개적으로 독일과 전쟁하면서 자신들의 작전적 그리고 전술적 과오를 밝혔다. 더욱 중요한 것은 이 회고록들은 위대한 애국전쟁시의 특정 기술과 연계성 유지에 중점을 두었다는 것이다. 특히, 소련 지휘관들은 기동단(mobile group)과 전방분견대(forward detachment) 개념에 주목했다. 이것들은 소련이 기계화 전과확대 및 추격을 수행하는 요체였다. 비록 기동단이라는 용어 자체가 완전히 기계화된 소련군에 더 이상 적용되지 않았지만, 그 기능은 재래식 소련 전술과 연관성을 유지했다.

소련 편제는 이러한 교리적, 역사적 관심을 반영했다. 1970년대 소련 전차연대는 점차로 기계화보병과 재래식 포병대대을 보유했다. 이 부대들은 주코프 시대에 없앴던 부대들이었다. 아마 매우 중요한 사항은 일부 소련 사단들이 "새로운" 편성부대인 독립 전차대대를 보유했다는 것이다. 서구 관찰자들은 이것을 순수한 전차대대로 보았고, 사단장의 추가적인 예비대로 생각했다. 그러나 위대한 애국전쟁에 소련이 새롭게 관심을 가졌다고 본다면, 독립 전차대대는 모든 미래 전과확대 및 추격 작전을 위해 특수하게 편성된 전방분견대의 핵심 부대였을 것이다.

따라서 1970년대 중반의 소련은 제병협동 전투의 교리 및 편제로 다시 돌아왔다고 하겠다. 미국이 베트남전에 참전한 관계로 기계화 발전을 위한 10년을 잃어버린 반면, 소련은 새로운 세대의 장갑전투차량을 개발했고, 오래전부터 유지되어 온 종심전투 그리고 기계화 제병협동 교리를 완전히 실행하기 위한 헬기를 발전시켰다.

미 육군 : 부대해체 시기부터 한국전쟁 전까지

1945년 소련 지도자들과는 달리, 미국 야전지휘관들은 편성과 장비에 부분적으로만 만족했다. 1945~1946년 미 유럽 작전전구 일반위원회는 과거 및 미래 편성과 전술에 대한 철저한 검토를 실시했다. 이 결과 1944~1945년 군의 실질적인 현상을 인식했다. 그 후 맥나일(Leslie McNair)의 개념으로부터 상당히 많이 벗어났다.

삼각 편제사단의 능력을 검토하면서, 예를 들어 일반위원회와 그 이후 전쟁성 연구 모두는 기갑부대는 사단에 영구적으로 편성되고 보병 공격을 지원하며 기본적인 대전차무기가 되어야 한다고 결론 내렸다. 보병의 57미리 대전차포는 비효과적으로 보였고, 모든 전차 파괴 병과는 평화 시기에 축소된 부대구조 속에서 살아남기에는 너무 특별한 것으로 보였다.

이전 교리의 발전 속에서, 미 육군은 "중(中)전차가 가장 좋은 대전차무기"라고 결론 내렸다. 비록 이것이 사실이라도, 위원회는 모든 유형의 적 전차에 대해 사격하고 파괴시킬 수 있는 전차 설계의 어려움을 무시했다. 더욱이, 전차가 최상의 대전차무기라도, 이러한 역할로 전차를 사용하는 것은 가용 전차를 가장 잘 운용하는 것이 아니었다. 이렇게 되면 전차를 적 취약점에 투입하여 공격 및 전과확대 하는 것이 아니라 보병에게 묶이게 만드는 것이었기 때문이다. 어쨌든, 전쟁 이후 미 육군의 각 보병연대는 영구 편성된 전차중대를 인가받았다. 사단으로 보면 전체적으로 전차대대를 하나 더 보유하게 된 것이다.

전쟁성이 새로운 보병사단 구조를 1946년 11월 승인할 당시, 다양한 변화가 전쟁경험을 기초로 나타났다(그림 15 상단). 자주화 대공자동포와 4.2인치 박격포는 2차 대전 당시 사단에 화력지원을 자주 제공했던 화기였는데 이것이 사단에 영구 편성됐다. 연대급 포병중대와 대전차중대는 없어졌다. 그러나 보병대대에게는 신형 저속 대전차 화기인 무반동총이 이러한 임무를 수행하기 위해 할당되었다.

보병분대와 소대도 달라졌다. 1946년 포트 배닝 보병학교에서 회의가 있은 후, 육군은 소총분대 인원을 12명에서 9명으로 줄였다. 이러한 변화는 분대장에게 분대원 통제를 용이하게 해주었고 감소된 인원은 재편된 소대 내에 화기분대를 만들 수 있게 해주었다. 이 분대는 경기관총과 대전차 로켓발사기를 보유했다. 결과적으로 소대는 전쟁 당시 소대의 모습보다 더 독립적인 사격과 기동 능력을 갖추게 됐다. 한편, 9명으로 편성된 분대는 사상자 또는 기타 병력이 결손 되면 전투력이 거의 바닥나게 되었다.

기갑사단에도 유사한 변화가 있었다(그림 15 하단). 1944~1945년 대부분 기갑작전에서 제한된 요소는 장갑화 된 보병의 부족이었다. 이것은 심지어 1943년보다 작은 사단편제에서도 마찬가지였다. 전쟁이 끝나고, 패튼(George S. Patton) 장군은 장갑화 된 보병이 이 사단에서 모든 사상자의 65%에 달했다고 평가했다. 반면 독일의 경우는 단지 29%에 불과했다. 재래식 보병 및 장갑화공병은 기갑 특수임무부대에서 보병의 근접경계지원 및 도시전투 기능을 수행할 수밖에 없었다는 것을 알게 되었다. 따라서 1946년 전쟁성은 각 기갑사단 내에 3개 장갑화보병중대를 지닌 3개 장갑화보병대대를 4개 장갑화보병중대를 지닌 4개 장갑화대대로 보강시켰다.

보병사단과 마찬가지로, 전후 기갑사단도 과거에는 주로 배속되었던 많은 부대들을 보유하게 됐다. 중(重)전차대대는 실제로는 M26 중(中)전차를 보유했었다. 이유는 90미리 고속포 때문이었다. 이것이 기갑사단의 대전차 자산이었던 구축전차(tank destroyer)를 대체했고 구축전차는 결국 없어졌다. 자주화 155미리 포병대대, 자주화 대공자동포대대가 영구 편성됐다. 장갑화보병을 두 배로 늘리는 것은 고사하고, 2차 대전 당시 사단의 3개 장갑화공병중대가 기동성 보장 임무에 충분하지 않다고 판명됐다. 결과적으로 전후 장갑화공병대대는 4번째 공병중대와 1개의 교량중대를 추가로 더 보유했다. 일반적으로 2개의 트럭중대가 모든 기갑사단에 배속됐고 독립된 부대로 추가되지는 않았다. 그러나 사단의 가

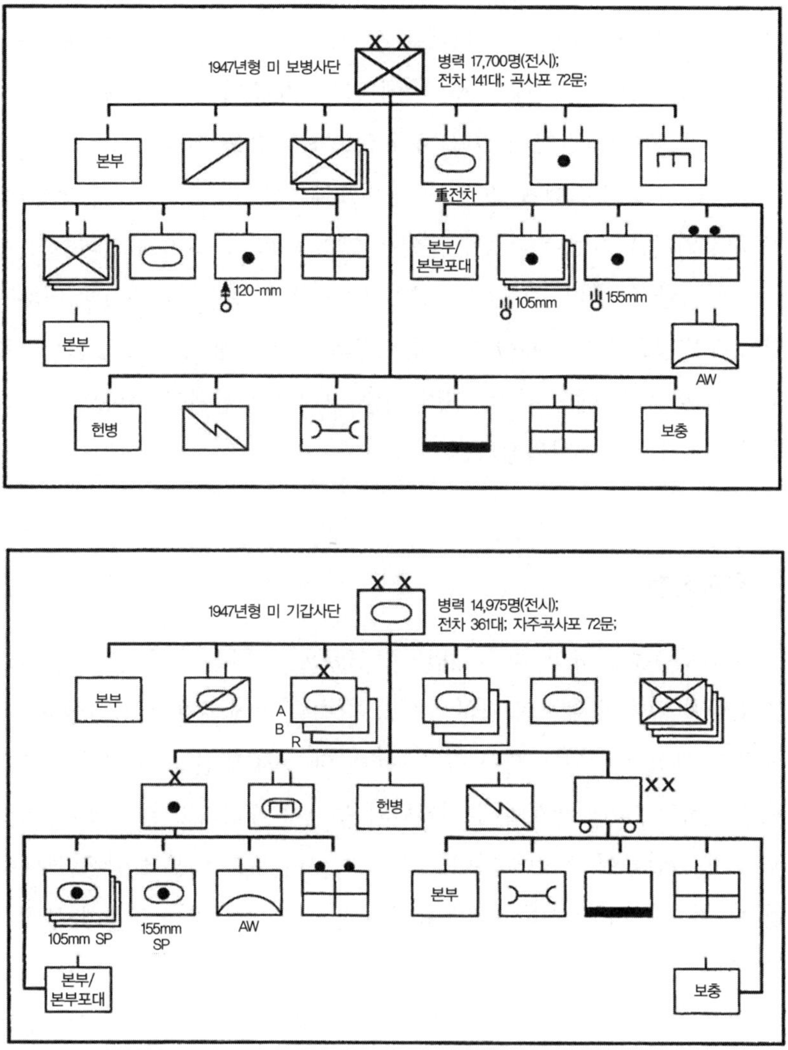

그림 15. 1947년경 미 보병사단 및 기갑사단

용 차륜 수송능력은 전쟁 이후 재편성 시기에 확실히 향상됐다. 예를 들어, 기갑사단의 2.5톤 카고 트럭 수는 1943년 442대에서 1947년 804대로 늘어났다.

병과를 조합하는데 있어서 이러한 주목할 만한 대부분의 향상은 전후 부대해체 때문에 실패했다. 미 육군은 독일 및 일본을 점령하는 위수부대로 감축되었다. 미국 내에는 수 개의 기간편성부대만 남게 됐다. 미국의 핵 독점으로 인해, 육군 밖에서는 전투준비가 된 부대의 필요성을 거의 느끼는 사람이 없었다. 독일의 1개 사단을 제외하고 미 육군은 1946~1947년 추진했던 병력 및 장비표에 근접한 편성부대가 없었다. 1950년 일본을 점령한 각 4개 사단은 단지 병력 및 무기에 있어서 전쟁 당시 인가량의 2/3만 보유하고 있었다. 이러한 사단은 각각 1개 전차중대, 1개 방공포대를 보유했고, 3개 보병대대 및 포대 중 각 1개씩을 잃게 되었다. 더욱이, 예산 감축, 인력 전환 그리고 훈련지역 부족으로 부대 훈련이 심각하게 어려워졌다.

한국전쟁

소련무기를 보유한 북한 인민군이 1950년 남한을 침공했을 때, 일본을 점령한 전력이 감소된 미군 사단들이 수일 만에 전투에 참가했다. 이전 해에 예산 부족의 문제가 즉각 나타났다. 2차 대전 시대 탄약은 불발되기도 하고, 부대 병사들의 전투화와 무전기 배터리도 부족했다. 연속해서 각 사단들이 전쟁에 뛰어들었다. 이 사단들은 일본에 남은 부대를 훼손시켜 가면서 전투력을 올려놨기 때문에 부대 단결에 심각한 문제가 있었다.

이러한 갑작스런 전투 참가로 단순히 훈련 및 전투력 부족 이상의 문제가 야기됐다. 또한 미 육군은 자신의 교리에 맞지 않은 부대 구조를 가지고 있다는 것을 보여주었다. 연대장은 대전차 화기인 중(中)전차를 보유하지 못했고, 단지 단거리 대전차 방어가 가능한 2.36인치 구식 로켓 발사기만 보유했다. 이 무기는 소련으로부터 지원을 받은 북한군이 사용하는 T-34 중(中)전차에 대해 대부분 비효과적이었다. 더욱이, 3개 대대가 아닌 2개 대대만을 지녔던 미군 연대는 일반적으로 2개 대대를 전방에 배치하는 방어를 할 경우 예비대를 갖지 못했다.

병력 부족과 한반도의 산악지역은 방어부대의 분산과 고립을 증가시켰다. 이러한 분산은 1942년 일본의 공격 전술과 소련 전방분견대 전술을 병합한 전술을 북한이 구사하도록 해주었다. 소규모 T-34 부대를 앞세워 북한군은 도로를 따라 남하했다. 만일 이 전차부대가 유린할 수 없는 거점을 만나게 되면, 경보병 부대들이 주변 고지를 이용하여 이를 우회하여 방어부대 후방의 병참선을 차단하고, 철수 또는 고립을 강요했다. 미군 대대장과 연대장들은 1944~1945년 유럽 전투에서 도로를 중심으로 한 전투 참전자들이었다. 그들은 이러한 전술에 적응하는 것이 어렵다는 것을 느꼈다.

전쟁 후반에, 미군은 10년 전 영국군과 마찬가지로 고립되고 측후방에서 공격받는 것을 받아들여야 한다는 것을 배웠다. 전쟁 내내, 가장 흔한 미군 방어진지는 중대규모로 능선이나 고지 정상에 사주방어진지를 구축하는 것이었다. 이러한 중대 방어진지는 다른 측방의 중대 방어진지와 수백 또는 수천 미터 이격되어 있었다. 이러한 형태의 분산된 거점방어는 1945년 대부분 육군에서 점차적으로 나타난 일반적인 방어형태였다. 그러나 이것은 탁월한 화력지원이 필요하고 가능하다면 적극적인 정찰을 통해서 효과적인 방어가 가능해야 했다. 한국의 경우, 미 보병들은 자주 전방에 정찰 및 전초를 운용하고 근거리에서 적이 기습적으로 공격하는 것을 격퇴하기 위해서 우세한 화력에 의존해야 했다. 이러한 기습공격이 있을 때 포병, 중화기, 그리고 보병 편제 무기의 통합적인 사용이 적 공격을 멈추게 하는데 효과적임이 밝혀졌다.

1950년 11월 중국공산군(CCF; Chinese Communist Force)과의 최초 접촉은 정밀 공격이나 또는 소규모 부대 방어가 아니었다. 그것은 일련의 조우전이었다. 양측이 동일한 도로와 하상 기동로를 이동로로 사용하다가 조우한 것이었다. 1950년 말까지 미 사단들은 완전한 편제표를 갖추고, 신속히 북한을 점령하고 회복하기 위해서 몇 개의 도로를 따라 진격했다. 비록 훨씬 가볍게 장비를 갖췄지만, 중공군은 저지대를 사용하고 측후방 차장을 하면서 견고한 종대대형으로 남쪽으로 이동하고, 공중정찰이 있으면 마을 또는 삼림지역에 숨었다.

최초 조우전이 발생하면, 중공군은 고지대로 돌려, 미군 좌우측으로 돌아서 기동했다. 중공군의 많은 인원들이 1940년대 게릴라 전쟁의 베테랑이었고, 미군은 처음에는 주로 도로에 배치되어 있었다. 그러나 미 화력은 곧바로 공산군의 주간 이동을 위험하게 만들었다. 그리고 고지 정상에 중대 및 대대 전면 방어진지를 구축하여 중공군의 이동을 더욱 방해했다. 따라서 한국전쟁 후반, 중공군이 선호했던 기동방식은 또다시 저지대를 따라 야간에 이동하여 적 거점을 우회하고 예상하지 못한 방향으로 공격하려는 것으로 바뀌었다.

침투부대는 전방 보병을 지원하는 포대를 자주 공격했다. 이러한 노력에도 불구하고 만일 중공군이 고지의 방어부대를 공격할 필요가 있다고 판단했다면, 그 당시에 자주 거론 되었던 인해전술에 의존했다. 인해전술은 실제로는 피해가 많았고 드물게 사용되었다. 대신, 공격부대는 유엔(UN)군 방어부대를 무력화시키기 위해서 기관총과 박격포를 사용했다. 이때 강습부대는 포복하며 전진하여 적의 약점을 찾았다. 이렇게 지속적인 공격을 통해 적의 탄약과 병력을 점차로 소모시켰다. 과거 화력에 압도당한 다른 육군과 마찬가지로, 중공군은 한국에서 유엔군에 대해 "끌어안는" 전술을 시도했다. 적에게 매우 가까이 접근함에 따라 방어부대는 자신들도 타격받지 않고는 화력지원을 요청할 수 없었다.

1951년 전선이 비교적 안정화 되었을 때, 한국전쟁은 소모전이 됐다. 양측은 적 인원을 격멸하기 위해서 제한된 공격을 개시했다. 미국은 이러한 공격을 할 때, 2차 대전 교리에 따라 상이한 병과를 통합하는 방법을 사용했다. 그리고 가용 화력을 최대화 하고 우군피해를 최소화하기 위해 점차 교리를 변경시켰다. 이러한 작전기술의 한 예가 펀치작전(Operation Punch)의 2단계 작전에서 있었다.

미 제25보병사단은 1951년 초 다수의 대대로 제한된 공격을 실시했다. 두 개의 커다란 특수임무부대가 평행을 이룬 도로를 따라 공격하여 중공군의 저항을 감소시켰고, 적 침투공격을 회피하기 위해서 야간에는 철수했다. 그리고 나서 적이 다시 방어진지를 점령하면 추가로 사상자를 내기 위해서 다시 공격했다. 두 개의 특수임무부대 중 하나가 특수임무부대 돌빈(Dolvin)이었는데 이 부대는 대대본부와 2개 중(中)전차중대, 1개 보병대대, 연대 박격포 중대 소속 1개 4.2인치 소대, 1개 자주화 방공포소대, 1개 전투공병소대, 통신, 의무지원, 전술항공 통제 요소로 구성됐다. 목적이 300고지 일대 벙커를 제거하는 것이었기 때문에, 보병 지휘관이 전체 부대를 통제했다. 그러나 전차 승무원과 전차에 올라탄 보병간의 통신이 매우 어려웠다. 신형 M46전차는 이전 M4전차와 마찬가지로 전차에 탑재된 외부 전화기가 없었기 때문이었다.

1951년 2월 5일 전체 특수임무부대가 국도를 따라 이동하면서 300고지 일대의 적을 격멸했다. 자주화 방공포가 다수의 중 기관총에 의한 거대한 화력과 함께 전차 후방에 엇갈리게 전개하여 2개 선을 이룬 상태로 적 방어부대를 조준하여 사격할 수 있었다. 30분간 4.2인치와 81미리 박격포, 보병 무반동총, 방공자동포, 전차 부대가 300고지를 질서정연하게 포격하여 제압했고 가능한 경우는 적 방어진지를 파괴시켰다. 그리고 보병은 이러한 공격준비사격 간에 전차 후방에서 보호를 받으며 조심스럽게 전진하여 고지로 올라갔다.

각 소대의 한 명의 병사는 색깔 있는 패널을 쥐고 조심스럽게 자신의 위치를 노출시켰다. 이것은 원래 항공기에게 부대의 위치를 식별시키기 위한 것이었다. 적 화력에 의해 이 선두에 선 병사가 엄폐하게 되면, 모든 지원화기들은 정확히 우군 부대가 어디 있는지를 알게 되었다. 아울러 개략적인 적의 저항진지도 알게 되었다. 결과적으로 미국인 사상자는 크게 발생하지 않으면서 중공군에게는 엄청난 피해를 줄 수 있었다.

1951년 11월 유엔과 공산세력은 임시적으로 협상 중이었던 휴전을 위해 군사분계선에 동의했다. 그 이후, 미국과 유엔 동맹국들은 펀치작전과 같은 소규모 공격 기동작전의 의미를 거의 가질 수 없었다. 병사를 잃으면서 지역을 확보할 이유가 없었던 것이다. 휴전이 되면 어차피 잃을 지역이었다. 공산군이 진격할 경우 정찰, 습격, 역습을 했던 것을 제외하고는 전쟁은 전체적으로 방어진지를 유지하는 것이 됐다.

많은 관찰자들이 한국전쟁의 이 국면을 1차 대전 당시의 포병 및 참호전과 비교한다. 그러나 사실상 여기에는 구별할만한 차기가 없었다. 상대적으로 좁은 부대 정면을 따라 종심방어를 하는 대신, 한국에서의 유엔군 부대는 고지에 연속적인 거점으로 얇은 방어선을 구축했다. 중앙집권화 된 화력통제와 지상에서 폭발하지 않고 지상에 접근시 폭발하는 포병 근접 신관으로 인해 유엔군은 이전에 없던 화력을 방어부대에 제공해주었다.

반대로, 공격하는 공산군은 단지 제한된 포병 또는 박격포 지원만 자주 받았다. 1951년 미 육군은 사격지휘 능력을 더욱 향상시켰다. 회전하는 사격도판을 발전시켜서 관측자의 정확한 위치를 몰라도 사격지휘소에서 화력을 표적에 정확히 맞출 수 있게 해주었다. 적 공격이 보고되면, 사전에 계획된 말발굽 모양의 포병 및 박격포 지역사격, 또는 기습사격으로 유엔군 전초 주변을 둘러서 사격했다. 이 화력으로 수 시간 동안 적 증원부대를 이 지역에서 고립시킬 수 있었다.

이와 동시에 방어부대를 지원하기 위해서 조명사격을 실시했다. 거점 주변 말발굽 모양의 사격으로 포탄이 작렬하면서 방어부대는 거점 근접지역에 들어온 적을 상대할 수 있었다. 방어하는 보병중대는 간혹 지상화력지원을 위해 자주화 방공 자동포 사격을 요청했다. 경우에 따라, 전체 군단 포병이 공격 받는 한 개 전초를 화력으로 지원했다. 1953년 24시간 동안, 9개 포병대대가 39,694발의 사격을 실시하여 1개 보병중대를 방호했다. 비록 당시 제한된 목표 개념에 의해 정당화되었지만, 이러한 엄청난 화력은 보병으로 하여금 지나치게 화력에 의존하게 하는 경향을 만들어냈다.

한국전쟁에서의 공군력

포병화력은 비록 사치스런 규모로 사격한다고 해도 포탄이 실제 적에게 떨어질 때만 적을 멈출 수 있다. 이와는 반대로, 항공지원은 엄청난 심리적 효과를 지상에 있는 양측 모두에게 부여한다. 이것을 인식하고, 미 해병대는 한국전쟁에서 밀접한 공지협조(air-ground cooperation)의 전통을 유지했다. 이것은 특히 해병대에게 중요했다. 해병대는 육군에 비해 부족한 비사단급 포병과 화력지원 능력을 지녔다.

불행하게도, 기타 군종은 해병대의 기록에 매치될 수 없었다. 1940년대 후반 예산 삭감으로 새롭게 독립한 미 공군은 비싼 폭격기와 제트 요격기에 초점을 맞추고, 사실상 마지막 우선순위로 교리 상에 남아 있던 지상부대 화력지원임무를 포기했다. 1950년 위기 발생시, 가용 공군 전투기의 제한된 활동 거리와 최초에는 일본의 기지에서 발진해야 했기 때문에 미 공군은 제공권을 장악하는데 심각한 불리점을 가지고 있었다. 따라서 한국에서의 지상지원은 말할 필요도 없겠다. 반복되는 육군의 요구로 공군은 B-29 중폭격기를 즉각 전선 후방의 적 보급로 폭격을 위해 사용했다. 이 임무는 공군 장교가 적절히 표현한 "폭포의 바닥부터 물의 흐름을 막는 것"이었다.

결국 공군은 적합한 조종사, 항공기, 전방항공통제관을 집중해서 육군을 지원했다. 그러나 오해와 불신은 계속됐다. 항공자산의 중앙집권적인 통제는 지상군 지휘관이 새롭고 잘 알지 못하는 조종사들을 매일 다루면서 항공기가 도착하여 표적을 식별할 때까지 오래 기다려야 했음을 의미하는 것이었다. 한국에서 근접항공지원과 관련하여 관찰했던 한 연대장(나중에 육군참모총장이 된다)은 "그것을 원하면 얻을 수 없고, 얻을 수 있다면 그것을 타격할 수 없다. 그러나 만일 표적을 그것이 타격한다면 그것은 어쨌든 많은 피해를 가할 수 없다"고 말했다.

이러한 나쁜 감정은 맥아더가 해병대-육군 합동부대로 인천상륙(1950년 9월)을 할 때, 미 공군이 상륙지역 상공 공역에서 배제된 부분적인 이유였다. 그리고 상륙부대는 33해병항공단(Marine Air Group 33)에게 모든 항공작전 지원을 의존했다. 전쟁 후반에, 많은 선임 장교들은 모든 지상 지원 항공기를 지상지휘관에게 작전통제해야 한다고 주장했다.

1951년 12월, 8군 사령관 밴 플리트(James Van Fleet) 중장은 유엔군총사령관 클라크(Mark Clark) 장군에게 한국에 있는 4개 군단에 각각 1개 공군 전폭기 비행대를 영구적으로 배속해야 한다고 공식적으로 요청했다. 이렇게 하면 조종사가 특정 지역의 지형과 부대에 익숙해지고, 필요시 신속히 반응할 수 있을 것이었다. 그러나 클라크 장군은 주저하며 이 제안을 거절했다. 부족한 항공기를 헛된 보급로 차단과 같은 기타 임무로부터 전환할 수 있기 때문이었다. 그러나 그는 해군과 공군 모두 더 많은 비율의 항공기를 근접항공지원을 위해 제공하도록 했다. 1952년 10월에 4,500쏘티를 지원했던 것이 정점이었다.

이것을 위해 미 공군은 전쟁 기간 동안 지상지원 항공기의 반응성과 효과성을 향상시키기 위해 주된 노력을 쏟았다. 결국, 조종사들은 지상 전방항공통제관(FAC)으로 80일간 근무해야 했다. 이것은 다시 항공기 조종을 위해 복귀했을 때, 이해도와 협조성을 크게 향상시키기 위해 필요한 것이었다.

공군은 또한 결정적인 위치에 공정 FAC를 제공하기 위해 다양한 항공기를 사용했다. 점차로, 공군과 지상군 지도자들은 상호간에 작전 및 능력을 더욱 잘 알게 되었는데, 이를테면 육군은 근접신관을 지닌 고폭탄을 항공 타격 직전에 표적 지역의 적 방공무기에 대해 사격함으로써 적 방공무기를 제압하고 우군 항공기를 보호하는데 도움을 준다는 것을 배웠다.

한국에서 항공작전의 새로운 영역은 헬기 사용이었다. 2차 대전이 끝나면서, 미 해병대와 육군은 몇 대의 원시적 헬기를 구매하여 이 운용방법을 연구했다. 해병은 1947년 실험 헬기 항공대를 편성하여 상륙연습 간에 소규모 강습착륙에 사용했다. 군종간의 협정으로 미 공군은 육군을 위한 헬기의 설계와 조달을 관장했고, 이러한 능력의 발전을 상당히 방해했다. 더욱이, 미 육군 선임 장교들은 낙하산과 글라이더 기동으로 새로운 개념을 대신하자고 강조했다. 여전히 1953년까지 육군과 해병대는 의무후송과 연락임무 그리고 부대 및 보급품의 제한된 이동을 위하여 헬기를 운용했다.

특수작전 부대

만일 헬기가 한국에서 상당한 진보를 보였다면, 특수작전부대는 잘해야 이와 혼합된 기록을 남겼을 것이다. 1950년 인천상륙작전 당시, 진취적인 미 해군 중위가 미 육군과 남한 병사, 일부 자원자, 그리고 영국 해병대를 혼성한 그룹을 조직했다. 이것은 특별한 목적을 위한 부대로 광범위한 정보를 수집하고, 인천 인근에 적이 적게 배치된 섬을 확보하는 임무를 수행했다. 그러나 동일한 작전 기간 중, 미 육군이 급하게 조직한 제1특수작전중대가 김포 비행장을 확보하는데 실패했다. 강의 조류가 너무 빨라서 작은 노를 젓는 뗏목으로는 건널 수 없었다. 이 중대는 수 일 후에 효과적인 견제 공격을 실시했다.

미 리더십 하에 많은 효과적인 게릴라 그룹이 북한 해안에서 떨어진 섬에서부터 작전을 수행했다. 북한 내부로 공정(airborne) 침투 노력은 보다 성공적이지 못했다. 이러한 "동키 팀들(donkey teams)"은 낙하산으로 투하되어 분산됐다. 일부는 정보를 수집하고, 공산 정권에 대한 지역 레지스탕스를 조직하는데 성공했지만, 강해졌을 때 일반적인 보병 전술을 사용하는 잘못을 저질러 적은 이들을 탐색하고 격멸할 수 있었다. 전체적으로 이러한 작전은 지휘라인의 혼선, 불확실한 침투 및 재보급 방법으로 인해 고전했다.

한국전쟁에서의 경험으로 인해 미 육군은 게릴라를 훈련시키고 지원하는데 있어서 필요한 특수화된 부대 가치에 대한 과거 결정을 바꾸게 됐다. OSS내의 2차 대전 작전 참가자 일부는 육군에 이러한 부대를 창설하기 위해 정력적인 노력을 했다. 1952년 3월 참모총장 콜린스(J. Lawton Collins) 장군은 최초 특수부대 그룹을 북캐롤라이나 포트 브랙(Ft. Bragg)에서 창설했다. 이 부대는 1953년 초까지 한국에 전개되지는 않았다. 그러나 그 후 이 부대는 충격 부대로 잘못 사용되곤 했다. 실제, 이것은 거의 피할 수 없는 것이었다. 특수부대를 위한 병력 인가는 유격중대를 해체하면서 가능한 것이었다. 이전에 유격중대는 전술적 수준에서 특수작전을 수행했다.

아시아의 공산세력

미국은 한국에서 특수작전부대를 시험한 유일한 참전국이 아니었다. 김일성과 기타 한국 공산당 리더들은 대 일본 빨치산 전역의 참전자였기 때문에, 북한군이 이러한 작전을 매우 강조했다는 것은 필연적이었다.

1940년대 말, 북한의 훈련된 요원들은 남한에서 전복전을 시도했다. 이러한 작전은 일반적으로 실패했다. 그리고 북한은 전통적인 게릴라 개념을 무시했고 대신 자체 보급을 할 수 있는 코만도 또는 저격부대를 선호했다. 이들은 후방에서 목표를 타격하는 부대였다. 1953년 휴전 후 약 40년 이상, 북한의 특수부대들은 대한민국을 위태롭게 하기 위해서 정력적으로 활동했다. 특히, 1966년과 1968년 북한은 서울의 청와대를 타격하려는 등의 일련의 특수작전을 수행했다. 이것은 거의 성공적이지 못했다. 비록 이러한 공격이 좌절됐지만, 북한은 계속 특수작전부대를 확장했고 1980년대까지 10만 명을 양성했다.

이와는 반대로, 나머지 북한 육군은 1940년대 소련 구조 및 교리를 상당부분 모방했다. 보병사단은 표준적인 소련 패턴을 따랐다. 물론 한국의 산악지형으로 인해 이러한 부대들은 소련의 카운터파트보다 박격포 같은 고각사격 무기를 더 많이 보유했다. 1970년대, 북한은 2차 대전시 소련의 기동 전과확대 부대의 구조를 모방하기도 했다. 1개 전차 군단과 수 개의 기계화군단을 만들어 유엔과 남한에 대해 공격할 때 보병돌파를 이용하여 전과확대 작전에 투입하려 했다.

중국 인민해방군(PLA) 또한 한국에서 어렵게 교훈을 얻었다. 전쟁은 현대화된 장비 및 훈련이 없이는 현대전을 수행할 수 없다는 것을 얻었다. 최초 성공 후, 중공군은 적에 비해 압도적으로 화력에 밀렸다는 것을 알았다. 자신의 국경을 넘어 전투력을 투사하는 것은 지난 20년간의 인민전쟁과 다른 훨씬 나은 보급 능력을 필요로 한다는 것을 깨달았다.

미 공군력의 거대한 효과는 중공 공군이 전투기를 신속히 늘리도록 자극했다. 더욱 일반적으로 보면, 1951년이 시작되면서 PLA는 소련 장비, 전술, 그리고 어느 정도 강화된 교리를 간절히 끌어안으려고 했다. 1957년까지 소련은 중공에 적어도 3,000명의 고문관을 지원했고 20억불 가치의 군사 원조를 했다. 고문관들은 소련 학교에 다닌 선발된 중공 장교들과 함께 PLA를 변화시키려는 노력을 가속시켰다. 매우 가볍게 무장되고 게릴라를 기초로 한 부대를 소련군 장비를 기초로 한 부대로 만들고자 했다.

야포 및 방공포 그리고 기타 중화기는 적어도 PLA 부대의 가장 우선순위가 높은 표준 무기가 됐고, 전차 및 트럭 연대가 중공군에게 더 나은 공격력과 군수능력을 제공해 주었다. 북한 동맹국과 마찬가지로, 중공은 한국의 산악 경보병 전투의 독특한 국면을 보존했다. 예를 들어 무반동총을 많이 보유하는 것이었다. 1952년까지 PLA 보병사단은 더 이상 경사단이 아니라 많은 서구 국가의 사단 모습과 유사했다. 보병은 여전히 침투전술을 사용했지만, 더 나은 군수지원과 화력지원능력을 지녔다.

전환하는 과정에서 인민해방군은 군기와 외형 모습에서 소련의 모습을 받아들였다. 장교단은 보다 전문화되고 구분되는 복장과 계급장을 달았다. 이러한 전문화는 중국 혁명의 이데올로기적, 정치적 세력과 충돌했다. 더욱이, 중공 리더십은 마침내 소련 군사교리는 소련이 공산세계를 지배하는 것처럼, 중국 혁명전통과 양립할 수 없다고 결론 내렸다. 1960년대 후반 문화혁명 기간 중, 마오쩌뚱(毛澤東)은 장교계급을 없애고 가장 영향력 있는 일부 지휘관을 제거했다. 거대한 중공군을 위해 복잡한 무기를 획득하고 유지하는 어려움과 대격변은 필연적으로 중공군의 발전을 지연시켰다. 여전히 전형적인 중공군 보병사단은 소규모 기갑연대와 많은 수의 야포 및 지원화기를 보유하고 있다(그림 16).

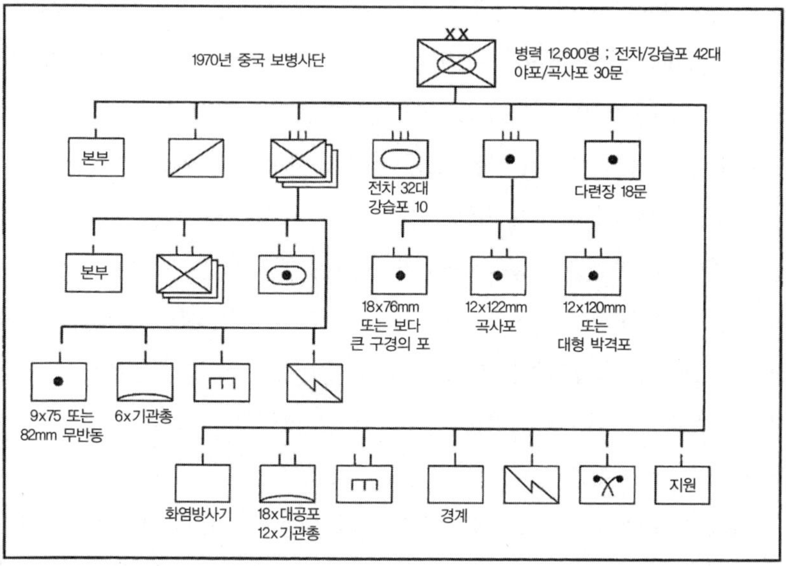

그림 16. 1970년 중국 보병사단

임무를 찾아서: 삼각편제에서 ROAD로의 육군 편제 변화

한국 전쟁에서 미 육군의 진정한 성공은 육군의 규모 및 예산을 일시적으로 증가시켰다는 것이었다. 특히 기갑부대는 1950년 북한 전차의 경험을 기초로 이득을 얻었다. 육군은 1개 전투 사령부만 보유했었던 기갑전력을 1956년까지 4개 기갑사단으로 만들었다. 동시에, 아이젠하워 행정부는 핵무기를 이용한 대량보복전략을 국가전략의 기초로 삼았다. 자신의 존재와 임무를 정당화하기 위해서, 미 육군은 교리와 구조를 발전시켜야 했다. 이렇게 할 때 지상군은 핵 전장 속에서 효과적으로 기능을 발휘할 수 있다고 보았다.

집중되고, 고정된 방어 형태는 양차 대전에서 사용되었던 것으로 핵 공격 때에는 취약한 방어형태로 보였다. 따라서 육군은 보다 더 분산되고 융통성 있는 수단 그리고 효율적인 지휘통제를 유지할 수 있는 방법을 찾아야 했다. 소련 육군은 일단 유럽과 북아시아 지역에서 전투해야만 했다. 이 지역의 지형은 소련과 연속적으로 연결되어 있고 기계화 작전에 유리했다. 이와는 반대로, 미 육군은 상대적으로 가볍게 장비를 유지하여 세계 속의 문제가 있는 모든 지역에 신속히 전개해야 했다.

이러한 전략적 고려사항은 전술적 구조와 육군의 개념에 크게 영향을 미쳤다. 부대들은 충분히 규모가 작아야 했고 넓은 지역에 분산되어야 적절한 핵 표적이 되지 않을 것이었다. 그리고 전투병과 간에 충분한 균형이 잡혀야 고립되었을 때 스스로를 방어할 수 있고, 충분히 스스로 자급자족할 수 있어야 취약한 군수 "행렬(tail)" 없이 전투할 수 있다고 보았다.

육군 지휘관들은 또한 정보와 결심사항을 신속히 보내기 위해 지휘구조를 날씬하게 하길 원했다. 분산과 보다 적어진 지휘 제대 구조의 필요성은 이론가들을 자극하여 그들은 각 제대의 통제범위를 기존 3개 예하부대에서 5개 부대로 늘리는 것을 고려했다. 5개 부대로 예하부대를 편성하면 이 부대들은 보다 넓은 지역으로 분산하고 하나의 상급지휘본부로 보고하고, 그것으로 인해서 결국 모든 수준에서 부대 수를 줄일 수 있다고 생각했다.

이렇게 고려한 결과가 팬타믹 사단(Pantomic Division)이었다. 이것은 홍보를 위한 용어로 사단에 5개 예하부대 편성 개념을 나타내기 위해서 만들어진 용어였다. 그리고 이 사단은 핵 및 재래식 전장에서 기능을 발휘할 수 있다고 보았다. 5개의 전투단(battle group)은 팬타믹 보병사단의 핵심으로 3개 연대를 대체한 것이다(그림 17). 각 전투단은 보병 편성체로서 연대보다는 작지만 과거 삼각편제 사단의 대대보다 큰 규모였다.

이 사단의 설계자들은 지휘라인에서 대대급을 없앴고, 반면에 정찰, 중화기 및 삼각편제 보병연대의 지휘통제 요소는 남겼다고 믿었다. 그러나 돌이켜 보면, 전투단은 지나치게 큰 대대로 보였다. 본부와 근무중

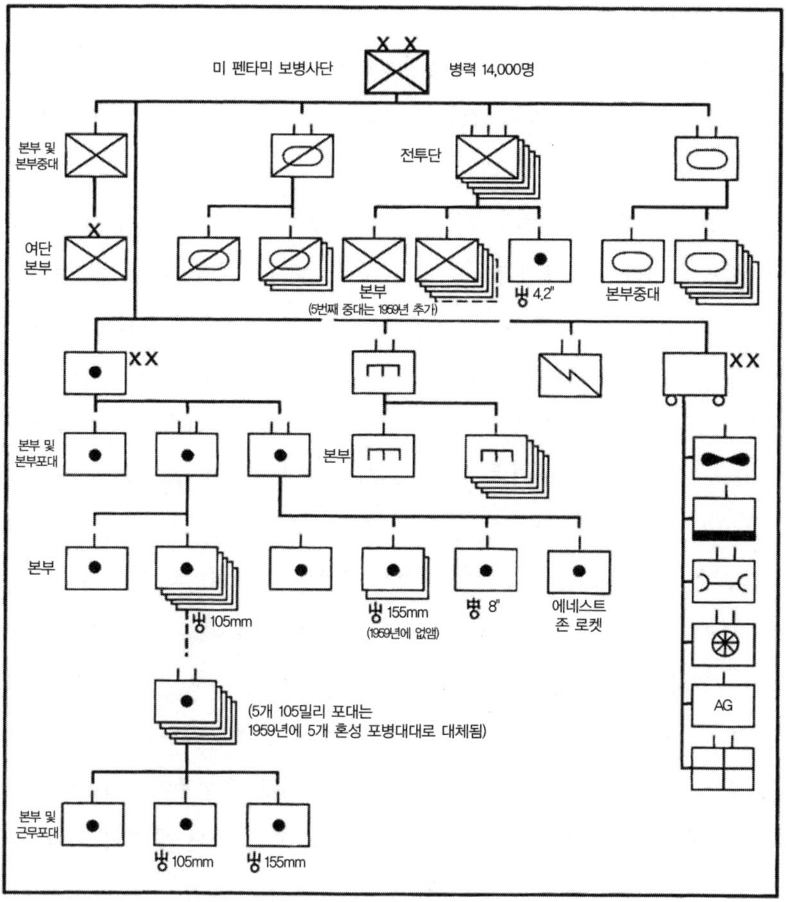

그림 17. 펜타믹 보병 사단

대, 4개의 소총 소대와 1개의 중화기 소대를 각각 지닌 4개 보병중대, 그리고 4.2인치 박격포 포대로 구성됐다. 전투단 본부의 크기와 복잡성은 기존 대대의 소규모 전술적 지휘소 보다는 연대 지휘본부와 유사했다. 본부와 근무중대 속에는 다양한 특수 병과부대들이 있었다. 예를 들면, 정찰소대는 1개 경전차, 1개 81미리 자주화 박격포, 1개 장갑보병분대를 뭉쳐놓은 것이었다.

강습포 소대는 비 장갑화 된 자주화 M56 포를 보유했고, 대전차 및 보병을 위해 공세적인 제한된 포격 지원을 제공했다. 81미리 박격포와 106미리 무반동총은 과거 대대에 편제됐지만, 팬타믹 사단의 보병중대는 이 두 가지 무기를 보유했다. 따라서 효과적으로 통제하기에는 너무 규모가 컸다.

따라서 1959년, 각 전투단은 5번째 중대본부를 편성하고, 각 중대는 3개 소총소대와 1개 화기소대로 감편됐다. 분대도 변화했다. 9명에서 11명으로 인원이 늘어났고, 공식적으로 제2의 자동소총을 지급했다. 결과적으로 팬타믹 보병분대는 공식적으로 2개의 사격팀으로 구분됐다. 이들은 교대로 한 팀이 기동하는 동안 한 팀은 엄호사격을 할 수 있었다. 이것은 모든 해병대 그리고 일부 육군 분대들이 2차 대전 간 적용했던 기술이었다.

팬타믹 사단 구조는 사단장이 필요하다면 1개 전차중대, 1개 공병중대, 그리고 1개 105미리 포대를 각 전투단에 배속시킬 수 있었다. 이러한 화력지원은 충분하지 않은 것으로 판명되었고, 1959년 사단의 5개 직접지원 포병 포대가 5개 혼성 직접지원 대대로 바뀌었다. 각 혼성 포병대대는 1개 105미리 포대와 1개 155미리 포대로 구성됐다. 이러한 혼성 포병대대는 훈련, 탄약 보급, 정비, 및 두 가지 유사한 무기의 화력통제에 있어서 현저한 문제를 야기했다. 두 가지 무기의 상이한 사거리조차도 문제가 돼서, 두 개 포대를 모으는 것에 반대했다. 박격포가 다시 포병무기로는 적합하지 않다고 판명돼서, 1959년 편제 개선 때에 전투단의 4.2인치 박격포 수를 감소시켰고, 통제 책임도 포병에서 보병으로 다시 돌려놓았다.

화력지원만이 편성에서 유일한 난제가 아니었다. 사단장은 여단지휘본부를 오로지 한 개만 가졌고, 이것은 부사단장에 의해 지휘됐다. 여단지휘본부는 5개 전투단, 전차대대, 그리고 장갑화 기병(정찰)대의 통제를 돕기 위해 만든 기구였다. 새로운 사단이 비록 군수지원을 통제하기 위해서 지휘본부를 훈련시켰지만, 사단장과 지휘본부는 많은 예하부대의 직접적인 보고 양이 너무 많아서 지휘가 어려웠다.

유사한 문제가 전투단 수준에서도 나타났다. 1명의 대령과 참모들이 4개 또는 5개 소총중대, 1개 박격포 포대, 정찰 및 강습포 소대, 그리고 배속된 전차, 공병 및 포병을 통제해야 했다. 지휘본부의 1개 수준을 제거함에 따라, 팬타믹 구조는 모든 지휘본부들이 과도하게 넓은 지휘범위를 떠맡게 내몰았다. 현존했던 지휘본부 중 하나를 없애는 것은 전투에서 재앙을 초래할 수 있는 것이었다.

전장 기동성도 또 다른 관심사였다. 팬타믹 구조는 보병 편성부대에 헬기 중대와 최초로 많은 수의 장갑인원 수송차량(APC)을 보유시켰다. 초기 APC는 직사화력에 타격되었을 때 단지 제한된 방호력만을 제공해주었다. 그러나 2차 대전시 반 트랙과는 다르게, 대부분의 전쟁 후 APC는 상단을 장갑으로 덮어 포병 포탄이 공중에서 폭발하는 유산탄으로부터 병력을 보호할 수 있었다. 이러한 차량들은 수송대대에서 일군(一群)을 이루어 동시에 1개 전투단을 수송할 수 있었다. 이 차량의 조종수와 보병이 각기 다른 부대에 소속되었기 때문에, 이 둘 간의 긴밀한 협조가 어려웠다. 이러한 차량을 보유하지 못한 모든 전투단은 단지 제한된 방호력과 기동성만을 보유했다. 더욱이, 모든 선임 지휘관들은 자신들의 사단이 세계의 다양한 지역에서 발생하는 비 핵전 상황에 전개될 것으로 기대했다. 이렇게 전개될 때에는 전략적 수송능력의 부족으로 인하여 전차대대, 장갑 병력수송차량 및 기타 중장비 없이 전개될 것으로 보았다.

사실상, 보병과 장갑수송차량의 분리는 보병교리에서의 심각한 변화를 보여주었다. 편성, 전술, 훈련을 표준화하면서 보병학교는 2차 대전의 특수화된 장갑보병을 없애고자 했다. 정규(도보 이동) 보병과 기계화 보병으로 구분하고자 했다. 이 두 가지 조직의 전술은 동일할 것이고, 단지 전장에서 기동수단만 다른 것으로 보았다. APC는 전투시의 단순한 택시였다. 보병은 여전히 이 차량에서 하차해서 싸워야 하는 것이었다. 이 교리로 인해 미 육군은 후에 보병전투차량 개발을 지체하게 된다(2장 참조).

나머지 미 육군에서 팬타믹 개념의 효과는 보병에게 미친 것보다 강렬하지 않았다. 기갑사단은 3개 전투지휘본부, 4개 전차대대, 5개 기계화보병대대를 유지했다. 이것은 현존했던 항공기를 중앙집권적으로 운용하기 위해서 항공 중대와 동일하게 일반지원 포병대대를 편성했다. 일반지원 포병대대는 155미리 곡사포와, 8인치 포, 핵을 발사할 수 있는 어네스트존 로켓을 보유했다. 이것은 보병사단과 마찬가지였다. 이러한 새로운 대대는 이전의 155미리 대대를 대체했다. 보병사단처럼, 장갑화 통신중대는 완전한 대대로 성장했고, 통신과 참모협조에서 지속적인 성장을 반영했다.

팬타믹 사단은 또한 비사단급 장갑화기병연대를 추가로 편성했다. 이것은 2차 대전시 기병정찰단의 후신이었다. 이 편성은 1990년대에도 유지됐다. 이 연대 내의 각 3개의 정찰대(reconnaissance squadron)는 충분한 군수지원 요소를 받아서 반 독립적으로 작전할 수 있었고, 정찰대가 자주 하는 장거리 작전을 할 수 있었다. 이 정찰대는 본부 및 본부대(중대급에 해당), 3개 장갑화 정찰대, 1개 전차 중대, 1개 자주화 곡사포 포대로 구성됐다.

정찰대는 하급부대 수준에서 제병협동체의 이상적인 모습을 보여주었다. 이 정찰대의 각 3개 소대는 전차, 보병, 척후병(scout), 박격포를 통합하고 있었기 때문이다. 따라서 장갑화기병의 중위급 장교는 제병협동의 문제를 다뤄야 했다. 그것은 기타 편성체에서 더 많이 경험한 장교들이 염려했던 것이었다.

이 기병 정찰 부대의 편제는 두 가지 목적에 부합됐다. 첫째, 이 부대의 다양한 전투차량들은 적으로 하여금 미 기병부대와 기타 제병협동부대 식별을 어렵게 만들었다. 공격부대는 식별하고자 하는 미군 부대가 단순히 차장을 하는 기병인지, 또는 전체 사단인지를 결정하기 불가능하게 만들 수 있었다.

이러한 불확실함 때문에 공격부대가 전진을 늦출 수 있다고 생각했다. 그리고 공격부대가 부대를 전개하여 기병 엄호부대에 대해 정식적인 공격을 할 것으로 보았다. 얇게 분산한 장갑화기병부대는 따라서 후방에서 방어하는 사단 또는 군단의 훌륭한 경계부대로 운용될 수 있었다. 둘째, 이러한 무기 및 장비의 조합으로 인하여 미 정찰부대들은 필요시에 적에 대한 정보를 얻기 위해 전투할 수도 있었다. 소련이 1944년 발견했듯이, 전투를 수행할 수 있는 정찰부대는 기본적인 역할인 정보를 수집하고 방호를 위한 차장을 함에 있어서 훨씬 효과적일 것이다.

1959년까지 미 육군은 혁신적인 새로운 구조와 작전적 개념을 핵전쟁의 변화요구에 맞게 만들었다. 이 구조와 개념은 스탈린 이후 소련의

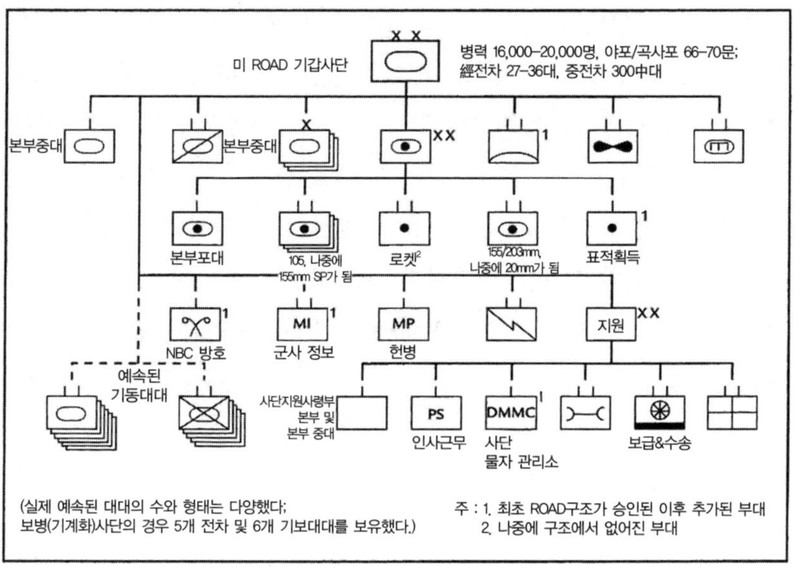

그림 18. 1965~1983년 미 ROAD 기갑사단

기갑 위주 편성과는 현저히 차이나는 것이었다. 그러나 미군 지휘관들은 소련의 카운터파트들보다 더 행복하지는 않았다.

동일한 기간 동안, 비 핵전쟁의 가능성이 증대했다. 케네디 행정부는 1961년 집권한 후 "유연 반응"이라는 개념을 도입했다. 테러리즘으로부터 완전한 규모의 재래식 전쟁 또는 핵전에 이르는 광범위한 전쟁 스펙트럼 속에서 싸울 수 있는 부대를 배치하는 것이었다. 육군의 본래 의도에도 불구하고 팬타믹 사단은 핵전쟁에 크게 의존하는 구조였고 따라서 유연반응의 요구에 일치되지 않는다고 보았다.

새로운 행정부는 진행 중인 새로운 사단 편제 연구를 승인했다. 이것이 재편 목표 육군 사단(Reorganization Objective Army Division) 또는 ROAD라고 알려진 사단이었다(그림 18). 다른 모습의 ROAD 사단은 공통된 토대를 기초로 하고 있었다. 몇 가지 형태의 기병정찰대, 3개의 여단본부, 1개 포병본부, 1개 지원사령부, 공병대대들, 통신부대들, 그리고 마지막으로 1개 방공대대를 편성한 것이다. 여단본부는 2차 대전 기갑사단의 전투사령부와 마찬가지로, 임무에 기초하여 다양한 전투 및 전투지원요소들을 편성하여 지휘할 수 있었다. 대대는 보병, 기계화보병, 공정보병 또는 기갑이건 상관없이 전투단을 대신하게 되었고, 가장 커다란 기동편성체로서 고정된 편제로 자리를 잡게 되었다.[4] 그러나 이 대대는 전투단의 많은 요소들을 그대로 유지했다. 정찰, 박격포, 근무지원부대들을 갖고 있었던 것이다. 따라서 ROAD 구조는 많은 참모, 전투지원 그리고 군수 기능을 연대 및 여단 수준에서 대대수준으로 전환하는 과정을 완료하게 되었다.

4) 역자 주 : 오늘날 예를 들어 기계화사단 예하의 대대들은 편성부대로 스스로 보급 지원할 능력을 갖고 있다. 임무를 기초로 하여 여단 본부는 대대를 다양하게 배속 받을 수 있다. 대대 자체가 스스로 보급 지원할 능력을 보유했기 때문이다. 역사적 배경은 여기서 출발한 것이다.

ROAD 사단의 독특한 국면은 "전투편성(task organize)" 능력에 있었다. 모든 수준에서 예상되는 임무를 기초로 하여 상황에 부합되게 부대를 편조했다. 전략적으로 육군은 기갑, 기계화, 재래식 보병, 공정 그리고 나중에 공중기동사단을 만들어 전개할 수 있었다. 이것은 예상되는 위협에 따라 결정되는 것이었다. 비록 각 사단 형태에 대해 일반적으로 제시된 모습은 아니었지만, 실제로 계획수립가들은 추가로 다양한 부대를 편조시킬 수 있었다.

기갑, 기계화보병, 순수 보병, 공정보병, 그리고 공중기동 보병대대를 다양한 규모로 그리고 혼합하여 편성할 수 있었다. 사단 당 7~15개 기동대대를 다양하게 편성할 수 있었다. 사단장과 그의 참모들은 이러한 대대들을 3개 여단본부에 배속하여 융통성을 유지할 수 있었다. 주공을 담당한 여단은 그의 통제 하에 5개 정도의 대대를 통제할 수 있었지만, 계속되는 작전에서 동일한 여단은 단지 2개 대대만을 보유하여 최초보다 덜 중요한 임무를 수행할 수도 있었다.

마지막으로, 여단과 대대 내에서 지휘관은 특수 작전을 위해 제병과 부대들을 편조시킬 수 있었다. 이것은 보병, 기계화, 전차중대 및 소대를 상호 교차시켜 배속시키거나 또는 소규모 공병, 방공, 및 기타 병과부대를 배속시키는 방식으로 이루어졌다. 따라서 대대 특수임무부대 또는 중대조(company team)는 다양한 형태의 예하 부대를 받을 수 있었다. 임무가 요구하는 것에 따라 다양한 병과를 통합할 수 있게 한 것이다.

물론 실제로 이러한 편조 및 전투편성은 2차 대전 당시, 부대를 한 곳에 모으고 배속하는데 있어서 고생했던 것과 동일한 문제를 안고 있었다. 지속적으로 부대를 교환하는 것은 비효율적인 면이 있었고, 서로 친숙하지 못한 예하부대 간의 협조가 저하되었다. 대위 또는 중위가 중대조를 지휘했는데, 이들은 자신의 통제 하에 여러 가지 다양한 무기들을 최적화해서 사용할 수 있어야 했다. 여기에는 전차, 기계화보병, 나중에는 대전차 소대도 있었고 마찬가지로 공병 및 방공팀도 포함됐다. 결과적으로 대대장 및 여단장은 근본적인 임무 또는 지형의 변화가 없다면, 서로 경쟁하면서 "평상시 배속된(habitually attached)" 부대들을 그대로 갖고자 노력했다.

그럼에도 불구하고 ROAD 구조는 미 육군에게 보다 나은 통제 범위와 편성의 융통성을 부여했다. 이것은 팬타믹 사단 모델에서는 부족한 것이었다. 그러나 ROAD 또는 다른 구조가 재래식, 중간 강도에서 고강도 분쟁 모두를 위해 설계되었다하더라도 정형성이 없는 대전복전에 대해 성공적으로 적응 할지 여부는 두고 볼 일이었다.

공중강습

케네디 행정부의 유연반응을 위한 노력에 따라 오래부터 의문시 되어 왔던 헬기 기동성 관련 문제가 해결됐다. 일반적으로 공지 상호작용(air-ground interaction)을 보장하고 전술적 작전을 수행하기 위한 새로운 능력을 부과한 것이 그것이었다.

1950년대 영국(말라야와 수에즈에서)과 특히 프랑스(알제리아에서)는 병력, 보급물자, 사상자를 이동시키기 위해서 헬기를 광범위하게 이용했다. 미국에서는 해병대가 전장에서 헬기를 사용하는데 있어서 다른 군종을 선도했다. 해병대는 보다 커다란 부대를 강습하는데 사용하기도 했다. 육군이 팬타믹 구조에 대해 논쟁하는 동안, 해병대는 많은 중장비를 제거하면서 사단과 연대의 구조를 재편성했다. 해병대는 직접지원포병의 곡사포보다는 박격포, 함포, 항공기에 더욱 의존했다. 해병 사단의 강습부대는 결과적으로 공중수송이 완전히 가능한 부대로 편성됐다.

미 육군의 보다 제한된 혁신은 기병을 위한 헬기 운용이었다. 작은 항공부대를 이용하여 차장(screening), 습격, 정찰하도록 했다. 휴톤(Carl

I. Hutton) 준장은 1954~1957년까지 미 육군항공학교 교장이었다. 그는 헬기의 기관포와 로켓 무장을 향상시키고 무장헬기를 전술적으로 이용하기 위해서 광범위한 실험을 했다. 육군보병학교도 유사한 활동을 했고, 육군 항공감 하우즈(Hamilton H. Howze) 소장은 완전히 헬기로 수송되는(heliborne) 부대 운용 개념을 대중화시키려고 했다. 미 공군은 육군항공대의 역할을 향상시키려는 모든 시도에 대해 강경하게 반대했다. 특히 모든 무장헬기에 대해 반대했는데 이유는 이것이 공군의 임무와 충돌할 것이기 때문이었다. 따라서 1950년대는 오직 제한된 발전만이 가능했다.

1962년 몇몇 육군항공에 대한 옹호자들의 제안이 따랐다. 맥나마라(Robert S. McNamara)는 항공부대를 대담하게 운용할 방법을 연구하라고 했다. 지상부대의 전술적 기동력을 향상시키기 위한 것이었다. 결과적으로 소위 하우즈 위원회(Howze Board)가 만들어졌다. 1962년 하우즈 장군과 그의 참모들은 헬기를 위한 분산된 연료 비축시설부터 육군 고정익 항공기에 의한 근접항공지원까지를 오랜 기간 동안 시험했다. 하우즈는 거의 육군 항공기에 의존하는 많은 공중강습사단을 만들 것을 제안했다. 또한 항공기병여단을 만들어 차장과 지연 임무를 부여하고, 항공수송여단을 만들어서 재래식 여단들의 기동성을 향상시키자고 제안했다. 그는 공중강습사단은 다양한 방향에서 재래식 적 부대들을 공격하기 위해 기동을 자유롭게 할 수 있으며, 적의 상공을 비행하면서 인공 및 자연 장애물을 사용하여 적을 지연시키거나 움직이지 못하게 할 수 있다고 강조했다.

상당한 내부 논쟁 후, 국방성은 추가적인 테스트를 위해 1개 사단 창설을 승인했다. 1963~1965년까지 제11공중강습(시험)사단이 포트 베닝에서 전술적 훈련 및 실험을 위해 운용됐다. 이 사단은 완전히 전투력을 갖춘 사단이 아니었고, 훈련을 위해 다른 사단에서 장비들을 빌려야 했다. 최초로 공중강습사단이 만들어졌을 때, 육군 규정은 여전히 대형을 갖춘 항공기 비행을 금지했었다. 따라서 많은 기술들이 무경험 또는 경험이 거의 없는 상태에서 발전되어야 했다.

기동부대처럼 사단의 보급시스템도 기동화 되기 위해서, 사단장 킨나드(Harry Kinnard) 소장은 재급유 및 재무장 지점 운용을 발전시켰다. 이 지점은 전투지역 근처에서 위장되고 분산되어 배치될 수 있었다. 포병, 항공, 보병은 강습 착륙을 할 때 적 저항을 제압하기 위해서 긴밀한 협조를 해야 했다. 포병과 모든 가용한 항공부대 항공기들은 착륙 2분 전까지 계획된 착륙지점에 사격을 실시했는데, 이 시간은 강습 헬기가 최종 접근을 하는 때였다.

마지막 포병 사격은 연막사격이었다. 이유는 공격헬기에게 지역에 들어가도 안전하다는 것을 알리고, 남은 적 방어부대를 기관총과 로켓으로 제압하도록 해주기 위해서였다. 그러는 동안, 병력탑승 헬기는 착륙하여 보병을 이탈시켰다. 초기 헬기의 무기는 꽤 정확하지 않았고, 다양한 장소에 잠시 착륙하여 적이 실제 위치와 의도를 혼동하도록 만들었다.

사단 항공기병대는 항공정찰, 침투 및 지상정찰팀 구조, 중대규모의 항공기병부대에 의한 무장헬기 요소들을 통합하고 있었다. 항공기병은 전통적인 기병 임무인 정찰, 차장, 습격을 모두 공중에서 수행했다. 많은 시험을 한 후, 공중강습사단은 명확히 그 잠재력을 보여주었다. 가장 취약한 두 가지 사항은 야간 또는 악천후에서 기동성 및 재보급 능력을 상실한다는 것과 논쟁의 여지가 많은 헬기에 대한 적 방공무기의 효과였다.

1960년대 초, 같은 기간 동안 미 육군 무장 및 비무장 헬기부대는 베트남 육군(ARVN; Army of the Republic of Vietnam)을 지원했다. 이것은 하우즈, 킨나드 및 기타 사람들에 의해 발전된 전투 시험 개념을 제공했다. 그리고 인원 및 아이디어들이 베트남과 포트 베닝의 제11공중강습사단 간에 자주 교환되었다. 베트남에서 미국 헬기는 처음에는 한 장소에서 다른 장소로 병력을 수송하는 임무를 수행했다. 그러나 1964년에 미 무장헬기와 수송헬기가 베트남 보병과 함께 반영구적으로 결합해서 작은 공중강습부대를 만들었다.

필연적으로, 미 공군은 베트남에서 근접항공지원을 위해 육군이 무장헬기 및 고정익 항공기를 사용하는 것에 반대했다. 남베트남 정부는 자신의 부대원들의 반역을 걱정했기 때문에 베트남 공군에게 항공지원을 요청하는 성가신 절차를 더욱 까다롭게 만들었다. 미 공군의 반대에도 불구하고, 미국과 베트남 지상군 지휘관들은 가용한 모든 항공기를 사용해야 한다고 느꼈다. 미 공군 채널이 반응하지 않을 경우 육군항공을 사용해야 한다고 생각한 것이다.

1967년 거대한 미군의 개입으로 이러한 상황을 뒤바꿨다. 지상군을 위해 많은 양의 공군 근접항공지원을 제공한 것이다. 남베트남에서 적의 공군 위협이 없었기 때문에 미 공군이 지상군에게 이렇듯 많은 지원을 할 수 있었다. 따라서 의회는 공중우세권 임무를 무시한 것에 대해 청문회를 열기도 했다. 이렇게 인위적으로 공-지 협조가 높은 수준으로 이루어져서 두 군종간의 라이벌 관계가 일시적으로 묻히게 되었다.

그러나 비판이 있었는데, 남베트남에서 미 공군 전체 쏘티의 10%만이 실제 지상군을 위한 근접항공지원이었다는 것이었다. 나머지는 항상 불분명한 성공을 보았던 항공차단작전에 투입되었다는 것이었다. 어쨌든 필적할 만한 장비를 보유한 적 공군과 공중우세권을 동시에 겨루게 되었다면, 공군은 이러한 정도로 전술적 지상공격을 유지할 수 있었을 것이다.

그러는 동안, 미 육군은 헬기와 그것의 전술을 완전히 통합시켰다. 1965년 여름, 제11공중강습사단이 제1기병사단(공중기동)이 되어 베트남

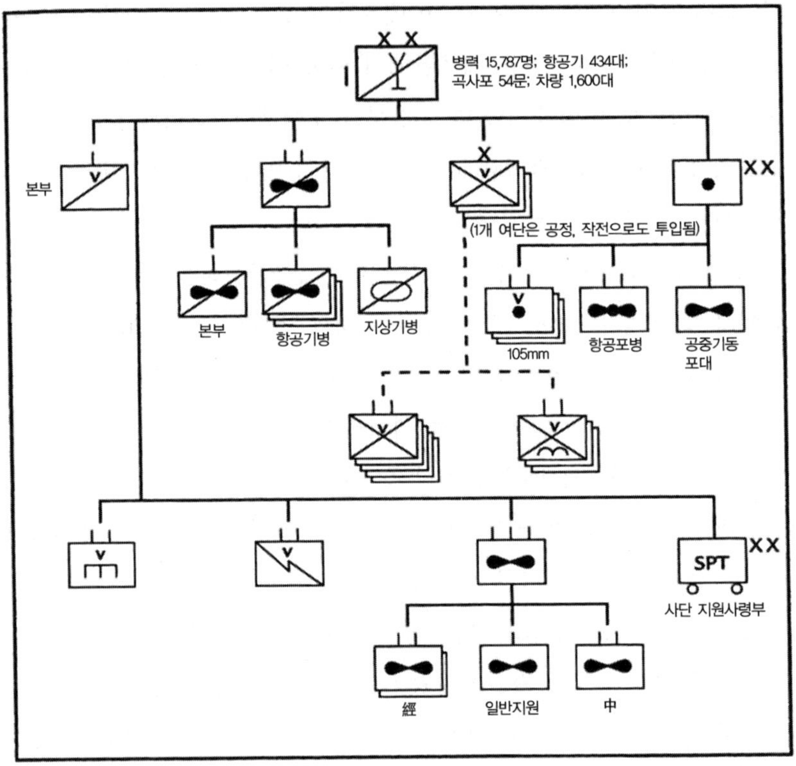

그림 19. 제1기병사단(공중기동), 1965년

에 전개했다(그림 19). 고정익 항공기를 지상공격용으로 사용하자는 하우즈 장군의 계획은 무산됐지만, 그의 많은 제안들이 새로운 공중기동 사단에 반영되었다. 그것의 작전적 영역이 재래식 포병의 사거리를 넘어섰기 때문에, 항공 포병대대가 로켓 발사 헬기를 보유함으로써 ROAD 사단에서 볼 수 있었던 일반지원포병대대를 대신했다. 사단 항공단은 2개의 경 및 3개의 중(中)형 헬기대대를 지녔고, 지휘통제를 위한 일반지원 항공중대를 보유했다. 그리고 동시에 수 개 보병대대를 탑재하여 지상의 장애물과 관계없이 수십 마일을 수송할 수 있었다.

1965년 가을로 들어서면서, 1기병사단은 북베트남의 재래식 경보병

연대와 더욱 자주 전투하게 된다는 것을 알았다. 과거 작은 게릴라와 교전하는 것이 아니었다. 이를테면 1965년 11월 14일, 미군 대대가 북베트남군 제66연대의 기지라고 판단된 곳에 착륙하여, 적 후방을 공격했다. 이러한 유형의 우세한 기동력과 화력은 일시적으로 북베트남의 남베트남 공격을 중지시켰다. 물론, 항공 기병부대는 이 과정에서 엄청난 손실로 고전했다.

공중기동 또는 공중강습의 핵심 개념 중 하나가 긴밀한 통합이다. 동일한 부대 내에 헬기와 지상군 부대를 통합하는 것이다. 이와는 반대로, 한 부대의 무장헬기와 수송헬기를 다른 부대의 공중수송보병 또는 포병 자산에 지원해서 운용하는 것은 협조와 작전에 참가한 요소들 간의 상오 이해를 위하여 더 많은 시간과 노력이 필요하게 된다. 실제로 미 육군은 충분한 헬기가 부족했다. 그래서 모든 미국, 한국, 베트남 부대를 자신들의 편제 항공기로 모두 공중 기동시킬 수 없었다. 대신 제1항공여단은 100대로 다양한 형태의 중대 규모 항공부대들을 통제했다. 대대들은 습관적으로 다른 사단들과 함께 과업을 수행했다. 공중기동사단인 제1기병 및 101공정사단은 자주 자신들의 자산을 인접부대를 지원하기 위해 빌려줘야 했다.

공중기동성은 적의 균형을 잃게 하고 재래식 장애물을 무력화 하는 것 이상의 능력을 보여줬다. 이것은 또한 미 육군에게 거대한 지역에서 설정된 전선 없이 작전의 조화를 이루기 위하여 많은 절차들을 변경시켰다. 예를 들어, 재래식 작전에서 야전포병과 통신부대는 통상 특정 전선 또는 전진축의 방향으로 지원을 지향한다. 그러나 이와는 반대로, 베트남에서 이러한 병과들은 지역 개념으로 작전을 해야 했다. 상호 지원하는 고지 위의 기지들로 연결된 네트워크 속에서 모든 방향으로 화력과 통신을 지원해야 했다. 이러한 시스템조차 항상 대규모 작전에서 충분한 화력지원을 하지 못했다. 따라서 제1기병사단은 비사단급 155미리 포병

대대를 통제했다. 이 대대는 중(重)수송헬기로 수송될 수 있었다.

시간이 지나면서, 베트남에 도착한 일부 잘 훈련된 미군부대들은 너무 잦은 병력 순환으로 인해서 능숙한 전술적 능력을 유지하기 힘들었다. 더욱 중요했던 것은, 미국의 기계장비 위주의 전쟁형태는 그 자체가 자주 장애물이 되곤 했다는 것이다. 공중기동능력은 커다란 지역을 커버하고 부대를 신속히 집중할 수 있도록 해주었다. 크레피너비치(Andrew Krepinevich)가 주장했듯이, 이러한 공중 이동은 우군부대가 지상에 없다는 것을 의미하는 것이었다. 지속적이고 가시적으로 부대들이 존재할 때 정부가 통제하고 있다는 것을 보여줄 수 있는 것이다.

더욱이, 거의 무제한적으로 가용했던 포병과 공군화력은 두 가지 이해할 수 있지만 곤란한 현실을 이끌었다. 우선, 적어도 일부 미군 부대들은 비록 적은 규모라도 적과 접촉시 포병, 헬기, 근접항공지원을 요청하는 표준적인 관례를 만들었다. 목적은 적 사상자를 극대화하고 우군 손실을 최소화하는 것이었다. 사상자가 많은 것에 대해 꺼려하는 미국의 정치적 현실이 고려되지 않았다고 하더라도, 모든 지휘관들에게 이 점은 중요한 것이었다.

사실상 M16 자동소총, M60 경기관총이 부대에 충분히 지급될 때까지, 미군 부대들은 AK-47 자동강습소총을 지닌 적보다 화력이 부족했다. 이 상황은 미 지휘관들로 하여금 추가적인 화력지원을 모색하도록 자극했다. 그러나 화력에 의존하는 습관은 미군이 전술적 주도권을 잃었다는 것을 의미했다. 그래서 그들은 적이 기동하거나 도망칠 때 화력지원을 집중하기 위해 시간을 소비했다. 지상의 중대장은 전투를 직접 이끌 수 없었다. 그의 노력은 주로 화력지원을 조절하고 헬기를 타고 상공에서 선회하면 지휘하는 상급지휘관의 질문에 답해야 했기 때문이다. 따라서 미국과 ARVN 병력들은 포병과 공군에 의지하면서, 사격과 기동의 원칙을 소홀히 하는 경향이 있었다. 바꿔 말하면, 이것은 미래 분쟁에서 화력지원에 관한 비현실적인 기대감을 키웠다.

화력의 풍부함은 또 다른 효과를 낳았다. 남베트남에서의 공군 쏘티의 90%가량 그리고 포병화력의 60%가 지상군 지원을 위한 특정 표적에 대해 지향되지 않고, 보이지 않는 적 게릴라를 차단하고 교란하기 위해 헛되이 사용되었다. 교란 및 차단(H and I; Harassment and Interdiction) 화력은 많은 지역에서 야밤에 실시되었다. 적 활동이 의심되는 지역에 대해 보지 않고 사격한 것이다. 경우에 따라, 돌보는 사람이 없는 센서 또는 소규모 정찰팀이 이러한 공격을 효과적으로 했다. 그러나 대부분은 이러한 화력의 사치스러운 사용은 미국과 사이공 부대들이 적을 두려워하지만 민간 사상자에 대해서는 관심이 없다는 것을 베트남 국민들과 적들에게 확신시켜준 것에 불과했다.

람손(Lam Son) 719

제1기병사단이 1965년 베트남에 전개되었을 때, 등고선 비행(terrain flying)의 전술을 사용했다. 이것은 헬기로 지상 가까이 비행하는 방식으로 빨리 지상의 방공 표적에서 벗어나기 위한 것이었다. 이 전술은 정글과 기타 복잡한 지형에서 효과적이었지만, 보다 개활한 지형에서는 지상의 적이 이에 대응하고 헬기에 사격할 시간을 보다 많이 부여했다.

남베트남에서 주요 방공위협은 소총과 자동화기였다. 저공비행 항공기에 대해 사격을 했기 때문에 많은 항공기들은 이러한 무기들의 유효사거리 위로 비행하기 시작했다. 많은 관찰자들은 이러한 고고도, 수평비행은 적의 보다 대구경 및 정교한 방공화기에 대해서는 자살행위가 될 것이라고 주장했다. 람손 719라고 알려진 1971년 전투는 전투에서의 헬기의 취약성에 대한 논쟁의 중심에 놓인 전투였다.

람손 719(지도 10)의 목적은 라오스에 있는 북베트남 기지들을 파괴하는 것이었다. 특히 트체폰(Tchepone) 마을 주변에 있던 대규모 군수시설이 중요했다. 이런 기동을 통해 베트남 공화국의 북쪽 지방에 대한 통제권을 확보하려는 북베트남의 주력 공세를 사전에 방해할 수 있는 것이었다. 제1ARVN 군단은 제1ARVN 공정사단을 주공으로 하여 공중기동 작전을 예폰(Ye Pon) 강(江) 북쪽에서 수행하도록 계획하였다. 이때 제1기갑여단은 공정사단에 배속되어 9번 도로를 따라 라오스를 향해 서쪽으로 진격하도록 했다.

제1ARVN 보병사단은 조공으로 예폰 강 남쪽으로 공격하여 화력을 지원하고 주력의 측방을 보호하도록 했다. 끝으로, 3개 대대 규모의 베트남 유격대는 1공정사단 북쪽 (우)측방을 책임지게 되어 있었다.

이 계획은 공세가 시작되기 이전에 이미 문제를 안고 있었다. 첫째, 미 정부는 라오스 내에서 미군의 지상부대의 작전을 허락하지 않을 것이었다. 따라서 ARVN 부대들은 최초로 미군 고문관들의 도움 없이 홀로 전투하게 되어 있었다. 비록 많은 ARVN 부대들이 이러한 작전 능력이

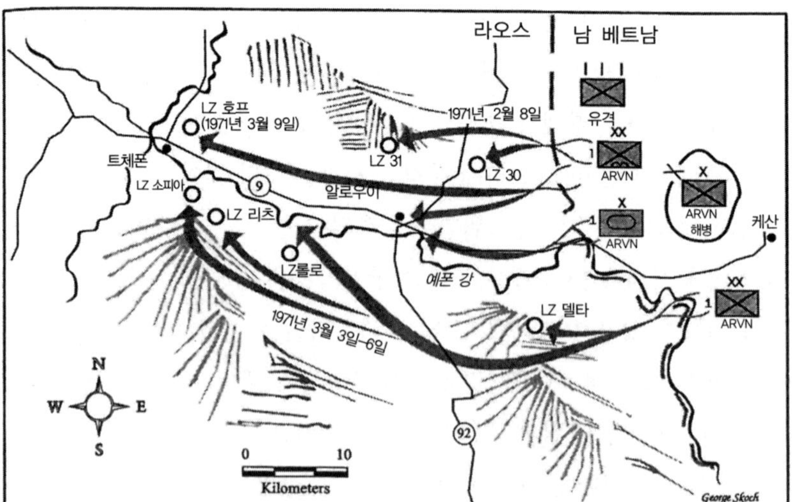

지도 10. 람손 719작전, 1971년 2월~3월

있었지만, 고문관들의 부재는 항공지원과 항공기 수송을 위한 협조를 더욱 어렵게 만들 것이었다. ARVN 부대들은 그들의 기동과 화력을 미군 헬기 및 전폭기에 의존했다. 미 육군 항공과 ARVN 지상부대 지휘관들은 각각의 작전을 동등하게 계획해야 했다. 따라서 이것은 서로 협조한다고 하더라도 필연적으로 계획수립이 늦어질 수밖에 없었다.

지형도 또 하나의 핸디캡이었다. 예폰 강은 이와 평행을 이루고 있는 9번 도로를 포함하여 베트남과 트체폰 간에 놓인 자연적인 접근로였다. 이 계곡은 너무 좁았기 때문에 제1ARVN 기갑여단의 3개 기갑기병대가 기동하기에는 기동공간이 너무 좁았다. 계곡은 또한 자연적인 항공 회랑이었다.

특히 구름이 끼면 고지 양쪽에 대한 시야가 감소됐다. 예폰 강은 헬기 운항을 위해 가장 현저한 지형지물이었다. 결과적으로 많은 항공교통이 계곡을 따라 이루어졌다. ARVN 부대가 공격을 개시하자마자, 그들의 향후 전진 축은 방어하는 북베트남군에게는 즉각 알 수 있는 것이었다. 거대한 ARVN 차량대열이 국경근처 나타난다는 것은 계획된 공격에 대한 충분한 경고를 적에게 알려주는 것이었다.

1971년 이전 수년간, 공산주의자들은 계곡과 몇 개 안되는 고지 주변의 헬기착륙 패드들을 향해 통합된 방공시스템을 구축했다. 19개의 방공포병대대들이 이 지역에 있었고 23미리, 37미리, 57미리 및 100미리 방공포와 12.7미리 중기관총이 배치됐다. 방공망은 트체폰 보급소 건물 주변으로 두껍게 형성되어 있었다. 추가해서, 방어부대들은 예상되는 착륙지점 모두에 대해 사전에 포병화력을 계획했었다. 북베트남은 전투 간에 방어력을 증강하여, 총 12개 보병연대, 2개 전차대대, 그리고 상당한 포병지원 능력을 갖췄다. 작전이 끝났을 때, ARVN 공격부대들은 많은 상황에서 적 방어부대에 의해 수적으로 열세였다.

결과는 대(對) 게릴라 전역이 아닌 "중간 강도의 전쟁"이었다. ARVN

은 1971년 2월 8일 공격을 개시했지만, 기상 악화로 인해서 다음 날로 공격을 연기했다. 공세 전(全) 기간 동안, 미국과 베트남 항공지원은 낮은 구름으로 인해 가용하지 못할 때가 많았다. 의무후송 및 보급을 위한 단 한 대의 헬기도 적 방공무기를 제압하기 위해서 무장헬기의 인솔을 필요로 했다. 이것은 다시 AH-1 공격헬기의 가용자산을 제한했다. 그리고 미 육군에게는 보다 느리고, 취약하며, 일반적으로 구식인 UH-1C 무장헬기를 사용하도록 만들었다.

코브라 공격헬기는 북베트남 경전차에 대해 사격을 하여 6대를 파괴하고, 8대를 무력화시켰다. 66대 전차 중 14대에게 피해를 입힌 결과는 여전히 공격헬기 무장에 전차가 취약하다는 것을 보여준 것이다. T-34 중(中)형 전차는 LZ(착륙지대) 31을 반복적인 공격으로 유린했다. 미국과 ARVN 부대는 이 전투 이전에 대구경 대전차무기가 거의 필요하지 않았기 때문에, 거의 효과적인 방어를 하지 못했다. 람손 719를 담당한 미 육군항공 지휘관은 대전차 임무를 위한 특수 헬기에 관한 연구를 다시 해야 한다고 육군에 강하게 요구했다.

제한된 성공 그리고 간혹 패퇴를 하면서 수주가 지난 후, ARVN 지휘관은 알로우이(Aloui) 서쪽 라오스 20km 내부로 지상군이 진격하는 계획을 포기했다. 대신, 1971년 3월 첫 주에 제1ARVN 보병사단은 강의 남부를 관측할 수 있는 가파른 경사지에 일련의 임시 화력기지를 설치했다.

3월 6일, 제1ARVN 공정사단의 2개 대대는 LZ 호프(Hope)로 공중강습을 실시했다. 이 지역은 트체폰의 최종 목표 북동쪽에 위치했다. 이 LZ(착륙지대)는 적 방공우산의 중앙에 있었다. 그러나 2개 대대는 공격에 참가한 120대의 헬기 중 오로지 한 대만 잃었다. 강습이 성공한 것은 신중하게 계획하고 이를 지원했기 때문이다. 전략적 그리고 전술적 폭격기들이 지엽적인 적 방어진지를 무력화하고 때로는 완전히 제거하여 새롭고 예상하지 못한 LZ로 사용했다. 무장헬기와 공중발사 연막차장은 착륙기간 중에 보병을 보호해줬다.

ARVN은 임무를 완수하면서 심각한 손실을 입고 철수하기 이전에 트체폰 주변의 지원시설들을 파괴했다. 이 작전으로 북베트남 공세를 1년 동안 지연시켰다. 그러나 비용이 너무 많이 사용됐다. 사실상 격멸된 수 개 대대에 추가해서, 미국-ARVN 공격부대들은 6주간에 총 107대의 헬기를 격추 당했다. 많은 관찰자들은 람손 719를 공중기동작전이 적 방공무기에 너무 취약한 것을 증명한 것이라고 하면서, 공중기동작전은 복잡하고, 기계 중심의 전쟁에서는 수행될 수 없다고 했다.

그러나 이러한 헬기 손실은 반드시 신중히 평가되어야 한다. 107대의 헬기는 이 작전에 포함된 미 항공기의 10% 정도였다. 물론 많은 쏘티들이 단거리 비행이었지만, 10만 쏘티 이상을 운용한 미 육군에게 이것은 작은 손실일 것이다. 지형은 공중강습부대의 많은 이점을 무력화시켰다. 그리고 방어부대들은 전진 및 철수할 때 반드시 통과해야 하는 몇몇 결정적 지역에 관심을 집중했다. 방공화력의 집중과 악천후로 인해서 헬기는 등고선 비행을 피하고, 고도를 높여 약 4,000피트 상공에서 수평비행을 하게 되었다.

마지막으로 1971년 이후, 헬기는 향상된 운항 장비, 야간 비행 장비, 그리고 생존성을 향상시킨 기계적 설계를 받아들였다. 지형 및 기상의 유사한 상황은 여전히 공중강습작전을 방해할 수 있다. 그러나 람손 719는 스스로 이러한 작전이 절대적으로 불가능한 것이라고 보여준 것이 아니다. 분명히 기타 NATO 국가들 그리고 소련은 베트남의 공중기동 경험을 이용하여 자신들의 육군항공 교리를 발전시키는데 도움을 받았다.

NATO 국가들

1945년 이후 15년 동안, 서부 유럽 국가들의 군사정책과 태세는 1918년 이후의 기간과 유사했다. 전쟁은 유럽을 지치게 했고, 군대의 새로운 무기체계를 위한 예산 사용에 주저했다. 영국, 프랑스 그리고 미국은 점령 후 10년이 지난 다음 서독의 재무장을 허락했다. 이것은 단지 동서 간의 분쟁 때문이었다. 새로운 연방군(Bundeswehr)은 2차 대전의 경험처럼 모든 부대를 기계화할 수 없었다. 그리고 다른 독일 지상군과는 달리 전선에 배치된 부대들은 상이한 장비와 전술을 구비했다.

프랑스와 영국은 보다 커다란 어려움에 빠져, 세 가지 분야를 발전시켰다. 중부 유럽을 방어하기 위해서 완전히 기계화된 부대, 자국을 지키기 위해 이 보다는 부족한 장비를 지닌 징병군 및 예비군, 유럽 외부에서 분쟁이 발생했을 때 전략적 기동성을 가지고 가볍게 장비를 갖췄으나 훈련이 잘된 부대가 그것이었다. 이러한 분쟁과 전략적 기동성의 요구는 영국과 프랑스로 하여금 경전차 및 장갑차량에 관심을 갖게 만들었다. 이것들은 자국과 해외에서 모두 사용될 수 있는 장비들이었다. 이러한 관심은 제국의 경찰 임무를 위해 경장갑화 된 부대를 유지하고자 했던 양차 대전 사이 기간의 영국의 모습을 재현한 듯 했다.

1960년대 영국에서는 징병제가 폐지되고, 점차 해외의 대(對)전복전(counterinsurgency)도 끝나가고 있었다. 이것은 영국과 프랑스 군이 유럽 방어에 다시 집중하도록 만들었다. 그 당시조차, 민주주의는 자연이 전차와 같은 "공세적" 무기에 회의적이었고, 대전차 유도미사일(ATGM)과 같은 "방어적" 무기를 선호했다.

프랑스의 SS-11은 NATO에서 최초로 효과적인 ATGM이었다. 미국을 포함한 많은 나라들은 1960년대 초 이를 받아들였다. 영국, 프랑스, 서독은 "모든 병과의 협조"를 전술 원칙으로 하는 제병협동 개념을 인정했다. 이러한 개념의 유사성은 대규모 부대의 편제에도 어느 정도 반영되었다.

육군들은 고정된 제병협동 구조로 집중했다. 미국에서는 이 구조가 사단 규모 보다는 여단 규모에 적용되었다고 보았다. 이와는 대조적으로, 미국의 ROAD 사단 속에 있던 여단은 융통성 있고, 상이한 상황과 임무에 따라 모습을 바꿀 수 있게 만들어졌다. 고정 편성된 유럽 여단의 진화는 유럽에서 기계화 작전이라는 단일 임무를 지향한 결과였다. 어쨌든 이 진화는 잠시 살펴볼 가치가 있다.

2차 대전이 끝나고, 영국 육군은 2개 여단으로 편성된 기갑사단과 약간의 변화만 준 3개 여단으로 편성된 보병사단을 유지했다. 기갑여단은 3개 전차 및 1개 차량화대대의 혼합 편성체였다. 보병여단은 이에 따라 1개 전차 및 3개 보병대대로 편성했다. 이것은 대대 및 중대 수준에서 전차와 보병을 상호 교차 배속하도록 한 것이었다. 이러한 편조는 3개 중대 또는 소대가 한 개 병과로 편성되고, 다른 한 병과의 부대가 1개 중대 또는 소대로 편성된다는 것을 보여준다.

1950년대, 라인의 영국 육군(BAOR; British Army of the Rhine)은 4각 편제 여단 구조를 발전시켰다. 이것은 다양한 전술 상황에 보다 적합하고 균형 잡힌 구조였다. 각 여단은 2개 전차 및 2개 기계화보병대대로 편성됐다. 이 여단은 다른 병과 및 근무부대를 고정 편성하여 일반적으로 105미리 포병대대, 2개 공병중대, 그리고 다른 NATO 여단보다 풍부한 군수지원 능력을 지녔다. 이러한 지원 병과의 일부는 명목상 전체적으로는 사단에 소속되었지만, 늘 특정 여단에 예속되어 있었다. BAOR 외부의 여단급 지휘체제가 심지어 더 중요했다. 비록 사단 구조가 영국의 문서상 존재했지만, 유럽 외부 전개를 위한 기본 부대는 일반적으로 3개에서 5개 보병대대 및 기타 병과로 편성된 보병여단이었다.

1954년 말, 프랑스 육군은 1943년 미 기갑사단의 장비 및 편성을 유지했다. 참고로 자유 프랑스 사단은 2차 대전 간 미국으로부터 장비를 받았다. 1961년 알제리아 전쟁이 끝나고, 프랑스 육군은 기계화 작전 및 편제를 새롭게 연구했다. 이 연구는 1967년 또는 67년형 기계화사단이 3개 기계화여단으로 편성되면서 최정점에 다다랐다. 각 여단은 독일 및 영국 카운트파트와 같이 영구적인 구조로 편성되었다. 여단은 1개의 주전투전차대대, 2개의 혼성 기계화대대, 자주포병대대, 그리고 1개 공병중대를 포함하고 있었다.

영국과 같이, 유럽에서 작전을 위한 이러한 프랑스 구조는 매우 강하게 고정 편성되어 여단과 사단 지휘수준이 어느 정도 중복되었다. 결과적으로 1970년대 중반, 프랑스 육군은 새로운 편성으로 전환하기 시작했다. 기갑사단을 예로 들면, 이것은 단지 8,200명의 병력을 보유했고, 2개 전차 및 2개 기계화, 1개 포병, 1개 공병, 그리고 1개 본부 및 근무대대로 편성되었다.

프랑스 보병사단은 더욱 작아졌다. 총 6,500명에 3개 차량화보병 및 1개 장갑차대대, 기갑사단에 있는 것과 같은 기타 병과 부대들을 보유했다. 프랑스는 이 작아진 사단 구조가 핵 전장에서 반응을 더 신속히 하고 빠르게 움직일 수 있다고 보았다. 프랑스 육군에게 이러한 전투에서 기갑사단의 기능은 적 부대를 집중시키고, 그것으로 인해 프랑스 전술 핵무기의 취약한 표적이 되도록 하는 것이었다.

1960~1970년대 프랑스 육군 구조의 독특한 국면 중 하나는 한 대대 내에 상이한 병과를 모아 영구적 편성체로 만든 것이었다. 1960년대 초, 프랑스는 제병협동대대 실험을 개시했다. 이것의 정점이 1967년의 혼성 또는 "전차-보병" 대대였다. 이 대대 내에, 2개의 경전차중대는 각각 4개의 전차소대 및 1개 대전차 유도미사일 소대를 보유했고, 2개의 기계화보병 중대는 각각 3개 소대를 보유했다. 두 가지 형태의 중대들은 전술 작전을 위해 서로 소대들을 교차 배속시켰다. 대대 본부도 마찬가지

로 통신, 정찰, 박격포 소대와 같은 기타 병과를 포함했다. 동일한 기본 차량 차대(chassis)를 사용하여 대대의 정비 문제를 감소시켰고, 모든 무기들의 야지 기동성을 균일하게 만들었다.

최초 AMX-13과 후에 나온 AMX-10 계열의 장갑차량들은 경장갑, ATGM 발사기, 그리고 보병을 위해 적합한 차량이었다. 프랑스는 초급 지휘자들에게 훈련의 양을 크게 증가시켜 세 가지 유형의 소대를 훈련 및 통제할 수 있도록 능력을 부여했다. 이 문제로 인해서 프랑스 군은 전차 및 기계화보병 소대의 규모를 각각 차량 3대로 줄였다. 이 규모는 감독과 통제하기에 용이했다. 끝으로, 이러한 전차-보병 대대들은 순수한 전차부대에 보병지원을 더 이상 할 수 없었기 때문에, 각 기계화여단의 중(中) 또는 주전투전차 대대는 영구 편성된 기계화보병 중대를 갖게 되었다. 그러나 실제로는 이 전차대대가 간혹 전차-보병 대대들을 지원해야 했다. 왜냐하면 집중적인 적 공격에 대해 장갑 방호력이 제한되었기 때문이었다.

프랑스가 대대 내에 상이한 병과들을 통합하는데 있어서 서구 세력을 주도했던 반면, 서부 독일은 기갑과 탑승보병을 발전시키는데 앞장섰다. 이 속에서 서독 지휘관들은 팬저 척탄병이라는 2차 대전의 전통을 따랐다. 미국이 하차해서 전투하는 보병을 운반하기 위해 장갑차를 계속 만드는 동안, 독일은 효과적인 보병전투차량(IFV)을 원했다. 이 차량에 타고 이동하면서 차량 내에서 싸울 수 있도록 한 것이다. 1세대 차량이 SPz 12-3(Schuetzenpanzer, 장갑보병차량)이었다. 이것은 1960년대 야전에 배치됐다. 실제 전투하는 플랫폼으로 의도되었기 때문에, SPz는 20미리 자동포로 무장됐고, 당시 미국 APC였던 M113보다 4톤이나 더 나가는 장갑판을 지녔다.

이 무게를 유지하기 위해, SPz는 모든 수륙양용 능력을 포기했다. 독일은 SPz가 비수륙양용인 전차와 긴밀한 협조 하에 운용되어야 한다면, 수륙양용 능력은 무의미한 것이라고 이유를 설명했다. 1963년 최초 척탄병 여단이 만들어졌다. 1개 전차대대, 3개 보병대대, 1개 자주포병대대로 구성됐다. 3개 보병대대 중 2개만 SPz로 편성됐다. 3번째 대대(MTW)는 최초에는 트럭에 탑승하다가 나중에는 미제 M113 APC에 탑승했다. 독일은 이러한 다양한 장점을 지녔다. 왜냐하면, MTW 대대가 도시지역, 감소된 시계 조건, 그리고 탑승보병이 필요하지 않은 상황에서 추가적인 하차 병력을 제공하기 때문이다. SPz와는 다르게, 마더(Marder)는 핵 방사능, 생물학 및 화학 무기로부터 승무원실을 보호하는 공기순환 보호시스템을 장착했다.

독일 지휘관들은 IFV에서 전투하는 기계화보병을 생각했다. 순찰 또는 도시지역 전투와 같은 특수작전을 위해 필요한 경우만 하차시키는 것을 고려했다. 그러나 이러한 탑승 능력과 균형을 이루기 위해서 독일 팬져 척탄병들은 서구 육군 중에서 가장 적은 하차 분대 규모인 7명으로 편성했다. 마더 그 자체는 화력기지였다. 마치 이전 세대에 경기관총이 화력기지로 역할을 했듯이 말이다. 그 주위로 하차보병은 하나의 강습팀으로서 기동했다.

IFV를 위한 독일 개념과 설계는 기타 NATO 국가들과 소련에 대한 관찰과 모방에서 나온 것이었다. 그러나 만일 전차와 탑승 보병이 모든 환경에서 한 팀으로 작전한다면, IFV는 전차와 같은 기동성과 방호력을 필요로 했다. 따라서 필연적으로 보다 무게가 덜 나가는 전차 자체가 된 것이다. 영국 육군은 2차 대전이 끝날 때 이것을 인식했다. 영국은 셔먼 전차의 포탑이 없는 차체만을 이용하여 제한된 숫자로 운용했는데 이것이 캥거루(Kangaroo) 중(重)인원 수송차량이었다. 마더 자체는 동일한 방향으로 지향되었다. 그러나 무게가 27.5톤으로 장애물 극복이 어려웠다. 그리고 비용이 비싸서 모든 독일 보병들은 이 장비를 가질 수 없었다.

독일은 또한 1960년대 유일하게 새로운 구축전차(tank destroyer)를 보유한 국가였다. 서독군은 10년 뒤에 이 장비를 전차로 대체했다. 부분적으로, 구축전차는 미국과 그 동맹국들이 진정한 중(重)전차 개발을 포기하고 중형 주전투전차로 표준화하기로 했을 때 나타난 갭을 채워주었다.

자그드팬져(Jagdpanzer, 전차 사냥꾼)는 독일 여단에 영구 편성되었고, 때때로 ATGM과 90미리 고속포를 장착했다. 이러한 형태의 포를 장착한 대전차 차량은 평화 시기에 유지하기에는 너무 특수한 장비로 보였다. 특히, ATGM이 매우 효과적이고 융통성이 있어졌을 때 그렇게 보였다. 그러나 1970년대 새로운 형태의 세라믹 그리고 기타 특수 장갑 방호력이 성형장약 화학에너지 탄의 효과를 크게 저하시켰다. 성형장약탄은 무반동총과 같은 저속 보병 운반용 포 그리고 대부분의 ATGM에서 사용됐다(2장 참조).

성형장약탄이 완전히 무용지물이 된 것은 아니었다. 모든 전투차량에 완전한 세라믹 장갑을 설치할 수 있는 능력이 있는 국가는 없었다. 또한 주전투전차의 모든 면을 세라믹 장갑으로 덮을 수도 없었다. 1970년대 말, 전차 또는 전차 유형의 보다 고속화된 포는 재차 적 전차에 대해 가장 효과적인 무기가 되었다. 결과적으로 보병부대는 1943년 이래로 장갑화 된 공격력에 잠재적으로 더욱 취약하게 되었다. 이 상황은 1980년대 동안 새로운 대전차 무기의 개발에 심각한 영향을 미쳤다.

자국 방어에서부터 전격전까지: 1967년까지의 이스라엘 육군

1948년 이후 5개 전쟁 그리고 수많은 선언되지 않은 분쟁 속에서, 이스라엘은 고도로 기계화된 제병협동 전투에 전문적 실천가로 유명해졌다. 이스라엘의 경험은 다른 육군에게 심오한 충격을 주었는데, 특히 1973년 이후가 그랬다. 그러나 이스라엘 국방군의 강점과 약점을 이해하기 위해서, 우리는 반드시 그 기원을 회상해야 한다.

1948년 팔레스타인의 이스라엘 지역이 영국으로부터 독립을 선언했다. 그러나 아랍 국가들에 의해 공격받고 있었다. 그 당시, 이스라엘 군대는 자체 방어 의용군, 대(對) 영국 테러리스트, 그리고 이주자들의 느슨한 연합이었다. 많은 이스라엘 사람들은 소규모 부대 지휘자로서 훈련을 받았다. 이들은 지역 방위부대와 2차 대전시 영국군에서 훈련받은 자들이었다. 이스라엘이 부족했던 것은 경험을 가진 지휘관 및 참모 또는 대대에서 정식적으로 훈련받은 사람, 또는 보다 큰 부대 작전 및 군수 경험을 가진 사람들이었다. 독립 후에도, 대영제국은 단지 소수의 이스라엘 사람을 영국 군사학교에 다니도록 허락하려고 했다. 더욱이 1960년대까지 이스라엘은 많은 양의 근대 무기를 구입할 자금도 외국 지원도 받을 수 없었다.

결과적으로, 1948~1956년의 이스라엘 육군은 아마추어 부대였다. 훈련이 빈약했고 경보병을 제외하고는 장비마저 빈약했다. 이스라엘 군대의 명예로운 엘리트는 202 여단의 공수 낙하병들이었다. 이들은 아랍 지역에 대한 보복 습격을 수행했다. 실제로 역사를 볼 때, 이스라엘은 제일 좋은 병사를 공정여단에 보냈다. 일반적으로, 이스라엘 육군은 소부대 리더십과 개인 능력이라는 전투력에 의존했다. 이 전투력은 1955년까지 스스로를 방어하기에 충분한 것이었다. 그 해, 소련은 이집트에 많은 양의 그리고 보다 근대화 된 중화기를 지원해줄 것을 약속하면서 중동에 대한 정책을 바꿨다.

화려한 경력의 다얀(Moshe Dayan)이 1953년 이러한 특이한 육군의 참모총장이 됐다. 1939년 다얀은 수많은 자체 방어 리더들 중 한 명이었다. 당시 리더들은 윈게이트(Orde Wingate) 대위로부터 인가되지 않은 소부대 훈련을 받았다. 윈게이트는 융통성 있는 영국의 천재로 나중에 버마의 정글에서 영국 장거리 특공대(Chindit)를 창설한 사람이었다.

1948년 독립전쟁 동안, 다얀은 89 기계화 특공대대를 지휘했다. 이 대대는 반트랙 및 경 차량이 뒤섞인 부대로 아랍 후방지역으로 과감한 습격을 감행했다. 그 후, 미국에 방문하는 동안, 다얀은 우연히 미 전차 중대장 바움(Abraham Baum)을 만났다.

그는 2차 대전에서 독일 함부르크의 미군 포로를 구하기 위해 독일 전선 뒤로 소규모 습격대를 이끌었던 사람이었다. 바움의 1945년 미 기갑 전술에 대한 설명을 들은 다얀은 스피드와 기동성 그리고 현장에서 결심을 위한 지휘관의 전방 지휘가 중요하다는 믿음을 강화시켰다. 따라서 다얀은 그의 아이디어가 2차 대전에서 미국과 독일이 사용한 원칙을 부분적으로 다시 고안해 낸 것이라는 것을 알게 되었다.

이와는 반대로, 1950년대 이집트 육군은 영국 육군을 거의 서투르게 모방한 것이었다. 영국 육군은 이집트 육군을 훈련시켰었다. 이집트 전술은 중앙집권적이고 방법론적인 참모계획수립으로 이것은 1918년 프랑스에서 그리고 1941년과 1942년 북아프리카에서 독일 공격에 대해 느리게 대응하도록 만든 전술이었다. 다얀의 1956년 전쟁 승리는 그가 다음과 같은 취약점을 인식한 것에 있었다:

> "이집트는 그들의 작전에서 내가 소위 말하는 도식적이었다. 그리고 그들의 지휘본부는 전선과 멀리 떨어진 후방에 있었다. 그들 부대의 배치에 있어서 변화, 예를 들어 새로운 방어선을 형성하고, 공격 표적을 변경하고, 최초 계획과 다르게 부대를 이동하게 되면 그들에게는 시간이 걸렸다. 생각할 시간, 모든 지휘 채널을 통해 보고 받는 시간, 최고 사령부에서 적당한 고려를 한 후 결심을 획득하는데 걸리는 시간, 명령을 내리고 후방에서 전방 전선으로 명령이 하달되는 시간이 소요되었다. 우리(이스라엘)는 반대로 보다 나은 융통성과 군대의 판에 박힌 모습을 최소화하여 행동하곤 했다."

1956년 시나이 사막의 이집트 방어부대는 여러 개의 중요지형에 진지를 점령했다. 진지들은 종심과 측방 경계가 부족했다. 이러한 방어선은 측면으로 돌아가는 이스라엘의 이동에 취약했다. 그리고 이집트는 방어부대를 지원하는 대규모 역습부대도 부족했다. 새로운 소련 장비 지원 약속에도 불구하고, 전방 이집트 부대들은 주로 2차 대전의 유서 깊은 장비로 무장됐다. 다얀은 이집트 병참선에 대한 신속한 돌진으로 방어선을 와해하고 궁극적으로 붕괴시키려고 계획했다.

여전히, 1956년 전역을 위해 사용하기로 계획했던 수단은 기계화부대가 아니었다. 반대로, 그는 이스라엘의 소부대 리더십과 경보병 작전에 의존했다. 미틀라 패스(Mitla Pass)를 장악하기 위한 공정 낙하가 지상 보병부대 종대를 지원할 것이었다. 보병부대 종대는 징발한 민간 트럭과 수대의 경전차 및 포병 자산을 함께 편성하여 사막을 가로질러 이동했다. 최초 이스라엘의 완전 편성된 기갑여단은 제7기갑여단으로 예비로 임무가 없었고, 단지 추가적인 간접 화력무기로 전차포를 예외적으로 사용했다.

제7기갑여단은 2차 대전 이후 곧 바로 나타난 꽤 전형적인 기갑여단의 모습이었다. 이 여단은 셔먼 중(中)전차 1개 대대, AMX-13 경전차 1개 대대, 반 트랙 탑승 보병 1개 대대와 추가로 차량화 보병 1개 대대, 지프차에 탑승한 정찰 1개 중대, 포병 2개 대대로 편성됐다. 각 전차 대대들은 영구 편성된 기계화보병 1개 중대를 보유했다. 그러나 여단의 일부는 다른 부대에 배속되어, 남은 여단은 3개의 감편된 대대 규모 특수임무부대를 가지고 대부분 전역에 참여했다.

제7여단장은 일반적으로 벤아리(Uri Ben-Ari) 대령으로 알려진 사람이었다. 그는 전역에서 자신에게 할당된 수동적인 역할에 불만을 가졌다. 그러나 조기에 그의 정찰중대가 부실하게 경계되던 디카 패스(Dyka Pass)를 돌파했다. 이 통로는 아부 아게일라(Abu Agheila)-움카다프(Um

Katef)의 주요 이집트 진지의 남쪽 측방에 있었다(지도 11참조).

비록 이 정찰 부대가 디카 패스에는 단지 몇 대의 차량만이 있다는 것을 식별했지만, 벤아리는 이집트 방어선 내부로 3개의 상이한 축선을 따라 자신이 보유한 상호 편조된 특수임무부대를 투입했다. A 특수임무부대는 움카타프 방어선 남쪽에 대해 헛된 공격을 했다. 여기에는 두 개의 추가적인 이스라엘 여단도 마음 내키지 않는 정면공격을 실시하여 많은 손실을 겪고 고전하고 있었다. C 특수임무부대는 남서로 이동하여, 수에즈 운하지역에서 접근하는 이집트의 구원 병력을 차단하려 했다. 벤아리는 B 특수임무부대를 디카 패스를 통해서 이집트 진지 중앙으로 보냈다. 이 부대는 1개 셔먼 전차중대와 1개 기계화보병 중대로 편성되어 있었다. 이 특수임무부대장 아단(Avraham Adan) 중령은 이집트의 2개

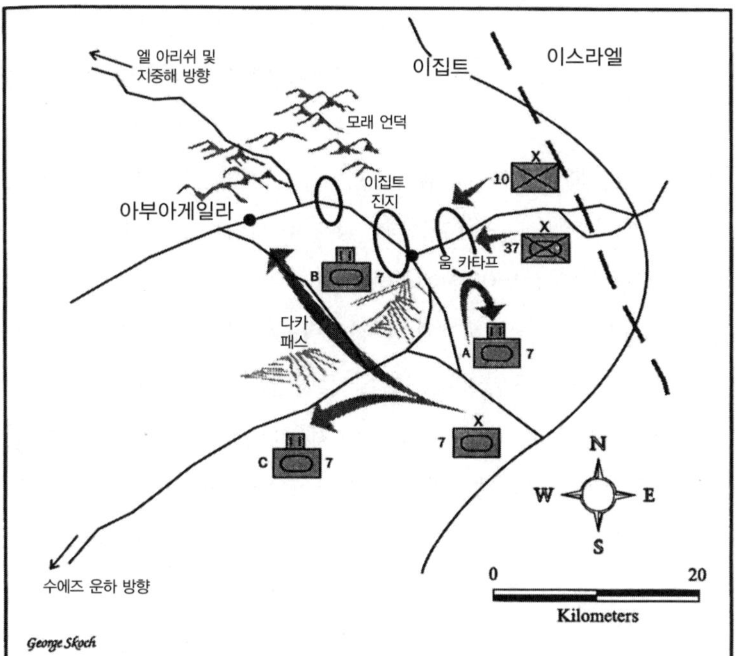

지도 11. 1956년 아부아게일라에서의 이스라엘 및 제7기갑여단

방향 공격에 대항해 진지를 사수하면서 이스라엘 항공대에 의한 기총사격을 실시했다. 사실상, 이스라엘 주력부대가 마침내 움카타프를 돌파했을 때, 아단은 도착한 이스라엘 전차를 이집트 전차로 오인하여 8대나 파괴시켰다.

이것은 양측에서 범한 일련의 실수 중 마지막 실수였다. 이 실수는 명백한 이스라엘의 승리를 흐리게 한 것이었다. 사실상, 나중에 나온 이집트 자료에 의하면, 자신들의 부대가 아부아게일라-움카타프에서 우세한 이스라엘 적에 대항해 4일을 지탱했고, 나세르(Gamal Abdel Nasser) 이집트 대통령이 영국-프랑스 공격에 대항하여 수에즈 운하를 방어하기 위해 재편성을 결심했을 때에 이르러서야 철수했다고 주장하고 있다.

이집트 사령부가 보다 위협에 적극적으로 대응했다면, 제7기갑여단은 수회의 패퇴를 당했을 것이다. 이유가 무엇이었건, 여전히 다얀의 "붕괴 이론(collapse theory)"은 옳았던 것으로 판명되었다. 이집트인들은 기회를 보고 즉흥적으로 공격하는 이스라엘에 대해 효과적으로 대응할 수 없었다.

제7기갑여단은 1956년 전쟁을 홀로 이긴 것이 아니다. 그러나 이 명백한 승리는 이스라엘 군대 내에서 심각한 재평가를 가져왔다. 다얀과 기타 지도자들은 기갑부대가 기동전에서 우세한 도구라고 확신했다. 기동전은 이스라엘이 항상 선호했던 전쟁방식이었다. 1956년 이후 약 10년간, 이스라엘 국방군은 기갑군단에 공군 및 낙하산 부대가 받았던 것과 거의 같은 수준의 병력과 물자를 지원하는 우선순위를 부여했다. 1956~1961년까지 기갑군단의 부지휘관이었고, 1964년 이후 지휘관이 된 탈(Israel Tal) 장군은 우세한 전차포 사격(tank gunnery) 훈련을 시킴으로써 이스라엘 기갑부대를 효과적인 부대로 만들었다. 그러나 곧이어 탈 장군은 기갑부대는 복잡한 기갑 전술과 장비를 갖고 있기 때문에, 일반적인 서구 육군이 유지해 온 것과 같은 군기와 질서정연한 정비를 필요로 한다는 것을 알게 되었다. 이러한 것들은 당시 이스라엘 군에는 거의 발견하기 어려운 것이었다.

중요한 문제는 이스라엘이 우세한 공군력과 엘리트 낙하산 병력을 유지할 자산이 부족했다는 것이다. 이러는 동안에도 균형 잡힌 기계화부대를 발전시키고 있었다. 탈은 정부를 설득하여 미국과 영국의 최신 전차를 구매하기로 하고, 구형 셔먼전차에 보다 큰 구경의 전차포를 장착하기로 했다. 그러나 남은 기갑부대들은 어려움을 겪었다.

1967년 대부분의 이스라엘 기계화보병은 여전히 1941년 유품인 미제 M3 반트랙 차량을 타고 이동했다. 이 차량은 상공에서 폭발하는 포병탄에 대해 방호력을 전혀 갖지 못했고, 측면 장갑만 갖고 있었다. 시간이 지나면서 정비와 기동성에 문제가 점차 많이 발생했다. 탈은 전차-기계화보병이 팀을 이루는 것은 유럽 전술이고 중동에는 중요도가 떨어진다고 주장했다.

시나이 반도의 개활한 공간 속에서, 이스라엘 전차는 적 단거리 대전차화기에 대한 보병의 엄호가 덜 필요하다고 주장했다. 탈에게 있어서 보병은 우회한 저항 중심지를 제거하고 전투 후에 잔적을 소탕하는데 필요한 것이었다. 그렇지 않다면, 북아프리카에서 영국 전차병들이 말했듯이 보병은 파트너이기보다 짐 덩어리였다는 의견에 동의했다.

1967년 6일 전쟁은 이러한 주장을 확신시켜 주는 것으로 보였다. 이스라엘 낙하산 부대, 보병, 포병 그리고 전차가 이집트 국경방어선을 돌파하기 위해 실시한 세트피스(setpiece) 공격은 수에즈 운하로 돌진해 들어간 다른 기갑부대 공격으로 인해 발생한 행복감에 덮여 잊혀졌다. 또다시, 이집트 지휘 및 참모 절차는 이스라엘의 돌진에 대응하기에는 너무 느리고 경직된 것이었다. 이집트 지휘 및 참모 절차는 소련 고문관의 영향을 받았다.

1941년 유품인 반트랙 차량은 적 화력 하에 또는 기동하기 어려운 지역에서 1961년 시대의 전차와 보조를 맞출 수 없었다. 이스라엘 공군의 친밀하고 지속적인 지원으로 인해서 육군 방공 및 야전포병이 중요하지 않은 것으로 보였다. 특히 공군이 포병 전개 보다 더 빠르게 도착한다면, 유동적인 작전에서 공군은 더욱 중요했다. 이 전쟁이 바로 시작될 때, 이스라엘 전폭기들은 지상의 이집트 공군기를 파괴하고, 공중우세권을 장악했다.

지상군 사령관들을 이것의 고마움을 몰랐다. 의도적이건 아니건, 이스라엘은 승리를 위하여 전차-전폭기 팀에 크게 의존했다. 이렇게 했던 것은 1941년과 1942년의 독일 승리를 단순히 반복한 것이었다. 그리고 이것은 독일이 쿠르스크(Kursk)에서 고전하면서 하게 된 각성을 똑 같이 맞이하게 되는 배경이 되었다.

2장. 제병협동, 1973~1990년

이스라엘: 제병협동의 실패 1967~1973년

1967년 이스라엘 전역에서 명백히 나타난 많은 추세는 이 전쟁의 승리 이후에서 지속되었다. 1967년 노획한 풍부한 아랍의 기갑차량에 추가해 예산사용 우선순위를 기갑부대에 높게 부여함으로써, 이스라엘은 1967년 9개의 기갑여단과 2개의 기계화여단 규모로 성장했으며, 1973년에는 16개의 기갑여단 그리고 적어도 4개의 기계화여단을 보유하게 되었다. 육군의 나머지는 상대적으로 규모에 있어서 안정적이었다. 이스라엘 교리에 의하면 전차를 격파하는 데는 전차가 최고의 수단이었기 때문에, 이스라엘 국방군은 미국이 새롭게 개발한 TOW(Tactical, Optically Guided Weapons) 대전차유도미사일 공급 제안을 거절했다.

기갑병과는 이스라엘 육군에서는 진급을 위한 주요 진출로였다. 소수의 낙하산 부대원을 제외하고, 기계화보병 장교는 중대 수준 이상을 지휘할 것으로 기대할 수 없었다. 예외는 처음에 기갑장교로 자격을 받은 경우였다. 이스라엘은 낙하산병, 전통 보병 및 기계화보병을 구분했다. 기계화보병은 기갑병과의 일부였지만, 선발 자격이 가장 낮았다. 대부분의 전통 및 기계화보병 부대들은 예비대에 속해 있었다. 전차보다 훈련도 적게 받고 우선순위도 낮았다. 일례로 1973년 전쟁이 시작되었을 때, 시나이 사막에 위치했던 3개 여단 소속 전차 및 승무원들은 능력과 훈련수준이 높았다. 그러나 이들 부대에 소속된 기계화보병은 여전히 동원되지 않은 예비군들이었다. 이러한 여단들은 거의 순수한 전차부대로 전투에 투입되었다.

1969~1973년까지 기갑군단의 지휘관이었던 아단(Avraham Adan) 장군은 1956년 아부 아게일라에서 특수임무부대 지휘관이었다. 그는 이러한 이스라엘 군의 실태를 바꾸려고 했었다. 그는 높은 자질의 신병들을 기계화보병 부대에 할당했다. 인기 없는 병과에 우수한 인원들을 재할당한 것이다. 아단은 또한 많은 수의 M113 인원수송용 장갑차를 획득하려 했다. 이것은 노후된 M3 반트랙 차량을 대체하기 위한 것이었다.

1972년 탈(Israel Tal) 장군은 총참모장이 되면서, 이 차량 구매를 반대했다. 탈은 기계화보병의 역할이 있다면 그것이 무엇인가를 말하면서, 그것은 탑승하여 전투하는 것이라고 했다. 이것은 서독 교리와 같은 사고였다. 비록 M113이 M3보다 매우 발전된 것이지만, 탈이 생각하는 IFV처럼 역할을 해내기에는 장갑 방호력도 화력도 충분하지 못했다. 따라서 총참모장은 완벽하지 않은 차량을 구매하기 위해 부족한 예산을 사용하는 것을 반대했다. 이스라엘은 계속해서 전차와 전폭기를 강조하면서 타 병과를 무시했다. 이러한 무시는 또한 이스라엘 부대 구조에도 명백하게 나타났다. 이스라엘 육군의 규모가 커졌음에도 불구하고, 여단 위의 모든 제대는 임시적인 특수임무부대(Ugdah)였다. 병과와 각 군종을 적절하게 균형 잡고 통합하기 위해 신중하게 만들어진 것이 아니었다.

이와 반대로, 이집트 육군은 1967~1973년 사이 자신들의 약점과 능력을 신중하게 분석했다. 사실상 1973년 분쟁 초기에 이집트의 성공은 이스라엘의 선제공격을 대신하여 세부적인 계획에 따라 최초로 아랍이 기선을 잡는 것에 있었다. 더욱이 사다트(Anwar Sadat) 대통령은 이스라엘을 완전히 격멸시키는 성전은 미래를 예측할 때 불가능하다고 인식했다. 1972년 그는 군 지휘관들을 갈아 치웠다. 그리고 합리적인 제한전쟁을 계획하기 위해서 고급 장교들과 참모를 임명했다. 사다트의 최종 목표는 제한된 승리였다. 이스라엘의 자신감을 흔들 정도의 신뢰성 있는 공격을 하여 동일한 입장에서 외교적 협상을 하고자 한 것이다. 성공의 기회를 높이기 위해서, 시리아와 동일한 시간에 공격할 것을 협의했다.

사다트의 참모들은 1948년 이래로 다얀이 이용한 것과 같은 문제를 체계화 했다. 이집트 지도부와 통제 절차는 임무가 갑자기 변할 때 신속히 반응할 수 없었다. 이러한 측면에서, 이집트는 영국이 오래전에 해결했던 과거 영국의 방법을 유지하고 있었던 것이다. 그리고 점차 증대되는 소련의 영향으로 이러한 경향이 강해졌다. 거의 아랍 학생들의 의견 없이, 소련의 군사고문관은 고정된 타임테이블에 기초한 융통성 없는 단계적인 전진을 권장했다. 더욱이 이집트 병사들은 이스라엘 병력들이 우회하여 예상하지 못한 방향에서 공격하는 기동 전투가 벌어지면 빠르게 사기가 저하되었다.

2차 대전 당시 고전적인 해결방법은 퇴로가 차단되고 포위되었을 때 계속 전투할 수 있도록 심리적으로 훈련시키고, 이어서 이스라엘 기갑부대가 돌파하기 이전에 공격을 흡수하도록 종심방어를 하는 것이었다. 그러나 이집트 지도자들은 부대 간의 응집력과 상호 신뢰가 부족하다는 것을 알았다. 이집트 공군도 이스라엘로부터 국지적인 공중우세를 달성할 것으로 희망할 수 없었다. 국지적 공중우세는 효과적인 종심방어를 위해 사전에 조성되어야 할 사항이었다.

이집트는 대안을 모색했다. 이들은 이스라엘이 자신들이 원하는 시간과 장소에서 이집트 진지를 공격하도록 강요하는 계획을 수립했다. 수에즈 운하 동쪽으로 단지 15km를 돌파하게 되면, 제한된 공격을 실시한 이집트 부대는 소련이 만든 통합 방공우산 속에서 보호를 받게 되어 있었다. 통합 방공우산은 고정된 SA-2 그리고 SA-3 지대공 미사일의 중복된 사격범위 속에 들어가도록 정교하게 만든 것이다. 이것은 전방 병력과 함께 이동하는 SA-6 미사일 그리고 ZSU-23/4 자주포로 보강되었다. 이 계획으로 이집트 병사들은 자신의 진지에서 측방 또는 대공 방호를 생각하지 않고 최선을 다해 완강히 적의 정면공격에 대항하여 싸울 수 있었다.

이집트 계획은 따라서 수에즈 운하를 넘는 기습 공격이 요구됐다. 수에즈 운하는 1967년 전쟁 이래로 이집트와 이스라엘간의 접촉선이었다(지도 12). 이 공격으로 바레브(BarLev) 라인이라고 불리는 이스라엘의 소규모 전초를 고립시키려고 했다. 이 바레브 라인은 운하의 동쪽 둑을 따라 설치되어 있었다. 최초 공격에 포함되지 않은 이집트 부대들은 강습부대에게 자신들의 새거(Sagger) 대전차유도미사일 및 방공무기들을 양도했다. 따라서 강습부대들은 편제 무기의 3배를 지니게 되었다.

이집트는 전략적 기습달성에 성공했다. 이스라엘 군사정보부는 자신의 정부에게 공격이 있기 10시간이 안 되서 이를 알렸다. 두 아랍 국가가 공격을 했을 때 겨우 동원이 개시되었다. 잘 무장된 이집트 병사들의 1제파는 운하 동쪽 약 4km에 다다랐다. 그리고 방어 진지를 구축했다. 국지적인 이스라엘 기갑예비대(최초에는 대대였으나 후에는 기갑여단 규모가 됨)는 바레브 라인의 전초들을 구하기 위해서 역습을 실시했다. 미사일로 무장한 이집트 보병은 순수한 전차로 구성된 완전한 표적을 맞이하게 되었다. 이스라엘 부대는 보병과 포병지원이 거의 없었다. 이스라엘 항공기는 이집트 지대공 미사일 우산 속에서 자신들의 기갑부대를 지원하려 했지만, 엄청난 어려움을 겪게 되었다.

이집트는 또한 이스라엘의 유명한 지휘방법을 이용했다. 이스라엘은 지휘를 할 때, 전방에서 작전하는 지휘자들에게 의존하면서 무전기를 통해서 상호 사투리와 음어를 사용하면서 교신했다. 소련에서 지급된 장비를 사용하여, 이집트 육군은 이스라엘의 많은 지휘망을 전파방해하고 음어책을 노획하여 자신들이 방해하지 못한 전파에 대해서는 교신내용을 알아낼 수 있었다. 더욱이, 이스라엘 지휘관들은 롬멜이 저지른 고전적

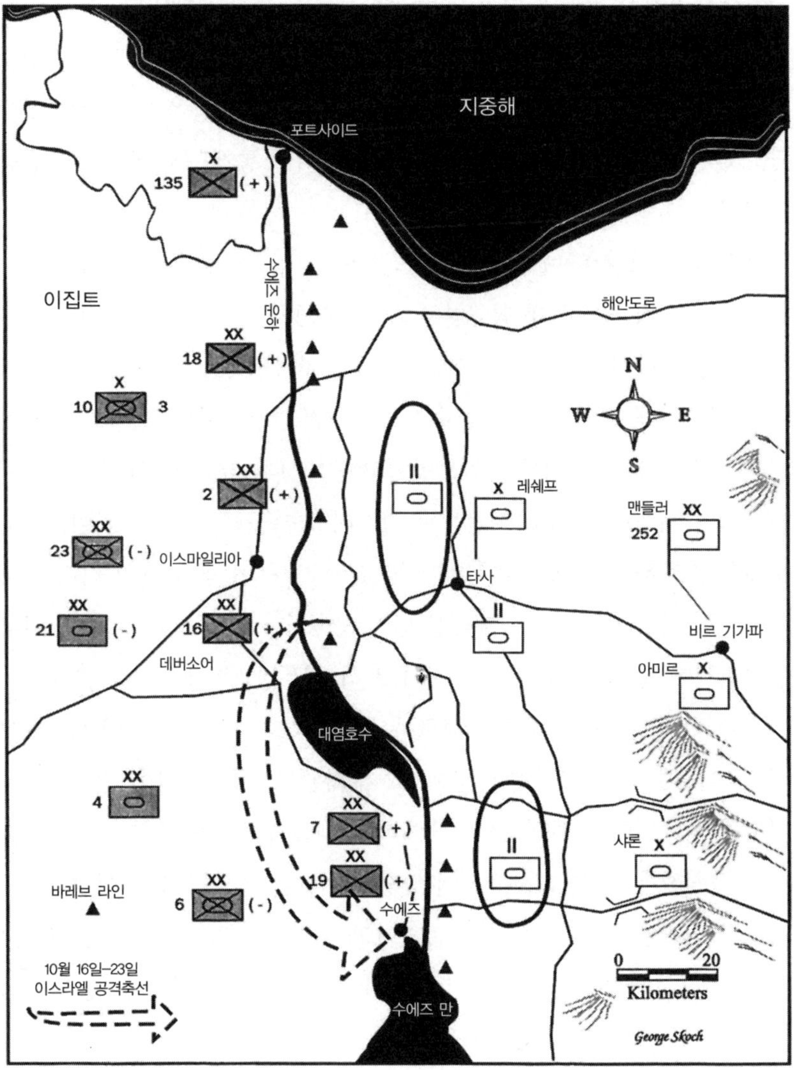

지도 12. 1973년 전쟁(시나이)

인 잘못을 했다. 국지적인 전투 장소에 직접 참가하여 싸운 것이다. 전체 병력을 감독하지 않았다.

1973년 10월 8일 밤, 전쟁 3일째 되던 날, 이스라엘 여단장, 대대장, 그리고 포병지휘관 모두는 각기 한 전초 부대원들을 구하기 위해서 위험에 처해 있었다. 하지만 이 전초는 동쪽으로 철수한 상태였다. 이들이 직접 나서는 것은 이스라엘 리더십 중 최상의 전통이었다. 이것은 자신들의 병사의 안전을 위해 탄복할 만한 관심을 쏟고 있음을 보여주는 것이다. 그러나 이것은 지휘관들이 전투를 협조하고 통제하지 못하도록 만들어버린다.

이스라엘이 시나이에서 고전하는 동안, 이스라엘은 골란 고원에서 생존의 위험에 직면하게 되었다(지도 13). 이곳에는 2개의 완편되지 못한 이스라엘 기갑여단과 1개의 보병여단이 위치하고 있었는데 이들은 시리아 공격부대에 비해 엄청나게 수적으로 열세했다. 다행스럽게도 시리아 공세는 소련 교리를 서투르게 모방했고 융통성이 없었다. 시리아는 부대를 3개의 제대로 편성하여 정해진 시간대로 기동하고, 우회한 이스라엘 부대를 소탕하는 부대를 편성하지 않았다. 비록 20개 이상의 시리아 여단이 공격에 가세했지만, 1제대를 단지 6개 여단으로 편성하여 이스라엘 방어진지를 돌파하고 후속하는 제대로 하여금 전과확대하려고 했다.

시리아 82 코만도 대대는 헤르몬산의 감제고지를 공중강습으로 확보했다. 이러한 일부 경우를 제외하고, 우회된 이스라엘 방어 전초기지는 여전히 살아남아 정보와 표적 데이터를 제공함으로써 방어하는 기갑부대를 지원했다. 소련 고문관들이 이렇게 전술을 가르친 것은 아랍인들이 복잡한 작전을 수행할 능력이 없었다고 보았기 때문일 것이다. 그러나 많은 서구 관찰자들은 소련군이 동일한 모습의 융통성이 없는 형태로 공격을 할 것이라고 잘못된 결론을 내렸다.

수적인 불균형에도 불구하고, 골란 전투는 시리아 전술에 비해 이스라엘 전술이 보다 효과적이었다. 이스라엘 기갑부대는 시리아 기갑차량의 밀집된 대형과 전투했다. 이스라엘 기갑부대는 준비된 차폐진지에서 단지 포탑만을 노출시킨 상태로 전투를 수행함으로써 아주 작은 표적이 되었다. 방어 측은 교전을 수행하면서 이러한 안전한 진지가 없이 기동

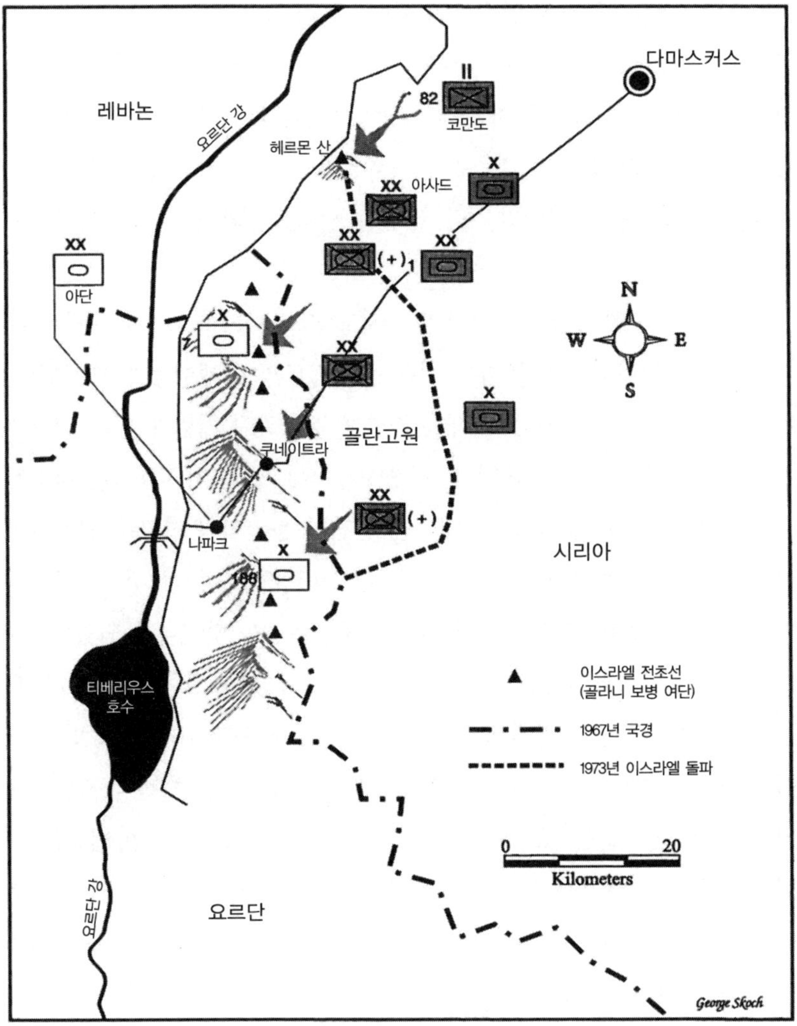

지도 13. 1973년 전쟁 : 골란 고원

하는 적에 대해 진지를 변경하면서 전투를 수행했다. 시리아부대의 수적인 우세로 인해 결국 2개의 이스라엘 기갑여단은 엄청난 손실을 보았다. 그러나 이러한 희생으로 이스라엘은 새로운 부대를 동원하고 골란고원에 투입하는 시간을 얻게 되었다.

처음에, 이스라엘 공군 역시 시리아 SAM(지대공 미사일)을 무력화시키지 않고 근접항공지원 임무를 수행함으로써 많은 희생을 치렀다. 그러나 결국, 이스라엘 전폭기는 시리아 내륙으로 보다 종심 깊게 공격하기 시작했다. 이로써 아랍은 자신들의 방공무기를 분산하게 되었고 따라서 방공 밀도가 약해졌다. 비록 수적인 우위와 기습의 이점을 지닌 엄청난 적에 의해 고난을 겪었지만, 이스라엘은 시리아군의 공격을 정지시키고 역습을 할 수 있었다.

방어로 전환하게 된, 시리아의 아사드(Hafez al-Assad) 대통령은 사다트에게 이스라엘을 괴롭히기 위해서 이집트의 공세행동을 요청했다. 이러한 요청으로 사다트는 그가 신중하게 계획하여 어렵게 얻은 시나이에서의 성과를 포기하게 되었다. 전쟁 9일째에, 모든 기습효과는 사라졌다. 시나이에서의 이스라엘 부대들은 완전히 동원되어 전투준비를 완료했다. 1973년 10월 14일 이집트는 시나이 동쪽으로 공격해갔다. 이로써 이집트는 자신들의 준비된 보병 진지와 방공우산을 벗어나게 되었다.

다음날, 이스라엘은 문제점들을 즉흥적으로 해결했다. 기갑 지휘관들이 기계화보병을 가볍게 보았기 때문에 공수부대를 재래식 보병, 심지어는 장갑 보병으로 운용하기도 했다. 그러나 공수병들은 전차 지휘관들의 고착된 사고에 불만을 토로했다. 늘 그랬듯이, 전차-보병 협조는 세심한 훈련과 계획수립 없이는 달성될 수 없었다. 측방이 노출된 이집트를 역습한 이후, 이스라엘 부대들은 10월 15일 저녁 수에즈 운하를 대염호수(Great Bitter Lake) 바로 북쪽에서 도하했다. 도하하자마자, 이스라엘 전차들은 많은 이집트 SAM 기지를 제거하여, 통합방공시스템을 파괴시켰다. 이로써 이스라엘 공군은 보다 많은 지원이 가능해졌다. 전투가 끝날 때까지, 이스라엘은 이집트 야전군 전체를 완전 포위했다.

1973년 이후 이스라엘

궁극적으로 승리했지만, 이스라엘은 1973년 전쟁에서 직면한 문제를 해결하지 못했다. 비록 이스라엘이 이러한 문제를 논하는데 지체했지만, 이후 자신들의 부대가 갖고 있는 불균형을 바로 세우기 위해 수많은 방법을 실행에 옮겼다. 이스라엘은 보병에게 간접화력을 제공하도록 박격포를 주었고, 보다 근대화된 병력수송 장갑차를 보유하는 것에 새로운 관심을 보였다.

이스라엘의 훈련은 화력지원과 전차를 지원하기 위한 기계화보병을 보다 강조하면서 실시되었다. 포병화력이 대전차무기를 파괴하는데 실패한다고 하더라도, 포병화력은 이를 제압할 수 있으며, 이것은 결국 최초 ATGM(대전차 유도미사일) 사수가 자신이 발사한 미사일 통제력을 잃게 할 것이었다.

1973년 후 10년 간, 이스라엘은 15개 포병여단을 창설했으며, 자주포를 3배로 늘렸다. 그리고 병력수송 장갑차를 500대에서 4,800대로 늘렸다. 이스라엘 공군 역시 미 공군이 사용하는 항공기 패키지를 지니기 시작했다. 전폭기는 이러한 패키지에 한 부분을 차지했다. 이 패키지는 무인 항공기(표적 데이터 수집용), 공중 통제 항공기(전투지휘용), SAM 제압용 항공기, 공중우세 달성용 항공기, 그리고 마지막으로 실질적인 폭격기를 포함한 것이다.

1982년 레바논 침공 간에 이스라엘 국방군은 시리아 방공부대를 전역 초기에 격멸하는데 있어서 훌륭한 기술을 보여주었다. 그러나 전투 간, 이스라엘 기갑부대는 꼬부라진 산악 도로를 이용한 적 소규모 전차 및 ATGM에 의해 많은 사상자를 냈다. 이스라엘은 손실을 줄이기 위해서 항공지원, 전투공병 및 공격헬기를 통합 운용했다.

이스라엘의 진격은 시리아 공격헬기에 의해서 더욱 위기에 처했다. 1982년 6월 8일, 이스라엘 162기갑사단은 레바논 중심부로 공격해갔는데 이 사단의 선도부대가 프랑스제 가젤(Gazelle) 헬리콥터에 의해 공격받았다. 이 헬기는 핫(HOT) ATGM으로 무장하고 있었다. 이 공격 및 이후 계속된 공격으로 이스라엘은 단지 7대의 전차를 잃었다. 그러나 4km에 달하는 HOT의 사거리는 이스라엘의 지상무기의 사거리보다 길었다. 그리고 이스라엘 선도부대는 자신들을 보호해줄 견착식 지대공 미사일을 보유하지 않았다. 따라서 가젤에 의한 수회 공격은 이스라엘 전진을 늦추었고, 이후 수일 동안 이스라엘은 조심스럽게 공격하게 되었다.

역으로, 이스라엘 공격헬기는 주로 휴이(Hughes) 500-MD였다. 이스라엘도 시리아와 동일한 전술을 사용했다. 산악지형 뒤에 숨었다가 갑자기 공중으로 올라와서 교전하는 것이었다. 그러나 적과는 다르게, 소련무기로 장비한 시리아는 견착시 SAM을 가지고 있었으며, 자주화 방공포를 가지고 있었다. 이러한 무기들은 제한됐지만, 이스라엘의 헬기 위협을 제거할 수 있었다. 1982년 전역 후에, 전쟁을 치른 양자는 공격헬기의 숫자를 늘렸다. 기계화전에서 이 새로운 무기의 중요성을 명확히 인식했던 것이다.

마오쩌뚱(毛澤東) 이후 중국 육군

1970년대에 이스라엘만이 예상하지 못한 패배로 고생했던 유일한 국가는 아니었다. 1930년대 적군(Red Army)과 마찬가지로 중국 지도부의 자질은 1960년대 문화혁명의 압력 하에 많은 어려움을 겪었다. 결과적으로 인민해방군은 차기 주요 군사작전에 잘못 대비했다. 고위 지휘관들은 자신들의 작전 수행방법에 너무 고착되어 있었다. 초급 지휘자들은 치열한 화력전투 속에서 무엇을 해야 할지 몰랐다.

1979년 중국은 다시 한 번 국경 너머로 전투력을 투사하기 위한 시도를 했다. 그리고 다시 한 번 군사적 충격을 당했다. 베트남 공산정권과 분쟁을 치른 수년 후, 중국은 북베트남으로 30만 명을 투입한 제한된 침공에서 배운 교훈을 관리하기로 결정했다. 양 국가는 정면 강습보다는 침투전술을 사용했다. 한국에서처럼, 인민해방군은 훌륭하게 방어를 수행하는 적에 대해 성공적인 공세를 가하기에 충분한 전투력을 집중하는 것이 어렵다는 것을 발견했다. 정글 지형은 중국의 수적인 우위를 중화시켰다. 트럭과 도로의 부족으로 군수지원도 어려웠다. 베트남 정부는 우기가 오기까지 단순히 국지적인 부대들을 이용하여 중국군을 지연시켰다. 우기는 더 이상의 공격을 불가능하게 만들었다.

이데올로기적인 편향에도 불구하고, 중국군은 베트남 인민 전쟁전술의 효과에 의해 충격을 받았다. 여전히, 베트남군을 복잡한 지하터널에서 나오도록 만드는 인민해방군의 능력에 의문이 있었다. 중국도 자신을 방어하기 위해 유사한 방법을 사용할 수 있을지 의문이었다.

1979년 당혹스러운 패배로 보다 좋은 장비를 얻고 인민해방군의 상이한 병과를 보다 잘 통합하고자 했던 이전 노력에 박차를 가하게 되었다. 훈련은 포병, 보병, 전차 및 대전차무기의 협조된 운용에 주안을 두게 되었다. 이와 함께, 중국 정부는 외국무기를 구매할 의도가 없었다. 따라서 중국 인민해방군 지도부는 모국에 대규모 방위산업을 발전시키기로 했다. 1980년대, 중국은 새로운 보병 자동소총과 자주포병을 생산했고, 대전차무기를 향상시켰다. 중국 육군의 순수한 규모로 인해 전술적 그리고 기술적 변화가 느렸다. 그리고 인민해방군은 10년 또는 그 이상 다른 주요 육군에 뒤지고 있었다. 그럼에도 불구하고, 침투전술, 소련 스타일의 편제 그리고 장비의 지속적인 근대화를 통해 인민해방군은

1990년대 말 만만찮은 부대로 성장했다.

1970년대 미 육군 : 적극적 방어

한편, 1973년 사건은 이스라엘 멀리 있는 육군에 영향을 미쳤다. 미국 듀피(William DePuy) 장군은 이 사건을 미 육군의 미래를 위한 지레대로 사용하여 "적극적 방어(Active Defense)"라는 교리를 만들었다.

육군 훈련 및 교리 사령부(TRADOC)의 지휘관으로 새롭게 지명되면서, 듀피는 수많은 중요한 문제에 직면했다. 미 육군은 당시 베트남으로부터 막 철수했었다. 약물남용, 인종문제, 사기저하, 징병제에서 지원병제로의 갑작스러운 전환 등으로 고생하고 있었다. 더욱이, 듀피와 다른 상급 리더들은 베트남에서 사용한 공중기동 및 경보병 전술이 유럽의 미래 분쟁에 대해 매우 적합하지 않다고 생각했다.

대규모 기계화된 소련군이 NATO 공격을 위해 잘 균형 잡혀 있는 것으로 보였다. 서독 정부는 자신들의 얕은 종심을 고려할 때 소련의 공격으로 인해서 몇 킬로미터 철수도 용납할 수 없었다. 따라서 미 육군은 1945년 설치된 일정 공간을 지닌 국경선을 따라 방어해야 했다. 이로써 지연 또는 기동 전술을 사용할 기회가 거의 없게 되었다. 적어도 이러한 전쟁의 최초 전투에서 미 육군은 소련의 병력과 포병의 수적 우위에 대항하여 싸워야 했다.

듀피 장군은 미국의 전투교리를 새로 만들기 시작했다. 여기에는 자신의 견해와 1973년 전쟁에서 나타난 문제들을 포함시켰다. 이 결과 일련의 『어떻게 싸울 것인가(How to Fight)』 교범이 나왔다. 이것은 육군의 현존하는 야전교범(FM)을 사치스러울 정도로 도해식으로 개정한 것이었다. 당시의 육군 교범은 2차 대전 이래로 새로이 최초로 전면 개정한 것이었다. 이 노력의 극치가 FM 100-5, "작전(Operations)"이었으며 1976

년 배부됐다.

이 교범은 1973년 전쟁의 많은 의미를 올바르게 제시했다. 여기서 말하는 1973년 전쟁의 의미란 전장의 치명성 증가, 기갑의 주도적인 역할, 기계화보병의 지속적인 가치(전차와 함께 작전하면서 대전차 미사일 운용), 야전포병 및 방공무기의 정확성 증가, 헬기의 기동성과 전차 파괴능력, 야시장비 사용으로 야간전투를 보다 많이 할 수 있다는 것, 그리고 표적을 찾고 통신을 방해하는 전자전 중요성이 높아졌다는 것을 말한다.

듀피와 당시 공군의 카운트파트 전술항공사령부의 딕슨(Robert J. Dixon) 장군 역시 항공지원 절차를 표준화하는데 많은 발전을 이뤘다. 이것은 지상과 공중전이 동일한 분쟁에서 독립적인 부분을 차지한다는 견해를 함께 한 것에 기초한 것이었다. 그러나 불행하게도 많은 군인들은 이러한 문제에 대한 듀피의 해결을 극히 냉혹하고 기계론적이라고 보았다.

『어떻게 싸울 것인가(How to Fight)』 교범은 공격작전을 방어 상태에서 공격부대를 기동시키는 것과 같이 기술하였다. 그러나 이 교범은 압도적인 적에 대해 절망적으로 싸우라고 강조하는 것처럼 보였다. 이것은 1973년 전쟁 개시 당시, 골란 고원에서 이스라엘 전차부대원들이 싸운 것과 똑같은 모습이었다. 로드(ROAD) 사단 구조에서 보병과 전차를 상호 교차 배속한 특수임무부대와 전투 팀은 차폐진지 속에서 전투를 하게 된다. 지뢰지대는 적의 진출을 지연시킬 것이며, 이후에 최대사거리에서 대전차 유도미사일을 사격하고 단거리에서 보다 빠르게 전차포를 사격하면 거대한 공격부대를 조금씩 격멸하게 될 것이다. 방어자는 기동하거나 또는 선제공격한 측보다 화력에 더욱 의존하게 될 것이라고 보았다.

지휘관과 참모들은 냉담하게 계산한 전투를 배웠다. 육군의 학교기관은 학생들에게 특정지역에 최대로 투입 가능한 소련군 부대를 판단하라고 가르친 후에 이어서 수적으로 열세한 부대를 편성하여 이 위협을 저지하고 격퇴시키라고 요구했다. 기갑 기병부대 및 기타 부대들은 적의 진출을 지연시키기 위한 엄호부대로 운용됐다. 이러한 부대들은 6개 대대(소련) 對 1개 대대(미국)의 전투력 비율로 전투하도록 되어 있었다. 주요 전투 지역을 담당하여 전투해야 했던 부대들도 여전히 공격자 대 방어자 비율이 3 대 1이라는 열세한 상태로 싸워야 했다.

듀피의 노력은 육군의 현실을 반영한 일회성 가치를 지녔다. 육군은 1950년 이래로 이러한 불리한 상태 하에서 싸워보지 못했다. 더욱이, 그의 주장으로 인해 수많은 개발비용을 얻어낼 수 있었다. 이것은 보병전투차량, 공격헬기를 포함한 개발비용이었으며, 이로써 1980년대 결실을 거두게 되었다.

그러나 듀피 장군의 전투절차와 해결방법은 너무 단순했고, 장비를 갖춘 장교보다는 기초군사훈련을 받는 신병을 훈련시키기에 더욱 적합한 것이었다. 장교들은 교리적 원칙들에 입각하여 자신들의 결정을 이끌어 내는 사람들이었다. 결과적으로 적극적 방어 교리는 1980년대에 가까스로 살아남게 되었다.

1970년대 소련 육군 : 종심작전

공세적인 기계화군 발전에 먼저 심취된 소련 이론가들은 이집트인들의 손에 자신들의 ATGM과 기타 무기들을 주어서 성공을 거두었기 때문에 방심하게 되었다. 서구의 전차와는 다르게, 소련의 전투차량은 낮은 실루엣으로 설계되었기 때문에 방어 차폐진지를 잡기가 어려웠으며, 이곳에서 적과 교전하기 위해서는 포신을 낮춰야 했다. 따라서 이스라엘과 미 육군의 방어전술을 모방하는 것은 소련에게는 불가능했다. 비록 자신들의 교리를 다시 개선하려는 경향이 있었지만 말이다.

그러나 중동 분쟁은 소련군 내에 이미 존재했던 특정 추세를 가속화시켰다. 이 전쟁 이전에도, 소련은 실질적인 최초 보병전투차량(BMP)을 야전에 배치하기 시작했다. 이것은 많은 총안구를 가지고 있었다. 따라서 8명의 보병 분대는 이 차량의 측방 및 후방에서 사격을 할 수 있었다. 더욱 중요한 것은, BMP가 밀폐된 환경을 제공하도록 설계되었다는 것이다. 핵전쟁에서 방사능 노출 위험을 줄인 것이다.

이것은 또한 소형 포탑을 지녔으며, 그 위에 단거리 포와 ATGM 발사대를 장착했다. BMP가 고속 대전차탄에 맞으면 취약하다는 것이 사실이며, 지휘관의 해치가 포탑 옆에 있어서 시야를 가렸다는 것도 사실이다. 더욱이, 이 차량은 매우 느려서 차세대 소련 전차 T-64/72와 보조를 맞출 수 없었다.

BMP가 소련에서 유일한 보병차량으로 존재하려고 했던 것은 결코 아니었다. 이점은 재래식 수송용 장갑차량과 뒤섞인 서독의 마더(Marder) 장갑차와 같았다. 소련은 1개 BMP 연대와 2개 차륜 병력수송 장갑차 연대를 지닌 사단 편성에 높은 우선권을 부여했다. 차륜 병력수송 장갑차는 1978년 소개된 BTR-70과 같은 차량을 말한다. 그럼에도 불구하고, 소련의 지도자들은 BMP를 고강도 분쟁에서 탑승 보병전투를 위해 필수적인 도구로 고려했다. 그리고 많은 서구 관찰자들도 마찬가지로 이 차량에 감탄했다.

1973년 전쟁은 소련 장비에서 추가적인 변화를 초래했다. 전통적인 포병 견인야포와 곡사포를 대신해서, 소련은 자주포를 갖기 시작했다. 자주포는 기계화부대와 보조를 맞출 수 있는 무기였다. 이러한 포들은 장거리 간접화력 그리고 단거리에서는 대전차 방어력을 약화시키는 직사화력 모두를 제공할 수 있었다.

1973년 분쟁에 대한 소련 분석 그리고 미국의 베트남 전쟁 경험 역시 헬기의 역할을 증대시켰다. 즉, 단순한 수송 역할에서 화력지원 역할로 전환한 것이다. 1970년대 중반에 대부분의 헬기는 항공수송사령부로부터 지상 전투부대를 지원하는 전방항공부대로 이전했다. 변화의 상징은 이 같은 이전에 의해 나타난 것이다. 이와 동시에, 1973년 소련연방은 최초의 Mi-24 헬기 기종(Hind A)을 야전에 배치했다. 이것은 중(重)장갑화 된 헬기로 8명의 보병과 강력한 포 및 미사일을 운반할 수 있었다. 1973년 전쟁은 ATGM의 위력과 전차부대를 위한 지원의 필요성을 보여준 전쟁이었다. 이를 기초로 Mi-24는 Hind D로 재설계되었다. 오로지 공격헬기로 만들려고 의도한 것이었다.

장비에 있어서의 이러한 변화는 대규모 기계화부대에 의한 종심작전을 강조하는 소련의 전통을 부활시켰다는 것을 보여준다. 1976년 소련군 총참모장 오가르코프(N. V. Ogarkov) 원수는 소련 군사사전에 "종심작전(또는 종심전투)"이라는 용어를 사용했다. 2년 후, 군사이론가 가레에프(Makhmut Gareev) 장군은 이 문제에 대한 보고서를 오가르코프에게 제출했다. 이로 인하여 이론적 논쟁과 실질적인 변화가 일어났다. 2차 대전 시, 모든 소련 부대들이 기계화되었기 때문에 "기동단(mobile group)"이라는 명칭은 더 이상 전과확대부대라는 의미를 가지고 있지 않았다.

1970년대 후반, 오가르코프와 그의 부하들은 작전적 기동단(OMG)이라는 용어를 언급했다. 이것은 종심 깊은 전과확대 작전을 수행하기 위해 특별히 편성된 부대를 말한다. 2차 대전 시, 전차군과 기타 기동단의 전통 속에서, OMG는 적 후방지역을 돌파하여 적의 방어를 와해시키고 기선을 장악하는 것이었다. 이러한 유형의 기동은 적 핵공격에 대한 소련의 취약성을 감소시키는 부가적 이점을 지니고 있었다. OMG의 신속한 이동과 소련 및 적 부대가 혼재된다는 사실은 적으로 하여금 전술 핵무기 사용을 불가능하게 만들려는 것이었다. 왜냐하면 우군 피해를 우려하기 때문이다.

표준적인 소련 전차와 차량화소총사단은 무서운 부대였다. 이 부대들은 앞서 말한 추가적인 무기들을 지니게 되면서 1970년대 더욱 강해졌다. 그러나 이러한 사단들은 다목적 부대로서 전통적인 전술, 지휘 및 통제 면에서 꽤 융통성이 없는 모습이었다. 오가르코프와 기타 OMG 옹호자들은 종심작전 역할을 수행할 수 있는 특수화된 기능 단위부대들을 발전시키기를 원했다. 이들의 최초 노력은 제병 또는 전차군 수준에 독립된 전차연대를 추가시키는 것이었다.

이것은 1944~1945년 전차여단의 구조와 유사한 모습을 지녔다. 이러한 노력은 1970년대 후반에 있었다. 이러한 편성은 사실상 야전군 수준에 작전적 기동단을 두기 위한 토대를 만들려는 의도를 반영한 것이었다. 서구의 관찰자들은 이것을 새로운 형태의 예비대라고 잘못 해석했었다. 이전의 예를 보면 독립 전차대대를 사단급에서 전술적 기동단으로 만들 수 있었다. 결국, 소련 육군은 더 나아가서 작전적 기동 역할을 수행하기 위한 영구적인 제병협동부대를 창설하고자 했다.

공격헬기와 공중강습보병은 이러한 종심작전에서 주된 역할을 수행한다. 공중강습은 이러한 작전의 전통적인 사고에 수직적 차원을 더한 것이다. 이러한 부대들은 기계화부대의 적 전선 후방 깊숙이 원거리 전과확대를 용이하게 할 의도로 운용된다. 헬기는 고정익 전폭기보다 더욱 즉각 대응이 가능한 화력을 제공해준다. 그리고 공중강습 부대들은 도하지점, 애로지역 그리고 기타 지상부대 전진을 방해하는 지역을 확보한다.

소련은 이러한 전술을 에티오피아에서 시험할 기회를 가졌다. 페트로프(Vasili Petrov) 장군은 소말리아로부터 오가단(Ogadan) 지역을 재 탈취하기 위한 쿠바-에티오피아-소련 공격작전을 지휘했었다. 소련 헬기는 장갑차량을 완전히 갖춘 쿠바 낙하산병을 수송했다. 이들은 전진하는 기계화부대의 측방을 방호할 예정이었다. 자연스럽게, 소련 이론가들은 이 승리를 통해 자신들이 개념이 옳다고 보았다.

그러나 이러한 새로운 역할에 충실하기 위해서, 헬기는 별도의 공군부대 편성 하에 작전하는 대신 육군부대로 통합되어야 했다. 1980년대, 소련은 많은 공중강습여단을 만들었다. 이들의 구조는 다양했지만, 전형적으로 4개 대대의 공정 소총병(airborne rifle troops)을 포함하고 있었다. 이 대대중 1개 또는 그 이상이 BMD를 가지고 있었다. 이것은 공중기동이 가능한 BMP의 자매 격인 차량이었다. 1985년까지 우선순위가 높은 소련 전차 및 차량화 소총사단은 헬기 스쿼드론(Mi-24D 공격헬기와 다양한 수송 및 관측기로 구성)을 보유했다. 전차군들은 공격헬기 연대를 보유했다.

아프가니스탄

2차 대전 이후 최초로 장기 전투에 참가하게 된 소련은 이러한 복잡한 무기들이 필요했다. 1979~1989년 소련은 아프가니스탄에서 대게릴라전을 수행했다. 소련 고문관과 헬기가 카불에서 붕괴된 친소련 정부를 지원한 다음, 소련연방은 1979년 12월 아프가니스탄의 통제권을 장악했다. 이러한 쿠데타는 1969년 체코슬로바키아에 대한 바르샤바 조약의 침공과 유사한 것이었다. 공정, 특수작전 병력들이 수도를 접수했고 대규모 기계화부대는 지상으로 진격하여 동부 아프가니스탄 도로를 점거했다. 이것은 소련이 아프가니스탄을 통제하기 위한 노력의 핵심이었다. 1980년 최초 침공과 이어서 실시한 대게릴라전(counterinsurgency)을 수행하는 동안, 헬기를 이용한 투입부대들은 산악 통로를 확보하고 기계화부대의 측방을 방호하기 위해 고지대에 착륙했다.

그러나 소련 육군은 대게릴라전의 본질을 신속히 다시 배웠다. 특히, 게릴라를 전투로 끌어들이기 위한 노력으로 규모가 큰 재래식 병력을 사용하는 것은 소용이 없다는 본질을 알게 되었다. 잘 훈련되지 못한 소련

차량화소총부대의 예비군과 징집 군인들은 차량이나 도로에서 벗어나는 것을 주저했기 때문에 매복하고 있는 적에게 적합한 표적이 됐다. 이를테면 1980년 3월 수도의 동쪽에 1개 차량화소총중대가 고립되었는데, 이들은 그림자만 나타나도 민감하게 사격함으로써 엄청나게 많이 보급된 탄약을 소비했고 따라서 야간 공격을 받고 섬멸되었다. 더욱이, 소련 표준 기관총 및 AGS-17과 같은 자동 유탄발사기와 같은 공용화기는 하차 병력이 산악지형에서 운반하기에는 너무 무거웠다.

점차적으로, 소련 지휘관들은 아프가니스탄의 특수 환경에 적응하게 됐다. 자신들의 개입을 약화시킨다는 외교적 제스처로 소련은 많은 부대들을 철수시켰지만 이 부대들은 대게릴라전에 쓸모없는 부대들이었다. 예를 들어, 포병, 방공미사일, 전차연대 등과 같은 부대들이었다. 추가적인 차량화 소총, 공중강습 및 특수작전부대들이 이러한 중(重)부대들과 교대했다. 보병이 도보로 전투하기 위해서 하차했을 때, 이들의 장갑차량에는 단지 조종수 및 사수만이 남아 있었으며, 이 차량 주변에 수대의 전차가 함께 위치했다. 이 차량들은 독립적인 화력지원 부대로 기동했으며, "기갑반(Bronegruppa)"으로 불렸다.

1982년 초부터 시작해서 점차적으로는 1985년부터, 소련군은 엘리트 공중강습 및 특수작전부대에 의존했다. 이 부대들은 대대급으로 또는 이보다 작은 규모로 작전하면서 아프간 저항세력들에 대해 주도권을 유지하고 있었다.

소련은 또한 이곳에서 다양한 공중기동 및 기갑여단을 실험했다. 스페츠나즈(Spetsnaz)라는 특수작전팀은 정보를 수집하고 아프간 게릴라들의 보급로를 차단하는 데 매우 성공적으로 운용되었다. 이 동안, 소련은 군사 발간물들과 학교를 통해서 특히 엘리트 부대의 초급 지휘관들에게 주도권과 독단성을 새롭게 강조하기 시작했다. 이와는 대조적으로, 많은 재래식 차량화 소총부대들은 지역 내의 빈약한 보급로를 경계하는데 투

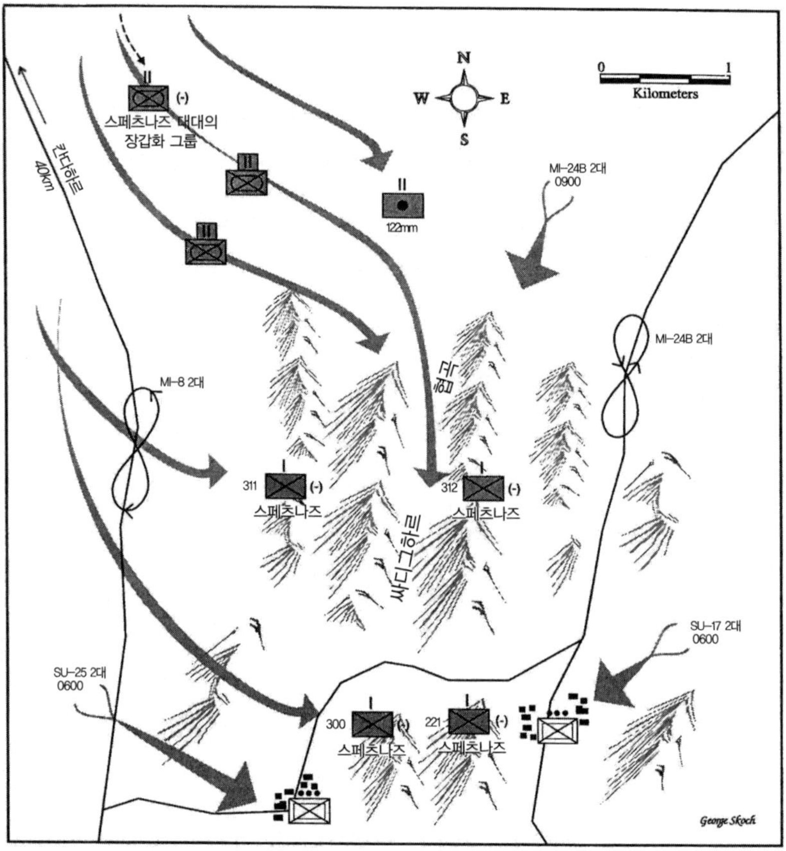

그림 14. 1986년 싸디그하르 협곡에서의 소련군 탐색 및 격멸 작전

입되었으며, 소련은 계속해서 보병의 공격정신을 화력으로 대체하게 됐다.

아프가니스탄 분쟁은 탐색 및 격멸 임무가 연이어 부여되었다. 이것은 짜증나는 임무였으며, 이것은 때때로 베트남에서 미국이 했던 작전과 유사했다. 이러한 작전의 한 예가 1986년 싸디그하르(Xadighar) 협곡에서 소련이 실시한 소탕작전이다(그림 14 참조). 스페츠나즈 정찰 결과 얻어진 정보를 기초로, 2개의 차량화소총대대는 122미리 견인 곡사포 대대의 지원 하에 싸디그하르 협곡 지역에서 무자헤딘 부대를 기습 공격했다. 병사들은 야간에 계곡으로 접근하였으며, 도로는 회피했다. 이유는 지뢰와 적 관측을 피하는데 있었다. 전투지역을 봉쇄하기 위해서 소련군 지휘관은 Mi-8과 Mi-24 헬기 그리고 SU-17 및 SU-25 공격기를 사용했다. 16명으로 구성된 4개의 팀이 4개의 스페츠나즈 중대에서 차출되어, 헬기를 이용해서 관측이 가능한 협곡의 고지대로 강습했다.

이 팀들은 최종적으로 자신들의 모체 대대에서 나온 장갑차량과 연결했다. 이 차량들은 재래식 차량화 부대에서 사용하던 장갑반(Brone-gruppa)과 같이 운용되었다. 사전 대비에도 불구하고, 대부분의 아프간 부대들은 소련 경계선을 교묘히 회피했다. 단지 1개 소대 규모의 무자헤딘만이 협곡 남쪽 끝에 있는 두 개의 마을을 방어하기 위해 뒤에 남아있었다. 소련은 이 작전에서 단지 20명의 적군만을 사살했다고 말했다.

베트남에서 미국과 마찬가지로, 소련 부대들은 전폭기와 특히 헬기의 화력에 의존했다. SU-25 프로그풋(Frogfoot)은 1940년대 이래로 최초의 소련 근접항공지원기로서의 역할을 실제로 했으며, 1980년에만 아프가니스탄의 헬기 숫자는 10배나 증가했다. 그러나 점차로 아프가니스탄 대항군들은 공중위협을 제거하지는 못해도 그 위협을 줄이는 수단을 알아냈다. 무자헤딘은 노획한 대공 기관총과 SA-7 견착 대공미사일을 사용했다. 그리고 1986년 초부터 미국의 스팅거(Stinger)와 영국의 블로우파이프(Blowpipe) 미사일을 획득하여 사용했다. 이 무기는 SA-7보다 탄두가 크고 보다 효과적인 추적 시스템을 가지고 있었다. 소련과 소련의 위성국 아프간 부대들은 1987년 한 해 동안 150~200대의 항공기를 이 미사일로 인해서 잃은 것으로 평가되고 있다. 이것은 신앙심이 깊은 저항군 지도자의 다음과 같은 말을 떠올리게 한다. "아프간인들이 반드시 가져야 할 것은 단지 두 가지가 있다. 코란과 스팅거다."

물론, 미사일 위협만으로는 소련의 항공지원을 제거하지 못했다. 헬기와 고정익 항공기를 모두 사용하여, 한 항공기가 고고도에서 선회하는 동안, 다른 항공기가 폭격을 하는 전술을 사용한 것이다. 이로서 고고도에서 선회하는 항공기는 적을 식별하고 미사일을 발사하는 저항군을 공격할 수 있었다. 그러나 모든 소련 항공기들은 보다 높게 날아야 했으므로, 이들의 공격은 정확도가 떨어졌다. 더욱이, 스팅거의 붉은 화염과 연기를 계속 보고 있던 조종사는 자신의 지상 부대들을 지원함에 있어서 차근차근히 공격을 통제할 수 없었다. 따라서 수백발의 대공 미사일은 소련 조종사들의 임무를 방해했다. 이것은 1973년 새거(Sagger)가 이스라엘 전차의 속도를 늦춘 것과 마찬가지의 효과를 본 것이었다.

정밀무기

위에서 말한 이러한 두 가지 미사일 모두는 소위 "스마트 무기"라고 불리며 신(新)무기 세대의 한 부분을 이뤘다. 이 무기는 향상된 유도 시스템을 지녔기 때문에 표적을 향한 타격정밀도가 매우 높았다. 수세기 동안, 전술은 적에게 거대한 포탄을 쏟아 붇는 화력에 기초해 왔다. 비록 적은 확률의 표적만을 식별했어도 많은 화력을 사용했다. 그러나 20세기 후반, 유도폭탄, 순항 미사일 그리고 개인이 발사하는 미사일의 출현으로 이러한 방정식은 근본적으로 변했다. 소량의 탄약이지만, 상대적으로 비싼 무기가 수천 발의 무감각한 폭탄 및 포탄보다 효과적이었다. 비록 미국이 스마트 무기 개발을 이끌었지만, 여타 강대국들도 자신의 버전을 만들곤 했다.

예를 들어 나이키(Nike) 시리즈 같은 전략적 방공 미사일과 프랑스 SS-11과 같은 단거리 대전차 미사일은 1950년대부터 사용됐다. 하지만, 전자기기 소형화로 인해 훨씬 복잡한 유도시스템이 곧바로 등장했다. 베트남 전쟁은 사실상 이러한 무기를 개발하는 추진력과 기회를 제공했다. 미 공군은 전통적으로 집중적인 지역폭격을 했지만, 교량과 기타 표적을 파괴하기 위한 더욱 정확한 무기를 필요로 했다. 이로써 인근 민간인의 피해를 최소화시켰다.

1965년 공군 설계자들은 표적을 지시하는 레이저를 실험했다. 공군은 두 가지 경쟁적인 디자인을 채택했다. 이 디자인 모두는 현존하는 비(非)스마트 폭탄을 표적으로 유도하는 통제 날개 세트에 레이저 유도 장치를 결합시켰다. 비록 공군이 1968년 동남아시아에서 레이저 폭탄을 실전 테스트했지만, 이러한 무기들은 베트남 분쟁이 쇠퇴하기 시작할 시기까지 널리 사용되지 않았다. 텔레비전과 궁극적으로 적외선 유도시스템이 레이저시스템을 뒤따랐다. 적외선 시스템은 표적이 야간, 위장 또는 구름으로 인해 잘 안 보이는 경우에도 표적 지시를 할 수 있었다. 1985년까지 유도 폭탄은 미 공군에 널리 지급되어 소련 T-55 전차에 대한 파괴 확률범위는 시스템에 따라서 26퍼센트에서 87퍼센트가 됐다. 정지되거나 비장갑화 된 표적에 대해서는 파괴 확률이 더욱 높았다.

1970년대, 작고 가벼운 관성 항법 패키지로 인해 엔지니어들은 오랫동안 숙망해 왔던 무인순항미사일을 만들었다. 이 미사일은 지면 가까이 비행하여 높은 정확도로 고정 표적을 타격할 수 있었다. 또한 컴퓨터 소형화로 인해 보다 복잡한 장치를 만들 수 있었다. 예를 들어 디지털화 된 지형 비교장치와 값싸고 충분한 위성항법장치(GPS)를 만들었다. 관성적으로 유도되는 미사일은 범세계 위치추적 위성에서 자주 입력해주는 위치를 업데이트 할 수 있었다. 미국의 설계자들은 원래 이러한 순항미사일을 사용하여 핵탄두를 운반하려 했다.

그러나 1980년대 이와 유사한 시스템에 재래식 탄두를 사용하는 것이 일반화 됐다. 비록 미국이 이러한 기술을 세계적으로 이끌었지만, 1980년대 후반 여타 국가 특히 프랑스가 유사한 무기를 만들기 시작했다. 10년 후, 미국은 크루즈 미사일 뿐만 아니라 유도 폭탄, 심지어 헬기 발사 미사일에서도 범세계 위치결정 개념을 확장 적용시키고 있다.

유도폭탄과 순항미사일이 세계 지도자에게서 사용되는 단어가 되면서, 만찬가지로 전술적 지상전투에서도 스마트 무기의 의미심장한 발전이 있었다. 전술적 광학유도무기(TOW) 대전차 시스템 역시 베트남 분쟁과 가까운 시기에 시험됐다. TOW의 본래 거리는 3km이었는데 후에 4km로 신장되고, 이것의 유도시스템에 의해 사용된 스펙트럼 구역으로 인해 기상과 전자방해에 덜 취약하게 되었다. 이러한 대전차미사일과 이것보다 작고 단거리(1km) 무기인 드래건(Dragon) 미사일은 초기 이러한 무기를 한 세대 향상시킨 것이었다.

예를 들어, 소련의 세거(Sagger)는 1973년 이스라엘을 좌절시킨 무기로 이 무기의 운용자에 의해 "비행되어야" 했다. 이 무기의 운용자는 컨트롤 스틱을 움직여서 이 미사일을 표적으로 유도했다. 1km 미만 거리에서, 운용자는 이 미사일을 통제할 시간이 부족하곤 했으며, 따라서 표적을 타격하지 못하곤 했다. 심지어 보다 긴 사거리에서도 세거는 잘 훈련된 운용자의 손에 의해서만 효과를 볼 수 있었다. 이와는 대조적으로, TOW, 드래건, 그리고 유사한 2세대 미사일은 운용자가 자신의 조준 시야를 표적에 고정시키기만 하면 됐다. 미사일이 비행하는 동안 조준경에 나타난 십자선에 의해 미사일의 위치가 나타나게 만든 것이다. 물론, 적 포병 화력은 운용자에게 부상을 가하거나 혼란스럽게 만들 수 있었지만, TOW의 표적 파괴 확률은 세거보다 훨씬 우수했다.

1966년 미국은 비록 신뢰도가 떨어졌지만 유사한 미사일을 야전에 배치했다. 이것이 셜레일리(Shillelagh) 대전차 미사일이다. 이것은 XM551 셰리던(Sheridan) 경기병 전차에서 포-미사일 시스템을 함께 사용하기 위해 만든 것이었다. 동일한 포신으로 중속(中速) 포탄이나 셜레일리 미사일을 발사할 수 있었다. 최소 사거리인 1km를 벗어나면, 셜레일리는 꽤 효과적이었다.

그렇지만 이것은 상당한 사수 훈련이 필요했고 조준 시스템은 영점을 자주 잡아야 했다. 1970년대 중반, 미국 설계자들은 M60A2 주전투전차 변형체에 이와 동일한 시스템을 장착했다. 그러나 셜레일리는 모든 2세대 ATGM(대전차 유도미사일)들과 마찬가지로 사수가 오랜 비행 시간동안 표적에 조준점을 맞추고 있어야 하는 난점을 안고 있었다. 이 비행시간 동안, 사수는 움직이지 않고 머물러 있어야 했고, 다른 표적과 교전할 수 없었다. 이것이 정확하지만 사격 속도가 느린 ATGM들과 보다 신속히 사격할 수 있는 재래식 전차를 혼합해서 운용해야 한다는 듀피(DePuy) 장군의 개념이 나온 이유 중 하나다. M60A2는 발전 가망이 없는 것으로 판명됐다.

보다 융통성 있는 ATGM 요구에 부분적으로 걸맞은 미사일이 1980년대 등장했으며 이것이 바로 헬파이어(Hellfire) 미사일이다. 이 미사일은 공격헬기에서 사용하기 위해 설계됐다. 헬파이어는 사정거리가 6㎞였다. 그러나 적어도 1990년대 초까지는 헬기 조종사가 하버링을 하거나 전방으로 서서히 움직이는 동안 사수가 여전히 표적포착(lock on target) 상태를 유지해야 했다. 헬파이어가 사격 후 망각 무기로 발전하기 위해서는 추가적인 노력이 필요했다. 즉, 본래 사수에 의한 지속적인 유도 없이 다른 헬기에서 유도되는 방식으로 발전해야 했다.

또 다른 개발 무기가 코퍼헤드(Copperhead) 미사일이었다. 이것은 재래식 포병 포로 발사되면 전방 관측자의 레이저 표적지시기에 의해 표적으로 유도되는 무기였다. 이러한 "스마트" 무기들은 일반적으로 전장의 치명성에 기여했고, 특히 항공 공격의 치명성에 크게 기여했다. 이 무기들의 비용과 복잡성 때문에, 지상에서 잘 훈련된 제병협동부대의 필요성이 완전히 배제될 수 없었다. 더욱이, 대부분의 ATGM들은 성형장약 즉 화학에너지를 사용한 탄두에 의존했다.

1980년대 미국, 영국, 소련과 기타 육군들은 다양한 형태의 개선된 장갑을 개발했다. 이것은 성형장약의 효과를 희석시키기 위한 의도로 만들어진 것이다. 세라믹 장갑 또는 복합장갑(composite armor)[5]에 추가해서, 일부 전차는 반응장갑(reactive armor)을 장착했다. 이것은 주 장갑판 외부에 작은 장약을 장착하여 ATGM이 차량에 충돌할 때 폭발하도록 설계된 것이다. 즉, 외부로 폭발하여 성형장약이 폭발하면서 발생하는 화학 화염 제트기류를 중화시키는 것이다. 물론, 이러한 발전된 장갑판을 모든 차량에 부착할 정도로 여유 있는 육군은 없다. 그리고 무게 한계로 인해서 가장 강력한 전차도 측면이나 후면에는 얇은 장갑을 부착해야 한다. 현재까지, 이러한 발전된 장갑으로 인해 ATGM들의 효과성이 일부 제한되고 있다.

공격헬기

소련의 집중적인 기갑부대 위협 인식과 함께 발전된 ATGM이 출현하면서, 서구는 헬리콥터를 전투병력을 운반하는 수단에서 실제 전투병과로 지위를 향상시키게 되었다. 이 변화는 결코 쉬운 것이 아니었다. 부분적인 이유는 지상군 지휘관들이 육군항공이 고정익 항공기 부대와 같은 길을 걸을 것이라고 우려했다는 것에 있었다. 즉, 독립된 군종이 되어 지상부대를 더 이상 지원하지 않을 것으로 보았다는 것이다. 이러한 우려는 육군항공 요원들이 헬기의 공대공 전투 가능성을 이론화하던 1980년대 자라났다.

공격헬기의 혁신은 특히 미국에서 어려움을 겪었다. 미국에서 육군항공 주창자들은 미 공군 지휘관들과 육군 지휘관들의 반대를 극복해야 했다. 공군 지휘관들은 헬기로 인해 항공력이 낭비될 것으로 보았다. 그리고 지상군 지휘관들은 결정적인 부대 및 지역에 전투력을 증원하는 융

5) 역자 주 : 2개 이상의 물질로 만든 장갑.

통성 있는 수단으로 헬기가 사용되기를 희망했다. 더욱이, 공격헬기를 강조함에 따라 지휘관들은 공중강습 개념을 무시하게 되었다. 이들은 공중강습을 베트남 전쟁에서 망신살 뻗친 작전으로 보았다. 더욱이, 1970년대 예산 부족으로 미국은 실질적인 공격헬기를 야전에 배치할 수 없었다. 실질적인 공격헬기인 AH-64는 1986년에 배치됐다. 그 이전까지 육군항공은 다양한 저성능 대체물로 임무를 수행했다.

그럼에도 불구하고, 상급 리더들은 공격헬기를 유럽 방위를 위해 필요한 것으로 고려했다. 1973년 전쟁은 대전차 미사일의 효과를 입증했으며, 헬기는 이를 사용할 수 있는 편리한 수단이었다. 헬기는 ATGM을 한 장소에서 다른 장소로 빨리 실어 나를 수 있을 뿐만 아니라, 중부유럽의 구릉지역에서 언덕을 넘어 미사일을 최대사거리에서 사격할 수 있기에 충분한 고도에도 도달할 수 있었다. 1970년대 당시 기갑 센터 및 학교 지휘관이었던 스테리(Donn Starry) 소장은 이러한 개념을 최초로 주창한 사람이었다.

스테리는 항공기병(air cavalry)[6] 및 공격헬기 교리 옹호자였다. 불행하게도, 당시 야전 지휘관들은 자신들의 공격헬기를 예비로 두면서 너무 늦게까지 보유하는 경향이 있었다. 부분적인 이유는 그들이 헬기의 생존성을 걱정했다는 것에 있다. 소련 방공우산의 효과가 완전히 미치는 곳에 노출되면 생존성이 없다고 본 것이다. 따라서 공격헬기가 돌파를 정지시키기 위해 투입된 시기가 되면, 적을 이미 멈출 수 없을 것 같았다.

1962년 하우즈 위원회(Howze Board) 권고사항 중 잃어버린 하나가 독립된 항공기병여단을 창설하자는 것이었다. 베트남 전쟁 이후 실험의 한 파트로, 육군은 1975년 마침내 제6항공기병전투여단(ACCB)을 텍사스

6) 역자 주 : 항공수색이라고 부르지만, 여기서는 본래의 의미를 명확하게 하기 위해서 항공기병으로 번역함.

포트 후드(Fort Hood)에서 창설했다. 이것이 10년간 이러한 유형의 유일한 여단이었으며, 이 부대는 개념과 전술의 시험대로 운영됐다. 그러는 동안, 1976년 육군은 기갑 및 기계화보병 사단에 두 개의 공격 및 한 개의 수송헬기중대를 편성하기로 결정했다. 보병사단에서 이 비율은 반대였다. 그러나 이러한 부대들은 다시 한 번 여단 및 심지어 대대 특수임무부대 지휘관의 통제를 받는 지원 부대로 재 할당될 수 있었다.

어떤 점에서, 1970년대 및 1980년대 육군은 1930년대와 1940년대의 논쟁을 반복하고 있었다. 당시 지상군 지휘관들은 고정익 항공기 지원을 통제하길 희망했으며, 항공요원들은 이에 따른 전투력의 낭비와 손실을 유감으로 여겼다. 1979년 육군항공 장교들은 미 육군에서 독립된 병과로 태어났다.

이전에, 이 장교들은 기갑, 수송과 같은 타 병과를 통해서 임관 됐었다. 그리고 자신들의 원래 병과에서 임무를 수행하면서 조종사로 자격을 갖춘 상태에서 그 기술을 유지해야 했다. 새로운 병과는 전투에서의 이러한 기본적인 임무에 집중할 수 있게 해줬다. 그러나 많은 지상 전투병과 장교들은 이러한 변화가 항공요원을 자신들에게서 이격시키게 될 것이라고 주장했다. 이와는 반대로, 미 해병대는 자신들의 조종사들이 지상부대에서 약간의 경험을 갖추어야 한다고 계속 주장했다.

1980년대 동안 육군 편성에 대한 주요 검토가 있었다. 이를 통해 독립 항공여단이 창설되었다. 이것은 사단 및 군단 내에서 항공병과 지휘관에 의해 통제를 받았다. 동시에, 많은 헬기 중대들이 소규모 대대급 지위로 격상되었다. 특히, 군단 전투항공여단은 제6항공기병전투여단(ACCB)의 패턴으로 6개 대대로 편성됐으며, 각 대대는 18대의 AH-64를 지녔다. 이러한 부대들은 마침내 회전익 항공요원들에게 종심작전을 수행할 수 있는 도구를 주게 됐다. 종심작전은 80년대 당시 수정된 교리에서 요구된 것이었다. 그러나 일부 교리적 혼란이 남아있었다. 왜냐하면, 이러한 항공여단들 스스로는 지상 기동여단들처럼 지상을 점령할 수 없었기 때문이다. 특히 사단의 항공 참모들은 자신들의 항공자산과 이따금 지상 특수임무부대 모두를 통제하는 요령을 배우는데 있어서 어려움을 겪었다.

영국 육군에서도 유사한 혁신이 일어났다. 육군 항공단이 1973년 공식적인 전투병과가 된 것이다. 10년 후, 각 사단은 두 개의 공격헬기 스쿼드론과 한 개의 수색 스쿼드론으로 편성된 연대(대대)를 갖게 됐다. 왕실 공군 및 왕실 기갑군단 모두는 대전차 역할 전용으로 헬기를 사용하는데 반대했다. 그러나 중부유럽에서 소련 기갑부대 위협이 매우 컸기 때문에 육군 항공요원들이 이겼다. 영국군이 1991년 중요한 인원 감축을 진행했을 때, 육군 항공단은 상대적으로 상처를 입지 않았다.

예산 한계에도 불구하고, 프랑스 육군 역시 전투병과로서 헬기의 반독립적인 역할을 강조했다. 이러한 추세는 1985년 제4공중기동사단(4e division aeromobile)을 창설하면서 최고조에 달했다. 유럽 내외부에서 장거리 작전을 수행하기 위해서 공격 및 수송 헬기를 240대 모았다. 이와는 대조적으로, 소련 기갑부대에 대한 걱정으로 인해서 서독 육군은 자신들의 항공 자산을 분산시켜 대전차 헬기를 지상 여단들에게 배속시켰다. 1988년 독일은 공중-기계화여단(air-mechanized brigade)을 창설함으로써 여기에 주도적이었던 소련을 뒤따랐다. 이 여단은 공중강습보병 및 대전차 무기를 조합하여 수 개의 사단으로 편성된 군단의 예비대로서 그 기능을 발휘할 수 있었다.

공지전투 : 1980년대 미 육군의 부활

헬기와 장거리 작전에 집중하게 된 것은 부분적으로 NATO에 널리 퍼진 보대 대형화 추세를 반영한 것이다. 즉, 전술적으로 전선에서 수행하는 전투를 보다 규모가 크고 상호 맥락을 유지하는 전쟁의 작전적 수준으로 전환하는 추세를 반영한 것이다. 어느 정도, 작전적 수준에 대한 이러한 재강조는 소련 교리에 대한 반응이었다. 보다 일반적으로 말하자면, 어쨌든, 몇몇 국가들의 전문 직업군인들이 기계화전의 범위와 복잡성을 다시 생각하기 시작했다는 것이다. 미국보다 이러한 재 고찰을 심도 있게 한 나라는 없었다.

1970년대 말을 시작으로, 많은 미 고급 장교들은 듀피(DePuy)의 적극적 방어(Active Defense) 교리의 계산법을 뛰어넘어 생각하기 시작했다. 중추적인 모습은 또 한 번 훈련 및 교리사령부(TRADOC)의 지휘관 스테리(Donn A. Sterry) 장군에 의해서 나타났다. 비록 그가 기술과 순수한 소련 군사력의 수를 건전하게 인정했지만, 스테리는 항상 전투를 이해하는 수단으로 군사역사(Military history)와 심리학(Psychology)을 강조했다.

전술적 수준에서 적극적 방어를 개발함에 있어서 듀피 장군을 지원한 후에, 스테리는 독일에 배치된 군단장으로 부임했다. 이 보직을 통해서 그는 보다 넓은 작전적 수준을 생각하게 되었다. 예를 들어서, 비록 적극적 방어 전술이 소련군 공격부대의 1, 2제파를 격퇴시킨다고 하더라도, NATO 부대들이 그 뒤에 후속하는 기타 소련 부대들의 공격속도를 저하시키거나 약화시키지 못한다면 전쟁에서 패배할 수 있다는 것이 명확했다.

1977년 TRADOC으로 보직 이동하는 시기에, 그는 미국이 모든 부대들을 집중해야 한다는 결론을 내렸다. 전장과 유럽대륙 종심 전체에 걸쳐서 배치되어 있는 화학 및 핵무기, 공군 그리고 기타 공격수단을 모두 통합해야 한다는 것이었다. 이러한 통합이 결국 공지전투로 알려지게 된다. 이것은 지휘관이 보다 크고 보다 확고한 전역 개념을 가질 것을 요구했는데, 전통적인 독일의 작전적 수준 교리와 지휘관의 의도를 완수하는 예하부대의 주도적 행동에서 착안한 개념이었다.

공지전투 교리는 지휘관에게 하나가 아닌 세 개의 동시적인 행동을 요구했다. 전통적인 전장에서 이뤄지는 주 또는 근접(Main or Close) 전투, 접근하는 적 예비대의 공격속도를 늦추거나 약화시키는 종심전투, 그리고 적 특수 작전, 공중기동 또는 공정 강습에 대항하기 위한 후방전투가 그것이었다. 서독의 땅을 포기하는 것이 정치적으로 불가능했기 때문에, 스테리를 대표로 하는 사람들은 종심전투를 강조했다. 화력과 기동을 적 후방에 대해 가하여 필요한 종심을 얻고 전투를 보다 유동적인 형태로 만들자는 것이었다.

미국과 NATO 이론가들의 이 개념은 본래 여러 개의 층 또는 제대를 이루며 부대를 배치하는 소련군의 노력을 좌절시키고, 이 부대들이 전장에 진입하기 전 소련 후방지역에 위치하고 있을 때 격멸하고자 만든 것이었다. 그러나 아이러니하게도, 공지전투는 소련이 개발하고 있었던 작전적 기동단(OMG) 개념에 대해서도 마찬가지로 유효한 것으로 판명됐다. 서구 교리의 이러한 발전은 소련이 단일 제대 공격과 조기에 OMG 투입을 강조하도록 자극했다. 소련은 이렇게 함으로써 종심전투에서 계획된 표적으로부터 벗어나려고 했다.

1982년 및 1986년 교범에서 기술되었듯이, 공지전투는 부분적으로 보면 적극적 방어의 냉철한 계산에 대항하여 나타난 자연스러운 반응이었다. 이것은 리더십과 기동의 중요성을 재강조 했으며, 보다 대규모 부대의 지휘관은 반드시 보다 높은 수준의 적 야전군과 보다 크고 종심 깊은 전장지역에 관여해야만 한다는 것을 자세히 기술했다.

스테리의 부하들 특히, 홀더(L. Donald Holder)와 체그(Huba Wass de Czege)[7]는 당시 지휘참모대학에 있었다. 이들은 완전한 전쟁연습을 다시

---

7) 역자 주 : 이들은 20세기 말 3차원 기동전 발전을 위해 많은 연구를 하였으며, 미 육군에

실시했다. 이를테면, 이들은 미 육군에서 최초로 전쟁의 전술적 수준과 전쟁의 작전적 수준을 구별 짓도록 권장했다. 이러한 주요 변화는 부분적으로는 영국의 에릭슨(John Erickson)과 도넬리(Chris Donnelly)에 의해 실시된 OMG 연구에 대한 응답으로 나타난 것이다. 이들은 미국에 있는 많은 소련 분석가들의 도움을 받았다. 또한 공지전투는 기술, 편성 및 각 군종 간의 상호 협조에 있어서 많은 변화를 포함시켰다.

수년 후, 때로는 수십 년 후, 많은 새로운 무기가 1980년대의 결실로 나타날 것이다. 이로써 미 지휘관들은 스테리 장군이 제시한 비전을 실현시키게 될 것이다. AH-64 공격헬기에 추가해서, 지휘관들은 다양하고 새로운 미사일과 재래식 포병무기를 통해서 적 지역보다 깊숙한 곳을 타격할 수 있게 됐다.

다연장로켓시스템(MLRS)은 1940년대 보다 정확해지고 정교해졌다. 1940년대는 유도되지 않는 로켓 발사기였다. 야전포병은 전진하는 소련군 부대들을 지연하고 "유인(canalize)"하는 다양하고 새로운 무기를 획득했다. MLRS와 재래식 곡사포는 개량형 재래식탄(ICM)을 발사할 수 있게 됐다.

ICM은 수백발의 작은 자탄을 이용하여 인원을 살상하거나 적 차량 상단의 얇은 장갑을 관통하는 탄이다. 포병은 심지어 살포식 지뢰를 사격할 수 있었다. 이것은 적이 도로로 내려올 때 적 주변에 지뢰지대를 만드는데 필수적인 무기였다. 특수하게 장비된 화력지원(FIST) 팀들은 박격포 및 포병 전방관측자가 중대 및 대대 지휘관과 함께 동행 하도록 만들어주었다. 그리고 개선된 정찰(scout) 헬기인 OH-58D는 정확한 사거리 측정과 표적 지시를 위해 레이저를 사용할 수 있었다.

새로운 세대의 대포병 레이더는 미 육군 포병요원들에게 거의 즉각

자신들의 아이디어를 소개하기도 했다.

적으로 적 화력 근원지를 찾아서 적 포탄이 땅에 떨어지기 이전에 역으로 사격할 수 있도록 해줬다. 전체 포병 시스템은 자동화된 "전술화력지시시스템(TACFIRE; Tatical Fire Direction System)"에 연결됐다. 비록 TACFIRE가 1980년대 기술을 사용했지만, 이전의 시스템보다 18배 빠르게 화력 데이터를 처리했다.

위성항법장치(GPS)는 전방관측자와 사격부대에게 이전에 할 수 없었던 정확한 위치 선정을 가능하게 해줬다. 이것은 포병 사격을 매우 정확하고 치명적으로 만들어 주었다. 위치 결정에서 정확성은 마찬가지로 특히 포대의 모든 포들이 지정된 위치에 나란히 정열하지 않아도 되도록 만들어 주었다.

대신, 1985년에 들어서면서, 미국 포병 대대는 전통적인 6문을 지닌 포대 편성을 포기하고, 8문을 지닌 포대로 편성을 바꿨다. 이 포대는 4문을 지닌 2개 소대를 운용했다. 이러한 편성 및 진지 선정에서의 변화로 인해서 적 공격으로 인한 포병의 취약성이 감소되었다. 반면 포병대대의 화력은 1/3이 증가됐다.

포병은 집중적인 변화를 겪은 유일한 분야가 아니다. M1 아브라함 전차는 30년 동안 최초로 완전히 새로운 미 전차 설계를 반영하였으며, 1979년 생산에 돌입했다. 아브라함은 복합장갑(composite armor)을 지녔다. 이것은 많은 성형장약, 화학에너지탄을 무력화시켰고, 따라서 전차-대전차 균형을 회복시켰다. 전차-대전차 균형은 ATGM의 개발로 무너진 상태에 있었다.

M1은 또한 전통적인 디이젤 엔진을 포기하고 가스터빈 파워 플랜트를 장착했다. 이것으로 증가된 전차무게에 따라 나타난 속도문제를 해결했다. 컴퓨터-안정화 포탑과 향상된 서스펜션 시스템으로 인해서 M1은 시속 41마일로 달리면서 정확히 포를 쏠 수 있었다. 이전 전차 승무원은 훨씬 낮은 속도에서도 흔들거려서 표적을 맞출 수 없었다. 물론, 모든 설

계는 자체 결점을 갖는다. M1은 놀라운 속도로 연료를 소모했다. 보병도 더 이상 이 전차의 뒤에서 엄폐를 제공받을 수 없었다. 터빈 엔진의 뜨거운 배기(排氣) 때문이었다. 여전히 아브라함은 미 전차부대에 훨씬 우수한 기동성, 정확성 그리고 방호력을 제공하고 있으며, 이것은 이전에는 없었던 것들이었다.

1979년은 또한 뒤 늦게 출현한 브래들리 보병전투차량(M2)과 기병전투차량(M3)을 선보였다. 이 차량들은 2차 대전 시, 거의 셔먼 전차만한 높이를 가졌다. 따라서 너무 현저한 실루엣을 지녔으며, 특히 기갑수색부대들이 사용하기에 그랬다. 1988년 브래들리의 개량된 버전(M2A2)은 무게와 장갑 방호력이 증가되었지만 측면 총안구 및 잠망경을 제거했다. 이것은 탑승보병 전투를 위한 차량의 홀마크였다. 더욱이 미군 편성과 교리는 보병이 하차해서 작전하는 동안 브래들리의 화력을 어떻게 지휘하고 운용할 것인가라는 문제에 난항을 겪었다. 그럼에도 불구하고, M2 및 M3는 일부 남아있는 M113 시리즈의 차량보다 아브라함 전차와 거의 조화를 이뤘다. M113 계열은 FIST 팀과 개량된 대전차 미사일을 운반했다. 이것은 빠르게 움직이는 특수임무부대와 작전할 때에는 뒤쳐지곤 했다.

이러한 기동화 된 복잡한 부대는 보다 효과적인 전술적 정보 및 전자전이 요구됐다. 수십 년간 각각의 미군 사단들은 두 개의 독립 정보부대와 함께 작전을 수행했다. 한 개의 정보 중대는 분석, 포로 심문, 대정보 그리고 기타 현안 기능을 수행했다. 그리고 다른 한 개의 육군보안부대(ASA; Army Security Agency) 중대는 통신정보기능을 지녔으며 이것은 대부분 비밀이었기 때문에 전술적 수준의 지휘관들은 거의 이러한 첩보를 접할 수 없었다.

그러나 1970년대에 미 군사정보 지도자들은 자신들의 구조와 기능을 재정비하여 이러한 정보를 지휘관들이 보다 신속히 접할 수 있도록 만들고자 했다. 두 개의 중대는 합병되어 전투전자전 및 정보(CEWI; Combat Electronic Warfare and Intelligence) 대대로 증강되어 각 사단에 편성됐다. 모든 유형의 정보를 원스톱(one-stop) 개념으로 수집하고, 새로운 전자 간섭, 전파 방향 식별, 그리고 전파방해(jamming) 시스템을 갖추었다. 그러나 불행히도, 이러한 복잡한 시스템은 극한 야전 환경에서 유지하기 어려웠다. 특히 사단의 전체 전선 상으로 소규모 팀으로 분산되었을 때 그러했다. CEWI 대대는 1970년대와 1980년대 일부 주목할 만한 성공을 거뒀다. 그러나 기대에 부흥하기 위한 정보지원은 현실을 감안한 수년간의 훈련을 받은 덕이었다.

징집군의 종말을 겪고 이에 적응하면서, 1980년대 미 육군은 이러한 새로운 무기체계를 받아들일 준비가 잘되어 있었다. 1970년대 중반, 육군은 고정된 훈련주기를 포기했다. 고정된 훈련주기는 2차 대전 이래로 평시 군 활동을 지배해왔다. 대신, 지휘관들은 훈련의 단점을 식별해내고 이를 극복하기 위한 훈련을 했다. 미국에 기지를 둔 부대들에게 최종적인 훈련은 캘리포니아에 있는 국가훈련센터(National Training Center)에 전개하는 것이었다. 이곳은 준 사막 환경을 지녔으며 일단의 훈련 장비 및 컴퓨터를 사용하여 피를 흘리지 않고 부대들이 자신들의 잘못을 알 수 있도록 해주었다.

그럼에도 불구하고, 새로운 무기와 새로운 기준은 오랜 훈련 문제를 야기 시켰다. 베트남 이래로, 중대장들과 소대장들은 많은 다양한 자산들과 통신 시스템으로 혼란을 겪어야 했다. 한 명의 초급 장교는 어떠한 참모 도움도 없이 적과 접촉 후에 수 초 이내에 말 그대로 수십 가지의 결심을 해야 했다.

FIST 팀은 중대장으로 하여금 화력지원에 관한 일부 세부적인 사항을 해결해주었지만, 필연적으로 리더들과 이를 따르는 사람들은 모든 병과와 군종의 지원을 곧바로 통합해야 하는 어려운 부담을 가졌다. 더욱이, 새로운 IFV의 승무원들은 차량 정비뿐만 아니라 ATGM 및 자동포 정비를 위해 잦은 훈련을 받아야 했다.[8] 이것은 필연적으로 승무원들을 심리적으로 각 소대의 하차 보병 요원들과 분리시킨 반면, 보병 훈련을 복잡하게 만들었다.

독설적으로 말하자면, 20세기에 가장 잘 훈련된 평시 미 육군은 자신의 초급 리더들이 이러한 복잡성을 다룰 수 없도록 만든 격이었다. 이러한 문제에 대한 대답이 소규모 부대를 단순화시키고 최하위 수준에서 제병협동을 포기하는 것이었다. 이것이 차세대 편성 설계에 반영된 것과 같은 것이다. 대부분의 중대규모 부대를 단일 무기체계 유형으로 감축하는 것이었다. 전차 소대는 5대 유형에서 4대 유형으로 감소되었다.

M2를 장비한 기계화보병 중대에서 영구 편제된 박격포와 TOW 대전차 반을 없앴다. 이후, 전차와 보병중대는 혼성된 팀이 아니라 순수한 부대로 기능을 발휘하게 되었다. 각 기계화 대대 내에는 제5 또는 대장갑 중대를 편성하여 12기의 개량된 TOW 차량을 편성했다. 그리고 하나의 전차 또는 기계화 대대에 단지 1개의 4.2인치 자주 박격포 소대를 편성했다. 단순화와 관련된 동일한 물결로 인해 일부 사단급 기병 스쿼드론에서 전차를 없앴다. 이 부대를 남기면서 전투의 전체 영역(full spectrum)을 수행하도록 했지만 근육을 없앤 격이었다.

소규모 부대 수준에서 이러한 심각한 변화에도 불구하고, 새롭게 설계된 86사단은 이전의 사단들과 상당한 유사성을 보여주었다. 이것은 ROAD 사단 구조를 최신화한 격이었다. 각 사단은 사단기지(base), 3개의 지상 및 1개의 항공전투여단본부, 사단 포병 그리고 사단지원사령부를 지녔다. 이때까지 부대 설계자들은 항공여단, MLRS, 8문으로 편성

8) 역자 주 : 일부 국가들은 이러한 문제를 해결하기 위해서 통합보다는 분리를 선택하기도 했다. 예를 들어 보병소대, 대전차 소대 등 기능별로 완전히 분리시킨 것이다.

된 포병 포대, 그리고 일단의 기타 새로운 시스템을 포함시켰다. 결과적으로 나타난 사단은 위험을 무릅쓰고 거의 20,000명의 병력을 지닌 모습이 되었다. 보다 교정된 모습 그리고 자주 불규칙적인 인원 감축으로 전체 3,000명 이상이 적어지게 되었다(그림 20). 새로운 기갑사단이건, 기계화사단이건 또는 기병 사단이건 중(重)사단은 전투력뿐만 아니라 전략적 수송을 위한 요구 및 일일 재보급 요구량이 엄청났다. 그러나 중무장된 소련 기갑부대 위협에 대응하기 위해서는 적합한 것이었다. 그리고 이라크 기갑부대에게도 효과적인 것으로 판명되었다.

스테리 장군의 가상 소련 적군에 대항하기 위한 종심전투 수행 방법 모색으로 인해 미 육군과 공군은 공지 협조 문제를 해결하려는 주된 노

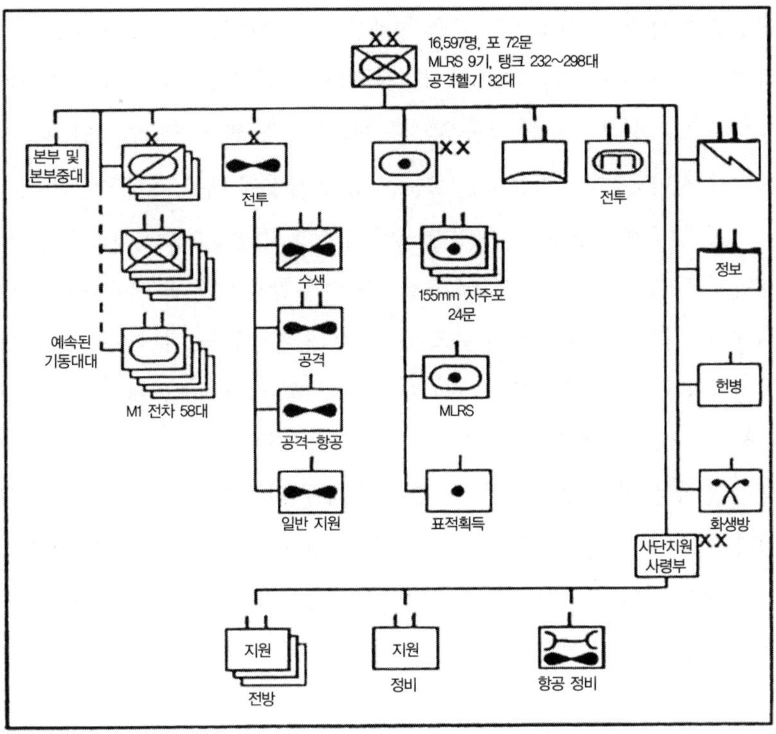

그림 20. 1987년형 미 기계화 보병(重)사단 중 한 가지 유형

력을 보였다. 실제, 공지전투라는 용어에서 암시하듯이, 스테리는 두 개의 군종 부대가 전장에서 잘 융합되는 것으로 간주했다. 두 개의 군종은 일련의 협약을 발전시켰다. 이것이 31 구상(31 Initiatives)으로 알려진 것이다.

이러한 구상은 항공기지 방어에서부터 합동 항공수송까지 모든 협조를 향상시켰지만, 모든 것이 성공적인 것은 아니었다. 아마 가장 논쟁되었던 것이 전장에 대한 공군 지원이었을 것이다. 대부분의 육군 장교들은 공군이 우선적으로 전장에서 항공 우세권을 반드시 장악해야 한다는 것을 점차로 인정했다. 문제는 이를 위해 계획한 다음, 남은 항공 자산을 할당하는 것이었다.

1970년대 공격헬기와 소련 기갑 위협의 점증으로 인해서 미 공군은 최초로 지상 지원 항공기로 맞춤 설계된 A10 썬더볼프Ⅱ 항공기를 배치하게 되었다. 구어로는 흑멧돼지로 알려진 비행기다. 비록 이 비행기가 부분적으로 소련 자주화 방공무기를 파괴하기 위해 설계되었지만, 이 비행기가 지닌 30미리 자동포는 모든 경장갑 차량에 매우 효과적이었다.

1981년 5월 공군은 더 나아가 공세적 항공지원(Offensive Air Support) 개념에 관해 육군과의 협의에 도달했다. 이 협의는 유럽이나 나토와 연계해서, 지상군 지휘본부가 반드시 근접항공지원뿐만 아니라 전술적 항공정찰과 항공후방차단(BAI; Battlefield Air Interdiction)을 계획하는데 관여해야 한다는 인식을 함께 했다. 항공후방차단은 우군부대에 대해 직접적인 영향을 미칠 수 있는 종심 깊은 표적에 대한 항공 공격을 포함하고 있다. 따라서 지상 지휘관은 공군의 BAI 임무 선정 및 시간계획에 개입하는 것에 커다란 관심을 갖게 되었다. 종심 전투 및 기동을 위한 자신의 계획에 따라서, 지상 지휘관은 한 표적 집단을 무시하고 다른 표적 집단에 집중적으로 운용하는 BAI를 원할 수도 있다. 협의는 노골적으로 지상에 기지를 둔 화력부대가 이미 전개한 장소에서 조차 공군력이 결정적인 결과를 달성할 수 있다는 가능성을 인정했다. 이 문제가 1930년대 두 개의 군종을 나누었던 바로 그 문제였다.

어쨌든 양자 간의 의도가 가장 좋았었지만, BAI 문제는 해결되지 못했다. 공군 장교들은 육군이 관심지역을 종심 깊은 거리까지 설정하려는 노력에 당연히 저항했다. 왜냐하면 이렇게 깊게 설정하면 공군의 차단 공격을 제한하기 때문이었다. 더욱이, 공군 계획수립은 극히 중앙집권적인 절차를 가졌기 때문에 분권화적 특성을 지닌 지상 작전과 계속적인 마찰이 있게 되었다.

경보병과 특수작전부대

미 육군의 상당수가 유럽과 중동에서의 고강도 기계화 전쟁 위협에 중점을 둔 반면, 서구 군대들 또한 세계에서 발생할 수 있는 넓은 영역의 우발적인 임무에 직면해야 했다. 미 육군의 경우, 이러한 임무가 전통적인 경보병 편성부대와 특수작전 부대들에 대한 관심을 새롭게 이끌었다.

기계화 및 공중강습부대의 엄청난 장비의 양은 엄청난 시간을 필요로 했고 라틴 아메리카, 중동 또는 아시아와 같은 지역에 전개하는데 있어서 수송 자산은 부족했다. 심지어 해병대도 세계의 이러한 지역에서 대규모 작전을 수행하는 데는 부족함이 많았다. 특수화된 상륙 선박의 부족 때문이었다.

이러한 문제를 인식하면서, 미 육군은 1980년대 초기에 다른 유형의 부대를 창설하고자 했다. 1979년 메이어(E. C. Meyer) 장군과 스테리 장군은 새로운, 중(中)형 부대를 시험하기로 의견의 일치를 보았다. 이 부대는 차량화 보병사단의 형태로 보병이 우발적 임무를 수행하면서도 여전히 유럽에서 기계화부대와 싸울 수 있도록 새로운 기술을 사용하게 되어 있었다.

궁극적으로 수많은 요소들 중, 특히 예산의 부족으로 인해 이 차량화사단에 경장갑포를 지급하지 못했다. 위크햄 주니어(John A. Wickham jr) 장군이 1983년 육군참모총장이 되고 갑작스러운 계획을 세워 새로운 경보병사단(LID)을 만들기 시작했다. 경 또는 공정 보병으로서 경력을 갖고 있는 많은 장교들과 마찬가지로, 위크햄은 뛰어난 훈련과 리더십이 일부 중무기의 부재를 대신할 수 있을 것으로 믿었다. 결과적으로 만들어진 LID는 병력이 대략 일만 명이었고 차량과 무기가 매우 제한되게 편성됐다(그림 21).

중(重)기계화사단과 비교해 보면, LID는 TOW 대전차 발사기의 경우 169기에서 44기를, 공격헬기의 경우 44대에서 29대를 편성했으며, 9개 보병대대 중 단지 3개 보병대대만을 한 번에 수송할 수 있는 양의 트럭을 보유했다. 경량화 된 105미리 견인포가 전통적인 사단의 무거운 자주

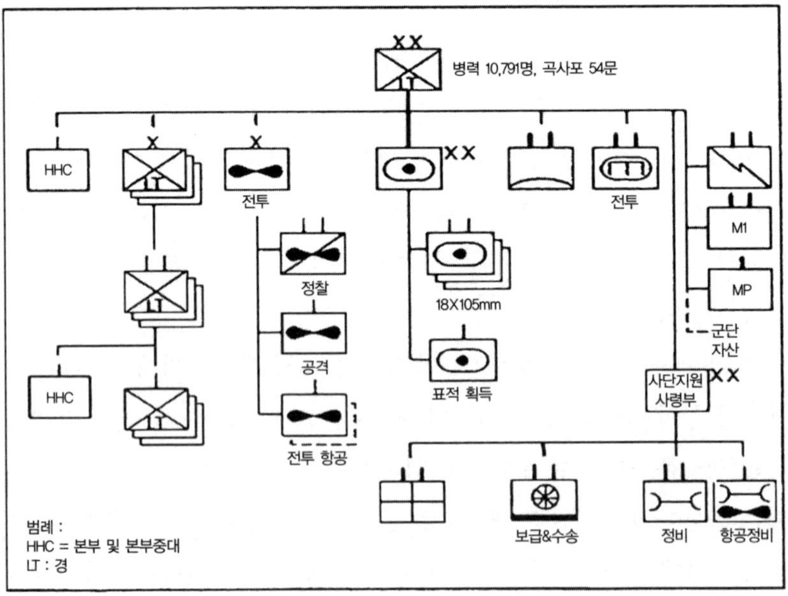

그림 21. 1985년형 미 경보병 사단

포와 대체됐다.

전투공병대대는 중(重)사단과 비교했을 때, 1/3도 안 되는 규모로 축소됐으며, 중장비도 거의 없었다. 이론적으로 전체 경보병사단은 C-141B 수송항공기 520쏘티면 세계 어느 곳에도 전개될 수 있었다. 실제로는 더 많은 쏘티가 필요했다. 항공기가 짐을 가득 싣고 이륙하면 연료 공급 제한을 갖게 되기 때문이었다.

날씬하고 빈약한 맥나일(McNair)의 개념으로 후퇴함으로써 계획수립가들은 많은 "군단 플러그(corps plugs)[9]"를 추가하기를 기대했다. 이렇게 함으로써 유럽과 같은 고도의 기계화 환경에서 LID가 전투할 수 있다는 것이었다. 이러한 다양한 유형의 플러그 즉 부대들에는 공격헬기대대, 수송헬기대대, 야전포병여단 전체, 방공대대 및 트럭 중대가 포함된다. 답변되지 않은 질문은 어떻게 편성체를 이루지 않은 부대들을 LID라는 지휘 구조와 독특한 운영체에 융합시킬 것인 가였다.

경보병사단으로 미 육군은 값싸게 보다 많은 사단을 만들 수 있었다. 중 사단의 값비싼 장비 조달을 위한 예산을 절약할 수 있었다. LID들은 저강도 전투에서 의도된 임무를 현저히 잘 수행하여 온두라스(Honduras), 소말리아(Somalia) 및 아이티(Haiti)에서 효과적으로 작전했다.

미 특수작전부대들 또한 1970년대 말과 1980년대 성장했다. 베트남 분쟁이 한참일 때, 모든 군종들의 특수작전부대들은 병력과 예산 삭감으로 고전했다. 1970년대 말 매우 잘 알려진 많은 테러리스트 공격으로 인해 이러한 부대를 증가시키는 것이 정당화 되었다. 마찬가지로 1980년, 이란 혁명정부에 의해 수감된 미 인질을 구출하는 작전이 실패로 돌아간 것도 이를 도왔다.

---

9) 역자 주 : 군단의 제병과 부대들.

존 케네디(John Kennedy)가 1960년에 비핵 기반 또는 융통성 있는 대응을 공약했듯이, 레이건(Ronald Reagan)도 1980년에 특수작전부대를 소생시키겠다고 약속했다. 그의 행정부는 이러한 약속을 느리게 이행했다. 중(重)부대들과 마찬가지로, 어쨌든 많은 노력이 1970년대 후반에 있었고 다음 10년 간 결실을 맺었다. 강습 또는 코만도 역할을 위해서, 미 육군은 2개(후에 3개) 공정 레인저 대대를 훈련시켰으며, 해군은 씰(SEAL; Sea, Air, and Land) 팀을 확대했다.

공군은 건쉽인 AC 시리즈를 최신화 하고 발전시켰다. 이 항공기는 무장된 수송기로 지상의 특수작전팀을 지원하기 위해 엄청난 양의 화력을 제공할 수 있었다. 이러한 새로운 자산들 중 많은 수가 새로 창설된 합동 특수작전사령부의 통제 하에 들어갔다. 이들 전술의 독특한 본질을 인정한 것이다.

1983년 10월 그라나다 침공은 부활된 미국의 특수작전 능력을 시험했다. 비록 이 작전이 군사적 실수라는 코미디로 전설적으로 남게 되었지만, 대부분의 문제는 성급하고 지나친 비밀유지에 있었다. 이러한 제한사항은 주요 지휘관들조차 상호간에도 만나면 안 되도록 하여, 작전의 협조는 차치하고, 정보를 수집하고 실행하는데 필요한 시간도 충분하지 못하게 만들었다.

씰과 특전부대팀들은 예상하지 못한 저항에 직면하고 선도부대가 피해를 입었다. 훈련된 공군 수송 승무원의 부족으로 2개의 레인저 대대의 경우 많은 부대원을 뒤에 남겨두어야 했다. 그리고 항해 문제도 있었고, 반복되는 지시 변경으로 인해 레인저 부대는 백주에 낙하해야 했다. 적합하지 않은 통신장비 및 근무 절차는 이 작전의 지휘를 더욱 어렵게 만들었다. 그럼에도 불구하고 그라나다는 경보병과 특전 병력들을 계속 발전시키기 위한 하나의 교훈이 되었으며 정당성이 되었다.

포클랜드

예기치 못한 장소에서 색다른 전쟁을 치른 서구의 군대는 미 육군만이 아니었다. 1982년 3월, 아르헨티나는 포클랜드 또는 말비나스(Malvinas) 섬을 점령함으로써 영국은 이를 다시 탈환해야 했다. 유럽에서의 임무가 중요했기 때문에 영국은 해군, 공군에 소홀했고, 상륙전 및 경보병 능력을 무시했다. 이 모든 능력이 예상하지 못했던 전쟁에서 매우 필요했다.

포클랜드 전역은 몇 가지 점에서 색다르다고 하겠다. 우선, 양측 모두 공중 우세권을 달성할 수 없었다. 일부 경공격기를 제외하고, 아르헨티나 공군은 섬보다는 본토에 기지를 가지고 있었다. 따라서 조종사들은 최대거리에서 작전해야 했고, 전장 상공에서 선회할 시간이 없었다. 영국 왕실 해군 및 공군은 단지 42대의 헤리어(Harrier) 수직이착륙기를 끌어 모을 수 있었다. 이 몇 대 안되는 비행기로 공격할 수 있었지만, 공중공간을 완전히 장악할 수 없었다.

양측은 방공시스템으로 많은 항공기를 격추시킬 수 있었다. 아르헨티나 보병무기와 구식 대공포는 적어도 5대의 헤리어기를 격추시켰다. 그러나 보다 신형의 영국 미사일 시스템은 어려움을 맞이했다. 특히 생칼로스 항구(Port San Carlos)의 착륙 지점을 관측할 수 있는 절벽에 위치했을 때 실제로 그랬다. 아르헨티나 항공기들은 주로 사격하는 포대 아래, 물 위에서 비행했다. 따라서 공격하는 방공포대는 교전하기 어려웠고, 수동방식으로 광학 모드를 적용할 때만 사격할 수 있었다. 여전히 레이피어(Rapier) 지대공 미사일은 적어도 14대의 아르헨티나 항공기를 격추했다고 주장한다. 그리고 영국정부는 전쟁 후 레이피어 부대를 추가로 주문했다.

최초 아르헨티나가 섬을 점령하는 모습은 거의 상륙장갑차를 이용하는 미 해병대의 전술을 예로 보여준 교과서적인 모습이었다. 경대전차 로켓이 영국 방어부대에 조금 있었는데 이러한 상륙장갑차에 대해서는 정확하지 못했고 비효과적이었다. 아르헨티나 해병대가 주요 섬을 점령하자마자, 이들은 부분적으로 훈련된 징집군을 포함하고 있는 육군 부대에게 섬을 맡겼다. 결과적으로, 아르헨티나 방어는 효과성 면에서 균형 잡히지 않았다고 하겠다.

포클랜드의 착잡한 지형과 외딴 위치로 인해서 지상전은 하차한 보병의 싸움터였다. 단지 소량의 특수 제작된 트랙터만이 이 지형을 통과해 이동할 수 있었다. 전역 초기, 아르헨티나 공군은 14대의 헬기를 수송하는 영국의 컨테이너선(container ship)을 격침시켰다. 여기에는 보다 큰 시누크 헬기 1대가 포함된 것으로 보인다. 남은 영국 헬기는 가용 포병 자산과 중요 보급품을 수송하기에 불충분했다. 보다 큰 부대를 수송하는 것은 말할 필요도 없는 상태였다. 대신, 영국 경보병 부대, 특히 왕실 해병(Royal Marine), 낙하산 연대의 2개 대대, 그리고 1개 굴카(Gurkha) 대대는 모두 도보로 전투를 수행했다.

포클랜드 전쟁의 유명한 전투는 1982년 5월 29일 구스 그린(Goose Green)에서의 영국군 공격이었다(지도 15). 낙하산 연대의 제2대대는 5월 28일 힘겹게 야지를 지나 구스 그린으로 진격했다. 영국 뉴스가 이동 상황을 발표함에 따라 기습 요소는 잃게 됐다. 수송능력 부족 때문에 대대는 단지 2문의 81미리를 운반했고, 단지 3문의 105미리 곡사포와 해군의 4.5인치 함포 1문의 지원을 받았다. 그러나 불행하게도 중요한 시기에 전파방해를 받았다.

구스 그린의 아르헨티나 군은 영국에 비해 2 대 1로 병력이 많았을 뿐만 아니라 섬의 좁은 진입공간을 방어하고 있었다. 따라서 측방으로 공격하는 것이 불가능했다. 그러나 방어부대는 특별히 다양한 수준으로 훈련된 병사를 혼합한 부대였다. 일부 방어진지는 잘 준비되고 방호되었지만, 기타는 그렇지 않았다. 아르헨티나 제12연대 또한 많은 수의 박격포, 무반동총, 그리고 기타 중화기를 보유하지 못했다.

영국 공병이 지뢰지대를 찾은 후, 낙하산 대대에 의한 최초 야간 공격을 통해 영국군은 야간 진출을 하면서 전초 경계를 담당했던 아르헨티나 제12연대의 증강된 A 중대를 밀어냈다. 밝을 때 영국은 아르헨티나 주요 방어지역까지 도달했다. 방어부대가 많은 영국군을 기관총으로 제압했지만, 낙하산 대대의 대대장의 희생으로 자신감을 되찾았다. 이때 아르헨티나 35미리 대공포를 지상 지원 임무로 전환하여 영국군의 진출을 지연시켰다. 마찬가지로 수대의 경공격기에 의한 항공타격도 영국군을 지연시켰다. 영국군의 지휘권을 승계한 장교는 결국 66미리 밀란(MILAN) 대전차 미사일을 사용하여 아르헨티나의 진지를 파괴했다. 이것과 함께 뒤늦게 도착한 헤리어기에 의한 항공지원으로 결국 아르헨티나 군은 항복하게 되었다. 화력지원과 협조의 부족에도 불구하고, 영국 공격부대는 성공했고, 병력을 14명 잃었지만, 55명 이상을 사살하고, 1,200명 이상을 포로로 잡았다.

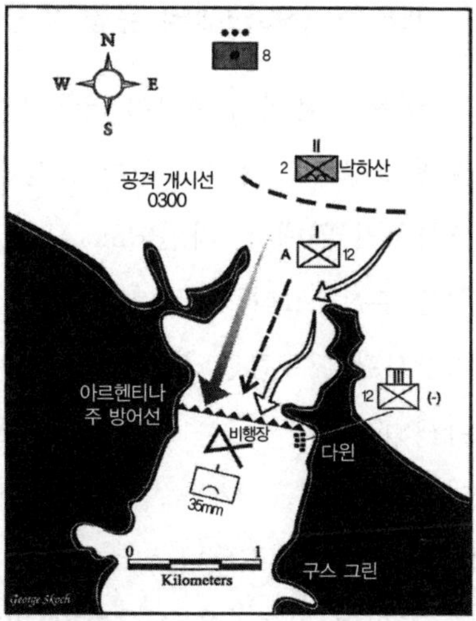

지도 15. 1982년 구스그린 전투

이 승리는 바꿔 말하면 영국군에게 심리적인 사기를 진작시켜 포클랜드를 재탈환하기 위한 전역의 균형자가 되었다. 또한 전투부대는 반드시 자신의 영구 편성된 화력지원 및 방공무기를 지녀야 외부의 지원이 없어도 필요시 작전할 수 있다는 역사가 알려준 개념의 중요성을 다시 보여주었다.

1980~1990년대의 유럽 육군들

비록 포클랜드 전역이 영국군의 영광을 다시 살렸지만, 영국은 북아일랜드 그리고 독일에 대한 소련 공격 위협을 항상 다뤄야 했다. 소련에 대항하기 위해서, 라인(Rhine) 주둔 영국군은 현기증 나는 일련의 재편성을 추진해갔다. 1975년, 이 야전군은 각각 2개의 여단을 보유한 4개의 기갑사단으로 감편되었다. 1983년까지 이것은 3개의 보다 큰 사단으로 바뀌었고, 각 사단은 전형적으로 3개의 기갑여단, 1개 공병대대, 1개 헬기대대, 그리고 3개 포병대대를 보유했다. 정찰 및 보다 구경이 큰 포병은 군단급에 편성됐다.

강화된 기동력을 실험하기 위해, 제3기갑사단은 1개 중기갑여단을 공중기동 여단으로 대체했다. 우선순위가 낮은 많은 보병부대들은 트랙화 된 병력수송차량보다 차륜으로 된 수송차량으로 임무를 수행해야 했다. 예산 문제에도 불구하고, 영국은 전차부대를 미국의 카운트파트가 하고 있는 대로 발전시킬 수 있었다. 치프텐(Chieftain) 주전투전차는 추가적인 복합장갑과 레이저 거리 측정기를 장착했다. 1980년대 말, 영국은 완전한 복합장갑, 디지털 화력 통제장치 그리고 관통력이 향상된 120미리 주포를 지닌 첼린저(Challenger) 전차를 배치했다.

독일 연방은 마더(Marder) IFV와 성능이 향상된 레오파드(Leopard) Ⅱ 전차를 계속 야전에 배치했다. 1980년대 말, 전형적인 기갑여단은 3개의 전차대대(총 110대 규모), ATGM을 보유한 1개 전차 파괴 중대, 그리고 18문의 자주포 대대로 구성됐다. 이것의 카운트파트인 기계화보병여단은 1개 전차 대대, 2개의 마더(Marder) 기계화보병대대, 1개 M-113 탑승 보병대대, 그리고 1개 포병대대를 보유했다. 독일 공군은 이 여단을 알파제트, 경 저공 지상공격기로 지원했다. 이 항공기는 기동능력에 생존성을 의존했던 항공기였다.

냉전 종식과 독일 통일은 독일 육군의 커다란 재편성을 야기했다. 평화 시대에 육군은 보다 작고 균형 잡힌 부대를 필요로 했다. 이전 소련 부대들이 동부 유럽에서 철수를 개시하자마자, 독일은 기갑 위주의 부대가 더 이상 필요하다고 생각하지 않았다. 독일은 대신 1992년 대규모 재구조 편성 작업에 들어갔다. 전체 육군 속에서 가장 일반적인 형태의 부대는 4각 편제로 된 팬저척탄여단이었다(그림 22). 2개의 마더(Marder) 보병대대, 2개의 레오파드 또는 레오파드Ⅱ 전차대대가 자주화 포병대대와 기갑수색중대, 공병중대에 의해 지원을 받았다. 남게 된 공정여단은 보다 가벼운 장갑병력수송차량으로 장비를 갖췄다. 독일 육군은 능력과 교리를 보다 독특하게 만들었다.

프랑스는 계속 다층구조의 육군을 유지했다. 기계화부대를 독일 내부 또는 근처에 배치했고, 자국 방어를 위해서 재래식 보병사단을 배치했으며, 우발작전에 대비하여 다양한 특수화된 부대들을 보유했는데 이

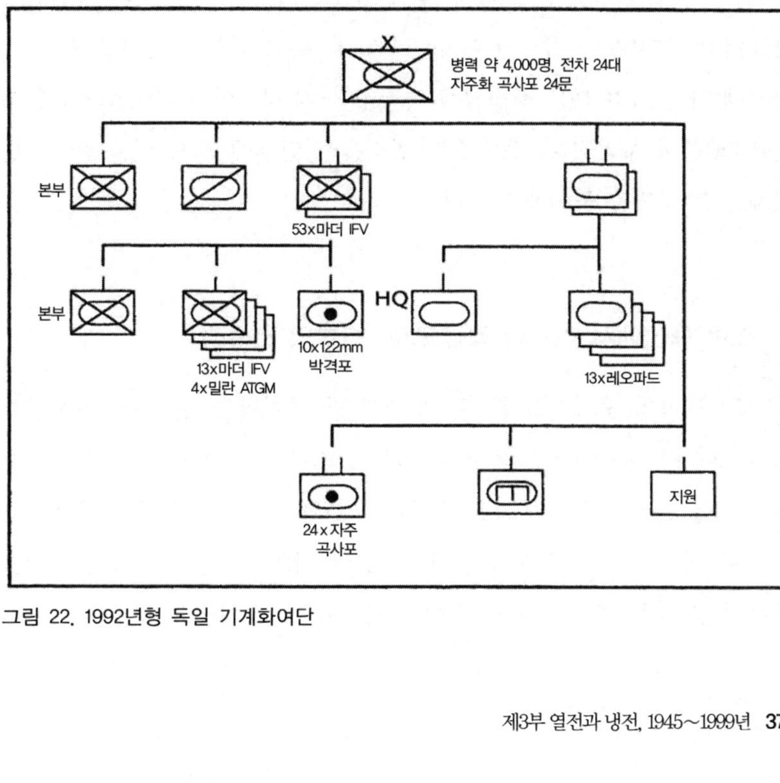

그림 22. 1992년형 독일 기계화여단

부대들은 특히 프랑스의 과거 아프리카 식민지 지역에 배치했다. 기계화부대는 제한된 수량의 르끌레(LeClerc) 전차를 보유했다. 이 전차는 현대화 된 52톤 전차로 보다 가벼운 AMX-30 전차를 대체하기 위한 전차였다. 계속적으로 프랑스는 전술 핵무기를 강조했기 때문에 기계화부대의 포병과 전술 항공지원은 NATO 카운트파트와 비교할 때 적은 편이었다.

1984년 프랑스는 신속대응군(FAR; Force d'Action Rapide)을 창설했다. 이 부대는 군단급 본부로 우발적인 임무를 대비한 부대였다. 사단을 커다란 여단규모로 감축하면서, 프랑스 육군은 상이한 능력들을 FAR 본부 예하에 그룹을 만들어 두었다. 미 18공정군단과 유사한 모습을 지닌 FAR은 5개의 서로 다른 사단들로부터 부대를 선택할 수 있었다. 경기갑사단(1991년 걸프전쟁 당시 프랑스를 대표한 사단), 산악사단, 해병보병사단(marine infantry division), 공정사단 그리고 공중기동사단 중 일부를 선택할 수 있었다.

이러한 부대의 다수가 외인부대(Foreign Legion) 또는 기타 자원자로 만들어진 부대였다. 법적인 이유로 FAR은 유럽 외부로 작전을 할 때는 경우에 따라 국가 복무 징집병을 자국(自國)에 남겨야 했다. 이러한 문제는 1990년대 사라졌다. 프랑스는 병력을 징집제에 크게 의존했었는데, 이제는 그 부담을 줄이게 되었다.

소련 육군에서 러시아 육군으로: 변화의 연속성

모스크바의 군사계획가들은 20세기 말 마지막 30년 동안 종심전투(Deep Battle) 개념에 노력을 집중했다. 그러나 많은 기술적 정치적 이슈들이 이를 달성하기 위해 그들의 부대 구조와 전술을 최신화 시켰다.

2차 대전의 강한 영향 때문에, 소련의 지휘관들은 자신들의 부대를 다수의 층 또는 제대로 배열시켰다. 각 제대는 상대적으로 좁은 정면에서 돌파를 달성하고 전과확대하기 위해서 전장에서 전방으로 밀어붙이는 부대였다. 하나의 제대는 어떤 특정 규모의 부대가 아니라 특정 타임테이블과 임무를 지닌 부대의 집단이었다. 사단, 군 그리고 심지어 전선군[10)]은 이러한 제대를 2개 또는 그 이상 전개시켰다. 2제대 또는 3제대는 당연히 작전적 기동단(OMG)을 포함하고 있었다. 각 지휘 수준에 있는 1제대는 적과 교전하게 되고, 연이은 제대들이 이 전투를 증원하거나 또는 (주로 선호했던 것은) 전방의 부대를 지나쳐서 후방으로 전과확대 했다. 이러한 방법은 많은 사상자와 무관하게 작전을 유지할 수 있도록 해주었다. 많은 사상자는 모든 개별 부대에 어려움을 주겠지만 이러한 피해를 고려하지 않았다. 소련군은 적이 극히 약할 경우에만 단일 제대 편성을 구상했다.

1950년대가 시작되면서, 소련 계획가들은 운용방법을 약간 새롭게 개선하여 적과 신속히 근접하여 적 핵무기에게 좋은 표적이 되지 않고자 했다. 그러나 1980년대, 미국과 NATO는 정밀 유도무기와 종심타격 작전을 발전시켜서 제대를 편성한 모든 소련군 부대의 전개 기지를 위협했다. 1991년 걸프전쟁에서 나중에 보여주었듯이, 스마트 무기로 무장한 전폭기와 헬기는 전선 후방의 병력과 보급 집적소들을 유린할 수 있었다. 결과적으로, 2제대 편성과 OMG는 더 이상 전방의 부대가 돌파하기를 기다릴 수 없었다.

소련과 후의 러시아 군사계획가들은 제대 편성과 종심작전에 대해 앞에서 기술한 내용 전체를 포기하지 않았다. 그들은 재래식, 선형을 이루는 초기 전투를 피하기로 결정하고, 대신 전쟁 시 최초 전방에 배치된 선에서부터 부대들을 혼합하고자 했다. OMG와 후방에 위치한 기타 후속부대들은 적 공중공격을 받을 수밖에 없었다. 따라서 소련은 이러한

10) 역자 주 : 수 개의 군을 모은 집단군.

전과확대부대들을 신속히 적 후방지역에 투사하고자 했다.

한국전쟁에서 중국군이 미국 화력을 상쇄시키기 위해서 침투와 끌어안는 전술을 사용했듯이, 소련 육군도 가능한 한 NATO 방어선을 신속히 돌파하고, 적과 혼재되어 우군 피해의 두려움 때문에 적이 정밀 유도무기 사용과 종심공격 개념 구현을 못하도록 계획했다. 이렇게 하기 위해서, 소련 육군은 적대행위가 시작되는 최초 시점에서 기습공격을 계획했다. NATO 군이 완전히 준비하기 이전에 돌파하려 한 것이다. 모든 소련 부대들은 전쟁 이전에 광범위한 동원 없이 종심전투를 수행할 수 있어야 했다. 비록 선도 사단들이 수 개의 전술적 제대를 편성하여 전개할 수도 있지만, 제병협동군 또는 전선군(front)과 같은 보다 큰 지휘본부는 단일 작전적 수준의 제대로 정렬하면서 공격하도록 했다.

바꿔 말하면, 이것은 소련 계획수립가들을 OMG로 기능을 수행하기 위해 편성된 특수화 부대를 넘어서는 개념으로 이끌었다. 대신, 소련은 모든 또는 사실상 거의 모든 재래식, 차량화 소총 및 전차부대를 제병협동 구조로 바꾸어, 전술적 또는 작전적 수준에서 종심기동 할 수 있도록 만들었다. 전통적으로, 소련 군대는 이러한 비상한 부대를 연대 또는 사단이라기보다는 여단 또는 군단이라고 명명했다. 이러한 관례는 여전히 사용되고 있다.

1985년 경, 소련은 지상부대를 재편성하여 보다 융통성 있고, 제병협동 편성으로 조직된 부대를 만들었다(그림 23). 이것은 비선형화 된 전장을 위한 것이었다. 각 차량화 소총 또는 전차 여단은 군단의 전방분견대로 기능을 수행할 수 있었고, 다시 말해 이론적으로는 독립작전을 위해 필요한 모든 전투병과와 군수능력을 지녔다. 몇몇 경우, 1개 공중강습대대와 공격 및 수송헬기부대는 군단으로 하여금 전방분견대보다 빠르게 중요지형지물을 먼저 선점할 수 있도록 해주었다.

화력은 2S5라고 명명된 152미리와 같은 자주포병무기에 의해 지원

됐다. 이러한 재편성은 4개 수준의 편성(전선군, 군, 사단, 연대)을 3개 수준의 편성(전선군, 군단, 여단)으로 대체했다는 것을 의미한다. 4개 수준의 편성이 원래 전통적인 소련의 편성 구조였다. 이러한 변화는 또한 차량화 소총 및 전차 사단, 그리고 연대의 고정된 구조를 포기했다는 것을 의미한다. 이러한 구조가 얼마나 추상적인가와 무관하게, 새로운 여단과 군단은 상호 교차 배속되고, 상황에 맞게 제병협동 특수임무부대를 편성하기로 되어 있었다. 이것은 미국의 ROAD 사단이 사용했던 방법과 상당히 유사하다고 하겠다.

이러한 융통성을 달성하기 위해서, 소련 이론가들은 서구에서 "정보전"이라고 알려진 개념을 강조했다. 근대전에서 지휘관과 참모는 엄청난 정보량으로 범람될 수 있다고 주장했다. 대부분의 정보는 전투를 이해하고 이끌어 가는데 필수적인 것은 아니었다. 따라서 승리하는데 핵심

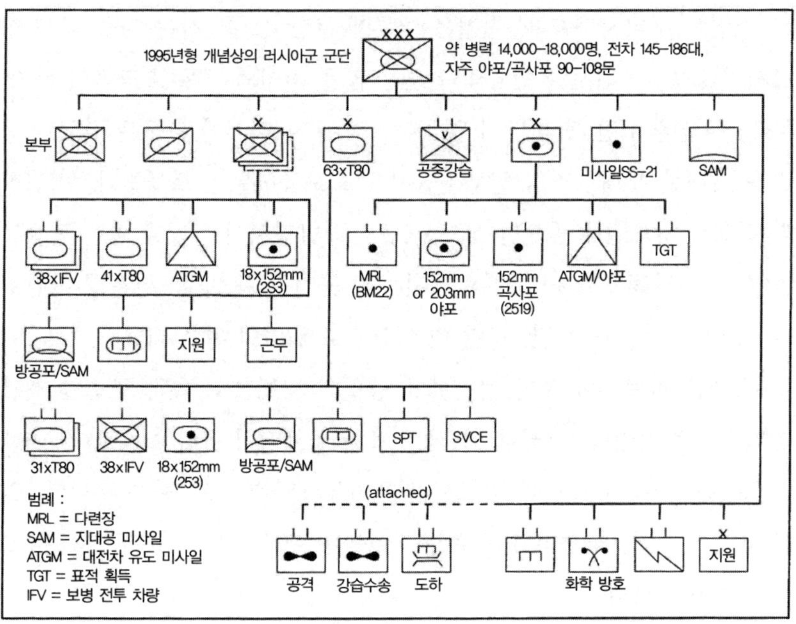

그림 23. 이상적인 1995년형 러시아군 군단

은 정교한 통신 및 데이터 분석 시스템을 이용하여 다양한 보고를 구분하고, 전투를 관리하기 위해 필요한 핵심 정보들을 찾아내는 것이었다.

그러나 소련 이론은 항상 소련의 실상보다는 앞서 있었다. 소련이 존재했을 때조차, 지휘관들은 계획된 것과 같은 기능을 갖는 새로운 부대를 위해 필요한 통신 및 컴퓨터 자산을 획득하기 어려웠고 또한 이것은 매우 값비싸다는 것을 발견했다. 아프가니스탄과 기타 장소에서 초급 지휘자들의 기세를 높이기 위한 노력에도 불구하고 군단과 여단은 높은 속도로 전과확대 작전을 수행하기로 되어 있었지만, 군단과 여단 지휘에 필요한 독립적인 판단 능력을 개발하는 것은 시간 낭비일 뿐이었다. 1980년대 후반에 고프바쵸프의 서구와의 긴장 감소 노력으로 인하여 소련 출판물과 편성을 보면, 보다 가볍고, 방어적인 형태의 전쟁을 하자는 립서비스를 하고 있음을 발견하게 되는데 이것은 군사 개혁의 노력이 지연될 뿐 끝났다는 것을 보여주는 것은 아니었다.

소련이 무너지자마자, 현실은 이론에 부합되도록 하는 것을 더욱 어렵게 만들었다. 러시아 연방의 육군은 많은 최신의 매우 효과적인 무기, 부대, 시설을 소련 붕괴 당시 잃었다. 그 이후, 러시아 육군은 병력과 장비를 거대한 부대구조의 일부분만이라도 보충하는데 쪼들렸다. 비선형적 전쟁과 정보전에 필요한 정교한 구조를 발전시키는 것은 말할 필요도 없었다. 결과적으로 러시아는 재편성을 묻어둔 채로 한 세기를 마감했다. 부대구조는 군, 사단, 군단 및 여단으로 뒤범벅 된 상태였다.

소련은 바르샤바 조약 동맹에게 동일한 방법으로 육군 구조를 재조정하도록 장려했다. 그러나 이 과정 또한 완료되지 못하고 끝났다. 이때가 1989~1992년 소련과 바르샤바 조약국 모두가 쪼개진 이후였다. 일부 육군은 특히, 헝가리가 새로운 구조를 이행했지만, 다른 국가들은 그렇게 하지 못했다.

폴란드를 예로 들면, 과거 소련 스타일의 전차사단을 새로운 사단으로 대체했다. 소련 스타일의 사단은 3개 전차 연대 및 1개 차량화 소총연대를 보유했다. 새로운 사단은 각 연대가 전차 2개 기계화보병 2개 대대를 보유했다. 이러한 연대는 독일의 팬져척탄여단과 매우 유사했다. 폴란드는 심지어 공중강습사단을 실험했다. 이것은 폴란드의 군사 전통에 따라 기병 편성부대로 지정됐다.

이란-이라크 전쟁

1980년대 세계에서 가장 강하게 지속되었던 분쟁이 이란과 이라크 간의 분쟁이었다. 1980년 가을, 이라크 독재자 사담 후세인은 이란을 침공했다. 그는 명백히 혁명적 소요가 발생하여 이란을 쉽게 먹을 수 있을 것으로 계산했다.

최초 이라크는 성공적이었다. 그러나 분쟁은 1차 대전과 크게 다르지 않은 진지전에 의한 교착상태로 변했다. 이란은 많은 전문적 능력을 지닌 장교들을 잃었다. 그리고 미국이 설계한 진보된 무기를 사용하기 위한 수리부속과 탄약을 획득하는데 어려움을 겪었다. 1차 대전 당시 러시아와 같이, 이란은 이러한 약점을 거대한 규모의 보병으로 만회했다. 이들은 빈약한 훈련과 무기를 가졌지만 수적 우위로 적을 압도하고자 했다. 이러한 시도는 간혹 실패했지만, 이라크의 깨끗한 승리를 방해하기에 충분했다. 이라크 기갑부대는 이란의 경보병 공격에 간혹 취약하다는 것이 판명되었다.

비록 소련이 만든 무기로 무장되었지만, 이라크 육군은 과거 영국 식민지이자 보호령으로서의 유산이 남아 있음을 확실히 보여주었다. 사단 편성 및 참모 절차는 1943년 이전 영국 육군의 그것과 매우 흡사했다. 1950~1960년대의 이집트 육군과 마찬가지로, 이라크 육군은 짜맞추기식(set-piece), 중앙집권적인 전투를 계획하는 경향이 있었고, 예상하지 못한 기회 또는 위협에 직면했을 때 신속히 대응할 수 없었다. 몇몇 예를 보면, 공격계획은 항상 바그다드로 보내져서 승인을 받아야만 했고, 모든 이후의 변경은 야전지휘관에게는 정치적으로 이롭지 못했다. 이라크 포병도 동일한 경향을 보였으며, 엄격하게 계획을 수립했다. 융통성과 정확성 보다는 거대한 면적에 대한 화력운용을 우선시 했다. 오랜 전쟁 동안, 이라크 포병은 일반적으로 세계 추세에 뒤지게 되었다. 당시 세계적인 추세는 화력지원의 정확성과 반응성을 향상시키는 것이었다. 그러나 그들은 화학(가스)탄을 포병 준비사격에 포함시켜 사용할 수 있었다.

사담이 1990년 8월 쿠웨이트를 침공하면서 그의 야욕을 계속 펼쳤을 때, 그는 자신의 베테랑 육군 부대들이 모든 위협을 잘 처리할 것으로 믿었다. 이해할만한 점이라고 하겠다. 그러나 불행하게도, 이라크 육군은 1차 대전 당시의 부대가 가졌던 정신적 습성에 빠지게 되었다. 따라서 20세기 후반 육군들이 가졌던 스피드, 치명성, 융통성에 전혀 대비하지 못했다.

3장. 1990년대 전쟁

1992년 항공작전

1991년 걸프전쟁의 가장 충격적인 모습은 다국적군 항공력이 이라크 부대에 가한 엄청난 효과에서 볼 수 있다. 최초로, 항공력은 분명히 효과를 달성했다. 항공력에 대한 기대는 수 세대를 거치면서 주장되어왔던 것이다. 그러나 정치 지도자들을 포함한 많은 민간 관찰자들은 이것이 달성할 수 있는 바를 지나치게 과대평가하여, 미래 정책의 잘못을 이끌었다. 사실상, 1991년 항공작전의 성공은 대부분 독특하고 복합적 환경에 기인한 것이었다. 이러한 환경이 미래 분쟁에서 재발할 것으로 보이지는 않는다.

첫째, 이라크 독재자는 미국이 이끄는 다국적군이 5개월 동안 거대한 공군 및 지상군 기지를 건설하는 것을 허용했다. 그것도 바로 자신의 현관 앞에서 말이다. 사담 후세인이 사우디아라비아와 걸프 지역의 국가들을 1990년 가을 초에 침공했다면, 다국적군 항공부대들은 계획을 수립할 시간도 갖지 못했을 것이며, 더욱이 전통적으로 "공세적 항공전역"이라고 부르는 작전도 개시하지 못했을 것이다. 둘째, 사우디아라비아는 군사기지들의 거대한 네트워크를 건설하는데 수년을 소비했다. 미래에 전쟁 전구에서는 이렇게 할 수는 없을 것으로 보인다. 셋째, 평탄하고 개활한 지형과 중동의 유리한 겨울 날씨로 인해 비행계획을 수립하고 표적을 식별하는 것이 대단히 간단했다. 특히 도시 외곽지역에서, 이라크 부대들은 매우 고립되었기 때문에 다국적군 파일럿들은 거의 두려움을 갖지 않은 상태에서 모든 의심 가는 표적을 공격할 수 있었다. 즉, 죄 없는 민간인 사상자가 발생할 수 있다는 두려움을 거의 갖지 않았던 것이다. 이와는 반대로, 이후에 벌어진 과거 유고슬라비아의 다양한 지역에 대한 NATO 항공 공격은 보다 커다란 도전요소에 직면했다. 그것은 지형, 기상 그리고 민간인 사상자 발생 가능성들이었다.

초기 공군 및 크루즈 미사일 공격이 이라크 지휘, 통제 및 방공시스템을 와해시키자마자, 항공작전은 전통적인 소모전투가 되어버렸다. 이라크 공장들, 공익설비들, 그리고 병참선을 공격함으로써, 다국적군 항공타격은 적에게 엄청난 대가를 부과했다. 그러나 쿠웨이트 지역 내에서는 비록 인상적이었지만 약간 달랐다. 항공력 신봉자들은 올바른 논쟁을 했다. 그것은 고성능 항공기가 분산되고 흙으로 방벽을 쌓아 숨어있는 적 차량을 탐지하고 공격하는 데에는 어려움이 있다는 것이었다. 충분히 낮은 속도와 고도로 비행하여 분산된 적 차량을 타격하고자 했던 육군 및 공군 항공기들은 지상화력에 노출되어 다른 항공기들보다 많은 사상자를 냈다.

메버릭(Maverick) 정밀 폭탄으로 무장한 A-10 워쏘그(Warthog) 항공기는 남들이 부러워할 만한 살상기록을 달성했다. 보다 재래식 탄약을 사용한 다른 항공기도 이와 같다고 말할 수는 없겠다. 예를 들어, F-16 전투기는 폭격 조준기를 가지고 있었다. 이것을 “핍(pip)”이라고 하며, 파일럿의 컴퓨터로 처리되는 가시적 디스플레이 속에 나타난다. 걸프에서 일반적으로 비행한 고도에서는 10평방미터를 넘게 관측할 수 있었다. 이렇듯 핍이 매우 컸기 때문에 그 속에 있는 개별 표적을 완전히 구분해내기 어려웠다. 그리고 어찌되었든 재래식 폭탄도 정확도가 떨어져서 40미터 원 크기 내로 떨어졌다. 공중으로부터 모든 이라크 기갑부대를 파괴하기에 충분한 스마트 폭탄은 전 세계를 찾아봐도 없었다. 코소보에서와 같이, 항공력은 지휘·통제, 그리고 군수 표적을 보다 쉽게 파괴할 수 있었다. 그러나 작전지역 내에서 적 지상부대를 물리치는 것은 보다 어려웠다.

이것은 항공력의 중요성을 부정하거나 다국적군 파일럿들의 전술적 성공을 깎아내리는 것이 아니다. 확실히 무자비한 공중 공격은 이미 사기가 저하된 이라크 부대들에게 경이로운 효과를 보았다. 걸프전쟁에서 항공력은 이전의 분쟁에서와 마찬가지로 승리를 하는데 있어서 절대적으로 긴요한 것이었다. 그러나 사용한 시간 또는 비용을 합리적으로 고려한다면 그 한 가지만으로 승리를 달성할 수 있었던 것은 아니다.

이라크 경제 그리고 바그다드 지휘통제 구조에 커다란 피해를 부과했음에도 불구하고, 이라크 정권의 이라크 국민에 대한 통제 능력은 현저히 살아있었던 것으로 판명됐다. 다국적군 지상부대들은 공중 공격을 통한 퇴출 경고를 강제하기 위해서 쿠웨이트로 진격하면서 여전히 전투를 치러야 했다.

더욱이, 중앙집권적 항공 계획수립 시스템은 일련의 세부적인 항공작전을 조화롭게 조정하는데(orchestrating) 매우 효과적인 것으로 판명되었지만, 이것은 필연적으로 예상하지 못한 우발상황들에 대응하기에는 느렸다. 가장 주목할 만한 예가 1991년 1월 29~31일 간의 소위 카프지(Khafji) 전투였다.

이 전투는 이라크 3개 사단의 예하부대들이 사우디 국경도시 알 카프지(Al Khafji)를 공격한 전투였다. 향상된 공중 정보 플랫폼들(이 당시 실험적으로 사용했던 J-STARS, 즉 합동 감시 및 표적획득 시스템을 포함한다)은 말 그대로 이라크의 전진이 있자마자 다국석군 지휘관에게 이를 관측할 수 있도록 해줬다. 이러한 이점에도 불구하고, 다국적군 공군작전을 지시하는 전술항공통제소(Tactical Air Control Center)는 이 위협의 중요성을 인식하는데 약 4시간을 소비했다. 이러는 동안, 카프지 지역에 위치한 미 해병대는 약간의 항공지원을 받았다. 그러나 아랍부대 지휘관은 미국의 계획수립가들이 충분한 항공기 지원을 하지 않는다면, 다국적군으로부터 그들의 항공자산들을 빼내겠다고 위협할 수밖에 없었다.

상황이 호전되면서, 항공자산들은 이라크군을 격멸하는데 엄청난 일을 해냈다. 한 가지 예로, 이라크 제5기계화사단의 1개 여단은 지뢰지대를 통과하는 좁은 갭을 가로지르면서 덫에 걸렸다. 다국적군 항공기는 사실상 이 여단 전체를 격멸했다. 그럼에도 불구하고, 항공전역을 위해 항공력을 사용하다가 이것을 지상부대 지원임무로 전환하는데 있어서 지연을 초래했다. 이것은 심각한 결과를 야기할 수도 있었다.

이러한 문제는 몇 주가 지난 후에 다시 나타났다. 사막의 폭풍작전에서 항공작전이 절정에 달하고 다국적군 지상부대들이 공격을 준비한 때였다. 지상군 지휘관들은 그들의 표적 계획반영 요청이 항공작전 계획수립가들에 의해 무시됐다는 우려를 나타냈다. 이러한 우려는 어느 정도 견해 차이였다. 왜냐하면, 지상 지휘본부들이 적시에 피드백 된 관련 표적들을 받지 못했기 때문이었다. 실제는 이러한 표적들은 공군에 의해 타격됐던 것이다.

그럼에도 불구하고, 지상군 지휘관들은 자신들이 공격을 개시하자마자 충분한 양의 항공지원이 가능할 것인가에 의구심을 가졌다. 호너(Charles Horner) 중장은 다국적군 공군을 지휘했는데, 그는 우발상황에 대비하기 위해 공군력을 예비로 확보하기 보다는 특정 임무수행을 위해 사용해야 한다는 오랫동안 지속되어온 합리적인 논쟁을 계속했다. 그러나 1991년 2월 중순까지, 많은 양의 항공기가 "킬러 스타웃(killer scouts)" 임무를 부여받았다. 이것은 박스화한 적 공중공간의 특정지역을 비행하면서 임기(나타나는) 표적을 찾는 임무다. 이것의 목적은 주간에 모든 이라크 부대들이 이동하지 못하도록 하는 것이었다. 이것은 잠재적으로 볼 때 낭비적인 작전이었다. 그러나 항공 계획수립가들은 명백히 지상부대에 대해 직접적인 지원을 하는 이러한 독립적인 작전을 선호했다.

물론, 지상부대들이 때때로 항공 카운트파트와 밀접하게 일하는 것을 주저했다는 점을 주목해야 한다. 지상 공격을 시작하자마자, 18공정군단은 공지작전을 전방부대까지 잘 협조하기 위한 라인을 구축했다. 이것은 다국적군 공군부대들과 협조 없이도 공격헬기를 자유롭게 기동시키기 위한 것이었다. 이러한 행동은 지상군 전진을 지원하는 공군력의 능력을 명백히 제한했다.

이전 전쟁들과 마찬가지로, 공군 및 지상군 구성부대 전문직업군인들은 문제를 극복하고 공동의 목표를 달성하기 위해 함께 일했다. 이들이 직면한 문제점은 이기적인 감성에 기인한 것이 아니었다. 양자 간에 우선 고려하는 것이 달랐고 믿음이 달랐기 때문이다. 그럼에도 불구하고, 사막의 폭풍작전에서 널리 광고된 공군작전의 성공은 명백히 단일군의 편협한 근성을 높였다. 오히려 공지작전 팀의 조화를 향상시키지 못했다. 이것은 또한 정치지도자들에게 이성적이지 못한 기대를 제공했다. 즉, 공군력 하나만으로 무엇인가를 달성할 수 있으리라는 기대를 제공했던 것이다.

스커드 파괴하기

비록 전술탄도미사일이 중동에서 발생한 몇몇 전쟁에서 이미 등장했지만, 사막의 폭풍작전은 이 미사일이 군사적은 아닐지라도, 심각한 정치적인 문제를 낳았던 최초의 사례였음을 보여준다. 단도미사일이 특히 서부 및 동부 아시아에 최근 확산되었지만, 사막의 폭풍작전이 미래전의 선구적인 예가 될지도 모른다.

소련에 의해 최초에 디자인되었을 때, 스커드-B 전술미사일은 300km의 사거리를 가졌었다. 이라크는 이를 개조해서 이론적으로 600km의 사거리를 갖는 미사일(Al-Husayn)과 750km의 사거리를 갖는 미사일(Al-Hijirah)을 생산했다. 그러나 이러한 최대도달거리에서 스커드 미사일의 정확성은 매우 떨어져서 어느 곳이든 떨어질 수 있었다.

다국적군 항공계획수립가들은 개전 초기 이러한 미사일 발사를 위한 고정 발사 사이트를 무력화시켰다. 그러나 이동 발사트럭은 매우 식별하기 어려웠다. 알려졌듯이, 하나의 발사대는 미사일을 발사하고 6분 이내에 발사대를 접고 발사장소를 이탈할 수 있었다. 이렇게 되면 이에 대응할 수 있는 시간이 없게 된다. 사우디아라비아를 향해 발사된 미사일은 기본적으로 사담 후세인의 선전도구였다. 그러나 이스라엘로 발사된 41발의 미사일은 이스라엘을 전쟁에 참가하게 만들 수도 있었다. 이것은 반이라크 동맹에 대해 커다란 정치적 문제를 야기할 수 있는 것이었다. 따라서 다국적군은 많은 수의 항공 쏘티와 특수작전 정찰팀을 투입해야 했다. 그러나 이것은 대체로 이동발사대를 찾고 파괴하는 데는 헛된 노력이었다.

이라크 미사일에 대처했던 미 육군의 패트리어트 방공시스템의 역할에 대해서 많은 자료가 쓰였다. 그러나 대부분의 비판은 기본적으로 이것의 목적을 잘못 이해하고 있었다. 미국은 원래 패트리어트 미사일을 고성능 항공기를 격추시키기 위해 설계했었다. 후속 개선 모델인 PAC-2는 패트리어트 미사일에게 탄도미사일을 요격할 수 있는 제한된 능력을 부과했다.

PAC-2 패트리어트의 의도된 역할은 지휘본부나 항만시설과 같은 극히 가치 있고 단일화 된 시설을 보호하기 위한 것이었다. 이러한 임무

수행을 위해서 이 미사일은 놀라운 기능을 발휘했다. 그러나 이것은 이스라엘 또는 사우디아라비아 북동 해안과 같은 넓은 지역을 완벽히 방호할 능력도 없었고 또한 그러한 의도로 만들어진 것도 아니었다. 더욱이, 갑자기 사용된 알-후세인과 알-히지라 미사일은 견고하지 못해서, 비록 패트리어트가 이 미사일을 요격한다고 하더라도, 탄두는 떨어져 나와서 자유롭게 날아갈 수 있었다. 이것이 떨어진 지역 주변에서는 사상자 및 피해를 보게 된다.

이러한 상황 하에서, 패트리어트 시스템과 운용자들은 걸프전쟁에서 감탄할만한 역할을 수행했다. 이것의 성공적인 운용결과와 제한사항 모두는 미래 육군을 탄도미사일, 순항미사일 및 항공기로부터 보호하기 위해 만들어질 미래 대공방어시스템을 발전시키는데 있어서 강한 논쟁을 불러일으키고 있다.

지상전투

1990년 8월 쿠웨이트를 침공한 때부터, 이라크 군은 병참선이 지나치게 늘어나 항공차단작전에 취약하게 됐다. 공군력 또한 이라크의 유일한 공세 시도 즉, 카프지 공격에 대해 강력한 스매싱을 날렸다. 아울러 다국적군 부대에 대한 모든 이라크 항공정찰을 거부했다. 그러나 이라크 지도자들은 여전히 다국적군이 마지막으로 지상공격을 가해오면 그들에게 받아들일 수 없을 정도의 피해를 강요할 수 있을 것으로 기대했다. 이것은 이란-이라크 전쟁에서 참호전 수행 경험을 기초로 한 것이었다. 이러한 기대는 잘못된 것으로 판명됐다.

기술은 다국적군이 이라크 방어선을 격파하는데 작용한 성공요인 중 일부다. 대포병 레이다와 TACFIRE 통신 링크는 미 포병에게 어떤 포병이 사격할 것인가를 결정할 수 있도록 해줬다. 그리고 말 그대로 이라크가 사격한 포병탄이 땅에 떨어지기 이전에 이라크 포병에 대해 포탄 세례를 퍼부을 수 있게 해줬다. 다양한 공병장비들 예를 들어 선으로 된 작약을 지뢰지대에 발사하는 시스템, 지뢰를 폭파시키는 시스템은 많은 이라크 장애물을 무력화시켰다. 더욱 의미심장한 것은 GPS(Global Positioning System) 수신기의 확산이었다. 이것들은 야간에 지형의 형태를 볼 수 없는 사막에서 자신감을 가지고 기동할 수 있도록 해줬으며, 미 지휘관들이 예하부대들의 위치를 이전에 없던 정확성을 가지고 알아낼 수 있도록 해줬다. 그러나 다국적군의 지상에서의 승리는 공군력과 기술만이 만들어낸 작품이 아니었다. 커다란 부분을 차지하는 것은 미 육군과 해병대의 세심한 교리 발전 및 훈련의 결과였다.

작전적 수준에서, 다국적군은 이라크군의 계획을 와해시켰는데 왜냐하면 다국적군 부대를 서쪽 멀리 전개시켜 시계방향으로 도는 우회기동을 통해 쿠웨이트에 있는 이라크군 전체를 포위했기 때문이다. 이라크 지휘·통제 및 통신시스템은 자신의 우익에 대해 가해진 위협을 적시적인 방법으로 대응하기에는 적합하지 않았다. 그리고 이라크 부대들이 움직여 재 전개할 때에는 지속적인 항공 공격이 이를 위험에 빠뜨렸다.

전술적 수준에서, 미국 및 기타 다국적군 부대들은 뛰어난 기동능력을 과시했고 변화하는 환경에 대응했는데 이것은 이라크군을 훨씬 뛰어넘는 능력이었다. 소위 73 이스팅 전투(battle of 73 Easting)라고 부르는 전투보다 신속하고 융통성이 확실히 들어났던 전투는 없었다. 구분되는 지형적 특징이 없었기 때문에 이 전투는 군사지도상에 위치로 이름을 정하게 됐다. 잠시 적과 접촉했던 선이 군사지도 남북 좌표 73 격자선이었다.

이 전투가 최초로 발생했던 보다 공식적으로 인정된 시기는 1991년 2월 26일이었다. 전쟁의 이 시점까지, 미 7군단은 쿠웨이트 서쪽으로의 우회기동을 완료하고 이라크 공화국 수비대를 차단하기 위해 막 동쪽으로 진출하고 있었다. 이라크 공화국 수비대는 이 지역에서 가장 강력한 적이었다. 7군단은 3개의 예하부대를 나란히 전개시켜 공격했다. 북에서 남으로 제1 및 제3기갑사단, 그리고 제2기갑기병연대(ACR)를 전개시켰다. 사단급 기병부대와는 다르게 제2ACR은 완전한 제병협동부대로서의 능력을 지녔다. 다른 기병부대들은 1980년에 아미 오브 엑설런스(Army of Excellence) 근대화 기간 동안 편성된 전차를 삭감시켰다. 제2ACR은 M1A1 전차, 브래들리 전투차량의 M3 기병용 차량을 지녔으며, 하급제대(예를 들어 중대급)까지 일단의 특수화된 무기들을 편성하고 있었다.

제2ACR의 2스쿼드론(대대라고 할 수 있다)은 두 개의 부대를 전방으로 하고, 또 다른 기병 부대 및 스쿼드론이 지닌 전차 중대를 후속시켜 동쪽으로 공격했다(지도 16 참조). 대개 각 스쿼드론은 자주포병 포대를 자체적으로 편성하고 있었지만, 이 작전에서는 제41야전포병의 제6포병대대 전체가 제2스쿼드론을 직접지원하고 있었다. 1991년 2월 26일 16:00시가 지나자마자, 2개의 선도 부대가 70 격자선을 약간 넘었는데 규모가 큰 적 부대와 조우했다.

이후에 나온 분석에 의하면, 이 적 부대는 타왈칼나(Tawalkalna) 공화국 수비대 기계화사단의 전투전초로 대대규모의 특수임무부대였다. 이 특수임무부대는 T-72 전차, BMP 보병전투차량으로 무장했으며, 급편방어를 취한 것으로 보였다. 그러나 M1A1 전차와 기타 무기를 사용하여 사격을 개시한지 6분이 안되어 적 대대 대부분을 격멸했다. 이라크 전차포는 1,500미터를 사격할 수 있었는데 이것은 2,000미터에서 사격하는 미군 전차의 사거리에 못 미치는 것이었다. 더욱이, 이라크는 미국 전차가 다른 전차처럼 정확히 사격하기 위해서 정지할 것으로 생각했다. 그러나 실제로는 안정화 장치를 지녔고 컴퓨터로 조작되는 M1A1 전차포는 기병부대가 정지하지 않고 계속 전진할 수 있도록 해줬다. 기병 스쿼

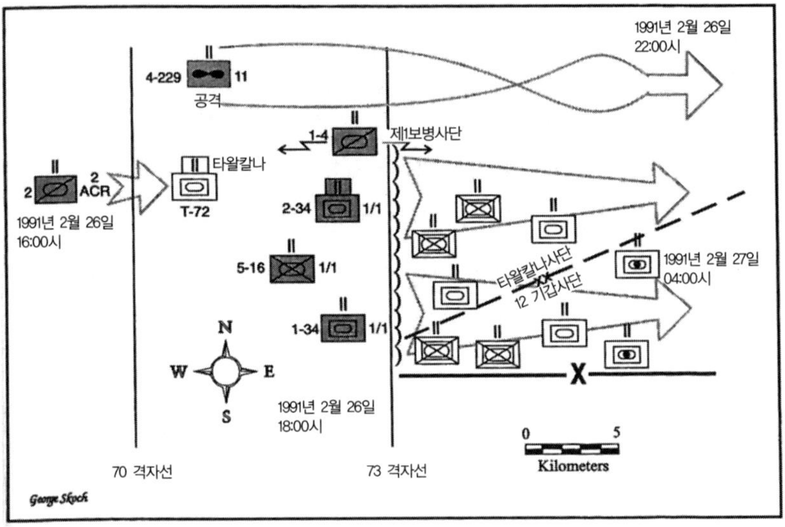

지도 16. 1991년 73 이스팅 전투

드론은 매우 빠르게 전진했고, 이동 간에 사격을 했다. 따라서 이 부대를 지원하는 화력지원팀은 우군피해를 고려하여 두 번의 사격을 취소해야 했다.

비록 제2스쿼드론이 이라크군과 조우했을 때 정지할 것으로 보였지만, 전진하는 관성으로 인해 동쪽 3㎞를 추가로 더 전진하여 73 격자선까지 진출했다. 이 결과 기병부대는 타왈칼나 사단 및 이 부대 남쪽에 위치한 제12이라크기갑사단의 주방어선에 도달했다. 전진하는 동안, 포병은 접근신관을 이용하여 이라크 하차 보병 머리 위에서 포탄이 터지도록 사격하여 이라크 보병을 정지시켰으며, 이때 헛되게 미군 스쿼드론을 측방에서 공격하기 위해 이동하는 이라크 BMP 중대에 대해 ICM탄(성능개량 재래식탄)을 사용하여 공격했다. 이후 6시간 동안 기갑 기병부대는 일련의 이라크 역습을 물리쳤다. 최종적으로, 야간 22:40분에 지원포병(MLRS 포함)이 동시에 TOT 사격을 하여 많은 이라크 벙커 및 차량들을 파괴시켰다.

이러한 사격 이후에, 미 제1보병사단 제1여단이 제2스쿼드론을 초월하여 본격적인 공격을 시작했다. 이라크 방어지역은 서쪽으로 곧바로 전투지경선을 설정하지 않고 남서쪽으로 비스듬하게 설정하여 방어하도록 되어있었다. 따라서 1여단은 타왈칼나 사단 및 제12기갑사단을 구분하는 전투지경선을 따라서 대각선으로 비스듬히 적 부대를 절단해 나아갔다. 이라크 방어 상황은 더욱 어렵게 됐다. 제12사단은 공화국 수비대가 아니라 이라크 정규군 부대였다. 이 부대는 T-55로 무장돼 있었다. 여전히 미군의 공격은 결코 흠집이 없거나 피를 흘리지 않는 공격은 아니었다. 제1여단 좌측의 제34기갑 예하 특수임무부대 제2대대는 자신의 2개 중대와 잠시 접촉이 단절되었다.

왜냐하면 이 부대가 약간 전진하여 작은 구릉을 넘어갔기 때문이었다. 그래서 신호탄을 쏴서 다시 복귀하도록 했는데 이것이 이라크 군에게 방어하라는 신호가 되어버렸다. 남쪽 제34기갑 예하 특수임무부대 제1대대는 자신의 수색소대 선도 하에 전진을 개시하고 있었는데 이때 전차가 선도하지 않았다. 이 수색소대는 이라크 방어선에 도달하자마자 2대의 브래들리 장갑차를 잃었으며, 1명이 전사하고, 4명이 부상당했다.

남은 야간 시간 동안, 미 기계화부대들은 동쪽으로 전진하면서 이라크 중대 및 대대규모와 일련의 짧지만 강도 있는 전투를 수행했다. 아침까지, 두 개의 이라크 여단이 격멸됐고, 미군은 이라크군 후방지역으로 기동했다. 연료 재보급을 위해 잠시 정지한 후에, 제1보병사단은 2일 더 전진을 계속했다. 어떤 이라크 포로는 또 다른 미군 공격에 대해 이렇게 말했다. "미군들은 바람과 같았다. 바람처럼 달려와서 사라졌다. 바람을 쏠 수는 없다."

야간 전진이 계속되는 동안, 미 7군단은 종심공격 교리를 구현했다. 이라크 제10기갑사단은 집결지에 있었는데, 이 집결지는 전투하고 있는 73 격자선에서 약 8km 동쪽에 위치했다. 이 부대를 공격하라는 과업은

제11항공여단 소속 제229항공연대 4대대에 부여됐다. 최종 통신문제로 2월 26일 22시까지 공격이 지연됐다. AH-64 헬기 18대는 2회에 걸친 공격으로 제10기갑사단에 엄청난 피해를 가했다. 불행하게도, 지상부대 전진이 너무 빨라서 다국적군 지상부대 및 공군부대의 협조선에 다다랐다. AH-64는 많은 이라크 부대들이 빠져나가는 것을 바라볼 수밖에 없었다. 왜냐하면 고성능 항공기로 인해 우군피해가 발생할 수 있었기 때문이다.

편제 문제들

1991년 걸프전쟁에서는 1914년 이전에 프랑스를 괴롭혔던 문제들이 되살아났다. 이것은 예비군이 동원되자마자 싸울 수 있도록 예비군부대의 전투준비태세를 갖추는 것이었다. 1970년대와 1980년대 미 국방성은 예비군과 주방위군 부대들에 크게 의존하게 됐다. 이것은 현역 부대에게 평시에 유지할 여유가 없는 능력을 제공하기 위한 것이었다. 미 해병대는 현역 장교들을 적어도 해병 예비군 상급부대가 지휘하도록 둠으로써 이러한 능력을 얻게 됐다.

그러나 육군 예비군과 주 방위군 내에서는, 각개 시민병이 꼭 아닐지라도, 시민 지도자들과 단위부대에 대한 전통으로 인해 예비군에 편성된 장교는 자신의 대대와 여단에서 지휘관 및 참모가 되어야 한다. 특전부대 및 야전포병에 소속된 예비군 수백 명이 사막의 방패작전과 사막의 폭풍작전 동안 부대 정비 및 보급 부대에 편성됐다. 그러나 일단의 주 방위 보병 및 기갑 단위부대는 상이한 경험을 했다.

경제적 이유로, 1990년까지 3개의 미 육군 정규사단은 10개의 기동대대 중에서 단지 6개 대대 그리고 3개 여단본부 중 2개 여단본부만을 현역으로 편성하였다. 주 방위군 "라운드아웃(round out)"[11] 부대가 각 사단의 4개 대대 및 1개 여단본부로 편성됐다. 이러한 부대들의 전개 준비를 확실히 하기 위해서, 이들은 그들의 모체 현역 부대에서 새로운 장비를 받고 훈련받았다.

주 방위군 상급 장교 및 참모장교들은 자신의 모체 부대 지휘본부에서 주기적으로 훈련받았다. 동원계획에 의하면 라운드아웃 부대는 자신들의 정규군 동료가 전개된 후에 이어서 즉각적으로 전개하도록 되어 있었다. 왜냐하면 사실상 주(州) 방위 병력들이 동원되어서 필요한 훈련을 마치는 데는 1~2개월이 소요되기 때문이다. 그러나 쿠웨이트 위기가 닥쳤을 때, 이러한 라운드아웃 부대들은 투입되지 않았다. 한 가지 이유는 다음과 같다.

예비군 구성원은 최초에 3~6개월간 동원되도록 되어 있다. 국방성은 이러한 인원들을 중동에서 언제 끝날지도 모르는 전쟁에 투입하여 남겨놓을 수 없었으며, 이들을 실어 나를 배가 거의 없는 상태에서 의미를 찾을 수 없었던 것이다. 라운드아웃 부대들이 결국 동원됐지만, 미국에 오래도록 훈련을 받으면서 잔류해 있었다. 현역군이 예비군 부대와 그 부대의 지휘자들의 능력을 의심했다는 점을 주 방위군 지도자들은 이해해줬다. 걸프전쟁 이래로 미국이 얼마나 많이 예비군에 의존했는가를 고려한다면, 이 문제는 미래를 위해 중요한 암시가 된다.

구조적으로, 사막의 폭풍작전은 한 가지 변화를 가속화했다. 이것은 과거부터 있어왔던 것이다. 900명이 넘는 공병대대는 미 기계화 또는 기갑사단 내에서 가장 커다란 대대다. 더욱이, 장애물을 설치하고 극복하기 위해서 전투공병이 매우 요구되는데, 교리적으로 이러한 편성대대는 항상 사단에 편성되지 않은 제2의 또는 군단 전투공병대대에 의해 증

11) 역자 주 : 현역부대에 편성되어서 현역부대를 살찌운다는 의미로 사용.

강돼야 한다는 것이다.

전쟁을 치르면서, 미 육군은 이미 사단에 공병여단을 편성하는 방향으로 움직이고 있었다. 이 공병여단은 규모가 작은 433명으로 구성된 대대를 3개 보유했고, 각 대대는 각각의 기동 여단을 지원하도록 됐다. 사막의 폭풍작전 동안, 5개 중(重)사단 중 4개 사단은 임시적으로 이러한 변화를 적용했었다. 전쟁이 끝나자마자, 미 육군은 공식적으로 위에서 제시한대로 공병을 재편성했다. 불행하게도, 공병여단본부는 이어지는 예산 삭감의 희생물이 됐다. 공병은 불완전한 중앙집권적인 통제를 받게 됐다.[12)]

1990년대 후반에, 미 육군은 두 가지 방향으로 이끌렸다. 한 가지는 랩탑 컴퓨터가 전술 단위부대에 지급된 것이다. 이것으로 명령을 즉시 전파하고 적과 아군 위치를 개별 차량에 이르기까지 그려서 전송할 수 있게 됐다. 이러한 실험은 지휘관에게 그가 직면한 전쟁을 유래 없이 명확하고도 정확히 이해할 수 있도록 해주는 잠재력을 가지고 있었다.

다른 한 가지는 냉전 이후 미 육군은 다양한 새로운 임무에 놓였음을 발견하게 된 것이다. 그러나 육군의 규모와 자산은 적어도 1/3이 감소됐다. 이러한 도전에 따라 편성도 진화했다. 이것은 혁명적이지 않았다. 사단 XXI이라고 알려진 부대를 새롭게 설계하면서 기존 중(重)사단이 지닌 능력 대부분을 유지하려고 했다. 그러나 병력은 15,700명으로 약 1,000명을 감축했다(그림 24 참조). 이러한 상대적으로 적은 감축은 사단의 실질적인 전투시스템의 숫자를 24% 감축시키는 결과를 초래했다. 전차와 기계화보병 대대는 4각 편제에서 3각 편제로 감축됐다. 중대급 박격포는 86년형 사단 예하의 많은 단위부대에서 이미 없어졌다. 그것

12) 역자 주 : 공병여단본부를 없애는 대신 공병대대가 기동여단 예하에 편성되어 지휘를 받게 함.

도 영구적으로 말이다. 대대 박격포 소대는 단지 4문의 120미리 박격포만을 보유했다. 새로운 사단은 또한 화학방어중대와 공병여단본부도 없앴다.

새로운 사단은 각각의 여단에 정찰부대를 편성했다. 이것은 잠재적으로 여단장에게 전장을 보고 알게 해주는 능력을 보다 강화시켰다. 휴대용 컴퓨터와 기타 전자 장비는 병사들의 능력을 확대시켰지만, 이들이 타는 차량은 경장갑화된 차량(HMMWV : High-Mobility Multipurpose Wheeled Vehicle)이었다. 이러한 장비는 세계 속에서 분쟁이 있는 장소로 신속히 전개할 수 있으며 저강도 작전에는 적합하다. 그러나 이것은 필요시 정보를 획득하기 위해 전투하는 정찰부대의 능력을 약화시키는 결

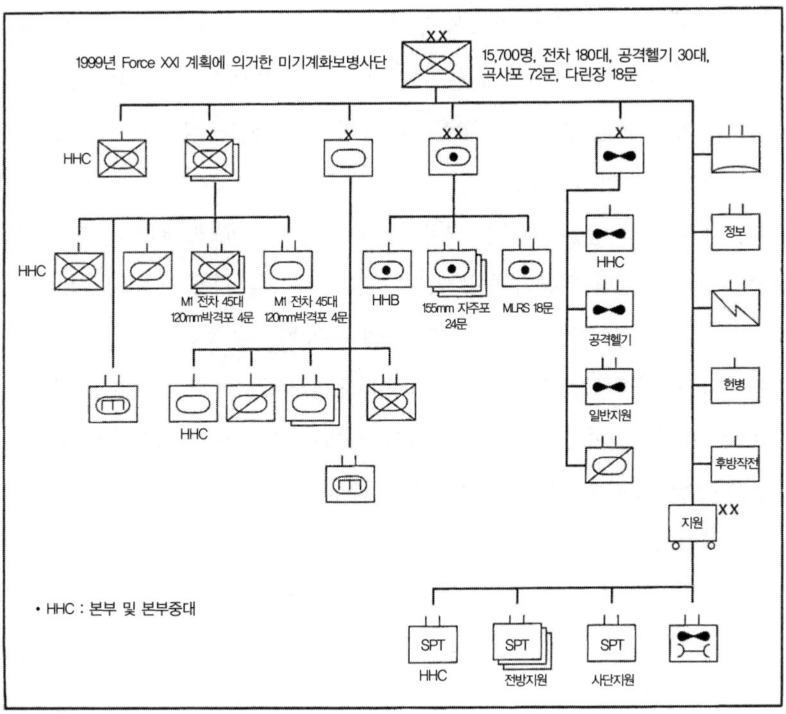

그림 24 1999년 미 사단 XXI 편성 모습

과를 초래했다. 심지어 기병연대도 저강도 작전임무를 위해 HMMWV로 무장했다. 2000년에 이르러 육군은 경 차륜장갑차량 개념을 재도입했는데 이것은 제3세계에 대한 전략적 기동성을 향상시키기 위한 것이었다.

전쟁과 전쟁의 세평

사막의 폭풍작전 이후, 1990년대 대부분의 군사작전은 미 육군이 명명한 "전쟁 이외의 작전"이라는 범주로 전락했다. 이것은 재난구조, 평화유지, 난민구호 등과 같은 작전이다. 미국, 프랑스, 러시아 및 기타 국가 지도자들은 군부대의 규율, 편성 및 통신을 이용하여 거의 대부분의 세계 위기상황을 해결하려고 했다. 냉전 종식은 이러한 개입 속에 존재하는 보다 커다란 전쟁 위협을 감소시켰지만 제거하지는 못했다. 어느 정도, 이러한 임무는 19세기 말~20세기 초로 돌아가서 생각할 수 있다. 미국 및 유럽의 군대들은 수많은 제3세계 국가 또는 식민지 사건들에 간섭한 자신들을 발견했다.

불행하게도, 군사 편제는 명확히 정의된 적에 대해 최고수준의 전투력을 투입하기 위해 존재해왔지, 준 정책적 역할(quasi-police role)을 위해 최소한의 전투력을 사용하기 위해 존재해 온 것은 아니다. 미군이건 아니건, 애매모호한 상황에 지상부대를 투입한다는 것은 명백히 문제를 야기한다. 이에 대한 가장 확실한 예는 1992~1993년까지 무법 천지였던 소말리아에 대한 개입이라고 하겠다. 미 특수작전부대들은 저명한 테러리스트 지도자를 납치하기 위해 투입되었지만 기습의 이점을 살리지 못해 지역주민에 의해 난처한 상황을 맞이하게 됐다. 이 병력들이 기갑부대 지원이나 특수작전부대의 공중자산인 AC-130 건십(gunship) 지원을 받았다면, 아직까지 그곳에서 임무를 수행할 수 있었을지도 모른다. 그러나 이러한 건십(gunship)은 받아들일 수 없는 민간인 피해를

낼 수 있다는 정치적인 고려사항 때문에, 돌이킬 수 없었던 레인저 작전(Ranger operations)을 시작하기 이전에 AC-130은 소말리아를 떠났다.

교리적으로, 미 육군은 이러한 새로운 임무에 따라 변화하려고 했다. 즉, 전략적 식견을 향상시켰고, 전술적 수준의 작전 및 능력을 국가 정치적 목표와 연결시켰다. 그러나 이 과정에서, 전쟁의 작전적 수준은 보다 적게 강조됐다. 전쟁의 작전적 수준은 1991년 전쟁을 수행함에 있어서 지휘관들에게 도움을 주었던 핵심적인 분야였다. 야전교범 『100-5』 신판이 1993년 출판됐다.

이 교범에서는 전쟁의 세 가지 수준을 정의한 부분을 2번째 장에서 6번째 장으로 뒤로 밀어서 설명해놓았다. 기초적인 개념을 논하는 부분인데 말이다. 이 책을 쓴 사람들은 이전 교범을 빛냈던 역사적 사례도 대부분 없앴다. 거의 대부분을 1998년 파나마 작전과 1991년 걸프전쟁에서 뽑아낸 예들로 대치했다. 간략하게 말해서, 시대의 전략적 현실에 적응하기 위해 잘 의도됐지만, 1980년대의 지적인 우수작품을 육군이 무시하게 만든 것이다. 이 지적인 우수작품은 전쟁의 작전적 수준과 종심전투(Deep Battle)를 포함하고 있다.

체첸(Chechnya)

미 육군과 같이, 러시아 연방의 군대도 전쟁 이외의 군사작전에 참여하게 됐다. 보스니아와 코소보에 평화유지작전을 위해 군대를 보낸 것에 추가해서, 러시아 육군은 이전 소비에트 공화국들이었던 그루지아, 모르도바, 아제르바이잔에서 발생된 분리주의 분쟁 속에 묶이게 됐다. 가장 심각하고 당혹했던 분쟁은 체첸에서 발생했었다. 체첸은 러시아 연방 남부 국경지대에 위치한 저항지역이다. 체첸의 독재자 두다예프(Dzhokhar Dudayev)는 러시아의 통치를 벗어나, 소련이 만든 근대 보급 무기를 탈취했다. 이 보급량은 전차 50대, 장갑차 100대, 그리고 수많은 포병 무기들이었다. 분쟁의 결과는 경찰 대응을 훨씬 벗어난 것이었다.

정치적으로 문제를 해결할 수 없었기 때문에, 러시아 지도부는 1994년 겨울, 육군과 준군사 경비 병력에게 체첸을 침공하라고 명령했다. 위기상황은 새해 전날에 있었다. 3개 여단 규모의 러시아 병력들은 기습적인 일격을 가해 수도 그로즈니(Grozny)를 점령하려 했다. 러시아 병력들에게 불행했던 것은 이들이 이와 같은 공격을 할 만한 상태가 아니었다는 것이다. 연방군의 육군은 봉급이 지급되지 않았고, 자금이 지원되지 않았으며, 병력수준이 적었고, 거의 대부분 훈련되지 않은 상태였다.

확실히 이 전투에 참가한 병력들은 도시지역에서 전투하기 위한 준비가 되지 않았다. 일부 병력들은 이미 항복한 도시의 질서를 유지하는 것이 그들의 임무로 생각했다. 무기사용을 위해 러시아 병력들에게 하달된 교전규칙은 체첸이 먼저 사격하면 사격하라는 것이었다. 러시아는 위신 문제가 있었기 때문에, 군단과 사단에 병력과 자금을 지원할 수 없었음에도 불구하고 군단과 사단을 유지하고 있었다. 부대구조는 형편없었다. 체첸에 파견된 모든 부대들은 임시적으로 편성된 부대였다. 중대와 심지어 전차 승무원은 모체가 다른 다양한 대대에서 차출된 인원들이었다.

러시아의 항공기는 적의 지휘통제 구조를 와해시키기 위해 선별된 표적을 세심하게 파괴시켰다. 러시아 파일럿들은 그로즈니의 민간인 거주 지역을 마구 폭격했다. 지상공격이 시작될 무렵, 3개의 공격 종대 중에 1개 공격 종대만이 조심스럽게 도시로 공격해 들어갔다. 다른 두 부대의 지휘관들은 빈약한 통신과 군수로 기력을 잃어 대충 공격 진출을 예상하면서 거짓으로 보고했다. 이로 인해서 체첸 부대들은 1/3 규모의 러시아 공격 종대에 대해 노력을 집중할 수 있었다. 이 공격 종대는 대략 제131차량화소총여단으로 구성되어 공격을 했는데, 하룻밤 만에 26대전차 중 20대를, 120대의 보병전투차량 중 102대를, 그리고 6대의 자주방공무기를 잃었다.

그로즈니 전투는 원시적인 개인 무기 전투로 변했다. 취약한 소련의 로켓발사유탄(RPG ; Rocket Propelled Grenade)은 대전차 방어와 일반적인 화력지원 모두를 위해 선호됐다. 체첸 지도부는 방어를 지도하기 위해서 핸드폰과 상업용 통신 링크를 사용했다. 이와 동시에 영리하게도 협박과 선전을 통해 공격하는 병사들이 상급부대를 믿지 못하도록 하고 사기가 저하되도록 만들었다.

스페츠나즈와 다른 우수한 부대를 투입함으로써, 모스크바 정부는 1개월 전투를 통해 그로즈니를 평정하는데 성공했다. 이렇듯 군의 와해로 인해, 러시아 전문직업군인들은 자신들의 전쟁에 대한 기본 가정을 재평가하게 됐다. 1999년 가을 러시아 정부가 체첸을 다시 공격했을 때, 무자비한 항공 및 포병 공격을 장기간 실시했는데 이것은 지상공격을 하기 이전에 방어하는 측을 약화시키기 위한 효과적인 노력이었다.

그러나 궁극적으로 체첸에서의 전투는 기계화, 제병협동전이 확실히 적합한 것이 아님을 보여주는 예가 아니다. 이것은 간단히 말해서 도시지역에서도 지휘통제와 훈련의 원칙이 중요하다는 것을 보여준 예에 불과하다. 도시지역에서 기갑부대는 특히 단거리 매복에 취약하기 때문이다.

4장. 결론

체첸에서 러시아인들은 우선하는 원칙들을 무시했다. 이점이 이 책의 마지막을 장식하기에 적합한 것이라고 하겠다. 왜냐하면 이것이 20세기를 통해서 되풀이된 추세 또는 개념을 우리에게 가져다주기 때문이다. 이러한 원칙들 중 일부는 자명한 것이므로 군인들은 이를 잘 토의하지 않는다. 왜냐하면 아직도 금세기 내내 상이한 기술과 육군을 이것으로 평가하고 있기 때문이다. 이것들은 주목받을 만하다.

첫째, 개인화기는 비록 강력하다고 할지라도 전쟁을 승리로 이끌 수 없다는 것이다. 중기관총, 전차, 전폭기, 구축전차, 그리고 공격헬기는 한때 각기 다른 부대로 분리되어 무적이라고 칭찬받았다. 그러나 적이 방어력을 개발하게 되자 이러한 무기들은 최초 가졌던 효과성을 많이 잃게 되었다.

둘째, 주요 육군에서는 병과와 군종 능력을 보다 하위 수준의 편성에서부터 발휘될 수 있도록 더욱더 통합하는 추세라는 것이다. 이것은 기동력, 방호력, 화력의 상이한 능력을 결합시키기 위한 것이다. 이렇게 하면 적에게 보다 난해한 위협을 가하게 되는 것이다. 심지어 1980~1990년대의 "단순화되어지는" 미 육군의 중대도 1939년 말에는 꿈꾸지도 못했던 다수의 무기들을 가지고 있다. 이러한 통합은 개인화기를 묶거나 다른 병과의 중대들을 영구적으로 묶어서 편성한다는 것을 반드시 의미하지는 않는다. 실제로, 이러한 고정된 구조는 현재 "순수" 보병 및 전차대대를 구분하여 각각의 주둔지에 편성하는 것과 같이 전술적으로 거의 효과가 없는 구조라고 하겠다. 왜냐하면 모든 고정된 대대 구조는 지형, 적 및 임무가 변화함에 따라 무기를 균형 잡히게 조절하고 적합하게 대응할 수 없기 때문이다. 효과적이기 위해서는 상이한 병과와 합동자산은 반드시 항상 함께 훈련하면서 자주 전투편성을 변화시켜야 한다.

그러나 임시적인 편성에 이러한 변화를 적용할 때는, 사단 또는 고정 편성된 여단과 같이 규모가 큰 제병협동 단위부대에 이를 적용하는 것이 보다 효과적이다. 그리고 별도의 특수임무부대를 편성할 때 이러한 제병협동 단위부대의 소속 부대를 선별하여 편성하는 것이 더욱 효과적이다. 반면 임시적인 변화를 작은 편성부대에 적용하거나 비사단 소속대들을 특수임무부대 편성을 위해 배속하는 것은 비교적 효과적이지 못하다. 전자의 경우, 특수임무부대를 구성하는 모든 요소들은 함께 작전하는 데 익숙해져 있으며 부대 소속감을 가지고 있으므로 많은 불화를 극복할 수 있다.[13] 후자의 경우, 비사단 소속 부대들이 새로운 지휘관계에 익숙해질 때까지 그리고 만들어진 지휘본부가 이러한 배속된 부대들이 갖는 능력, 제한사항 및 인원 구성을 알게 될 때까지 혼란과 임무지연을 초래할 수 있겠다. 부대 파트너십의 잦은 변화, 특히 평시 숙달되지 않은 변화는 비효율성, 불화 그리고 혼란을 초래할 것이다. 따라서 상이한 전술적 상황에 따라 병과의 구성 비율을 조절할 필요가 있다. 오로지 이것만이 이러한 병과가 영구적으로 그룹을 형성하여 편성되는 정도를 제한하게 된다.

13) 역자 주 : 사단은 고정 편성된 부대로 평상시부터 항상 함께 생활하고 훈련하는 독립 단위부대이므로 이러한 부대는 내부 친화력이 뛰어나므로 이 부대 소속대로 특수임무부대를 편성하면 임무수행이 용이하다고 하겠다.

이 토의가 내재하고 있는 것은 세 번째 원칙이다. 이것은 사단 지휘구조가 계속적으로 가치를 갖는다는 것이다. 사단 지휘구조는 계획을 수립하고 중요정보를 식별하며, 변화하는 상황에 신속히 대응할 수 있다. 냉전 이래로, 잦은 비평이 있었다. 그것은 미 육군과 다른 주요 육군들이 익숙하지만 낡아빠진 구조에 매달리고 있다는 것이다. 그러나 전쟁이건 아니건, 지휘관과 참모 계획수립가들로 구성된 견고하게 잘 짜인 그룹에 의해 작전이 조화를 이루게 될 때, 아울러 적절한 통신 및 수송의 지원을 받을 때, 복잡한 군사작전이 가능해진다. 사단이라고 부르건, 군단 또는 타격부대라고 부르건, 이러한 지휘 및 통제 편성이 육군의 굉장한 능력들을 책임짐으로써 21세기로 접어들면서 등장한 광범위하고 다양한 임무를 완수할 수 있겠다.

그러나 잘 훈련된 사단 또는 보다 상급 지휘본부는 자신 홀로 전투에서 승리할 수 없다. 최소한의 지침 하에 모든 요소들은 반드시 공동의 목표를 향해 함께 일할 수 있어야 한다. 지나친 중앙집권적 통제 및 미시적 관리(micro management)를 하면, 모든 군사 편성조직은 융통성 있고, 신속히 움직이는 적을 상대하기에는 너무 경직되어 버린다. 1915~1942년 사이 영국 및 프랑스 육군은 부분적으로 계속되는 패배를 맛봐야 했다. 이들은 오늘날의 이집트, 시리아 및 이라크 육군과 같은 모습을 보였다. 왜냐하면 이들의 지휘, 통제 및 통신은 너무 중앙집권적으로 통제되었으며, 느렸기 때문이다.

1990년대, 전투에서의 변화에 신속히 대응할 필요성으로 인해서 정보전의 개념이 나타나게 되었다. 이것은 미국, 중국 및 이전 소비에트 연방에서 등장한 것이다. 극단적으로 말하자면, "정보전(information warfare)"은 전체 인터넷의 하드웨어 및 소프트웨어에 대한 테러리스트의 공격이라고 묘사될 수 있겠다. 보다 협소하게 정의한다면, 이 용어는 지휘관 및 참모의 결심수립 속도를 빠르게 하거나 또는 늦추는 많은 기술들을 포함한다. GPS 유닛은 우군부대의 위치를 식별하고 스마트 무기들을 유도할 수 있다. 고감도 레이더 시스템은 전장에서 발생하는 상황을 동시에 볼 수 있도록 해준다. 그리고 상호 연결된 소형컴퓨터는 작전과 군수를 협조시키는데 있어서 이전에 없었던 능력을 지휘관에게 제공한다. 사실상, 이러한 기술에는 두 가지 가장 위험한 사항이 있다. 그것은 지휘관과 참모가 정보의 홍수를 맞게 될지도 모른다는 것이다. 또한 적이 이러한 정보흐름에 끼어들거나 방해하는 대응책을 사용할 것이라는 점이다.

지휘본부가 상이한 병과와 군종을 융통성 있는 방식으로 결합하고자 이러한 기술을 사용한다고 하더라도, 전장에서 효과적인 결합을 분명히 하기 위해서는 두 가지 연관된 요소가 반드시 부합되어야 한다. 우선, 모든 병과 및 군종들은 그들이 지원하는 부대와 동일한 기동성이 필요하고 거의 동일한 정도의 장갑 방호력을 지녀야 한다는 것이다. 보병, 공병, 야전포병 및 방공뿐만 아니라 군수부대들도 상호지원하기 위해서 전차가 가는 곳에 갈 수 있는 능력이 필요하다. 사막의 폭풍작전 동안, 수많은 이러한 지원요소들(TOW 대전차무기 발사기, 공병 지뢰매설 장비 및 통신방해팀 등)은 1960년대 당시의 궤도 차량에 탑승했다. 이것은 야지를 횡단하는 M1전차 및 M2/M3 IFV와 보조를 맞출 수 없었다.

또 하나의 당연한 추론은 병과들은 반드시 편성조직 내에서 균형을 이뤄야 한다는 것이다. 이것들은 상호 그룹을 형성하여 특정한 교리에 따라서 임무를 수행해야 한다. 대대급 이상 부대들에서는 다른 병과보다 수적으로 압도적인 어떤 한 병과가 특수한 환경에 유용할 수도 있다. 그러나 이것은 융통성이 결여돼 있다. 이와 유사하게, 2차 대전 시의 구축전차와 같은 특수화 되고 특별하게 선별된 요소들은, 타 병과에 의해 지원되지 않는 상황에서는, 자신의 취약성에 대처하기 위한 별도의 능력을 반드시 지녀야 한다. 이러한 결론은 1990년대 추세를 반영하고 있다.

1990년대 영국, 폴란드, 러시아 및 기타 부대들은 보다 균형 잡힌 부대 편성을 지녔다.

특수작전부대들은 위에서 제시한 편성 균형에 관한 일반론에서 예외인 것으로 보일 수 있다. 이러한 부대들은 20세기 말까지 약 20여 년간 그 능력을 키워왔다. 게릴라 부대들은 제병협동팀과 연계하거나, 독립되어서 작전을 수행할 수 있다. 레인저 또는 코만도 스타일의 강습 및 정찰 부대들은 순수 경보병으로 보일 수 있다. 그러나 이들은 제병협동을 할 수 있는 스스로의 특수화된 모습으로 기능을 잘 수행한다. 이들의 작전은 정보, 헬리콥터 수송, 장거리 통신 및 공중 건십(gunship)[14] 지원을 포함하고 있다.

아마 상이한 병과와 군종을 조화롭게 운영하는 육군의 능력을 가장 잘 테스트하는 방법은 적의 돌파 및 전과확대를 방어하도록 하는 것이 될 것이다. 이를 위해서는 융통성 있는 지휘구조가 어느 정도 필요하다. 이것은 임무형 지휘에 기초하여 기능을 발휘하게 된다. 그러나 이러한 효과적인 지휘구조 속에서도, 적에 의해 돌파되거나 우회된 병력들은 반드시 정신적으로나 기술적으로 계속 전투를 수행할 준비가 되어 있어야 한다. 주도권을 확보한 적에 대한 협조된 방어는 훈련 및 전투 효과성을 명확히 나타내주는 것이라고 하겠다.

보다 일반적으로 말하자면, 고도의 훈련이 모든 상황 속에서 승리하기 위한 기초다. 20세기를 통틀어 보면, 전문직업군인들은 모국의 예비군 훈련수준을 무시하거나 신뢰하지 않았다. 왜냐하면 전문직업군인들은 적 정규군과 단기간의 전쟁을 치를 것으로 기대했기 때문이다. 따라서 프랑스 육군은 1914년 자신과 독일의 예비군을 과소평가했다.

1940년대에 프랑스는 부분적으로 보다 커다란 재앙을 맞이했다. 왜

14) 역자 주 : 예를 들어 AC-130 건십의 105미리 포 지원을 말함.

냐하면 프랑스는 다음 세대의 예비군을 훈련시키고 동기를 유발시키는 것에 실패했기 때문이다. 적군(Red Army)은 1941년 재앙으로부터 살아남았다. 왜냐하면 이들은 동원할 수 있는 훈련된 거대한 인력을 보유하고 있었기 때문이다.

오늘날 많은 분석가들은 다시 한 번 단기간의 분쟁을 예상하고 있다. 따라서 인력과 산업을 동원하는 시스템의 필요성을 거부하고 있다. 그러나 전쟁에 필요한 완전한 부대구조를 평시에 유지할 수 있는 여유로운 국가는 없다. 더욱이, 미 국방성이 과거 유고슬라비아에서 예비군에 의존했다는 것을 볼 때, 장기간의 평화유지 임무는 여전히 예비군 부대들을 필요로 하고 있다. 지속적인 작전적 전개 상태에 놓인 현역군에게 휴식기간을 부여해야 한다는 것만 볼 때도 그렇다.

포병과 보병은 1차 대전 시, 함께 기능을 발휘해야 한다는 것을 배웠다. 그리고 전차, 대전차무기, 공병 및 방공포병은 약간의 어려움을 겪으면서 2차 대전 이후에 팀으로 합쳐졌다. 그러나 약 1세기에 걸친 노력이 있었지만, 항공기는 여전히 제병협동팀에 완전히 통합되지 못하고 있다. 1941년 이래로 4개의 전쟁에서, 미 육군과 공군은 공지 협조를 위한 특별 타협과 절차를 발전시켜야 했다. 왜냐하면 이들은 공군력의 기초적인 기능에 대해 의견이 달랐고 따라서 훈련과 교리 속에서 공군과 지상군의 협조를 자주 간과하곤 했기 때문이다.

1980년대 강도 있는 합동 훈련으로 이러한 갭을 좁히려는 시도가 있었다. 그러나 1991년과 1999년, 공군의 계획수립가들은 항공전역으로 전쟁을 승리로 이끌 수 있다는 교리를 여전히 고수했다. 지상공격뿐만 아니라 지상군 지휘관의 법적 우려에 대한 충분한 고려 없이도 항공전역을 통해 승리한다고 했다. 지상군 지휘관은 반드시 전투를 종결해야 하고 지역을 점령해야 하므로 법적인 우려를 표명하게 되는 것이다. 공중우세권과 공중에서 발사되는 탄약의 절대적인 가치를 따질 사람은 없겠다. 문제는 공중우세권이 달성되고 공군이 공격하는 적 지상군 부대로 전환되자마자 무엇을 해야 하는가이다.

어느 정도, 자신들 스스로의 항공지원을 획득하기 위한 주요 육군들 모두는 공중기동성과 공격 항공부대를 발전시켰다. 공군 카운트파트로부터 지원 우선순위가 낮게 될 수 있기 때문이었다. 적합하게 운용된다면, 헬리콥터는 물리적으로나 전술적으로 지상 전투에 통합되어 제병협동팀에게 3차원을 제공하게 된다. 73 이스팅 전투에서 종심공격은 육군항공이 독립작전을 하면서 어떻게 자신들의 능력과 전술을 사용할 수 있는가를 보여준 놀라운 예였다. 그것도 부대의 총체적인 목표를 여전히 지원하면서 말이다.

이러한 면에서, 공군 및 지상군 지휘관 간의 논쟁은 어려운 협조에 초점을 맞추고 있다. 이것은 단일 전역의 두 가지 전투양상[15]뿐만 아니라 전쟁의 전술적 및 작전적 수준 간의 협조를 의미한다. 1980년대 공지전투 교리에서 윤곽이 그려져 있듯이, 두 개의 군종은 반드시 각각의 항공 타격 및 지상 공격을 벗어나 멀리 보아야 한다. 이것은 보다 높은 수준의 목표를 달성하기 위해 어떻게 자신들의 작전을 통합해야 하는가를 보기 위한 것이다. 어떤 한 국가가 공군력만으로 공세적인 전역을 수행하려 한다고 생각해보자. 그러면, 이 국가는 전역의 작전적 또는 전략-정치적 목표에 주로 초점을 맞추게 될 것이다. 따라서 이 국가는 어떻게 지상 및 항공에서의 개별 전투가 시간과 생명을 최소로 희생시키면서 총체적인 목표를 달성할 수 있는가하는 실제 현실을 간과하게 될 것이다.

한 가지 마지막 문제는 기술적 및 전술적 타협을 위한 거래(trade-off)다. 이것은 지상과 공군력을 원거리로 투사하는 것에 포함된다. 만일 신속히 전쟁전구에 전개하고 도착하자마자 작전을 유지할 수 없다면

15) 역자 주 : 지상 및 항공전투 양상.

군부대의 정교함과 복잡함은 가치를 잃게 된다. 냉전 종식과 함께, 미국은 여전히 세계 곳곳에 전력을 투사할 필요성을 갖고 있었다. 그러나 많은 우수한 기지들과 전력투사를 가능하게 만든 사전 배치된 무기 비축량을 잃어버렸다. 포클랜드 전역에서의 영국과 같이, 또는 1994년 중앙아프리카에서 평화유지를 했던 프랑스와 같이, 미군은 충분하지 못한 공중 및 해상 수송 수단을 가지고 반드시 엄청난 거리를 극복해야 한다.

이러한 딜레마를 해결하기 위한 한 가지 분명한 해결책은 1980년대 경보병사단에서 묘사됐듯이, 제병협동팀을 해체하는 것이다. 그래서 보다 단순한 보병 위주의 전쟁형태로 돌아가는 것이다. 이러한 부대의 속도와 기동성으로는 크고 세련되지 않은 기계화전에서의 궤도 차량 및 헬리콥터 뒤에 쳐지게 된다. 이러한 해결책은 1990년대 저강도 및 비전투원 작전에서 효과적이었다. 불행하게도 이라크, 북한과 같은 특정지역 세력들은 자신들의 군대를 비교적 원시적인 수준의 경보병사단으로 감축시킬 것 같지 않다.

경장비를 갖춘 부대를 신속히 이동시킴으로써 공격을 억제하려는 정치적 목표는 달성할 수 있을 지도 모른다. 그러나 만일 억제에 실패한다면, 이러한 부대는 스미스 특수임무부대와 같은 운명에 처하게 될 것이다. 스미스 특수임무부대는 보급선이 짧지만 보다 우수한 무기 및 지형에 보다 익숙한 적에게 유린당했다. 차륜 경전차를 지녀도, 경보병부대는 자신의 기지로부터 수천마일 거리로 투사될 수 있다. 이것은 적에게 제공되는 전술적 문제를 단순화시킨 것이다. 1973년 이집트인들이 이스라엘의 전차 및 항공기 효과를 감소시키려 했던 기술적 해결책과 똑같이, 미래의 적도 대응책을 찾게 될 것이다. 이것은 바짝 달라붙는 전술, 화학무기 사용, 또는 그와 다른 수단이 될 것이다. 그리고 이것은 경보병부대가 지닌 몇 개 안되는 무기들을 무력화시킬 것이다.

중무장을 한 적을 방어하게 되어 있는 경부대를 조망할 때, 최소한 공지(air-ground) 구성부대 간의 보다 긴밀하고 조화를 이루는 관계가 필요하다는 것에 찬성론을 주장하게 된다. 그러나 이러한 과제를 해결해도 문제를 완전히 제거할 수 없을 것이다. 20세기를 통해서, 미 지상군은 화력에 크게 의존하고 있으며, 결정적인 결과를 달성하기 위해 공세적으로 기동하는 대신 방어를 고수하고 적을 폭격하는 것을 선호한다는 계속되는 비판이 있다. 앞으로 가까운 미래에 잘 무장된 적과 직면한다면, 경장비로 무장된 미군은 이러한 전술을 채택하는 것 말고는 다른 대안이 없을 것이다.

사활적인 국가이익을 지키기 위해서 공군 및 지상 전력을 장거리로 투사할 능력이 필요한 모든 국가는 이러한 딜레마에 반드시 직면하게 된다. 이것은 전개하는 부대의 전술적 효과성에 대해 전략적 기동성을 조화시키는 것을 말한다. 그러므로 예견할 수 있는 미래를 고려할 때, 모든 주요 육군의 일부분 전력은 반드시 통합되고 기동화 된 기계화전의 형태를 수행하기 위해 장비되고 훈련되어야 한다. 이러한 통합되고 기동화된 기계화전은 1939년 이래로 유럽과 중동지역을 지배했던 전쟁이었다.

작전술과
전략적 수준에서 바라본 군 구조

1부. 작전술에 관한 소고

2부. 통일한국의 군사전략 및 군 구조 연구

글 / 도응조

1부. 작전술에 관한 소고

"Operational Art"를 올바로 번역하면 "작전적 술"이다. Operational은 형용사다. 전술적인(tactical) 부대 운용과 작전적인(operational) 부대 운용이 일단 무엇인지는 몰라도 분명히 달라야 한다는 느낌을 받을 수 있을 것이다. 같다고 가정한다면, 불필요한 용어를 구태여 하나 더 만들 필요가 없지 않은가?

작전술을 다루는 많은 논문들은 작전술을 전술과 전략 중간에 위치한 것으로서 연합 및 합동작전이라고 이해하였다. 이러한 정의에 의하면 "작전술 = 피를 많이 흘리는 소모전"도 될 수 있고, 또는 "작전술 = 피를 덜 흘리고 심리적 마비를 통해 효율적으로 승리를 달성한다는 기동전"도 될 수 있겠다. 즉, 전술적인 작전구상을 하건 작전적인 작전구상을 하건 간에 어쨌든 전략 지시에 따라 작전을 구상하면 된다는 것이다. 역으로, 만일 전략기구로부터 "최소의 희생으로 전역에서 승리하라"는 지시를 받고 전역을 계획한 지휘관이 작전계획을 전술적 수준으로 만들었다면, 다시 말해서, 1차 대전과 같은 진지를 하나하나 격파해 나아가고 전선을 이루면서 전투해 나아간다면, 과연 이러한 계획도 작전적인 술(art)로 보아야 할 것인가?

따라서 위의 정의를 받아들일 경우는 매우 중요한 문제가 파생된다.

위의 주장을 따르게 되면, 작전술이라는 용어를 하나 더 만들 필요가 사실상 없다고 할 수 있다. 왜냐하면 전략적 목표가 적을 소모시켜 항복하게 하는 것이라면 구태여 "작전적인 술(operational art)"을 구사할 필요 없이 "전술적(tactical)인 전투력 운용"만으로도 문제될 것이 없기 때문이다. 전략지시를 받은 야전군이 전술적 수준의 전투를 모든 전선에 걸쳐 수행한다고 하더라도 적을 소모시키지 못할 이유가 없지 않겠는가? 역으로 기동전을 수행하라고 했을 때에도 전술을 구사해서 안 될 것은 없지 않은가? 왜냐하면 상급부대의 전술은 예하부대의 전술을 조직할 수 있기 때문에 작전술이라는 용어를 사용하지 않고 상급부대 전술이라고 해도 무방하기 때문이다.

문제의 핵심은 작전적 사고를 기초로 계획하고 시행하는가, 아니면 전술적 사고를 기초로 계획하고 시행하는가가 될 것이다. 적어도 두 가지 방법은 확실히 구분되어야 한다. 1차 세계대전이라는 소모전적(전술적) 참상을 생각한다면 더욱 그렇다고 하겠다.

왜 우리는 전략기구로부터 지침을 받아 작전을 수행하는 야전군이 또는 공작사, 해작사가 전술을 구사하지 않고 작전술을 구사해야 된다고 하는가? 예를 들어 야전군 전술과 작전술은 어떠한 차이가 있는가? 왜 연합 및 합동작전이 연합 및 합동 전술이 아니고 작전술인가? 이러한 질문에 대해서 이해하기 쉬운 답변을 발견하기란 쉽지 않다. 따라서 역사적 고찰을 필요로 한다.

역사적 고찰

본질적으로 작전술은 대륙국가의 지상전을 기초로 한 것이었다. 이것은 전통적으로 규모가 아주 큰 전투 또는 이러한 규모가 아주 큰 전투 내에서 수행되는 일련의 비교적 작은 규모의 전투들을 어떻게 수행하여 작전의 목표를 결정적으로 달성하는가에 대한 술(art)이었다라고 보아도 지나침이 없다.

대륙 중심적 관점에서 출발한 작전술은 전략과 전술의 정의와 비교를 통해 대규모 작전이라고 정의할 수 있겠다. 유럽인들은 일반적으로 전략은 전쟁의 술이며, 전술은 전투의 술 그리고 작전술은 전역의 술이라고 정의하였다. 이러한 정의를 이끌어 내게 된 배경은 나폴레옹 보나파르트의 전쟁과 밀접한 관련이 있다. 그는 수많은 군단 또는 사단급 부대 또는 대형들(formations)을 거대한 규모로 매우 훌륭하게 기동시켜 많은 승리를 거두었다.

나폴레옹의 혁혁한 전승을 분석했던 조미니(Antonie Jomini)는 전략과 전술 사이에 대전술(Grand Tactics)이라는 전쟁의 한 영역을 추가했다. 그는 이것을 "전투 간 또는 전투 전에 적의 배치상 결정적인 지점에 대해 '부대 조합체들(troop combinations)'을 집중(mass)하는 술"이라고 정의했다. 그러면서 그는 대전술을 구현하기 위해서는 군수(logistics)가 필요하다고 했다. 대규모 부대들이 먹고, 자고 또한 전투하기 위해서 많은 물자와 장비를 효율적으로 이동시켜야 하고 결정적인 승리를 할 수 있는 지역으로 집중시켜야 하는데, 이를 위해서는 자연히 군수가 필요하다는 것이었다. 반면 클라우제비츠는 전술은 교전에서 군대를 운용하는 것이며, 전략은 전쟁 목적을 위해 교전을 사용하는 것이라고 주장할 뿐이었다. 즉, 조미니도 클라우제비츠도 작전술이라는 용어를 언급하지는 않았다.

작전술이라는 용어와 연관 지을 수 있는 의미 있는 용어는 오퍼라티프(operativ)로서 이 용어를 최초로 사용한 사람은 조미니와 클라우제비츠로부터 영향을 받은 몰트케였다. 그는 작전술이라는 용어를 사용하지 않고 작전적(operativ)이라는 용어를 사용하였다. 심프킨과 블르멘트리가 말했듯이 독일어로 operativ란 "대규모 부대를 원거리로 이동시키는"

그리고 "의도된 전투행동을 하기 위해 대규모 기동 또는 특정한 의도와 함께 실시되는 장거리 행군 이동"이다. 몰트케는 아울러 전략이란 최상위 정치적으로 결정된 목표를 달성하는데 목표를 두고 있는 것이며, 이것은 작전(그는 작전이라는 용어를 사용하였다.)을 함에 있어서 군사적 차원의 부대 집결과 운용 모두를 포함한다고 주장하였다. 그리고 그는 적의 전투의지는 전술을 구사함으로써 파괴된다고 하였다.

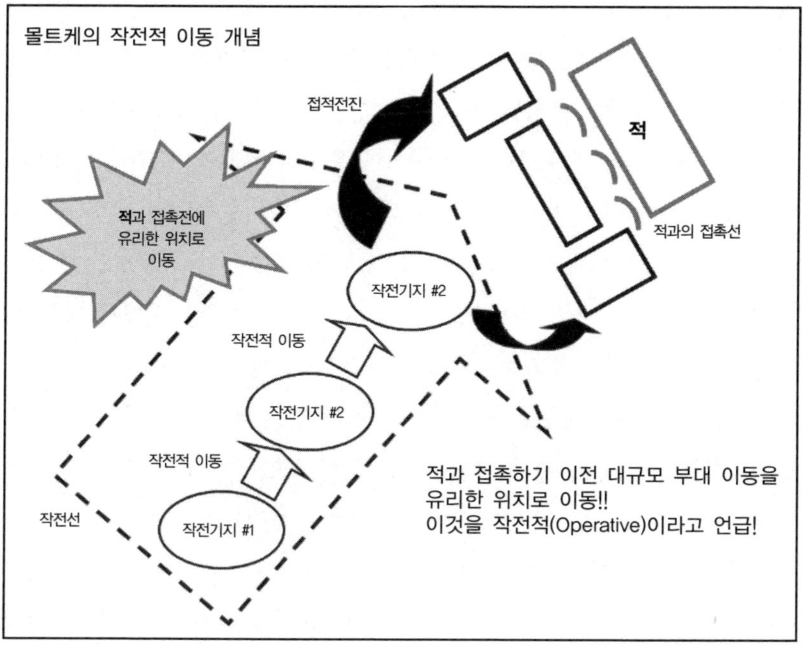

〈그림 1〉 몰트케의 작전적 이동 개념

몰트케는 〈그림 1〉에서 보듯이 적과의 접촉 이전까지의 이동을 '작전적 이동'이라고 하면서 이를 매우 중요시 여겼다. 왜냐하면 당시에는 과학기술이 발달하지 못해 적의 종심을 동시에 공격할 수 있는 전차나 항공기, 미사일 등이 없었으므로 결국 적과의 접촉 이후에는 전술적 행동으로 전역을 승리로 이끌 수 있었기 때문이다. 결국 그에게 중요한 것은 작전적 이동을 통해서 적과 전투하기에 유리한 위치로 부대를 이동시키는 것이었다. 다행히 몰트케는 철도를 사용함으로써 대규모 보병을 지치지 않는 가운데 그러면서도 보급, 의무, 군기 및 사기를 유지한 상태로 전장에 집중시킬 수 있었다.

철도는 당시 혁신적으로 조미니가 말했던 군수를 가능하게 했다. 그러나 불행하게도 몰트케 이후에 쉴리펜은 철도로부터 많이 벗어난 작전적 기동을 추구하게 되어 커다란 재앙을 초래하게 되고 오늘날 벤 크레벨트에 의해 비판받게 된다. 참고로 대규모 부대의 군수를 가능하게 해준 철도와 병참역은 오늘날 미군이 말하는 일종의 기지(Base)가 되며 이것이 보장되지 않고서는 적과 접촉 전에 유리한 위치에 부대를 배치하는 작전적 이동은 사실상 불가능하게 되는 것이다. 오늘날 지리적(물리적) 작전선에 대해 해·공군은 적용할 수 없다고 주장하기도 하지만 이것은 엄밀히 말하면 역사적 이해와 전장 실상을 잘못 이해한 것에서 나온 잘못된 사고이다. 왜냐하면 해·공군 역시 적과의 접촉 이전에는 지상의 작전기지(군수기지)를 필요로 하며 이것의 연결선은 자연히 작전선이 될 수 있기 때문이다. 해·공군의 발진기지는 지상 작전기지가 될 수밖에 없다. 적을 해·공군으로 공격하기 이전에 아군에게 보호받는 지역까지 반드시 작전기지를 설치해야 한다. 결국, 이러한 기지들이 작전적 기동을 위한 결정적 지점들(지리적 지점)이 되는 것이며 이것을 연결하는 것이 개념적인 작전선이 아닌 실제적인 작전선으로 이해되어야 한다.

몰트케의 사고를 종합해보면 작전적인 이동은 전투를 하기 전까지의 행위가 된다. 시대는 변하고 과학기술의 발전으로 전차, 항공기, 미사일 등이 등장하였다. 이것은 작전적 이동에 대한 사고의 폭을 더욱 넓혀 주었다. 그도 그럴 것이 과거 무기체계와 편제로서는 접촉선 전방에서의 모든 상황은 단지 교전(전투), 즉 전술적 수준의 무장 투쟁현상이 되기 때문에 이미 '작전적'이라는 용어(또는 의미)와 '전술'이라는 용어(또는 의미)

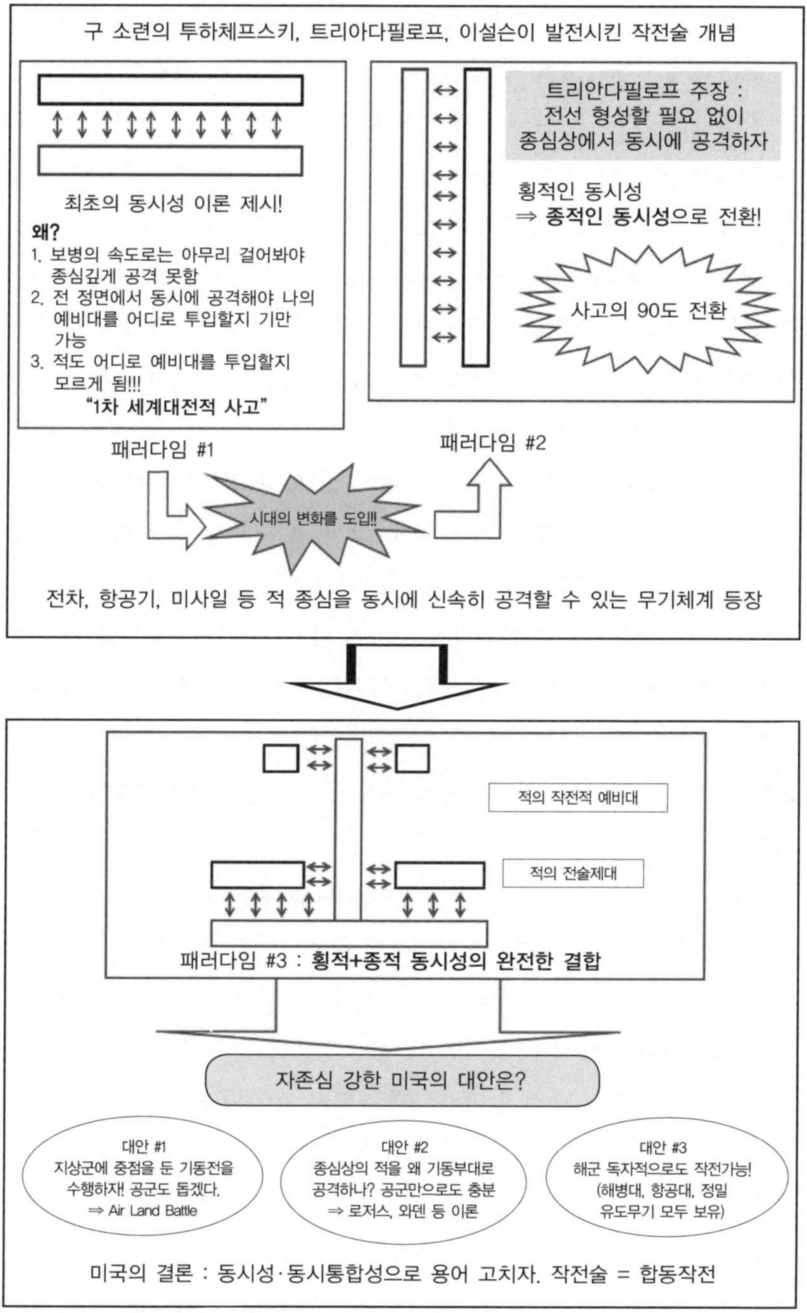

〈그림 2〉 구소련과 미국의 작전술 개념 발전 과정

는 연속적이며 상호 중첩되는 영역을 갖기 보다는 완전히 상이한 차원으로 구분되어 이해할 수밖에 없었던 것이다. 다시 말해 전략적 목표 달성을 위해서는 전투(전술의 구사)가 필요하며 이러한 전투를 유리하게 하기 위해서는 한판 붙기 전에 유리한 상황을 군수적(logistical)으로, 지형적으로 그리고 부대 배치 측면에서 달성하는 것에 불과한 것이었다.

하지만 전차라는 무기체계 그리고 항공기라는 3차원 공간을 이용할 수 있는 무기체계 그리고 이후 등장한 미사일과 같은 원거리 타격 수단이 등장하면서 작전술은 과거의 '적과 접촉 이전의 작전적'이라는 용어의 의미에서 탈피해서 적과 접촉 이후의 동시공격 개념을 포함한 '작전적 술'로 재등장한 것이라고 할 수 있다. 이로서 접촉선 이전에 유리한 상황조성뿐만 아니라 접촉선 전방에서의 각종 전투를 수행하는 즉, 전 전장(全戰場) 동시 전투를 수행하는 것으로 개념이 확대되어 전략과 전술 외의 새로운 영역으로 도입되었을 수밖에 없었다. 이러한 사고는 전격전에서 출발하여 구소련의 작전술에서 극치를 이루게 된다. 위의 그림에서 보듯이 투하체프스키, 트리안다필로프 그리고 이설슨을 잇는 작전적 사고의 발전은 적과 접촉 이후의 동시적인 공격 개념으로 작전술을 발전시켰다.

전략이 전쟁 목적달성과 관련이 있고 이를 위해 과거에는 전술적 종심에서의 전투밖에 수행할 수 없었지만 무기체계의 발전으로 전술적 종심을 넘어 작전적, 전략적 종심에서 동시 전투를 수행함으로써 전투를 조직하는 하나의 새로운 영역이 있다는 것을 인정하게 되었던 것이다. 그리고 만일 적이 전술적 방어종심에 강력히 방어하고 있다면 이러한 전술적 방어종심을 돌파하고 작전적 기동을 해야 했던 것이다. 따라서 군단급도 때로는 작전술을 제대로 볼 수 있었다. 왜냐하면 1 대 1 개념을 적용할 때, 군단은 적의 전술적 방어종심(적 군단이 방어하는 영역)을 돌파하여 작전적 종심으로 공격해 갈 수 있는 능력이 있었기 때문이다. 즉,

우군 군단이 적 군단의 방어종심을 돌파하고 전과 확대할 수 있었다는 것이다.

문제는 해양세력인 미국의 이해였다. 미국은 단지 지상전투에만 몰두할 수 없었는데 그 이유는 대서양과 태평양이 있었기 때문이다. 〈그림 2〉에서 보듯이 한때 미국은 지상군과 공군력을 통합 운용하여 종심상 동시공격을 한다는 공지전투(ALB) 개념을 도입하기로 했다. NATO를 우선 고려하였을 때, 그들은 대륙적 사상을 우선 고려할 수밖에 없었다. 그래서 지상군을 중심으로 작전적 종심, 전술적 종심 그리고 후방지역에서 동시 전투를 구상하였고, 한 때 이를 전전장 동시전투개념이라고 주창하기도 했으며, 1982년에 '작전적 수준의 전쟁'이라는 개념을 도입하기도 했다.

그러나 공군과 해군은 자신들 스스로의 전력만으로 전역을 계획하고 수행할 수 있다고 지속적으로 주장하였으며, 그 결과 미국은 해군과 공군이 작전적 종심 이상으로 작전을 수행할 수 있다는 개념을 발전시켜 합동작전이 곧 작전술이라고 이해한 것으로 보아야 한다. 즉 작전적, 전술적 종심 모두에서 동시적인 전투를 수행하기 위해서는 그러한 능력을 지닌 해군과 공군을 동시통합적으로 운용해야 하는 것은 당연한 것이다. 더 나아가 이러한 합동전력의 동시통합적인 운용을 보장하기 위해 전구를 담당하는 사령부를 통합군사령부로 편성할 수밖에 없었던 것은 당연한 것이다.

그러나 미국은 본질적으로 많은 혼란 속에서 작전술은 전략과 전술의 중간에 위치한 용병술로서 이것을 연결하는 역할을 하는 것으로 이해하였다. 문제는 미국의 전쟁사 고찰에 있었다. 미국에게 있어서 독일의 군사사상과 전쟁경험은 미국의 작전술 혼란에 대한 본질적인 문제를 야기했다고 할 수 있다. 몰트케는 정치에 의해 전쟁이 좌우된다는 것에 대해 부정하고 군인들이 전쟁을 실질적으로 지도하고 수행을 할 수 있다는 주장을 강하게 피력하였다. 문제는 몰트케가 전쟁에서 패배하지 않았다는 것에 있다. 정치인들은 몰트케의 계속적인 승리로 인하여 그의 이론을 제약할 수 없었다. 그러나 히틀러의 군부 간섭은 군부의 작전적 기동에 대해 많은 장애를 미쳤다. 그리고 미국의 월남전 경험은 더욱 더 작전 지휘관에 대한 정치인의 지나친 간섭이 전쟁 승리를 제약할 수 있는 것으로 보였다. 바로 이러한 역사적 사실의 영향과 교훈을 통해 해양세력인 미국은 작전술을 전략과 전술의 중간 영역에 두면서 전략기구는 전역의 구체적인 계획을 수립하여 하달하는 것이 아니라 정치적 목적 달성을 위한 군사력 운용에 관한 제한사항과 자원을 할당하는 정도의 역할을 하는 것이라는 개념을 받아들였고, 전구 사령관에게 대규모 작전적 부대 운용에 대한 계획을 위임하는 결과를 낳게 되었다고 할 수 있다. 즉 정치적, 전략적 목적을 기초로 군사력 운용을 제한하되 군사작전에 대한 구체적인 계획과 실시는 작전사령관에게 위임하였던 것으로 보아야 한다. 대신 JOPES에서 개념발전 과정을 통하여 사전 정치인들이 설정한 정치적 목적에 군사작전이 부합되는가를 검토하게 되었다.

이것은 결국 작전술은 전략지시에 의거 최초의 군사작전을 계획하고 수행하는 것이라는 독특한 미국식 정의를 이끌어 내었다. 이러한 사고 하에 놓이게 되면, 군사령관은 야전군에서 가지고 있는 모든 자산을 사단장에게 주었으니, 사단장들이 잘 싸우면 전역에서 승리할 수 있다고 자신할 수 있겠다(즉, 전역의 승리는 각각의 사단장이 승리하면 된다는 전술적 사고에 빠질 수 있음을 의미). 이러한 현상이 발생한다면 그것은 역사적 교훈을 망각한 것이라고 할 수 있을 것이다.

얻을 수 있는 교훈

역사는 작전술의 출현이 전투 이전에 유리한 배치를 위해 군수, 부대 장거리 이동과 매우 밀접하며, 과학기술의 발전과 함께 전투 이전의 사전 부대 배치 및 군수(軍需)뿐만 아니라 전쟁 개시와 동시에 전장의 모든 종심상에서 동시통합전투를 수행해야 하고 이를 위해서는 당연히 해군과 공군 전력의 통합적인 운용이 필요하다는 것을 보여주었다. 따라서 역사적 고찰을 기초로 한 작전술 정의를 필요로 한다. 작전술은 작전적 사고를 기초로 전투력을 운용하는 술이 되어야 하며, 더욱이 전구의 모든 종심상에서 동시통합적으로 전투력을 운용하여 적의 전투의지를 조기에 마비시켜 최소한의 희생으로 군사작전을 종결시키는 술(術, art)이 되어야 한다. 왜 그런가? 예를 들어보자.

A, B국 모두 10개 사단이 있다고 가정해 보자. 만일 A국이 선제공격을 하는데 A국의 야전군 사령관은 결국 사단이 전투를 모두 잘하면 승리하는 것으로 보고, 각각의 사단에 모든 전력을 할당하여 사단이 알아서 각자 잘 싸우도록 전역을 계획하였고, 실제 사단들이 전투를 잘 수행하여 각각의 사단이 적 사단 1개 연대씩을 각각 격멸하였다고 가정해 보자. 또 다른 경우는 군사령관이 계획을 잘 수립해서 2~3개 사단으로 적 7개 사단을 견제하도록 하고 7~8개 사단으로 적 3개 사단을 완전히 격멸하였다고 가정해 보자. 산술적으로 전자나 후자나 대략 3개의 적 사단을 격멸한 것이 된다.

그러나 어떤 경우가 적의 군사지도자로 하여금 정신적인 위압감과 심지어 마비상황을 부여하게 될 것인가? 각 사단의 1개 연대를 잃은 적 군사지도자는 돌파 당한 정도가 그렇게 위협적이지 않을 것이며(연대급만 돌파되었으므로), 피해도 심각하다고 생각하지 않을 것이다. 그러나 3개 사단을 모두 잃은 적 군사지도자는 돌파 정도가 매우 심각하다고 볼 것이다(1개 군단의 종심이 돌파된 상황이므로 엄청나게 자신의 지역 깊숙이 상대가 돌파해 들어온 상황이 된다). 그리고 3개 사단을 잃었다는 것은 사단장 3명이 임무수행이 불가해진 것을 의미한다. 이러한 단편적인 예가 곧 작전적 사고와 전술적 사고를 구분해주는 아주 극단적인 예가 될 것이다.

군사령관 자신의 전투력을 무조건 예하 사단들에게 모두 할당하고 "사단장들 알아서 해"라고 한다면 아무리 야전군을 작전술 제대라고 불러도 사실은 전술 제대에 불과한 것이다. 앞의 예를 볼 때, 작전적 사고가 중요하지 않다고 누가 감히 말할 수 있겠는가? 1, 2차 세계대전 당시에 서구의 많은 고급 지휘관들은 불행히도 전술적 사고에 집착했고 그 결과 전쟁의 피해를 더욱 배가시켰다고 비판받고 있는 이유가 바로 여기에 있는 것이다.

둘째, 전략지시에 의거 구사될 수 있는 술(術, art)은 작전적 술도 될 수 있고 전술적 술도 될 수 있음을 이해하고 적용해야 한다. 전략지시가 상대를 최대한 소모시켜 굴복시키는 것이라면, 전술을 구사할 수도 있는 것이다. 이렇게 될 때, 소모적으로 치열하게 전투를 수행해야만 하는 전술적 용병술과 최소한의 전투로 전쟁을 승리하겠다는 작전적 용병술 발전이 구분될 수 있을 것이다. 전략과 전술을 연결하는 것이라는 애매모호한 작전술 정의에서 탈피할 수 있는 것은 역시 장교들의 작전적 사고에서부터 출발할 것이다. 참고로 과거 러시아는 작전술을 야전군 또는 집단군 전술이라고 단순하게 정의한 바 있다.

셋째, 전략적, 작전적, 전술적 영역에 대한 개념을 발전시켜야 한다. 그리고 작전술은 작전적 영역에서 구사되는 것으로 정의할 필요가 있다. 이것은 군사전략기구인 합참의 역할과 작전적 술을 구사할 수 있는 작전사의 군사력 운용개념을 정립시킬 수 있는 중요한 개념이 되면서, 또한 향후 각 제대가 자신의 위치에서 자신의 역할을 제대로 수행하게 하는 개념이 된다.

〈그림 3〉에서 보듯이 전구상 합동전구공간의 동시통합적 활용 개념을 발전시켜 전략적 공간 전체는 합참이 관장하되 작전적 공간은 작전사에 과업을 부여하여 작전사가 관장하며, 그 내부에서 전술제대가 전술적

책임지역을 할당받아 임무를 수행한다는 개념을 정립시킨다면, 다음과 같은 이점이 있겠다.

1. 각 제대별(합참, 작전사) 군사작전의 책임 영역 및 한계를 구분할 수 있으면서도 자신의 역할과 능력에 부합되는 전략적 그리고 작전적 군사력의 동시·통합된 운용성을 제고시킬 수 있을 것이다.

2. 매우 중요한 것으로 연합작전을 수행하는 나라는 동맹국 합참 간에 MC를 통해 명확한 작전적 임무를 연합작전사에 하달할 수 있게 되어 각 합참은 명실상부한 전략기구로서 자신의 위치를 차지하게 될 것이다. 왜냐하면 작전술이 작전적 영역에서 운용되는 술이 되기 때문이다. 즉, 합참은 자신의 전략적 자산을 운용하며, 연합작전사에 대해 명확한 과업과 자산을 할당하는 역할을 하게 될 것이다. 예를 들어, 작전술은 작전적 영역에서만 전력을 운용하는 술로 정의한다면, 전쟁 발발 시에 각국의 전략기구는 전략적 공간에 대해 주로 전력을 운용하게 될 것이고, 작전적 종심상에서는 연합작전사가 각 합참의 협조된 지시를 받아 임무를 수행하게 될 것이다. 특히 공동으로 작성된 연합 JSCP를 만들어 전략적, 작전적 전력 운용개념을 구현한다면, 동맹국 각각의 위상과 자주적 영역을 고려한 상태에서 협조된 작전을 수행할 수 있을 것이다.

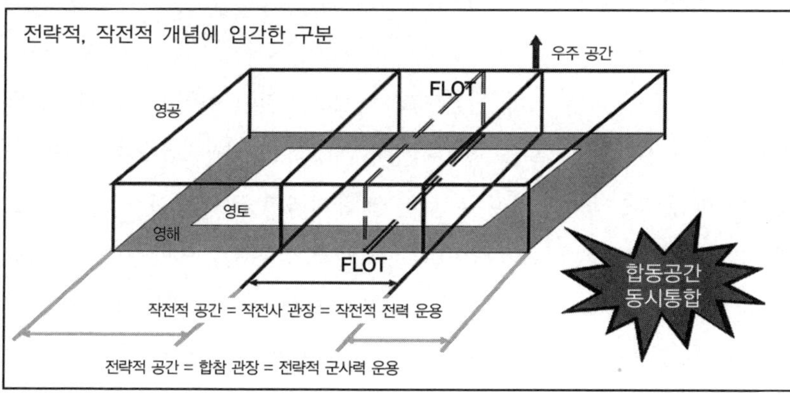

〈그림 3〉 전략적, 작전적 공간 구분 개념

2부. 통일 한국의 군사전략 및 군 구조 연구

합동군 전력의 통합적 운용은 미래 전장 환경을 지배하는 요체가 될 것으로 주장하는 사람들이 많다. 왜냐하면 제병합동전력에 대한 지휘와 노력의 통합은 곧 전력 운용의 효율성과 효과성을 제고시켜줄 것으로 기대되기 때문이다. 이것은 마치 전술적 수준에서 제병협동이 중요하듯이, 전략적 수준에서는 각 군종의 능력을 결합하여 극대화 시키는 합동성이 중요하다는 것으로 이해하면 되겠다. 합동성을 강화시키기 위해서는 전략기획시 일단 개념이 이끌도록 해야 한다고 본다. 일단 행동을 먼저하고 생각하는 것 보다는 "이러한 행동을 왜 해야 하는가?"를 먼저 생각하는 것이 보다 덜 위험하고 자원의 낭비를 최소화 할 수 있기 때문일 것이다.

한국은 지난 50년 이상 미군에게 전시작전권이 이양된 상태로 있으면서도 전략 및 작전기획을 발전시키기 위한 노력을 해왔으며, 이와 병행하여 합동성을 극대화시킬 수 있는 전략개념과 군 구조에 대한 연구도 게을리 하지 않았다. 그러나 민간 차원에서의 연구는 다소 부진했다고 할 수 있다. 통일 후 예상되는 안보환경에 부합되는 독창적인 방안에 대한 민간 차원의 연구를 찾기는 쉽지 않다고 말할 수 있겠다. 이것은 개인적으로 다음 두 가지 이유 때문이라고 본다.

첫째, 서구의 군사전략 연구에 지나치게 의존했기 때문이다. 우리는 양병과 용병 두 개의 차원을 동시에 고려하여 군사전략을 수립해야 한다고 인식하고 있다. 서구의 국가들은 전략의 양병 차원에 대해 보다 많은 연구를 해왔다고 할 수 있다. 군사전략의 많은 부분이 양병과 관련된 내용이 차지하고 있다는 것이 이를 증명해 보이고 있다고 하겠다. 서구 군사전략은 "전략적 수준에서는 어떻게 싸워야 하는가?"에 대한 용병차원의 전략개념 발전이 비교적 취약하다는 느낌을 받는다. 민간 차원에서 "어떻게 전구를 편성하고 제 전력을 전략적, 작전적으로 통합할 것인가?"를 연구한 자료를 찾기 어려운 것이 사실이다.

두 번째 이유는 전략기구와 작전사의 관계에 있다. 한미연합사를 예로 들면 쉽게 이해할 수 있다. 한미연합사는 한미 연합전력을 할당받은 사령부로서 미국의 입장에서 보면 통합작전사가 된다. 그러므로 이미 한미연합사는 합동성이 충분히 강화되어 있다고 볼 수 있다. 이러한 상태하에서 군사전략적으로 할 수 있는 것은 주로 양병 차원의 노력이라고 할 수 있다. 세계 속의 미국 통합작전사 역시 이와 유사한 모습을 보이고 있다.

한국군이 향후 전시작전권을 이양 받고, 한국이 평화적으로 통일되어 미래 전략 환경에서 효과적으로 국토방위 임무를 수행하기 위해서는 "우리의 군사전략 개념을 어떻게 발전시키고 전략적 차원에서 어떻게 전역과 이에 따른 합동 전구를 편성하여 합동 전력을 동시통합적으로 운용할 것인가?"에 대한 연구와 이를 구현하기 위한 전략적, 작전적 수준의 군 구조 연구가 요구된다고 하겠다. 이 글의 목적은 국가기획체계를 기초로 군사전략 개념과 합동군의 구조를 어떻게 설계할 수 있는가에 대한 개인적인 견해를 제시하는 것이다. 이를 위해서는 일단 가정이 필요하다. 본 글은 아래 세 가지 가정을 전제로 하였다.

첫째, 한국군이 작전권을 이양 받고, 남한 주도하의 통일을 달성할

것이다.[16)]

둘째, 통일 후 한국은 전략 환경의 변화를 맞이하게 된다. 한국은 한반도 주변국과의 균형 잡힌 외교와 교역을 필요로 할 것이나, 잠재적국의 위협은 보다 증가하게 될 것이다.

셋째, 한국의 국력은 지속적으로 신장될 것이나, 한국의 실질적인 국력과 지정학적 특성을 고려할 때, 한국은 한미동맹체제를 지속적으로 유지하게 될 것이다.

이 글의 진행은 다음과 같다. 우선, 통일 후 한국이 부딪치게 될 안보환경의 변화를 예측한다. 왜냐하면 이러한 안보환경 변화는 결국 통일한국의 국가목표에 영향을 미치게 될 것이고 안보환경 변화에 따른 국가목표의 설정은 군사전략목표를 결정할 것이기 때문이다.

이론적으로 국가기획체계를 도시하면 〈그림 4〉와 같다고 할 수 있다. 국가는 그 당시 자신이 처한 안보환경에 따라 국가목표를 설정하게 되며, 국가목표가 설정되면 국가목표의 달성을 위한 총체적인 방책이나 행동지침으로 공무처리에 있어서 국가가 취하는 기본원칙인 국가정책을 설정하게 된다.[17)]

이러한 국가정책에 바탕을 두고 국가는 전시, 평시를 막론하고 군사력과 아울러 정치, 외교, 경제, 사회 및 심리분야에 걸쳐 각각의 전략을 개발하게 된다. 즉, 군사 분야에서는 '국방기본정책서'를 발간하고 군사전략을 개발하게 되는 것이다. 이렇듯 군사전략개념을 설정하기 위해서는 우선 안보환경에 대한 예측을 필요로 하는 것이다.

---

16) 전문가들은 한국의 통일이 2020년 경 가능한 것으로 보고있다. 김창주, "소수정예 기술군대 육성", 「국방저널」(2004. 10월호), p. 12 참조.

17) 국방대(합참대), 「전쟁대비 및 수행」(국방대학교, 2005), p. 21 참조.

〈그림 4〉 국가기획체계도

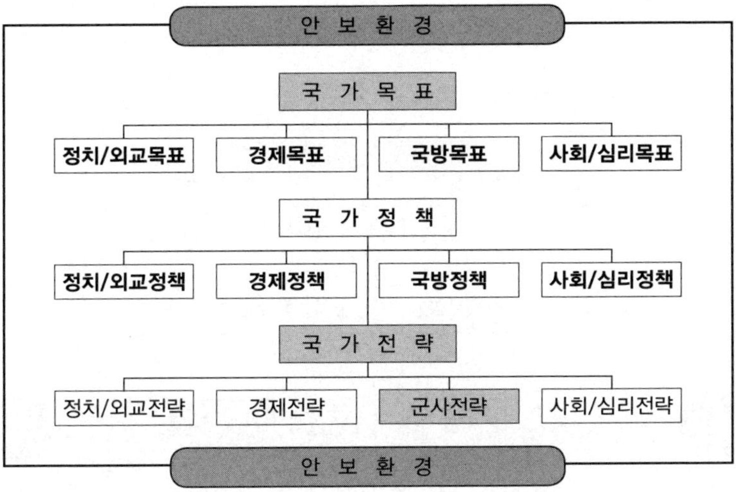

따라서 이 글의 접근방법은 우선적으로 향후 통일한국이 맞이하게 될 안보환경을 국방대학에서 제시한 '국가기획체계도'를 기초로 하여 정치 및 외교, 경제, 군사 그리고 사회 및 심리 분야로 구분하여 예측하되 군사 분야에 영향을 미칠 수 있는 사항 위주로 판단하고자 한다.

이어서, 제한된 국력을 지닌 한국이 미래의 위협에 대비하고 생존하기 위해 요구되는 군사전략개념을 제시하겠다. 그리고 군사전략개념을 기초로 "어떠한 개념으로 전역을 구상하고 이를 기초로 전구를 편성하여 전략적, 작전적 군사력을 동시 통합적으로 운용해야 할 것인가?"에 대한 방안을 제시하겠다.

마지막으로, 앞에서 제시한 군사전략개념과 이를 위한 전략적, 작전적 군사력운용 방안을 구현하기 위한 군 구조를 전향적으로 설계하여 국가 기획체계 속에서 어떻게 군 구조가 만들어질 수 있는지를 설명하고자 한다. 이 글의 전개 방법을 도시하면 〈그림 5〉와 같다.

끝으로 이 연구는 한국군에서 발간된 전략기획문서를 전혀 참조하지 않았다. 이 글에서 제시되는 내용은 순수한 필자의 개인 '안(案)' 임을 밝혀둔다.

〈그림 5〉 연구방법 개념도

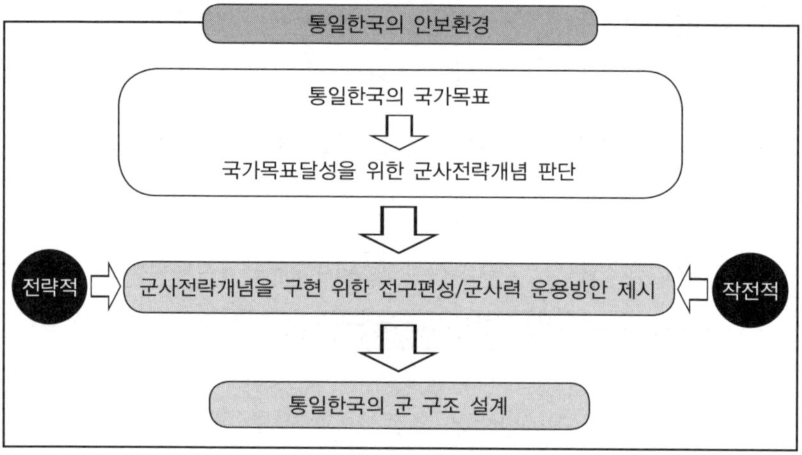

가. 통일 후 안보환경 및 국가목표

1) 정치, 외교적 측면의 안보환경

통일 후 한국이 우선 고려해야 할 국제정치적, 외교적 상황은 중국의 부상과 미일동맹의 강화로 동북아에서 새로운 대결 국면이 조성될 수 있다는 것이다.[18] 한국의 통일은 미국, 일본을 중심으로 하는 해양세력과 중국, 러시아를 중심으로 하는 대륙세력의 새로운 대결 양상을 더욱 부

18) 이를 뒷받침하는 자료로는 일본 육상자위대, "육상자위대 역할 변화와 신 방위전략", 국방대(합참대), 「주변국 국방정책 및 군사전략(일본)」(국방대학교, 2005), pp. 116~121 그리고 남창희, "중국의 부상과 미래 한미동맹의 방향성 : 방어적 주한미공군의 균형자적 역할", 「제2회 한중 안보학술 포럼 논문집」(한중 안보학술포럼, 2001), pp. 3~7 참조.

추 길 수 있다.

유명한 정치현실주의 이론가의 주장대로 국가가 추구하는 것이 정치 권력을 신장하거나 현상유지를 하는 것이라면, 한반도는 항상 강대국의 대결장이 될 수밖에 없다.[19] 미국은 러시아가 당분간 경제발전에 주력할 것이므로 더 이상 미국의 적이 될 수 없다고 보고 있으며, 아시아에서 중국이 최대의 강국으로 부상할 것으로 평가하고 있다. 그리고 중국의 군사력 증강을 미국에 대한 위협으로 고려하고 있다.[20] 이는 곧 향후 미국의 전략이 중국의 부상을 견제하는 것이 될 것이라는 점을 시사한다. 만일 한국이 통일된다면 동북아에서의 세력균형의 변화는 미국과 중국에게 있어서 민감한 사안이 될 수 있다. 한반도가 친 해양세력으로서의 남한과 친 대륙세력으로서의 북한의 대결장을 이루어 오다가 통일이 된다면 한반도의 국제정치적 위치는 친 해양세력 노선을 취할 것이냐? 친 대륙세력의 노선을 취할 것이냐? 또는 중립적인 노선을 취할 것이냐에 따라서 많은 변화가 있을 것으로 판단된다.

또한 지역적 불안정성과 국지적인 분쟁에서 한국은 자유로울 수 없을 것이다. 냉전시대에 잠재해 있던 영토, 자원, 종교, 인종, 민족 그리고 독립과 관련된 복합적인 요인들이 세계 도처에서 갈등요인으로 크게 작용하게 될 것이다.[21] 통일한국의 경우도 예외는 아니어서 독도, 대륙붕, 간도, 배타적 경제수역 및 조선족 문제 등 다양한 갈등요인이 상시 분쟁으로 발전될 가능성을 배제할 수 없을 것이다. 결국 한국은 실리주

19) 모겐소는 국제정치 사회에서 국가가 취할 수 있는 정책은 제국주의 정책, 현상유지 정책 그리고 권위정책이 있다고 하면서, 결국 국가는 이러한 정책을 기초로 권력투쟁을 하게 된다고 주장하였다. Morgenthau Han J., *Politics Among Nations*, (이호재 번역, 법문사, 1987), pp. 35~51 참조.

20) Department of State, *Quadrennial Defense Review Report*, (DoD. U.S., 1997) 그리고 참조. 남창희, 상게서, p. 12 참조.

21) 국방대(합참대), 「21세기 안보환경 및 동북아 정세」(국방대학교, 2005), p. 55.

의 외교노선을 취할 수밖에 없을 것이라 예측되는 바, 통일한국이 고려할 수 있는 외교정책으로는 편승외교, 다자간 안보협력 외교, 중립외교 등이 있다.

이 가운데 다자간 안보협력의 경우, 성공요건은 '현상유지' 철학을 견지해야 한다는 것인데 통일한국의 위치는 이미 강대국의 현상유지 정책에서 벗어나게 되므로 다자간 안보에만 의존할 수 없을 것이다.[22] 물론 한국은 중립주의를 취하거나 아니면 비동맹 중립외교를 취할 수 있을 것이다. 그러나 중립주의는 일방적 정책으로 보장이 수반되기 어렵고, 비동맹 중립 외교를 취하게 되면 강대국인 미국과의 동맹 결렬을 수반해야 하므로 사실상 고려하기에는 어려움이 뒤따른다.[23] 그러므로 통일한국은 미국이 강대국의 위치를 유지하고 자유민주주의 사상을 고수할 경우, 미국에 대한 편승외교를 지향하면서 동시에 다자간 안보협력 외교를 추구할 수밖에 없다.

통일 후 정치외교적 환경은 대륙 및 해양세력의 대결구조 하에서 편승외교로의 지향을 필요로 하지만, 통일 환경에 부합되는 한미동맹을 유지하면서 다자간 외교를 구현하기 위해서는 독자적인 방위력을 충분히 확충해야 할 것이다. 이는 자주적인 외교정책을 수행할 수 있는 여건을 마련하기 위해서다.

2) 경제적 측면의 안보환경

통일 한국은 지속적인 경제발전을 이룬다고 해도 경제적인 어려움을 지속적으로 맞이할 수 있다. 통일비용뿐만 아니라 세계적인 에너지 부족 문제 등과 연결되어 경제발전에 많은 걸림돌을 감당할 수밖에 없을 것이

22) 국방대(합참대), 「국가안보와 전쟁」(국방대학교, 2005), p. 29.

23) 전게서, p. 30.

다. 앞으로 세계는 국제적인 에너지난에 직면할 수 있다.[24] 그러므로 한국의 동남아 해상 교통로에 대한 방호는 사활적인 이익과 관련 있을 수 있다. 중동으로부터의 석유에만 의존하지 않고 한국은 러시아 및 러시아 주변국과의 유류 및 가스 개발에 참여하게 되겠지만, 특정 세력에 의한 수송로 차단은 한국의 사활적 이익과 관계될 수도 있다.[25] 에너지난이 가중되면서 각국은 해양 개발과 함께 우주개발에 박차를 가하면서 해양에서의 배타적 경제수역에 대한 자국에 유리한 해석과 함께 우주 영역에 대한 통제 관할권을 주장하게 될 수도 있다.[26]

또한 통일한국의 방위비 부담은 지속될 것이다. 경제발전과 함께 과도한 도시 인구집중 현상에 직면하면서, 정보화 및 공업화 도시가 발달하게 될 것이다. 이러한 도시의 발달은 경제적 인프라를 구축하는 데 기여할 수 있겠지만, 대량살상무기에 의한 공격에 대해 방위상 취약성이 매우 증대될 수 있으므로 이에 대한 대책 강구가 요구될 것이기 때문이다.

통일한국이 경제 성장을 이룰 수 있다고 가정해도 통일한국의 국방

---

24) 세일가스의 개발 등으로 에너지 문제를 긍정적으로 보는 경우도 있다. 세일가스 등에 대해서는 포린 어페어스 등에서 많이 다루고 있다.

25) 석유전문가 콜린 캠벨은 1998년 지구상의 석유 매장량이 1조 배럴(40년 사용 분량) 정도라며 석유 생산량이 2010년께 정점에 도달할 것이라고 예측했으며, 최근 케네스 데페예스 프린스턴대 명예교수도 세계 석유 생산이 2001년~2010년 정점에 이를 것이라는 우울한 전망을 내놓았다. 박병수, "석유매장량 얼마나 되나", 「인터넷 한겨레 신문」(2004. 5. 18) 남 중국해에 대한 분쟁 등도 모두 이와 관련이 있다. 오바마 행정부의 태평양 우선 전략도 모두 이와 관계된 것이라고 할 수 있다.

26) 2004년 9월 14일 KBS뉴스에서는 우주에서의 위성전쟁이 벌어지고 있음을 경고하였으며, 주간 동아는 날뛰고 있는 동북아 우주전쟁이라는 글에서 동북아에서 정보전과 연계된 우주전쟁의 위기를 경고하고 있다. 최종배 박사는 미래에 우주개발은 경제적, 안보적 이유로 필요하다고 주장하면서 각국도 우주개발에 박차를 가하고 있다고 강조하고 있다. 최종배, "우리나라의 우주개발계획", 「물리학과 첨단기술」(2003. 4) 이상현, 오바마 행정부의 군사전략 :2010년 QDR과 함의, 전략연구 제17권 3호 통권 제50호 (2010년 11월) pp.7-40 등 읽어 볼 가치가 있다.

비는 경제 성장의 부담으로 작용할 것이므로 GDP의 약 3% 수준 이상을 크게 넘기 어려울 것으로 보인다.[27] 그리고 통일 후 평화무드와 군비경쟁을 회피하려는 정치적 노력은 국방비의 확대를 기대하기 어렵게 할 것이다.

결국, 한국은 경제적 배타수역에 대한 방호와 해상 교통로에 대한 보호 및 통제능력을 향상시킬 필요가 있으며, 우주에 대한 통제능력도 확보할 필요성이 있다. 이를 위해 한미 간 작전부대 지휘관계를 새로이 검토할 필요가 있다. 한미동맹이 한국의 방위와 동북아의 안정을 위해 군사력을 운용할 수 있는 것이라면, 경제적인 문제와 연관하여 생각했을 때, 원거리 해상교통로에 대한 방호와 우주에 대한 통제 문제 등은 전적으로 한국군에 의해 수행될 필요가 있기 때문이다. 또한 국방비의 수준을 예상했을 때, 한국군의 부대구조는 효율성을 우선적으로 고려할 필요가 있겠다.

3) 사회, 심리적 측면의 안보환경

사회적 측면에서 가장 먼저 관심을 가져야 할 분야는 인구의 감소다. 인구감소는 곧바로 군 인력의 감소를 야기할 것이며[28] 따라서 군사력의 질적 향상을 필요로 할 것이다. 이것은 특히 전략적 억제수단의 필요성을 배가시킬 것이다.

둘째, 통일로 인한 국내적 평화무드는 국방에 대한 안일한 대중의식

27) 국방연구원(KIDA) 국방경제연구실장 박주현(朴主鉉·49·경제학)박사는 8일 국방연구원 주최로 서울 조선호텔에서 열린 '자주적 국방태세 구축을 위한 적정 국방비' 세미나에서 "한·미동맹 효과를 감안하더라도 우리의 적정 국방비는 GDP 대비 3.5~4.3% 수준은 돼야 한다고 주장했다. 국방일보(2003. 9. 7) 참조, 그리고 송영선 의원과의 인터뷰 내용을 참조.「국방저널」(2004. 10월호), p. 12 참조.

28) 현재 군개혁과 관련 병력수를 줄이고자 계획하고 있는 이유는 산아제한 정책과 출산 기피에 따라 줄어드는 병력 자원 때문이다. (한겨레 신문 2005. 9. 9)

을 이끌 수 있다. 이것은 통일한국의 양적 위주의 군사력 유지에 대해 거부감을 갖게 할 것이며, 앞으로도 한반도 전체 전구에 대해 중요한 역할을 할 한미연합 지휘구조 변화에 대한 요구에도 영향을 미치게 될 것이다.

셋째, 민주주의 체제가 확고히 정착되면서 법치주의가 완전히 자리잡게 되어 통일한국의 군사시스템에 대한 확고한 법제화를 요구할 것이다. 특히, 군 조직 관련 법규 마련이 긴요하게 될 것이다.[29)]

넷째, 세계화와 정보화의 영향으로 정보 및 문화 교류가 활성화 될 것이다. 이러한 교류는 한편으로는 잠재적국에 대한 사이버전 및 심리전 수단으로 사용될 수도 있다. 따라서 직접적인 군사적 위협뿐만 아니라 간접적인 문화적 침투 또는 사이버 침투 역시 중요한 위협으로 대두될 것이므로 간접전략 및 대 간접전략에 대한 중요성이 지속될 것이며, 사이버전에 대한 범국가적인 대처가 필요하게 될 것이다.

4) 군사적 측면의 안보환경

첫째, 미래전에서 화생방 위협은 지속적으로 존재하게 되겠지만, 세계화 추세에 따라 화생방 무기 사용에 대한 국제적인 반대가 강화될 것이다. 따라서 선진국은 핵, 화학, 생물학 탄두보다는 재래식 탄두를 장착한 정밀유도무기에 의한 전쟁 억제력 향상에 주력할 수 있을 것이다.[30)]

둘째, 원거리 정밀타격이 가능한 유도무기가 발달하게 됨에 따라서

29) 미국의 골트워터-니콜스 법안, 프랑스의 군제 개혁 그리고 현재 한국군의 개혁방향도 법제화와 밀접한 관련이 있다. 참고로 본인이 번역하고 연경문화사에서 출판된 맥그리거의 「비난 속의 변혁」도 읽어 볼 필요가 있다.

30) 예를 들어 미국은 WMD 확산방지 정책을 추구하면서 강대국과의 협력을 추구하고 있다. Department of State, *Quadrennial Defense Review Report*, (DoD. U.S., 2001) 참조.

각국은 전쟁억제를 위해 두 가지 대안 중 하나를 채택하게 될 것이다. 첫 번째 대안은 미사일 방호체계를 구축하는 것이다. 이것은 국제적 협력과 막대한 비용을 필요로 하게 될 것이다. 두 번째 대안은 상대의 정밀 타격으로부터 나의 타격 및 운반수단의 생존성을 향상시켜서 전쟁 억제에 대한 신뢰성을 상대방에게 확고히 부과할 수 있는 체계를 구축하는 것이다. 예를 들어 잠수함 및 잠수함발사탄도미사일(SLBM) 또는 잠수함발사순항미사일(SLCM)이 대표적인 무기체계가 될 것이다.[31)]

셋째, 에너지난에 직면한 각 국가는 대체 에너지 개발이 지연될 경우 자신들의 해상 및 공중 교통로 보호가 매우 긴요하게 될 것이므로 장거리 군사력 투사 능력을 보다 향상시킬 것이다.

넷째, 약소국의 경우 강대국에 대처하기 위하여 다양한 비대칭 수단을 강구하게 될 것이다.[32)]

다섯째, 테러 등 비 군사적 위협이 증대되면서 국내적으로 민관군 통합방위태세 확립의 중요성이 지속될 것이며, 범세계적인 대처를 위해 각국 간의 긴밀한 협조체제가 필요하게 될 것이다.

여섯째, 합동군 전력 통합의 중요도는 지속적으로 유지될 것이다.

5) 통일한국의 국가목표

통일한국의 국가목표는 지금까지 대한민국이 추구했던 공통된 국가목표와 유사한 개념을 갖게 될 것으로 판단된다. 정치현실주의 입장에서 국가가 취할 수 있는 정책이 현재의 권력을 유지하거나(현상유지 정책), 보다 확장하거나(제국주의 정책) 또는 과시하는 것(권위 정책)이라면, 현재

31) 억제와 생존성의 관계에 대해서는 Harkabi Yehoshafat, Nuclear War and Nuclear Peace (Jerusalem : Israel Program for Scientific Translation, 1966), pp. 12~ 16 참조.

32) 예를 들어 최근의 테러 활동은 약소국이 취한 비대칭성이 된다.

의 국가목표 중 '한반도의 평화와 안정' 그리고 '국민의 재산과 생명 보호'는 현재의 국가권력을 유지하는 것으로, '동북아의 공동번영'은 권력을 보다 확장하고 권위를 신장시키는 것으로 이해할 수 있다.[33] 그렇기 때문에 통일한국에게 있어서 통일된 상태를 유지하기 위해서는 '주권확립 및 독립유지'와 '국민생활의 안전 확보'를 목표로 삼게 될 것이며, 국력을 보다 확장하고 국가 권위를 신장시키기 위해서는 '동북아에서의 평화와 공동번영 추구'를 목표로 할 것으로 보인다.

결국 통일 후에는 북한의 위협이 소멸된 상태 하에서 주변 잠재 적국의 위협이 새로운 위협으로 대두된 것이 가장 커다란 안보환경의 변화가 될 뿐이다.

나. 통일한국에 요구되는 군사전략 개념

1) 군사전략개념 설정을 위한 전제조건

앞에서 가정한 통일한국의 국가목표를 기초로 통일한국이 어떠한 군사전략개념을 설정해야 할 것인가를 논하기 위해서 통일한국이 취할 수 있는 국가전략 노선을 먼저 판단할 필요가 있다. 군사전략에 영향을 미칠 통일한국의 국가안보전략 노선은 앞에서 예측해 보았듯이 실리적인 노선이 될 것이다.

그러나 통일한국이 실리적인 안보 노선을 추구한다고 하더라도 안보에 대한 위기는 항상 존재할 수 있을 것이다. 전적으로 친 해양세력 노선을 추진한다고 가정한다면, 현재의 한미동맹의 결속력을 더욱 다지게 되어 강대국인 미국의 지원 하에 놓일 수 있다는 이점이 있지만, 중국과 러

33) 정치현실주의적 입장에서의 국가 정책과 관련해서는 Morgenthau Han J., op. cit. 참조.

시아와는 불편한 관계를 지속시킬 수 있다는 위험을 감수해야 한다.

반면, 친 대륙세력의 노선을 추진한다면 외향적으로 대륙으로의 경제적인 이득을 확대시키고 동북아의 안정성을 향상시킬 수 있을지도 모르지만, 해양세력과의 알력을 낳게 될 것이므로 광활한 자원고인 해양으로의 진출에 제한받을 수 있다. 만일 중립적인 노선을 추진한다면 해양세력과 대륙세력으로부터의 경제적인 이득을 볼 수 있을지 모르지만, 정치적인 눈치를 보아야 하는 상황이 증대되어 국내적인 불안을 가중시킬 수 있는 부담을 갖게 된다. 결국, 실리노선에 주력하더라도 다양한 위협에 대처할 준비를 해야 한다. 이것이 군사전략개념 설정에 있어서 필수불가결한 조건이 되어야 한다고 판단할 수 있겠다.

두 번째로, 실리적인 국가안보전략을 취하면서 또한 고려해야 할 전제 조건은 통일한국은 선제공격의 개념을 사실상 받아들이기 힘들다는 점이다. 통일 한국은 향후 국력으로 보나 정치체제로 보나 그리고 사회문화적인 측면으로 보나 잠재적국에 대해 선제공격을 한다는 개념을 군사전략개념으로 받아들일 수 없을 것이다. 만일 선제공격개념을 취하게 되면 이것이 노출될 경우 스스로 위기를 조성하는 악영향을 미칠 수 있다. 국가목표가 동북아 평화와 번영을 추구하는 것이라면, 더더욱 선제공격의 개념을 받아들일 수 없을 것이다.[34)]

선제공격은 선공 할 수 있는 능력만 갖추어 놓는다면 위기관리절차를 통해서 수행될 수 있다. 능력만 갖추게 되면 위기관리절차에서 정치, 경제, 군사 등 모든 부분을 종합적으로 판단한 후 최고통수권자가 선제공격을 결심함으로써 곧바로 시행할 수 있다.[35)] 따라서 필자는 억제와

34) 본 글에서 국가목표를 동북아에서의 평화와 공동번영의 추구로 예측하였다.

35) 이를 잘 증명할 수 있는 전례는 '6일 전쟁'이다. 이에 대해서는 김희상, 「중동전쟁」(전황, 1998), pp. 327~332 참조.

방어를 중심으로 군사전략개념을 설정해 보겠다. 이중 억제는 군사력 건설에 주안을 두고, 방어는 군사력 운용에 주안을 두겠다. 아울러 군사력을 직접적으로 건설하고 운용하는 직접전략개념과 군사력 운용 외의 간접전략개념도 군사적 분야에 국한하여 제시해 보겠다.

2) 직접전략개념

(1) 전쟁 이전 억제전략

통일한국의 억제전략개념은 '거부능력 강화를 통한 비대칭적 대응전략'이 되어야 할 것으로 본다. 이론적으로 억제란 "피억제자로 하여금 억제자가 보복이나 응징을 할 것이라는 위협을 통하여 어떤 행동을 못하도록 설득하는 것이다."[36] 그러므로 억제는 군사력 운용 측면보다는 군사력 건설과 보다 밀접한 관계를 갖는다고 할 수 있다. 억제를 위해 필요한 요소는 잠재적국에 대해 나를 공격하게 되면 반드시 보복이나 응징을 받을 것이라는 충분한 신뢰성을 부여하는 것이다. 이러한 신뢰성을 확보하기 위해서는 첫째 충분한 능력을 지녀야 하고, 둘째 확고한 의도가 전달되어야 한다.[37]

먼저 충분한 능력을 지니기 위해서는 상대를 공격할 수 있는 군사력(병력, 무기, 운반수단) 보유와 군사력의 비취약성 및 생존성 그리고 C4I체계의 비취약성 및 민방위 능력이 필요하다. 두 번째로 확고한 억제 의도를 보여주기 위해서는 우리가 보복할 잠재 적국의 이익이 매우 중요한 것이어야 하며, 이를 공격하겠다는 억제자의 결단과 이에 대한 전달을 필요로 한다.[38] 이러한 이유로 인하여 평소 위기관리체계 구축이 중요하

---

36) Harkabi Yehoshafat, op. cit., p. 9.

37) ibid., p. 11.

38) ibid., pp. 11 ~ 24.

다고 하겠다.

통일한국이 잠재적인 적국에 대한 억제를 달성하기 위해서는 우선 거부적인 억제를 달성할 수 있는 비대칭적 억제수단을 건설해야 한다. 비대칭적 억제수단은 비교적 싼 가격으로 충분한 억제효과를 볼 수 있는 것이라야 한다. 이것은 대략 세 가지 수단을 고려할 수 있을 것이다.

첫째, 화생방 무기체계다. 이것이 비용 대 효과 면에서 가장 적합하다고 할 수 있겠지만, 국제적인 여론 등을 고려하면 오히려 국가 전략적 차원에서는 악영향을 미칠 수 있다. 그리고 국가목표에도 위배된다. 그러므로 화생방 관련 군사력은 공격적인 수단보다는 방어적인 수단 위주로 건설할 필요가 있겠다. 참고로 탄두의 폭발력이 핵이 아니고도 엄청난 폭발력을 갖게 할 수 있다는 최근 연구가 있다는 점을 볼 때, 반드시 공격적 화생방 무기만이 억제를 달성할 수 있는 것은 아니라고 하겠다.[39]

둘째, 재래식 탄두를 발사할 수 있는 정밀 중장거리 유도탄 체계이다. 지대지 및 공대지 유도미사일 체계를 건설하는 것이 현실적으로 바람직할 것이다. 이러한 미사일 체계는 비교적 싼 가격으로 충분한 위협을 가할 수 있다.[40] 그러나 더욱 효과적인 군사력은 잠수함과 여기서 발사할 수 있는 중장거리 정밀유도무기가 될 것이다. 앞서 살펴보았듯이 억제를 위해서는 군사력의 생존성이 매우 중요하다. 군사력의 취약성을 감소시키고 생존성을 향상시킨 상태에서 거부적인 억제를 달성하기 위한 비대칭적 수단으로 우선 고려할 수 있는 것은 잠수함 및 이를 통해서

39) 진공폭탄이 한 예가 되겠다. http://news.naver.com/main/read.nhn?mode=LSD&mid=sec&sid1=104&oid=003&aid=0000561026 참조.

40) 황원태 박사의 주장에 의하면 F-16 전투기 구매 및 국내 조립 비용이 40억 달러인데 비해 크루즈 미사일은 5억 달러 투자만 해도 전술, 전략적 가치가 지극히 높다고 주장한다. 황원태, 「잠든 불꽃 - 크루즈미사일」(행림출판, 1995), p. 306 참고.

발사할 수 있는 중장거리 미사일 체계가 될 수밖에 없다. 지대지 및 공대지 유도미사일 체계는 잠수함보다 생존성에 있어서 취약하다. 잠수함 무기체계가 한반도에 위협을 줄 수 있는 잠재적국의 아주 중요한 이익을 파괴할 수 있는 능력을 상시 갖추는 것이 필요하다. 익히 알려져 있다시피 대양에서 잠수함을 찾는 것은 커다란 수영장에서 아주 작은 바늘을 찾는 것에 비유될 수 있다.

셋째, 사이버전 수단을 비대칭적 수단으로 발전시켜야 한다. 한국은 정보화를 위해 가장 짧은 기간 동안 가장 많은 노력을 추진해왔다. 반면 사이버 위협에 가장 많이 노출된 국가이기도 하다. 그러나 그간 쌓아온 정보화 노력이 군사적인 측면으로 전환 사용될 수 있다면, 억제의 신뢰성을 매우 높일 수 있는 비대칭적 수단이 될 수 있다. 이미 한국은 사이버전 체계를 발전시킬 수 있는 유리한 위치를 차지하고 있다고 할 수 있다. 향후 미래에 세계는 더욱 강화된 거대한 네트워크로 연결될 것이므로 이에 대한 전력 건설이 요구된다.

마지막으로, 작전적 전력에 의한 작전적 억제능력도 지속적으로 향상시켜야 한다. 이러한 전력은 기존의 재래식 합동 전력이 될 것이다. 이를 위해서는 합동 전력의 지휘의 통일과 노력의 통일을 달성할 수 있도록 군 구조를 건설해야 한다. 억제는 잠재적국에게 한국과의 전쟁에서 승리할 수는 있지만, 전쟁을 하게 되면 상대국가도 회복 불가능한 손상을 받게 되리라는 위협을 부과할 수 있는 신뢰성(억제 군사력 건설)을 지니는 것으로도 달성할 수 있을 것이다.

(2) 억제 실패 시, 방어전략

억제 실패 시에는 '다원적 내선방어전략'을 수행해야 할 것이다. 억제가 군사력 건설과 밀접한 관계가 있다면 방어전략은 군사력 운용과 관계가 있다.

'다원적 내선방어전략'은 독일과 이스라엘의 전통적인 내선전략을 기초로 하면서 냉전 당시, 나토 및 이스라엘의 군사전략 그리고 과거 우리민족의 전통적인 방어, 스위스형 동원 및 중국형 장기지구전 국토방위 전략을 통합적으로 준용하는 개념이다.[41] 이러한 방어전략은 크게 네 가지로 구분하여 이해할 수 있겠다.

첫째, '내선전략'은 내선 상에서 잠재적국을 상정하고 이에 따라 군사력을 집중 운용하는 개념이다. 지정학적으로 강대국에 둘러싸여 있으며 역사적으로 이러한 강대국으로부터 많은 침략을 받았던 사례를 고려해볼 때, 통일한국은 이를 추구하지 않을 수 없을 것이다.

둘째, 냉전 당시 나토형, 이스라엘형 군사전략을 준용하는 것은 일종의 공세적 방어전략을 수행한다는 것을 의미한다. 이를 위해서는 가급적 '전략적 전진방어'를 수행해야 할 것이다. 즉, 최대한 국토 밖에서 적에게 소모를 강요하거나 격퇴시킬 수 있어야 한다.[42] 전략적 수단은 전략적 종심에서 핵심표적을 공격하고 이와 동시에 작전적 수단은 작전적 종심에서 작전적 핵심표적을 공격하여 적의 공격능력을 조기에 와해시켜야 할 것이다.[43] 아울러 상황전개에 따라 전진방어가 불가능하게 되었지만 적 침략 징후가 확실하게 되었다면, 가급적 전구의 모든 종심에 대해 동시적인 공격을 기습적으로 실시해야 할 것이다. 이것의 이해를 위해서는 과거 나토의 후속제대동시공격(FOFA)과 종심타격(Deep Strike) 개념을 떠올리면 될 것이다.

---

41) 이에 대해서는 조지연, 「민족생존전략-한국전략의 체계와 구상」(병학사, 1983), pp.113~125 참조.

42) 전게서 참조.

43) 이러한 개념이 필요하다는 것을 증명할 수 있는 이론적 고찰로는 도응조, 「기계화전」(연경, 2001), pp. 108~137 그리고 Richard E. Simpkin, Deep Battle,(Brassey's publishers, 1987), pp. 143~150 참조.

셋째, 앞에서 제시한 기습적인 타격조차 불가능 하게 된다면, '즉응 공격형전략'으로 전환하여 국토에서의 방어와 동시에 반격을 수행함으로써 보복 응징할 수 있는 전략을 구사해야 할 것이다.

넷째, 만일 이러한 적극적 방어전략이 실패하게 되면 우리 민족의 전통적인 방어전략과 스위스형 動員 및 中共형 장기전 국토방위 전략을 통합한 개념을 적용한 '수세적 방어전략'을 수행해야 할 것이다. 전 국가적 동원체제를 시행하고 국토 밖에서 격퇴 불가시 지방단위 군사조직을 이용하여 국토내로 유인 격멸할 수 있어야 한다.[44]

억제에 실패했을 때, 방어전략을 위해서는 평시부터 합동 상비군을 충분히 유지해야 한다. 이와 동시에 국가적인 동원을 통하여 국토 내 총력전 및 장기전을 수행할 수 있는 태세를 유지함으로써 만일 전쟁이 발발하면, 적의 전쟁목적에 치명적 손상을 부과함으로써 적 스스로 전쟁목적 달성에 대한 회의감을 갖도록 하여 가급적 조기에 전쟁을 포기하도록 강요해야 할 것이다.

3) 간접전략개념

간접전략을 통한 장기적 대응전략 역시 중요하다. 앙드레 보프르에 의하면 간접전략이란 "핵 억제력 또는 정치적 억제력에 의해서 무력행사가 제한되어 있는 경우에 군사력은 이차적으로 사용하고, 주로 심리적, 정치적, 경제적 방법 등의 비군사적 방법을 사용하여 정치목적을 달성하려는 전략이다."

그리고 간접전략은 외부책략과 내부책략으로 구분된다. 전자는 "분쟁지역의 문제를 범세계적인 여론에 호소"하는 것이며, 후자는 "외부책략에 의해서 조성된 행동의 자유 영역을 바탕으로 이루어지는 책략으로,

44) 조지연, 상게서 참조.

월등히 우세한 군사력으로 중간목표를 신속히 탈취하여 기정사실화하는 단편적 방법과 공산주의자들이 과거 사용했던 사상적 와해를 통한 침식 방법으로 구분된다."[45] 본 글에서도 간접전략개념을 외부책략개념과 내부책략개념으로 구분하여 제시하도록 하겠다.

(1) 외부책략

외부책략개념은 '한미동맹 골간의 다자적 협력관계 추진'이 되어야 할 것이다. 미국은 남북통일 후에도 수십 년 이상 강대국으로 위상을 유지하게 될 것이다. 용미(用美) 책략 차원에서 미국과의 군사교류 및 협력을 지속추진하고, 주변국과의 쌍무적, 다자적 교류 및 협력을 병행하여 주변 잠재적국과 강대국들에게 통일한국의 자주적 독립 유지가 자신들의 국익 추구에 긴요하다고 인정하도록 국제적 여건을 조성하는 방향으로 외부책략 개념을 설정해야 할 것이다.

(2) 내부책략

내부책략 개념은 '단편방법 및 침식방법의 병행'으로 설정되어야 할 것이다. 우선 단편방법은 '군사적 완충지대 점증 확대'로 선정하고 이를 위해서 국경선을 접한 잠재적국내의 해외동포문제와 연계하여 국제조약을 체결함으로써 군사적 완충지대를 확충하는 방법을 모색할 필요가 있다. 예를 들어 간도 문제, 연해주 문제는 앞으로 빼 놓을 수 없는 중요한 전략적 고려사항이 되어야 한다.[46] 이와 함께 한류열풍 등에 부응하여 한국의 군사적 문화 역시 주변국 국민, 특히 젊은 세대에게 전파하여 한

---

45) 박경현, 「현대군사전략 개론」(국방대학교, 2005), pp. 111~112 참고.

46) 이에 대해서는 EungJo Do, *The Gando Dispute and the Future of Northeast Asia's Stability*, (USAWC Strategy Research Project, 2011) 참조.

국의 군사적 문화는 침략적이 아니라는 것을 인식시키고 장기적인 우호 관계를 향상시킬 수 있도록 노력해야 한다. 이러한 내부책략이 장기적으로 추진된다면 한반도에서의 군사적 위기를 감소시키고 평화에 기여할 수 있을 것이다.

다. 전역을 위한 전구편성 및 군사력 운용개념

본 글에서 제시한 '다원적 내선방어전략' 개념을 구현하기 위해서는 내선 상에서의 전역 구상이 수반된다. 각 전역을 수행하기 위한 전구편성이 요구되며, 전구 내에서 '어떻게 군사력을 운용할 것인가'를 구상해야 한다. 앞에서 제시한 군사전략 개념이 모든 전역을 총괄한 개념이라면, 여기서는 "잠재적국에 대한 각각의 개별 전역을 어떻게 수행해야 할 것인가"를 군사전략적으로 구상하고자 한다. 이러한 구상은 효율적인 군 구조를 건설하기 위해서 중요하다. 왜냐하면 결국, 특정 군 구조를 가진 국가는 전쟁이 발발했을 때 특정 전역을 위해 편성한 합동전구 내에서 싸우기 때문이다.

1) 합동전구 편성

합동전구는 전략적 공간과, 작전적 공간으로 구분하여 편성해야 할 것으로 생각한다. 그 이유는 세 가지로 제시될 수 있다.

첫째는 현실적인 이유다. 합동전구 내에서는 전략적 능력을 가진 부대나 작전적 능력을 가진 부대나 모두 동시에 싸우게 된다. 이러한 전략적 제대와 작전적 제대에게 모두 동일한 능력을 부여하는 것은 사실상 불가능하고 효율적이지도 못하다. 통일한국의 국방비는 통일이전 대한민국 GDP에서의 국방비 할당 비율을 넘지 못할 것으로 예측하였다. 제한된 국방비 하에서 모든 제대에게 전략적인 타격능력을 부여할 수 없다. 엄청난 비용을 감당할 수 없기 때문이다.

전략적 제대와 작전적 제대에게 역할과 기능을 고려하여 이에 부합되는 능력을 구분하여 부여하게 되면, 군사력을 효율적으로 운용할 수 있다. 전략적 제대의 능력과 작전적 제대의 능력을 구분하지 않고 같게 한다면 많은 부분에서 유휴 군사력이 존재하게 된다. 예를 들어서 약 100km의 전방 작전종심을 부여받아 임무를 수행하는 작전사에게 200km 사정거리를 갖는 지대지 유도무기를 편성했다면, 후방으로의 전술적 안전거리 50km를 고려해도 50km의 불필요한 사정거리를 갖게 된다. 작전사는 이론적으로 자신이 부여받은 종심상에서 모든 핵심표적을 동시적으로 타격할 수 있어야 한다. 그러므로 100km 전방 종심까지 타격할 능력을 지니면 되는 것이다. 100km 이상을 타격할 수 있는 전략적 능력을 지닌 공군이 그 이상의 종심에 대한 타격을 할 수 있기 때문이다. 사거리의 연장은 무기체계의 비용과 직결되는 것이다. 만일 작전사에게 작전적 전구 공간을 벗어난 능력을 부여한다면 그만큼 많은 예산을 필요로 하게 된다.

물론, 적이 억제될 만큼의 감수할 수 없는 핵심표적에 대한 타격만으로도 억제 달성을 확실히 기대할 수 있다. 그러므로 전략적 제대와 작전적 제대의 구분이 불필요하다고 볼 수도 있다. 그러나 전략적 타격이 곧 바로 억제 및 승리를 가져오는 것은 아니다. 전역 계획 국(國)이 특정 잠재적국과 전면전을 개시하면서 전략적 핵심표적을 효과적으로 타격했다고 하더라도, 그 효과는 바로 나타나는 것이 아니다. 효과가 나타나기 위해서는 어느 정도 시간이 경과되어야 한다.[47] 이러한 시간은 적의 작전적 수준 부대(작전사)에게 공격 성공을 보장할 수도 있다. 작전적 영역에

47) 종심공격 효과는 바로나타나지 않는다. 예를 들어 비행기지에 대한 공격은 그 효과가 바로 나타나는 것이 아니기 때문에 적 지상군에 대한 방어에 많은 관심을 가질 수밖에 없다. Warden Ⅲ John A., *Air Campaign*, (박덕희 번역, 연경, 2001), pp. 202~203 참조.

서의 승리는 전략적 임무수행을 위해 기여해야 한다. 좁은 영토를 지닌 국가에게는 상대의 작전적 성공 또한 전략적인 위협으로 직결될 수 있는 것이다. 그러므로 상대의 작전적 성공을 막아낼 수 있도록 작전사는 작전적 영역에서 효과적인 작전 수행에 필요한 능력을 부여해야 하고, 전략기구에게는 전략적인 군사력을 직접적으로 운용할 수 있도록 능력을 부여해야 한다.

두 번째로는 정치적인 문제와 연관된다. 전략적인 군사력 운용은 정치적으로 민감하여 작전적 제대의 지휘관에 의해 임의로 운용되어서는 안 된다. 국가가 '전면전으로 돌입할 것이냐?' 아니면 '국지전으로 규모와 영역을 제한할 것이냐?'는 궁극적으로 국가통수기구의 결심에 좌우될 것이다. 예를 들어 적 수도에 대한 탄도탄 공격은 정치적으로 민감하기 때문에 작전사에 위임되기 어려울 것이다. 만일 전략기구가 전략적인 군사력 또는 무기체계를 직접 운용하게 된다면, 국가통수기구의 직접적인 통제를 받기 용이하므로 보다 신중한 정치적 고려에 따라, 적절하게 운용될 수 있다. 6.25 전쟁 당시 맥아더의 한만 국경선 진출은 전략적 수준에서의 군사력 운용을 위해서는 우선 정치적 고려를 해야 한다는 것에 대한 충분한 역사적 경험을 제공한다.[48]

전략적 군사력 운용이 작전사급에 위임될 수 없다는 것에 대해서는 해군과 공군도 같은 입장을 보이고 있다. 『해군 비전 2020』에서 해군은 "전략적 보복능력을 보유한 전력은 국가 위기관리차원에서 직접 지휘되는 개념으로 운용되어야 한다"고 주장한다.[49] 공군 역시 "항공전역 계획

48) 맥아더의 작전적 사고에 대한 집착은 중공군의 빠른 한국전 개입을 야기했다고 할 수 있다. 전략적 수준에서의 군사력 운용이 작전사에 일방적으로 위임되어서는 안 된다는 교훈을 남겼다고 할 수 있다. 육사, 「한국전쟁사」(일신사, 1987), pp. 441~458.

49) 국방대(합참대), 「각군의 군사작전(해군의 군사작전)」(국방대학교, 2005), p. 37.

수립 시에는 일반적으로 목표, 작전영역, 전력 수준 등을 고려한다"고[50] 주장하면서 "공군작전에 대한 권한이 합참으로부터 위임되었지만…… 전략공격표적의 특성상 국가통수 및 군사지휘기구에 의해 직접지침이 하달될 수 있다"고 말하고 있다.[51]

전략적 목표는 정치적 민감성을 갖게 되므로 전략기구가 직접 통제해야 한다는 것에 동의하고 있는 것이다. 이러한 주장들은 우리가 "왜 전략, 작전적 목표와 영역에 관한 개념을 설정하고 이에 따라 전략적 제대와 작전적 제대를 구분하여 능력을 부여하며 통제해야 하는가"에 대한 필요성을 더욱 보강해 준다.

작전사에 전략적인 군사력 운용능력을 부여할 경우 두 가지 문제점을 안게 된다. 첫째는 작전사가 우발적으로도 전략적인 타격을 가할 수 있다는 것이다.[52] 두 번째로는 적시적인 지휘통제 문제가 있다. 작전사에 전략적 타격능력을 부여하되 전략기구의 지시에 의거 운용하라는 제한사항을 줄 수도 있다. 이 경우 전략기구는 작전사가 전략적인 타격을 가할 능력을 가지고 있다는 이유만으로도 의도되지 않은 확전 등 상황악화를 방지하기 위해서 작전사에 대해 지속적으로 간섭과 감시를 해야 한다. 만일 지나친 간섭과 감시가 가중된다면, 이것은 전시와 평시 작전사령관의 활동과 결심에 악영향을 미칠 수 있다. 작전사가 이러한 군사력을 보유하게 된다면, 전략기구는 작전사를 통해서 다시 통제해야 하므로 반응속도도 지연되고 경우에 따라서는 통제력도 약화될 수 있다. 더욱이 군사 쿠데타라는 역사적으로 안 좋은 경험을 지닌 우리에게 예하 작전사령관에게 작전적 능력 및 전략적 능력 모두를 부여한다는 것은 문

50) 국방대(합참대), 「각군의 군사작전(공군의 군사작전)」(국방대학교, 2005), p. 46.

51) 전게서, p. 54.

52) 미국 대통령에게 핵무기 사용 권한을 부여한 것은 좋은 참고사항이 된다.

민통제 정책을 고려할 때 이해하기 쉽지 않은 것이 될 수 있다.[53)]

전략기구 직할로 전략적인 타격능력을 지닌 부대(군사력)를 두게 된다면 상황 발생 시, 전략기구는 국가 사활적인 이익에 따라 보다 적합하게 전략적 군사력을 운용할 수 있을 것이고, 또한 통제도 용이하게 할 수 있을 것이다. 작전사는 전략적인 공간에 대해서는 일차적으로 신경 쓰지 않아도 되므로 전구의 작전적인 공간(자신에게 부여된 공간) 내에서 노력을 집중하고 융통성 있는 지휘력을 충분히 발휘할 수 있을 것이다.

끝으로 한미연합작전 체제를 유지한다고 하더라도, 한국군의 자주적인 군사력 운용을 더욱 보장하기 위해서 전략적 군사력과 작전적 군사력을 구분하고 이를 합동전구 내에서 각각 편성 운용하는 개념을 받아들여야 한다. 현재의 한미연합사 구조가 그대로 유지된다고 가정해보자. 이 상황 하에서는 한국의 거의 모든 군사력은 사실상 미군의 작전통제 하에 놓이게 될 수밖에 없다. 현재의 군 구조 개념은 전략적 군사력이건 작전적 군사력이건 모두 한미연합작전사에 할당하고 있기 때문이다. 비록 한미군사위원회를 통해서 한미연합사를 통제한다고 하지만, 한국의 전략기구인 합참은 전시 한국군 운용 권한이 사실상 없다. 모든 군사력은 항상 작전사에 할당해야 한다는 과거 사고에 집착하게 된다면, 우리는 어렵게 건설하게 된 전략적인 군사력까지 작전사에 할당해야 하는 딜레마에 빠질 수 있다. 이렇게 되면 우리의 결정적이고 비대칭적인 전략적 군사력조차도 결국 미군의 통제 하에 놓이게 된다. 우리의 모든 전략적 노하우가 항상 노출되어야 한다는 심각한 문제가 상존하게 된다.

53) 한국군이 통합군으로 가려고 했으나 실패한 이유 중 하나가 이와 무관하지 않다. 윤광웅, "국방조직 현황과 발전방향", 「제8회 국방·군사 세미나 논문집」(2000. 4. 14), pp. 117~119 참조.

〈그림 6〉 합동전구편성, 군사력 할당 및 운용방법 결정

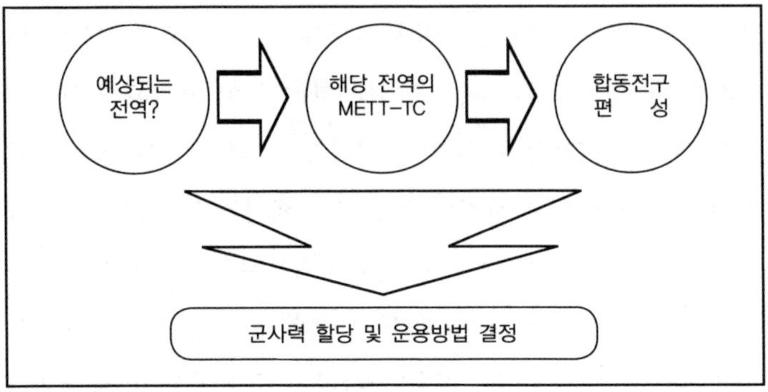

어떻게 합동전구를 편성해야 할 것인가? 〈그림 6〉에서 제시하고 있는 메커니즘을 적용할 수 있을 것이다. 합동전구를 편성하고 합동전구 내에서 전역을 수행하기 위한 군사력 운용방법을 결정하기 위해서는 우선 예상되는 전역을 고려해야 할 것이다. 왜냐하면 통일한국의 지정학적 특성은 보다 다양한 지역적 위협에 직면할 수 있기 때문이다. 통일한국은 잠재적인 적국을 고려할 때, 당연히 내선 상에서 수 개의 전역을 구상해야 한다. 역사적인 경험을 기초로 할 때도 단일 전역만을 고려할 수 없다.

일부 주장에 의하면 한반도는 면적이 적기 때문에 다수의 전구 및 전역을 고려할 수 없다고 한다. 왜냐하면 전구는 미국과 같이 방대한 국가 그리고 태평양처럼 방대한 지역에 설치하는 개념이라고 보기 때문이다. 물론 이것은 고려할 만한 가치가 있다. 하지만 이것은 현재의 한반도 내부 지역만을 고려한 생각에 불과하다. 공군의 권영근 예비역 대령이 주장했듯이 "전구는 미국 사람들이 아니고 군사 이론가들이 정립한 개념이다. 그리고 이스라엘처럼 조그만 나라도 5개의 전구사령부를 설치하고 있으며 이를 고려하여 전역을 계획하고 있다."는 점을 이해할 필요가

있다.[54] 더욱이 중요한 사실은 만일 잠재적인 위협과 어떤 무력 충돌을 하게 된다면 전구는 한반도를 벗어나서 매우 넓은 지역으로 커질 수 있다는 것이다.

전역을 고려한 후에는 해당 전역에서의 METT-TC 등을 고려하여 해당 전역을 위한 합동전구를 편성한다. 합동전구는 우선 해상 및 지상 전구의 폭과 종심을 고려해야 한다. 이것에 따라 공중공간도 결정될 것이다. 예를 들어 만일 Y라는 잠재적국이 지역적으로 비교적 크지만 근접해 있다고 가정해 보자. 그러면 이 국가의 주요 전략적 핵심표적을 우리가 지닌 중거리 타격수단만으로도 충분히 타격할 수 있다고 가정할 수 있을 것이다. 이렇게 되면, 합동전구의 종심과 폭이 작아질 수 있다. 그러나 Y라는 잠재 적국이 우리의 비대칭 수단에 대한 탐지 및 타격능력을 X라는 거리만큼 지녔다면, 이러한 X라는 거리에 못 미치는 Y국의 핵심표적을 타격하는 것은 우리 비대칭 수단의 생존성에 치명적인 결과를 초래할 수 있다. 그러므로 X라는 거리를 넘는 지역까지 상대국을 타격하는 것이 아군의 생존성을 향상시킬 수 있을 것이다. 이렇게 되면, 장거리 타격 수단을 사용해야 하므로 Y국과의 전역을 위한 합동전구의 크기는 증가될 것이다. 이렇듯 METT-TC는 합동전구를 편성할 때 중요한 고려사항이 된다.

그러므로 합동전구는 잠재적국에 따라 규모가 달라진다. 〈그림 7〉에서 보듯이 전역을 계획하는 국가의 잠재적국이 3개국(A국, B국, C국)이라고 가정해 보자. A, B, C국과의 전역을 위한 전구 편성은 각국의 모든 영토, 영공, 영해를 포함해야 한다. 그런데 A국, B국, C국의 전략적 핵심표적의 위치는 상이하다. 각국이 부과하는 작전적 수준의 위협도 상이하다. 따라서 〈그림 7〉에서 보듯이 C국과의 전역을 위한 합동전구는 A

54) 권영근, "합동정보작전교리의 이해", 「합동정보작전」,(국방대학교, 2005), p. 226.

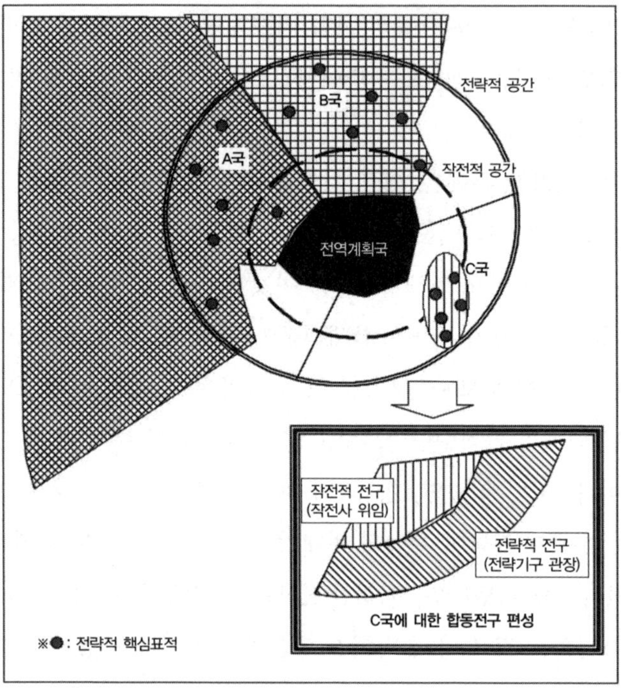

〈그림 7〉 특정 전역에서의 합동전구 편성 개념도

및 B국에 대한 합동전구와 비교할 때, 규모가 상이하다. 아울러 작전사에 할당하게 될 작전적 공간도 상이하게 된다. 결국, 합동전구는 잠재 적국들 중 각각의 국가와 수행하게 될 수 있는 전역을 고려하되, 전략적 공간과 작전적 공간을 구분하여 각각 계획되어야 한다.

앞에서 논의한 내용을 종합해 볼 때, 특정 전역에서의 합동전구의 개념적인 모습은 〈그림 8〉과 같이 도시할 수 있다. 합동전구공간은 영토, 영해, 영공, 우주공간까지를 포함하며, 전략기구가 직접 관할하는 공간과 작전사가 관할하는 공간으로 구분된다. 전략적 전구 공간은 전략기구인 합참이 관할하며, 작전적 전구 공간은 작전사가 관할하도록 한다. 작전적 공간 내부에서는 전술제대가 전술적 책임지역을 할당받아 임무를 수행하게 될 것이다. 결국 전략적, 작전적 공간에서 모든 군사력은 동시

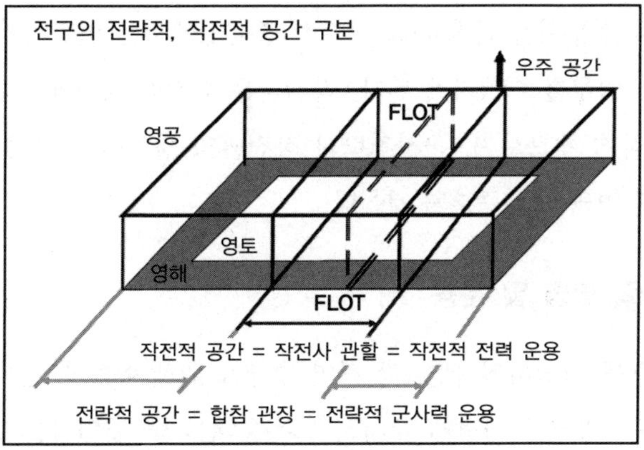

〈그림 8〉 합동전구 편성 개념도

통합적으로 운용될 수 있을 것이다.

만일 합동전구 내에 위치한 전략적 핵심표적이 작전적 공간 내에 포함되어 있다면 어떻게 해야 할 것인가? 이 경우에는 작전사 책임 공간 내에 전략적 책임지역을 별도로 부여하되 이 지역에 대한 군사력 운용은 전략기구가 직접 관장하면 될 것이다. 합동전구 편성은 다음과 같은 이점을 부여할 것으로 본다.

첫째, 각 제대별(합참, 작전사) 군사작전의 책임 영역 및 한계를 구분할 수 있다. 그리고 제대별 역할과 능력에 부합되는 전략적, 작전적 군사력을 효율적으로 건설할 수 있고, 건설된 군사력을 동시통합적으로 운용할 수 있다.

둘째는 더욱 중요한 것으로, 이러한 개념이 받아들여지면 합참은 명실상부한 전략기구로서의 위치를 확립할 수 있을 것이다. 즉, 합참은 자신의 전략적 자산을 직접 운용하며, 예하 작전사에 대해 작전적 수준에서 필요한 과업과 자산을 할당하는 역할을 할 수 있을 것이다. 연합사를 유지한다고 하더라도 연합사는 작전적 공간에서만 작전을 수행하게 될 것이다. 전쟁 발발시, 잠재적국의 전략적 중심에 대해서는 전략기구인 합참에서 전투력을 운용하고 작전적 종심상에서는 연합사가 합참의 지시를 받아 임무를 수행하게 된다. 작전술은 작전적 영역에서 운용하는 술로 자리 잡게 됨으로써, 군사전략과 작전술의 영역이 각각 합참과 연합(작전)사의 영역으로 구분될 것이다.

2) 군사력 할당 및 운용

합동전구를 편성하였다면, 각 전역 수행을 위해 어떻게 군사력을 할당하고, 전구 내에서 어떻게 군사력을 운용해야 할 것인가를 고려해야 한다.

전략적 군사력은 상대국가에게 전략적으로 받아들일 수 없는 치명적인 피해를 부여할 수 있을 만큼의 능력을 갖추어야 한다. 전략기구는 상대국가에게 사활적인 피해를 부여할 수 있는 표적을 전략적 핵심표적으로 선정해야 한다. 이러한 핵심표적은 일반적으로 상대국가의 전 지역에 산개되어 있을 것이다. 그러므로 전략적 군사력은 전략적인 모든 공간을 공격할 수 있는 사거리와 타격능력을 지녀야 한다. 전략적 군사력 운용은 통상 매우 깊은 종심을 타격하거나 확보하는 과업을 수행하게 될 것이므로 작전사가 관할하는 공간 내에서만 운용할 수 있는 사거리와 타격 및 투사능력 등을 지녀서는 안 된다. 왜냐하면, 이러한 제한된 사거리 및 능력만을 지니게 되면, 전략적 종심 상에 있는 상대국가의 전략적 핵심표적을 최초부터 동시에 공격할 수 없으므로, 적에게 억제를 달성할 수 있는 충분한 위협을 부과할 수 없기 때문이다. 궁극적으로 전면전에 대한 억제는 전략적 수준에서 달성될 수 있는 것이다. 작전적 수준에서의 전면전에 대한 억제 달성은 전략적 수준의 그것을 능가할 수 없다.

역으로 전략적 군사력은 작전사에 할당될 필요가 없다. 정치적으로 매우 민감한 표적은 전략기구에서 관장하는 것이 효과적일 것이다. 작전적 군사력은 상대국가에게 심대한 피해를 부과할 수 있는 정도의 작전적 능력을 갖추면 된다. 작전적 군사력은 전역을 수행하기 위한 전구의 작전적 공간 내에서 동시통합적인 공격을 할 수 있는 수준으로 작전사에 할당하면 될 것이다.

앞서 제시한 예와 같이 예상되는 전역이 3개라면, 작전적 수준에서 이를 담당할 3개의 작전사를 편성하고 작전적 전투력을 할당해야 한다. 이러한 작전사에 대한 전투력 할당은 〈그림 6〉에서 제시하였듯이 METT-TC을 고려해야 한다. 예를 들어 합동전구 상에 지상 국경선으로 연결된 잠재 적국과 전역을 치르게 될 수 있다고 가정했을 때에는 해군력 운용이 제한될 것이므로 육군과 공군 위주의 군사력 운용개념을 우선 정립할 수 있을 것이다. 특히, 이 전역 수행을 위한 지역이 주로 산악지형이면서 도시가 거의 없는 지역이라면 육군보다는 공군력을 보다 많이 운용하게 될 수도 있으므로 작전사에는 공군력을 보다 많이 할당할 수 있을 것이다.

군사력 운용은 두 가지 상황을 상정할 수 있다. 첫째는 전면전 상황이며, 둘째는 침투 및 국지도발과 같은 평시 발생할 수 있는 상황이다. 전면전 상황에서의 군사력 운용개념은 내선전략개념을 적용하되, 합동전력의 지휘와 노력의 통일에 중점을 두면서 다음과 같이 설정할 수 있겠다.

먼저 각 전역을 수행함에 있어서 전략적 군사력은 합참이 모든 전역에 대해 공통적으로 운용한다. 최고통수권자인 대통령을 보좌하는 국가안전보장회의의 구성요원으로 국방장관이 있으며, 필요시 합참의장도 국가안전보장회의에 참석하여 보좌하므로 정치적인 민감성을 충분히 고려한 상태에서 전략적 군사력을 적시적이고 효과적으로 운용할 수 있기 때문이다. 합참이 직접 통제하는 전략적 군사력들은 네 가지 과업을 통상 수행할 수 있겠다.

첫째, 전략적 억제 달성을 위한 군사력 시위. 예를 들어서 전략적 군사력의 전개 등은 상대국에게 매우 심대한 위협을 부과할 것이므로 억제 달성을 기대할 수 있다.

둘째, 전략적 핵심표적 타격 및 확보. 이것은 전쟁 발발시, 동시통합적으로 수행되어야 할 과업이다.

셋째, 필요시 전략 예비로 운용. 즉, 전력 중 일부는 필요시 대통령 및 국방부장관의 지시를 받아 작전사에 증원되거나 전환할 수 있을 것이다. 예를 들어 전쟁이 진행되면서 상대국의 종심 상으로 작전적 공간은 보다 확대되고 전략기구가 직접 관장하는 공간은 협소해질 수 있다. 작전사가 적국의 영토로 진격해 나아감으로써 기존에 전략적 지역이 작전사의 작전적 공간속으로 들어오게 된다. 따라서 필요시 합참은 자신이 보유한 전략적 부대들을 전쟁의 진행과정 속에서 작전사에 추가로 할당할 수도 있을 것이다.

넷째, 작전적 수준에서의 군사작전이 실패하여 적 군사력이 국내로 진입하였거나 또는 전략적 수준에서의 군사작전 수행을 위해 적 군사력을 유인하였을 경우, 향토방위체제를 활용하여 격멸. 이것은 필요시 합참의 직접 통제 하에 장기 지구전의 성격으로 수행될 수 있을 것이다.

예하 작전사는 합참의 전략계획에 따라 작전적 공간에서 군사력 운용을 전적으로 위임받는다. 이렇게 함으로써 작전사령관의 재량권과 융통성을 최대한 보장하여 상황에 따라 신속히 대응하되, 전략적인 위험을 최소화한다. 작전사는 육·해·공 합동전력을 모두 할당받고 동시통합적으로 운용해야 한다.

특정 전역이 개시되면 기타 전구에 사전에 할당된 전력을 신속히 전환 받게 될 것이다. 이렇게 하면, 제한된 능력을 지닌 통일한국은 특정 전역에 전력을 집중 운용할 수 있다. 내선전략을 전통적으로 수행해 온 독일과 이스라엘의 군사력 운용 전례를 떠올리면 이해하기 쉬울 것이다.

평시 침투 및 국지도발 대비 작전, 전쟁 이외의 군사활동 등은 정치적으로 민감한 과업이므로 가급적 전략적 수준의 부대만을 이용하여 대처한다. 작전사의 전력은 상시 작전적 수준에서의 전쟁에만 대비할 수 있도록 여건을 부여한다. 이러한 이원적인 군사력 운용은 각각의 역할과 기능에 부합될 수 있다.

지금까지 전략개념, 전구편성과 군사력 할당 및 운용개념 등을 구상하여 보았다. 그러면 이를 구현할 수 있는 전략적, 작전적 군 구조를 디자인할 수 있겠다.

라. 군 구조 설계

1) 군 구조 총괄개념

앞에서 논한 군사전략개념과 합동전구에서의 군사력 운용개념을 구현하기 위해서는 합참이 전략적 수준에서 직접 운용하는 전략적 (직할)부대와 작전적 수준에서 합동전력을 동시통합적으로 운용할 수 있는 작전적 부대(작전사), 그리고 이를 지원하는 지원부대 편성이 필요할 것이다. 이를 총괄하여 도시하면, 〈그림 9〉와 같다.

그림에서 보듯이 국군의 최고통수권자는 대통령(①)이다. 대통령의 자문기구로는 국가안전보장회의(②)가 있는데 국가안전보장회의(②)에서는 국가위기관리를 담당한다. 국방부(③)는 이를 보좌하면서 군사에 관한 사항을 장리한다. 국방부는 군정과 군령을 모두 관장한다.

합동참모본부(④)는 대통령과 국가안전보장회의(NSC) 그리고 국방부장관에 대해 군사적으로 보좌하는 참모기구이자 전략적 부대들(⑤)을 직할부대로 편성하여 직접 운용하고 예하 통합작전사를 통제하는 군령권

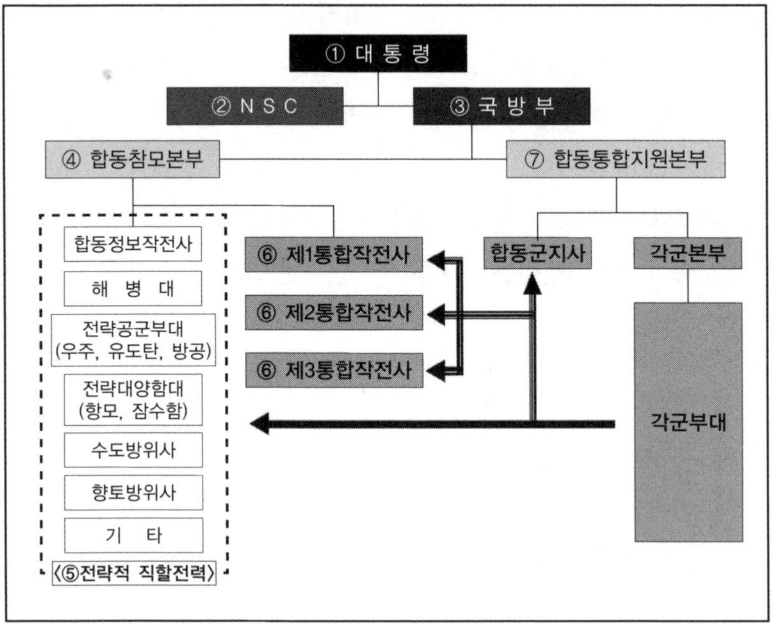

〈그림 9〉 군 구조 총괄 요도

을 지닌 전략사령부로서의 역할을 병행하도록 한다.[55] 합참은 원활한 군사작전수행을 보장하기 위해서 대통령과 국가안전보장회의(NSC) 그리고 국방부장관의 지시에 의거 전략계획을 작성하여 하달하게 될 것이다. 전략계획에는 전구의 편성 및 전력할당 그리고 과업을 포함해야 할 것이다. 대통령의 결심을 득한 후 전략계획을 하달하면, 예하 전략적 직할부대와 작전사는 할당받은 전력과 과업을 기초로 임무를 수행하게 된다.

작전사(⑥)는 예상되는 전역을 담당하는 통합작전사령부로 편성한다. 작전사는 기동, 화력 등 제 전장기능을 모두 보유한 합참의 예하 부대다.

55) 한국 합참은 원래 통합군사령부를 편성하기 위해 설립된 조직이었으며 따라서 작전을 지휘할 수 있는 체계를 갖추었다고 할 수 있다. 이에 대한 배경을 이해하기 위해서는 윤광웅, "국방조직 현황과 발전방향", 「제8회 국방·군사 세미나 논문집」(2000. 4. 14), pp. 120~121 참조.

합참은 전시에 대통령과 국가안전보장회의(NSC)의 최근접 통제를 직접 받게 되고, 통합작전사는 해당 전구의 작전적 공간에서 군사작전을 대부분 위임받아 임무를 수행하도록 한다. 합참은 예하작전사의 작전계획 수립 및 시행의 융통성을 보장하기 위해서 통상 전략적 과업과 제한사항만을 하달해야 할 것이다.

작전사 구조의 핵심은 기능 및 지역위주로 편성된다는 것이다. 지역적 개념도 중요하지만 기능적 개념도 중요한 이유는 분쟁의 양상이 다양할 수 있을 뿐만 아니라 정치적 목적에 따라 군사적 행동이 제한될 수 있기 때문이다. 예를 들어, 특정 상대국과의 분쟁에서 정치적 목적 달성을 위해 점령보다는 파괴에 중점을 둔 군사작전을 수행하게 된다면, 공군력 할당에 중점을 둔 작전사를 편성해야 한다.

끝으로 합동통합지원본부(⑦)를 설치한다. 합참이 국방부 예하의 군사전략적 참모부서일뿐만 아니라 군령권을 지닌 전략사령부로서 역할을 수행한다면 합동통합지원본부는 국방부장관의 직접적인 통제를 받는 군정부대가 되어야 할 것이다. 특히, 이러한 합동통합지원본부의 수장은 미래 안보환경의 특성을 고려하여 민간인이 되는 것을 고려할 수 있다. 쉽게 이해하기 위해서 미국의 각 군성 장관을 떠올리면 될 것이다. 이렇게 되면 비교적 원활히 국가적 자원 동원을 용이하게 할 수 있을 것으로 기대된다. 그리고 예하 각 군 사령부 통제가 용이할 수 있고, 각 군의 지원 분야를 통합하여 통합군수지원이 가능하도록 할 수 있을 것이다. 각 군 본부는 국방부의 통제 하에 각 작전사 및 전략적 직할부대에 대한 편성업무와 지원 업무를 담당함으로써 합동성을 향상시킬 수 있을 것이다.

이러한 군 구조의 이점은 무엇일까? 첫째, 융통성을 확보할 수 있다. 전략적 및 작전적으로 지역과 기능을 통합한 구조를 이룰 수 있기 때문이다. 둘째, 문민통제 구현에 보다 부합되는 군 구조가 될 수 있다. 특정 작전사령관에게 지나치게 강력한 군사 지휘권을 부여함으로써 느낄 수 있는 문민통제에 대한 불안감을 해소할 수 있기 때문이다. 셋째, 작전적·전략적 능력의 효율성을 도모할 수 있다. 전략적 군사력 운용과 작전적 군사력 운용의 중첩성을 최소화하고 전략적 군사력과 작전적 군사력의 구분을 통해 각각의 군사력 건설 방향을 명확히 제시할 수 있기 때문이다. 이를 통해 결국 합동전력의 통합성 발휘를 크게 향상시킬 수 있을 것이다.

2) 전략적 구조

전략적 수준에서 운용되는 부대를 별도로 편성해야 하는 이유는 앞에서 논하였듯이 다음의 세 가지로 이해할 수 있겠다.

첫째, 군사전략적 목표들은 정치적으로 매우 민감한 목표들이다. 그러므로 이러한 목표들을 파괴하거나 확보하는 임무를 작전사령관에게 위임하는 것은 쉬운 일이 아니다.

둘째, 실질적인 억제력 발휘의 핵심요소는 전략적인 군사력의 보유 및 운용능력과 가장 밀접한 관계가 있다.

셋째, 한미동맹체제 하에서 전략적 차원의 자주적 군령권을 유지하기 위해서 필요하다. 우리 전략기구가 우리의 전략적 비대칭 전력을 우리 스스로의 결정에 따라서 운용할 수 있어야 하기 때문이다.

그렇다면 전략기구에 의해 직접 통제되어야 할 전략적 수준의 직할부대들은 어떠한 부대가 되어야 하며 왜 이러한 부대들이 편성되어야 하는가? 이를 제시하기 이전에 우선 전략적 부대 편성시, 고려해야 할 사항을 염출할 필요가 있다.

첫째, 전략적 부대는 전략적 종심 상에서 전략적 과업을 수행할 수 있는 전략적 능력이 필요하다.

둘째, 치명성을 지녀야 한다. 정보기능과 연계된 신속한 종심표적 식별 및 정밀타격능력이 대표적인 예가 된다.

셋째, 억제를 달성하기에 충분한 비대칭성을 보유하고 있어야 한다. 비록 작전적 수준의 군사력이 열세라 하더라도 전략적 수준의 군사력으로 적으로 하여금 의도한 공격행위를 할 수 없을 정도의 위협을 가할 수 있다면 억제달성을 기대할 수 있다.

넷째, 전략적 융통성을 지녀야 한다. 전면전뿐만 아니라 평시 정치적으로 민감한 위기 조성 때에도 이를 효과적으로 해결할 수 있는 융통성이 필요하다. 따라서 다음과 같은 전략적 부대 편성이 필요하다고 본다.

합참은 우선 합동정보작전사를 편성하고 이를 직접 통제할 필요가 있을 것이다. 중국이 장차전을 예상하면서 강조하고 있듯이 장차 중요시될 전쟁원칙은 동시종심공격의 원칙을 들 수 있다. 이것은 사실상 이미 러시아에서 발전시켜왔던 이론이었으며, 현재는 미국이 적용하고 있는 이론이다.

정보기술의 발전에 따라 현재 이것은 더욱 실현 가능하게 되었다. 장거리 타격전이 가능하여 선제 1격의 기습효과가 지대하게 될 것이다.[56] 따라서 합동전력 중 전략적 과업 수행이 가능한 군사력을 효율적이면서도 효과적으로 통합운용하기 위해서는 합동정보작전을 수행할 수 있어야 한다.

합동정보작전사령부는 전략적 합동성 최적화 구조로 편성하고 물리적 파괴가 수행되는 물리적 공간, 컴퓨터네트워크 공격이 이루어지는 전자 공간 및 사이버 공간 그리고 전자전, 심리전, 군사기만, 공보, 민사작전이 이루어지는 인식공간으로 구분되는 정보공간을[57] 통제하여 합동전

56) 국방대(합참대), 「주변군 국방정책 및 군사전략(중국)」(국방대학교, 2005), p. 162 참조. 전 종심에 대한 동시공격 개념이 러시아에서 발전되었다는 것을 이해하기 위해서는 도응조, "투하체프스키 원수의 종심전투이론이 구 소련의 기동전 사상에 미친 영향"(육대논문, 2000)을 참조.

57) 국방대(합참대), 「합동정보작전」(국방대학교, 2005), p. 25.

력의 효율적인 운용을 보장할 뿐만 아니라, 전체적으로는 국가적인 간접 전략을 지원할 수 있어야 할 것이다. 특히, 사이버전 능력은 고도의 비대칭 수단으로 유지 및 발전시켜야 할 것이다. 합동정보작전사령부는 실시간 전략적 정보를 통수기구에 제공하고 이를 기초로 통수기구는 전략기구에 임무를 부여함으로써 전략적 그리고 작전적 군사력 운용을 위한 유리한 여건을 조성할 수도 있겠다.

두 번째로는 해병대를 편성할 필요가 있다. 해병대는 특히 지상, 해상, 공중 전력을 통합 편성한 단위 편성체로 구성한다. 장거리 투사 능력을 부여하여 전면전시 전략적 종심에서 특정지역을 확보 및 타격하는 과업을 수행할 수 있어야 한다. 국지전에서도 마찬가지다.[58] 특히, 미래에는 세계적으로 저강도 분쟁의 가능성이 적어지지 않을 것이다. 전략적인 측면에서 한국은 발생할 수 있는 국지전에 직접적으로 투입될 수 있는 전략적 부대 편성을 필요로 한다. 이 조건에 해병대가 가장 적합할 것이다. 특히 해병대의 임무가 전략도서에 대한 방어임무를 수행할 수도 있다는 것은 더더욱 이를 보강하는 이유가 된다.[59]

해병대 편성의 중요성은 평시작전과도 관련이 있다. 평시 정치적으로 민감한 문제는 현장에 위치한 지휘자조차도 임무수행에 어려움을 느낄 수 있을 것이다. 그러므로 이를 조치할 별도의 전략적 부대가 필요하다. 다시 말해서, 평상시 전략기구 예하에는 평시 위기를 조치하는 별도의 기동부대가 편성되어야 한다. 이 부대는 국방부의 지원 하에 민간-군 통합 구조를 이룰 수도 있는 융통성도 지녀야 한다고 고려할 수 있겠

58) 해병대 미래비젼 2025에서는 해병대의 전략적 임무 수행과 관련하여 MAGTF 창설을 제시하였는바, 김병기 박사는 이 타당성을 강조한다. 김병륜, "해병대 미래 발전방향"(국방일보 2005. 6. 23) 참조.

59) 해병대의 임무에 대해서는 국방대(합참대), 「각군의 군사작전(해병대의 군사작전)」(국방대학교, 2005), p. 4.

다. 왜냐하면 민간-군 통합부대가 정치적인 문제를 보다 용이하게 해결할 수 있기 때문이다. 이것은 마치 해군력 현시와 유사한 개념이 될 수 있다. 이러한 특별한 부대는 전쟁수행과 별개로 간주될 수는 없다. 우방을 지원하고 적을 억제하며, 중립국에 영향력을 행사하기 위해서 최대한의 민첩하게 전투수행능력을 발휘할 수 있도록 고도의 전투준비태세를 유지해야 한다.[60]

세 번째로는 전략적인 공군 및 해군부대를 편성해야 한다. 먼저 전략공군은 우주군, 전략유도탄부대, 방공(MD) 및 전략적 폭격이 가능한 비행단 등의 전력으로 편성함으로써 미래전 개념에 부응할 수 있어야 한다. 특히, 우주군은 미래 에너지난과 결부하여 우주개발을 고려할 때 필요하다. "왜 전략 공군력이 공군에 의해 통합 운용되지 않고 합참의 직접적인 통제를 받아야 하는가?" 하고 의문을 제기할 수 있다. 그 답변은 다음과 같은 예에서 찾아 볼 수 있을 것이다.

중군 인민해방군 제2포병의 전략핵미사일부대는 중앙군사위원회의 직접지휘를 받고 있다.[61] 미국도 전략적인 무기인 핵무기 사용 결정 권한을 대통령에게 부여하였으며, 핵무기의 전략적 운용기획은 국가 전략표적 및 공격방침(NSTAP)에 따르게 함으로써 전략적인 전력 운용은 대통령과 최고통수기구에 의해 수행되도록 하고 있다.[62] 비록 통일한국이 핵무기를 보유하지 않겠지만, 어쨌든 진공폭탄과 같은 강력한 재래식 탄두를 이용한 전략적 정밀 타격도 그 치명성을 고려해 볼 때, 전략기구에 의해 통제될 필요가 있다.

전략대양함대도 장차 자주적 해상교통로 확보 및 통제 임무를 위해

60) 국방대(합참대), 「각군의 군사작전(해군의 군사작전)」(국방대학교, 2005), p. 83.

61) 국방대(합참대), 「주변군 국방정책 및 군사전략(중국)」(국방대학교, 2005), p. 62.

62) 미 합참대, 「합동전략능력기획서(JSCP) 실습교재」(국참대 번역, 1995), p. 75.

매우 중요하다. 현 한미동맹 하의 연합사체제로는 연합전력에 의한 전략적 해상교통로 통제가 불가능하다. 전략대양함대는 주로 경항모[63], 이지스함 그리고 전략잠수함 등으로 편성하여 비대칭성의 요체가 되도록 해야 할 것이다.

특히 전략 잠수함이 중요할 것이다. 전략적 임무수행이 가능한 잠수함은 반드시 전략기구의 직접적인 통제를 받을 필요가 있다. 이유는 가장 효과적인 억제수단이 될 것으로 기대되기 때문이다. 잠수함은 적의 함대를 비롯한 전략적 자산을 분산·운용하게 강요할 수 있다. 예를 들어 2차 대전시 독일의 잠수함 발견을 위해 투입된 연합군의 선박은 잠수함 1척당 수상함 25척, 항공기 100대였다.[64] 오늘날 이렇게 많은 전력 투입이 필요하지 않다고 하더라도, 적의 함대를 분산시킬 수 있다는 것은 명백하다.

분산되어 운용되는 잠수함은 적에게 엄청난 혼란과 심리적 타격을 가할 수 있으며 자신의 생존성도 더욱 향상시킬 수 있다. 잠수함 발견은 매우 어렵다. 상대국에 비교적 쉽게 접근하여 전략적 목표에 타격을 가할 수 있다. 잠수함을 이용하여 적 전략목표를 타격한다면, 상대국 국민여론에 지대한 영향을 미칠 것이므로 적은 잠수함을 발견하기 위해 노력을 배가하게 될 것이며, 이것은 결국 적 함대의 분산을 야기해 해양통제권의 약화를 가져올 것이다. 더욱이 자원을 해외에 전적으로 의존하는 국가는 잠수함에 의한 해상교통로 방해 작전에 의해 전의가 급격히 약화될 수 있다.

---

63) 항공모함에 대해서 이견이 있는 경우도 있다. 중국의 대 항공모함 미사일과 관련되어 있다. 그러나 한편으로 이에 대한 회의론도 많다. 이유는 항모의 흔들림, 이동, 바람 등과 같은 제한 요소가 여전히 명중률에 악영향을 미친다는 것이다, http://blog.naver.com/hsj8717?Redirect=Log&logNo=20160020399

64) 국방대(합참대), 「각군의 군사작전(해군의 군사작전)」(국방대학교, 2005), p. 68.

넷째, 수도방위사령부와 향토방위사령부 역시 직할부대로 편성할 필요가 있다. 수도의 중요성을 고려할 때 수도방위사령부는 합참의 직할부대가 되는 것이 바람직할 것이다. 만일 작전사가 '전략적 전진방어'와 '즉응공격형전략'에 실패하여 '수세적 방어전략'으로 전환하여 향토방위작전을 수행할 수밖에 없다면 이것은 영토 내에서의 마지막 저항이 될 것이므로 향토방위사령부 역시 당연히 전략기구의 직접적인 통제에 놓여야 한다고 판단할 수 있겠다. 특히, 이러한 향토방위사령부는 민·관 군통합방위체제를 확고히 하는 기능이 부여되어야 할 것이다. 평시 침투 및 국지도발 대비 작전 역시 전략기구에 의한 직접 통제가 필요하다는 점도 고려할 수 있겠다.

기타 부대들은 합동참모대학 등과 같이 합동성 강화를 위한 교육기관 그리고 미래 안보환경에서 매우 중요한 문제로 대두될 대테러 및 민사부대 그리고 평화유지군부대 등이 되여야 한다. 미래에 각종 분쟁은 전쟁 이외의 군사작전을 더욱 요구하게 될 것이다. 전쟁 이외의 군사작전에 참가해야 하는 경우 항상 야전부대에서 일부부대를 차출하여 별도의 민사 및 PKO 부대를 편성한다면, 전문성이 저하되고 노력의 낭비를 초래하게 될 것이다. 그러므로 국가통수기구 및 합참차원에서 직접적으로 통제될 수 있는 민사 및 PKO 부대 등을 평시부터 편성할 필요가 있겠다. 추가로 화생방 방호사령부 등도 고려할 수 있겠다.

3) 작전적 구조

(1) 통합작전사 편성의 필요성

작전적 구조 방안을 제시하기 이전에 "작전적 수준의 부대를 왜 통합작전사로 편성해야 하는가?"에 대한 보다 깊은 논의를 필요로 한다. 일부에서는 통합작전사 편성에 대해 매우 부정적인 시각을 가지고 있기 때문이다. 통합작전사 편성은 미래 전장 환경에 필수불가결하다. 통일한국에게는 특히, 두 가지 측면에서 그렇다. 하나는 제한된 전력을 효율적으로 운용하기 위해 노력과 지휘를 통일한다는 측면이며, 또 다른 하나는 자주적인 군사 작전 태세를 견지하면서도 한미동맹 체제를 유지할 수 있다는 측면이다.

합동군의 노력과 지휘통일의 첫 번째 장애는 육·해·공군이 각기 자군의 독립적인 역할을 강조한다는 것에 있다. 예를 들어 '해군 비전 2020'에서는 "국가의 전투력 발휘 극대화란 각 군의 전투력 발휘가 보장된 상태 하에서 이들을 효율적으로 운영하는 것이지 조직의 통합을 의미하지는 않는다. 지금까지 효율적 국방관리 또는 지휘통제체계 단일화란 명목 아래 우리의 국방은 수많은 문제점을 낳아왔다."[65]고 주장하고 있다. 그러나 다른 한편으로는 "전투력의 발휘는 지휘통제체계의 통합에서 출발한다."고 인정하고 있다. 예를 들어 대상륙 및 대공정 작전 등을 수행할 경우에 지휘통일의 원칙은 빼 놓을 수 없다고[66] 주장하면서 노력과 지휘의 통일을 인정하고 있다.

현재까지의 우리의 시야는 대북 관련 단일 전역에 국한되어 있다. 대북한 단일 전역에서는 합참이 사실상 통합작전사의 역할을 병행하면서 노력과 지휘의 통일을 이루게 된다. 그러므로 각 군의 독립적인 역할 강조는 당연한 것이다. 만일 통일 후 수 개의 전역을 구상할 수밖에 없다면, 상황은 달라진다. 각 전역별 이를 전담할 작전사령부 편성이 필요하며, 이 작전사령부는 주어진 전역에서 합동전력을 통합 운용할 수 있어야 한다.

시야를 넓혀 특정 잠재적국과 대규모 전역을 수행한다는 거시적 관점을 가져본다면, 해군의 주장은 작전적 수준에서의 지휘통일이 필요하

65) 전게서, pp. 37~38.

66) 전게서, p. 81.

다는 것으로 이해될 수 있다. 즉, 전역을 수행하는 입장에서는 이를 담당하게 될 작전사가 반드시 노력과 지휘의 통일을 이루어야 한다는 것이다. 미국의 현 체제는 이를 잘 증명해 보이고 있다.

공군도 통합된 항공전역계획 수립을 매우 강조한다. 특히, 미 공군은 공군력의 중앙집권적 통제를 매우 강조하고 있다. 이유는 일일 단위로 공군력 운용이 통합적으로 계획되어야 하며, 이를 통해 우선 공중우세권을 장악해야 하기 때문이다.[67] 그러나 이것은 한 국가의 모든 공군력을 통합한 단일 계획만을 수립해야 한다는 것을 의미하지 않는다.

미국은 전 세계적인 임무를 수행한다. 미국의 합동군사전략능력기획서(JSCP)는 각 통합사령부별로 전력을 할당하고 과업을 부여하고[68] 각 전구 내의 통합작전사는 할당된 합동군 전력을 통합하여 운용한다. 미국이 가지고 있는 모든 공군 자산도 단일 공군구성군으로 편성하여 통합적으로 운용하는 것이 아니다. 미국의 전력은 각 전구별로 분산되어 있다. 만일 특정지역에서 위협이 증대될 경우에는 타 통합작전사의 전력을 전환하도록 하고 있다. 왜냐하면 조기경보가 가능한 상태의 전략적 환경을 우선 고려하였기 때문이다.

공군은 또한, 항공전역수행시 표적 선정 단계에서 지상 및 해군의 공격요구 표적 추천을 받아 군사목표를 달성할 수 있도록 단일 표적 목록을 작성해야 한다고 주장한다.[69] 이것은 공군이 모든 것을 타격하겠다는 의지로 보일 수 있지만, 다른 한편으로는 합동전력을 동시통합적으로 운

67) 이에 대해서는 Cardwell Thomas A., *Airland Combat ; An Organization for Joint Warfare*, (1992, Air University Press), pp. 98~99 참조.

68) 이것은 미 합참대의 JSCP 실습을 위한 학습서를 통해 확인할 수 있는 사실이다. 이에 대해서는 미 합참대, 「합동전략능력기획서(JSCP) 실습교재」(국참대 번역, 1995)를 참조할 것.

69) 국방대(합참대), 「각군의 군사작전(공군의 군사작전)」(국방대학교, 2005), p. 47.

용해야 한다는 것을 보여준다. 다시 말해서, 전역을 담당하는 작전적 수준에서 공군력을 할당하고 그 내에서 제 합동전력 운용의 노력과 지휘의 통합을 달성해야 한다는 것을 의미한다.

오늘날 최고 수준의 군대를 유지하고 있는 미군은 2차 세계대전의 경험을 통해 군사적 노력의 통일이 중요하다는 것을 알게 되었다. 이후 미국은 약 50년의 역사 동안 통합작전사령부 편성 계획을 추진하여 왔으며, 각종 전략적 환경, 과학기술 그리고 미국의 역할 변화에 따라 통합사 계획을 보완하고 실천해 왔다. 합동군 체제의 군 구조를 유지하고 있는 미국은 전구사령관을 통합사령관으로 임명하여 운용함으로써 작전적 수준에서는 사실상 통합작전사 체제임을 보여주고 있다.[70]

통합작전사령부 운용을 가능하게 하기 위해서는 각 군 상호간 인정과 협조 그리고 어느 정도의 양보를 반드시 필요로 한다. 실례로 현재 미국이 통합작전사령부를 운용하고 있지만, 이것은 결코 쉽게 만들어진 것이 아니다. 1990년대 초 걸프전 이후 합동전 수행을 위한 군 구조를 연구했던 당시 미 공군 대령 카드웰 3세(Thomas A. Cardwell Ⅲ)는 통합군 운용의 어려움을 표현하면서도 통합군 운용의 중요성을 다음과 같이 언급한 바 있다.

> "지난 70년 동안 거의 변한 것이 없다. 1차 대전 당시 있었던 문제가 여전히 오늘날에도 존재하고 있다. 우리가 문제를 해결한 다음 수년 후에 우리가 직면했던 동일한 문제의 해결책을 곧바로 잊어버린다. 좋은 예가 항공력의 중앙집권화 된 통제문제이다. 오늘날 정책은 합동성 강화로 바뀌었다. 1942년 이전에 우리는 상호간의 협조를 기초로 한 교리를 가지고 있

70) Joint History Office, *History of the Unified Command Plan 1946~1993*, (JHO, 1995), p. 1~7.

었다. 1942년 이후에는 우리는 노력의 통합이라는 교리를 발전시켰다. 결론적으로 지난 70년간의 전쟁을 통해 지휘구조에 대해 얻어야 했던 교훈은 다음과 같다. 지휘구조를 발전시키려면, 우리는 모든 주어진 자산에 대한 권한을 단일 지휘관에게 주어야 한다. 이러한 단일 지휘관 밑에 주어진 자산은 다시 3개의 구성군으로 구분되는 하위 체계로 나뉘어져야 한다. 이것은 일반적으로 지상군, 해군 그리고 공군 구성군이 될 것이다."[71]

합동성 강화를 위한 군 구조 설계의 전제조건은 노력과 지휘의 통일에 있다. 미 합동운용교범에서는 "합동작전에 있어서 작전계획은 결국 지휘통제를 위한 것이고 이것은 동시통합성 달성을 목표로 하고 있다." 고 강조하고 있다.[72] 그러므로 미군은 합동군사령관을 사실상 통합군사령관으로 임명하게 되는 것이다. 미국이 1947년 법안과 1958년의 법안에 이어 1986년 골드워터-니콜스 법안을 통과시켜 합동군 사령관이 각 군의 참모총장들의 방해를 받지 않고 구성군사령부를 설치하고 통합군 임무를 수행하게 한 것은 사실상 지휘통일 원칙의 중요성 때문이었다.[73] 이러한 이론적 근거 및 역사적 사실들을 기초로 할 때, 통일 후 우리의 작전사는 합동전력을 통합 운용할 수 있도록 설계되어야 할 것이다.

71) Cardwell Thomas A., op. cit., p. 40.

72) 미 합동교범 3-33에서는 "전구 또는 합동기동부대 수준의 전역계획과 합동기동부대 수준의 작전계획은 지휘관에 의해 사용되는 주요한 지휘통제도구이다. 이러한 계획들이 추구하는 근본적인 목적은 지원 전투사령부와 국방성 및 기타 기구들에 의해 제공되는 능력뿐만 아니라 가용한 모든 지상, 해상, 공중, 특수작전과 우주군의 동시운용을 달성하는 것이다."라고 강조한다. 미 합참, 「합동교범 3-33, 합동작전 운용교범」(국방대학교 번역, 2000), p. 16. 참조.

73) Cardwell Thomas A., op. cit., p. 35.

(2) 한국군 단독의 통합작전사 구조

한국군 단독의 통합작전사를 어떻게 편성할 수 있겠는가? 이를 제시하기 이전에 우선 통합작전사 편성을 위해서 고려해야 할 요소가 무엇인지를 제시할 필요가 있겠다.

첫째, 작전적 전력은 반응성 있는 구조가 되어야 한다. 정보기능 향상을 통해 신속한 적(敵) 기도 분석과 지휘결심을 보장할 수 있어야 한다. 지휘라인 역시 축소시켜 신속한 작전수행을 보장해야 한다.

둘째, 치명성을 향상시켜야 한다. 정보기능과 연계된 신속한 종심표적 식별 및 합동 중장거리 정밀타격능력이 있어야 한다.

끝으로 합동전력의 민첩성과 생존성을 제고시킬 수 있어야 한다. 이를 위해서는 임무, 적, 한반도 지형적 특성 및 가용병력 등을 고려하여 작전사를 기능별, 지역별로 편성 운용해야 한다. 아울러 합동전투근무지원 및 후방지역작전 수행능력을 보강해야 한다.

통합작전사 구조는 지상군, 해군 그리고 공군으로 편성하되 예상되는 전역을 고려하여 각각의 통합작전사 구조를 설계해야 할 것이다. 지휘관계는 당연히 지휘의 통일을 위해서 단일 지휘관에 의한 작전통제가 될 수 있어야 할 것이다. 그러나 해당 작전사 내에서의 각 군의 전력을 집중적으로 운용하기 위해서 예하부대에 대해서는 협조관계를 유지하는 구조가 되어야 할 것이다.

사령부 편성은 먼저 사령관이 육군인 경우 합동성 발휘를 극대화하기 위해 부사령관으로 해군과 공군을 각각 임명한다. 해군이 사령관인 경우는 육군과 공군을 부사령관으로 한다. 그리고 참모부는 개인참모부, 인사참모부, 정보참모부, 작전참모부, 기획참모부, 군수참모부, 지휘통신 및 전자 참모부 등을 편성한다.

그 예하에 각 군 또는 구성군 사령부를 편성한다. 구성군 사령부를 편성하는 경우는 전략기구가 작전사에 해병대를 할당하여 작전사 내의 육군과 함께 지상구성군을 편성하거나, 전략 공군 또는 전략 함대의 전력 등을 추가로 할당받아 공군 또는 해군구성군을 편성하게 되는 경우가 될 것이다. 물론 연합작전 때에도 편성될 수 있다.

통합작전사는 현실적인 문제를 고려하여 편성해야 할 것이다. 그것은 한 국가의 육·해·공 합동 전력은 항상 제한될 것이라는 점이다. 이를 이해하기 위해서 우리는 마케팅 삼각형의 관계를 이해할 필요가 있다. 이론적으로 보면, 특정 작전사에 대한 육·해·공 전력 할당은 〈그림 10〉과 같이 삼각형의 관계를 갖는다고 할 수 있다. 한 국가의 육·해·공군 전력은 제한된다. 그러므로 특정 군을 다수 편성하면, 다른 군은 그에 반비례하여 소수로 편성할 수밖에 없다. 예를 들어 〈그림 10〉에서 G는 육군위주 통합작전사 구조를, N은 해군위주의 통합작전사 구조를, A는 공군 위주의 구조를 보여준다.

〈그림 10〉 통합작전사 내의 각 군 할당개념을 보여주는 삼각형

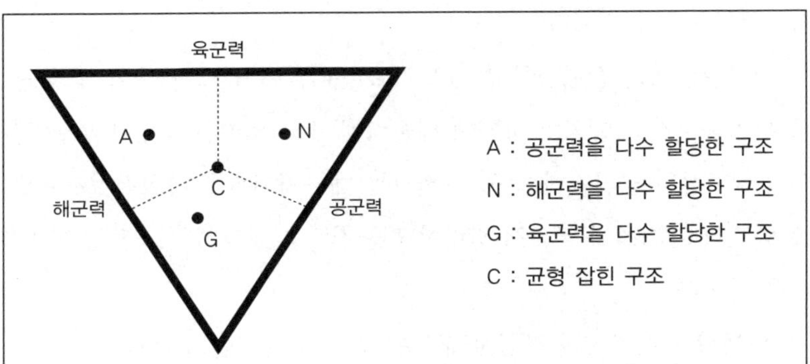

물론, 항상 C와 같이 균형 잡힌 편성도 가능할 것이지만, 전역을 구상하면서 METT-TC를 고려하게 되면, 일반적으로 각 군의 구성 비율이 변화하게 될 것이다. 몇 가지 예를 제시해 보겠다.

첫 번째 예는 잠재적국이 지상으로 연결된 국경선을 가지고 있으면

서 육군력을 투입하기 용이한 지형적 이점을 가지고 있을 뿐만 아니라, 육군병력이 수적인 우세를 달성하고 있으므로 육군 전력을 신속히 투입하여 상대 국가를 점령하여 완전한 승리를 하려는데 작전 주안을 두고 있는 경우이다.

본 전역을 담당하게 될 작전사는 육군지휘관을 통합작전사령관으로 임명하고, 최초에 비교적 강력한 육군전력을 할당하여 개전 초기에 국토의 상실을 방지할 수 있는 능력을 지닌 구조를 고려할 수 있을 것이다. 이렇게 하면, 통일한국의 비교적 제한된 전체 전력을 전쟁 이전에 합리적으로 할당함으로써 개전 초기에 상대국의 지역적인 확보노력을 파괴시키는데 주력할 수 있을 것이다.

두 번째 예는 잠재적국이 대륙으로 연결되어 있지만 지형적으로 육군 및 해군력을 투입하기 제한되어 초기에 공군력에 많이 의존할 수밖에 없는 경우이다. 본 전역을 담당하게 될 작전사는 공군지휘관을 통합작전사령관으로 임명하고 최초에 비교적 강력한 공군전력을 할당하는 구조를 가질 수 있을 것이다.

세 번째 예는 잠재적국이 해양으로 분리되어 있으며 육군 및 공군력을 투입하기가 제한되어 초기에 해군력에 주로 의존할 수밖에 없는 경우이다. 본 전역을 담당하게 될 작전사는 해군지휘관을 통합작전사령관으로 임명하고 최초에 비교적 강력한 해군전력을 할당하는 구조를 가질 수 있을 것이다.

위에서 제시한 통합작전사 구조는 반드시 육군만이 통합작전사를 지휘해야 한다는 고정관념을 탈피하고 잠재적, 지역 등 작전적 특성을 고려한 것이다. 이것은 3개의 전역을 고려하여 3개의 통합작전사를 편성할 경우 각각의 작전사령관을 육군, 해군, 공군으로 각각 임명하는 현실성을 고려한 방안이 된다. 이렇게 되면 각 군종 간의 알력을 좁히고 작전적 필요성에 따라 육, 해, 공군 중 어떤 특정 군종이 작전을 계획하고 실시하는데 있어서 주노력을 집중할 수 있을 것이다. 각 군종의 이기주의와 자군 위주의 집착에서 벗어나는 것이 합동성을 향상시키는 지름길이 되며 합동성 향상은 우리가 추구하는 궁극적인 목적이 되어야 한다.

이러한 통합작전사 구조에 대해 제기할 수 있는 의문은 "전력이 제한되는 우리가 수 개의 통합작전사령부를 편성할 경우, 각 작전사에 전력이 제한되고 전체 전력이 분산되지 않겠느냐"는 것이다. 통합작전사를 전역과 전구를 고려해 수 개 편성하는 데는 두 가지 중요한 이유가 있다.

첫째 이유는 평시 전역준비와 관련이 있다. 단일 작전사로 편성하고 상황에 따라 전력을 집중하여 대처하면 될 것으로 볼 수 있다. 문제는 단일 작전사 예하에 많은 부대들이 수 개의 전역을 동시에 고려하여 작계를 수립하고 작계시행훈련을 실시해야 한다는 것에 있다. 기본적으로 확실한 적을 상정하고 노력을 집중하는 것이 필요하다. 만일 단일 작전사를 편성한다면 각 군별 그리고 특정부대별 특정 전역을 기본계획으로 수립해야 하므로, 결국 합동성 통합 측면에서 제한사항을 갖게 되며, 현재의 체제를 답습하는 것과 다를 바가 없게 된다. 차라리 수 개의 통합작전사를 편성한다면 통합작전사령부는 단일 전역에 대해 노력을 집중할 수 있게 되므로, 전쟁이 발발했을 때 즉각적인 합동성 발휘가 용이하게 될 것이다.

둘째, 단일 작전사 편성 경우에는 전력이 집중되고 수 개의 통합작전사 편성 경우에는 전력이 분산될 것으로 보이지만 이점 역시 크게 우려할 필요가 없다. 작전사령부만을 제외한 전력은 항시 전환할 수 있기 때문이다. 문제는 "초전에 얼마만큼 적의 의도를 파괴시키고 적의 진출을 지연시켜, 전략적인 집중을 할 시간적 여유를 가질 수 있는가"에 있다고 할 것이다. 조기경보능력 향상은 전력 전환과 집중을 위해 중요한 역할을 할 것이다.

작전사 예하 부대의 타 작전사로의 전환 및 신속한 임무수행을 보장하기 위해서는 각 군 부대들의 지휘라인을 간소화하고 모듈화 개념에 의해 독립작전을 수행할 수 있는 편성체로 편성하는 방안을 고려할 수 있다.[74] 뿐만 아니라 작전사 간에 전환되는 전력은 즉각적인 합동성 발휘가 가능하도록 편성해야 할 것이다. 이렇게 되면, 북부에 직접적인 위협이 있을 경우 남부의 전력이 보다 쉽게 그리고 신속하게 북부지역을 담당하는 작전사령부로 전환 배속될 수 있다. 특정 전역을 담당할 통합작전사를 사전에 편성해 놓으면, 전시를 위한 필요한 준비를 비교적 충분히 잘 할 수 있을 것이다.

참고로 위의 내용을 보장하기 위해 편성할 수 있는 통합작전사 예하부대 구조 중 지상전력의 예를 미국의 전략문제연구소(CSIS)에서 제시했던 연구안[75]을 기초로 하여 제시해 보겠다.

〈그림 11〉에서 보듯이 통합군 사령관 예하에 군단 규모의 합동특수임무부대(JTF)를 편성하고 합동전력을 할당한다. 이중 특히 육군전력은 근접전투지휘소와 종심전투지휘소 및 후방전투지휘소를 편성하여 동시통합성을 제고시키도록 편성하고, 각 지휘소 예하에는 '단' → '대대'로 편성함으로써 기존의 '사단' → '연대(여단)' → '대대'로 이르는 3단계 지휘라인을 2단계로 축소시킨다. 근접 및 종심전투지휘소의 지휘를 받는 각 예하 단에 C4I 대대 및 지원 대대를 편성함으로써 합동전력을 효과적으로 운용할 수 있는 모듈화 체계를 갖춘다. 위에서 제시한 '부대 구조 및 편성안'을 받아들이게 된다면, 적어도 반응성 있는 군 구조 달성에

74) 모듈화는 플러그 앤 플레이 개념이다. 즉, 항상 준비된 상태로 어디든 배속되면 바로 임무수행이 가능한 편성체이다.

75) 이 연구 안은 미국의 전략문제연구소(Center for Strategic and International Studies)의 지원하에 맥그리거가 연구한 것을 요약한 것이다. 참고로 〈그림-8〉 역시 그의 연구안을 도시화 한 것이다. Macgregor Douglas A., *Breaking the Phalarx, : A New Design for Land powers in the 21st Century*, (CSIS, 1997), pp. 59~89 참조.

〈그림 11〉 미 CSIS의 지휘라인 축소, 모듈화 및 합동성 강화를 위한 지상부대 구조 및 편성안

기여할 수 있을 것이다. 다시 말해서 신속한 전력 전환과 전환 즉시 합동성 발휘가 가능한 '안(案)'이 될 수 있을 것이다.

여기서 오늘날 전역계획을 독자적으로 수행할 수 있다고 주장하는 공군의 경우를 특별히 고려할 필요가 있겠다. 공군은 가장 신속한 기동력을 지니고 있다. 특정 위협에 직면한다고 했을 때, 각 작전사에 최초에 할당된 대부분의 공군력은 매우 신속히 재 전환 및 할당될 수 있다. 이렇게 되면 특정 전역을 담당한 통합작전사 예하의 공군은 대부분의 공군전력을 통합적으로 운용할 수 있게 된다. 이러한 예는 이스라엘이 4차 중동전에서 이미 보여주었다. 단, 제한사항은 위협에 대한 초기 대응을 위하여 최초로 할당된 전력만으로 Pre-ITO를 작성하게 될 것이라는 점이다.

위협이 증대되는 경우 위기관리절차를 통해 통수기구에서는 작전사령부에 대한 전력 할당 비율을 조정할 수 있을 것이다. 친화성이 제한될 수 있다는 문제는 평소 훈련으로 최대한 해결해야 한다. 그리고 친화성을 제고시키기 위하여 매년 합동전략능력기획서(JSCP)를 통해 부대할당을 조정하고 순환할 수 있을 것이다.

(3) 연합작전사 구조

본 글에서는 향후 안보환경을 고려할 때, 한미동맹은 향후 수십 년간 우리에게 여전히 필요한 것이 될 것이라고 예측하였다. 그러면서도 국민들은 통일 후 미군과의 연합작전시 대등한 지휘관계를 요구하게 될 것으로 예측한 바 있다. 이러한 변화에 부응하기 위한 방안이 바로 본론에서 제시한 군 구조를 유지하면서 한미연합 통합작전사를 편성하는 것이라고 할 수 있다. 이것은 한미연합체제를 유지하면서도 자주적인 군사지휘 능력을 발휘하고자 할 수 있는 방안이다.

한국과 미국이 작전적 차원에서 연합작전을 수행하게 되면 비교적 대등한 수준의 작전지휘능력을 유지할 수 있다. 미국에게 있어서 한미연합사는 세계 전구 속에서 일개의 전역을 담당하는 통합작전사 수준의 제대다. 문제는 현 한미연합사가 우리에게는 전략적인 수준의 제대로 보일 수 있다는 것이다. 왜냐하면 모든 한국군을 한미연합사가 작전·통제할 수 있기 때문이다.

만일 통합작전사를 편성하고 이러한 작전사급 수준에서 연합사령부를 편성하게 된다면 우리의 입장에서도 연합사령부 편성은 작전적 수준의 부대를 편성하는 것이 될 수 있다. 예를 들어 전략적 수준에서 운용해야 할 부대들은 합참이 직접 통제하고 전역을 고려하여 편성한 수 개의 통합작전사를 편성하며, 이러한 통합작전사 중 일개 부대를 연합작전사령부로 통합한다면 한미는 동일한 수준에서 연합작전을 통제할 수 있게 된다.

반면, 만일 우리가 전략적인 전력과 작전적인 전력을 구분하지 않는다면, 연합작전사를 편성할 때 우리는 항상 우리의 모든 전력을 연합작전사 통제 하에 두게 될 수 있으므로 경우에 따라서는 숨겨야 할 비대칭성조차 모두 노출시키거나, 미군에 의해 모두 통제받아야 하는 문제가 여전히 존재하게 될 것이다. 미국에게 있어서 연합사는 작전사 수준의 부대이다. 그러므로 한미 간에 대등성을 유지하기 위해서 향후 우리의 연합작전사 구성 부대는 전략적인 부대를 제외한 작전적 수준으로 국한되어야 하고, 이를 위해서는 당연히 한국은 자체 통합작전사를 편성해야 할 것이다. 연합작전사는 오로지 작전적 수준의 부대만으로 편성한다. 한미연합사의 구조를 새롭게 하기 위해서는 우선 다음 사항을 고려할 필요가 있다.

첫째, 한미 간에 받아들일 수 있는 지휘구조 및 편성을 필요로 한다. 한국은 미국보다는 군사력이 약하다. 그러므로 미군이 전적으로 한국군에게 지휘 통제되는 경우는 배제될 필요가 있을지도 모른다. 한편, 한국 국민들의 정서 상 모든 한국군이 미군에 작전 통제되는 것은 원하지 않을 것으로 보이는 바 이에 대한 현실적인 대안이 강구되어야 한다.

둘째, 한국군의 독자적인 전쟁수행도 가능할 수 있는 융통성 있는 편성을 필요로 한다.

통일 후 연합작전사의 지휘관계와 편성은 어떻게 되어야 할 것인가?

먼저 연합지휘구조는 다음의 네 가지로 구별된다.[76]

첫째, 병립구조가 있다. 이것은 〈그림 12〉와 같이 협조기구를 통하여 지휘관계를 유지하는 것이다.

〈그림 12〉 병립지휘구조 개념도

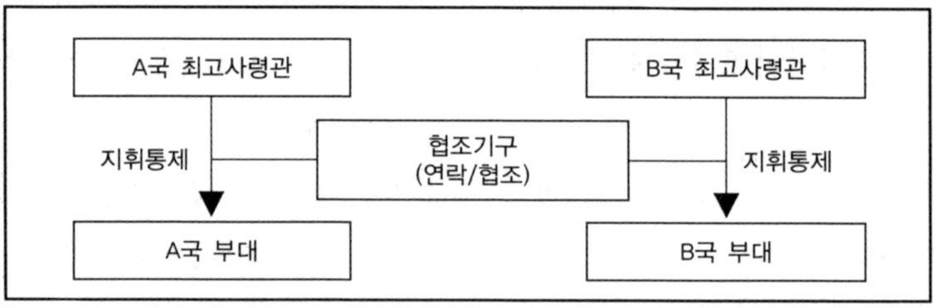

둘째, 국가별·기능별 통합 지휘구조가 있다. 이것은 〈그림 13〉과 같이 국가 간의 협정에 의해 연합사령부를 편성하고 그 아래 각각의 기능별 구성군 사령부를 편성하는 것이다. 연합작전시 지휘통일이 가장 강력하게 이루어지는 지휘관계로 나토 및 한미연합군사령부 편성이 그 예가 된다.

〈그림 13〉 국가별, 기능별 통합 지휘구조 개념도

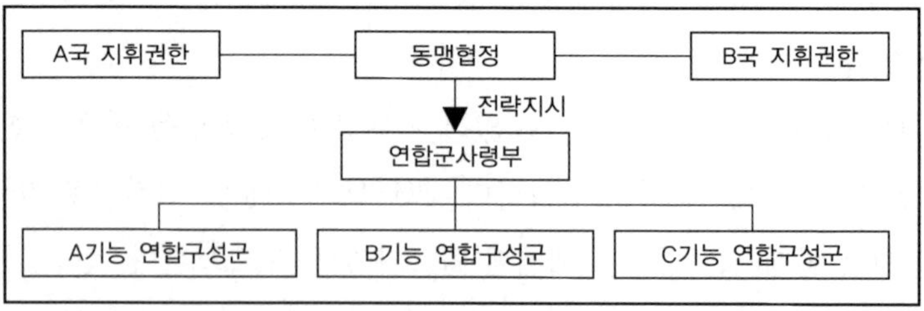

셋째, 혼합지휘구조가 있다. 이것은 앞의 두 가지 지휘구조를 혼합한 것이다. 끝으로 주도국 위주의 지휘구조가 있다. 이것은 연합국가중 어

76) 국방대(합참대), 「연합작전」(국방대학교, 2005), pp. 32~34 참조.

느 한 단일 국가가 주도적인 역할을 수행하는 것이다. 연합작전사 편성은 세 가지로 구분된다.[77)]

먼저 국가별 편성이 있다. 이것은 〈그림 14〉에서 보듯이 국가별 작전사령부를 편성하고 각 작전사령부를 연합군의 최고 사령관이 지휘하는 구조다.

〈그림 14〉 국가별 연합작전사 편성 개념도

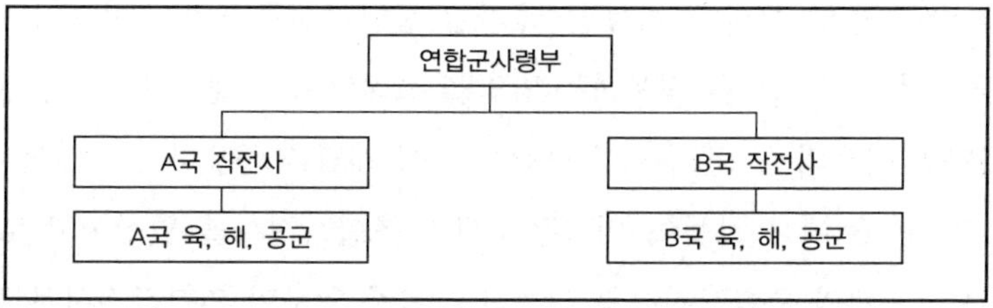

두 번째로는 기능별 편성이 있다. 이것은 〈그림 15〉에서 보듯이 연합군 최고사령관 예하에 각 구성군을 설치하는 것이다.

〈그림 15〉 기능별 연합작전사 편성 개념도

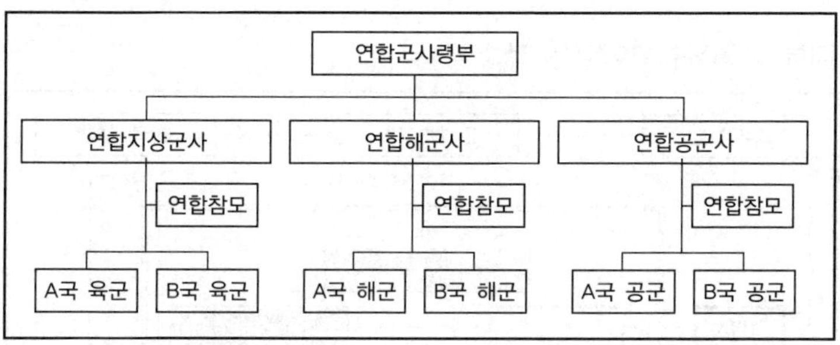

세 번째로는 혼합편성이 있다. 이것은 위의 두 가지를 혼합한 것이다. 현재 연합사의 지휘 및 편성구조는 국가별·기능별 통합 지휘구조와 주도국 위주의 지휘구조가 섞인 구조이면서 기능별 편성을 하고 있다고

77) Ibid., pp. 35~37 참조.

말할 수 있다.

통일 후 한미동맹을 유지하면서 한국군이 미국에 대한 작전통제권을 갖는 다면 당연히 한국군 주도하에 합동작전기획 및 수행이 가능하지만 강대국으로써 미국이 한미연합사에 대한 지휘권을 한국에게 전적으로 이양하게 될 것으로 보이지 않는다. 그러므로 한국군의 작전통제 하에 미군부대를 편성한다는 것은 사실상 불가능할 것이다.

따라서 통일 한국은 기능별·국가별 통합지휘구조를 유지하되 편성은 국가별 편성 개념을 적용하는 방안을 고려할 수 있을 것이다. 쉽게 표현하자면 미국의 현 군 구조상 작전사 편성 개념을 준용하자는 것이다.

〈그림 16〉에서 보듯이 미국은 5개의 통합작전사를 편성하고 있다. 우리도 수 개의 통합작전사를 편성하고 그중 일부만 연합작전사로 편성하여 일부는 한국군이 독자적으로 운용하고, 일부만 연합작전을 하도록 편성한다. 〈그림 16〉은 통일한국군이 세 개의 통합작전사를 편성하면서 이중 일 개의 통합작전사만 미 태평양 사의 일부전력과 연합하여 연합작

〈그림 16〉 통일후 연합작전사 편성 개념도

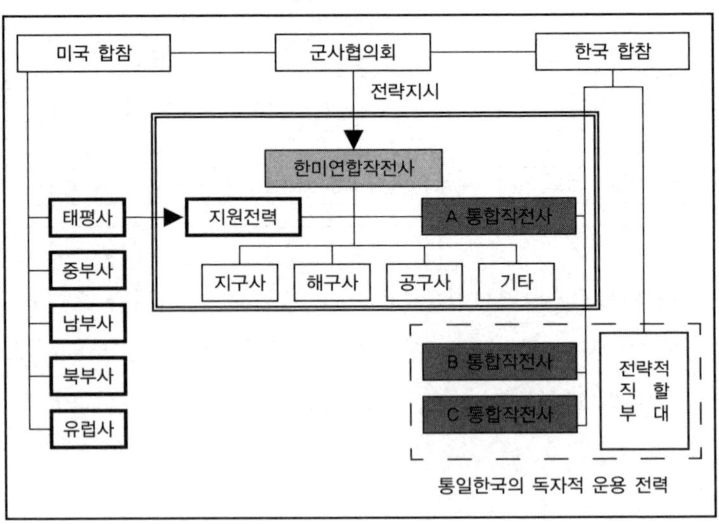

전사를 편성하는 예를 보여준다. 다시 말해서 A 통합작전사는 미 태평양사 지원전력과 한미연합작전사를 구성한다. 그러나 한국의 합참은 B 및 C 통합작전사를 직접 작전·지휘함으로써 독자적인 전쟁수행능력도 보유한다.

문제는 '통일 후 편성하는 모든 통합작전사를 연합작전사로 편성할 것인가' 아니면 '하나 또는 두 개만을 연합작전사로 편성할 것인가' 인데 이 두 가지 중 가장 현실성 있는 방법은 후자라고 판단된다. 왜냐하면 연합국이라는 것은 사실상 공동의 적을 가져야 하기 때문이다. 우리가 고려하고 있는 전역 중 어떤 특정 전역의 잠재적인 적이 한국이나 미국에게 있어서는 동맹국이 된다면 사실상 연합작전사를 편성할 수 없다. 예를 들어 미국이 일본과 동맹을 유지하고 러시아 및 중국과는 대결 구조를 유지한다면, 일본 전역을 고려한 작전사를 한미연합작전사로 편성하는 것은 매우 어려울 것이다.

보다 참신한 방안도 고려할 수 있다. 이것은 두 개의 통합작전사를 국가별 연합작전사로 편성할 경우이다. 두 개 중 1개의 연합작전사령관은 한국군 지휘관을 임명하고 다른 1개의 연합작전사령관은 미군 지휘관을 임명한다면, 대등한 위상을 견지할 수 있다.

미국의 경우 6개의 통합작전사가 세계 각 지역을 담당하면서 미국의 국가통수기구(NCA)의 통제를 받고 있다. 이스라엘의 경우 작은 영토를 갖고 있지만 수 개의 전구를 편성하고 작전사를 운용하도록 하고 있다. 이러한 예를 보면 수 개의 작전사를 편성하고 이중 일부는 연합작전사로 편성하여 통합작전사 중 일부는 한국 통수기구가 직접통제하고 일부는 한미 군사협의회(MC)를 통해 통제하는 방안이 현실성 없는 것이라고 말할 수 없을 것이다.

위에서 제시한 연합작전사 구조 방안의 이점은 두 가지로 요약된다. 우선 한미동맹을 유지하면서도 자주성을 유지할 수 있다는 점이다. 둘째 이점은 미래에 예상되는 다양한 위협에 보다 능동적으로 대처할 수 있다는 것이다. 현재의 상호방위조약은 미국이 인정한 지역에 대해서만 연합전력을 운용한다는 제약사항이 있어 북한을 제외한 주변 잠재적국의 전면적인 침략 또는 국지도발시 우리가 주도적으로 위기를 관리하고 이에 적극적으로 대처하기가 사실상 불가능하다. 그러므로 한국 통수기구가 직접 통제하는 전략적 부대 및 통합작전사 보유는 현재의 상호방위조약의 커다란 변화 없이 이러한 문제를 해결해주고 결국 위기 상황 확대시 연합전력 투입을 유인하는 인계철선의 역할도 어느 정도 기대할 수 있다는 이점을 제공해 줄 것이다.

참고문헌

국가안정보장회의, 「평화번영과 국가안보」(국가안전보장회의 사무처, 2004)

국방대(합참대), 「각군의 군사작전(공군의 군사작전)」(국방대학교, 2005)

__________, 「각군의 군사작전(해군의 군사작전)」(국방대학교, 2005)

__________, 「각군의 군사작전(해병대의 군사작전)」(국방대학교, 2005)

__________, 「국가안보와 전쟁」(국방대학교, 2005)

__________, 「연합작전」(국방대학교, 2005)

__________, 「전쟁대비 및 수행」(국방대학교, 2005)

__________, 「주변군 국방정책 및 군사전략(일본)」(국방대학교, 2005)

__________, 「주변군 국방정책 및 군사전략(중국)」(국방대학교, 2005)

__________, 「합동정보작전」(국방대학교, 2005)

__________, 「21세기 안보환경 및 동북아 정세」(국방대학교, 2005)

미 합참, 「합동교범 3-33, 합동작전 운용교범」(국방대학교 번역, 2000)

미 합참대, 「합동전략능력기획서(JSCP) 실습교재」(국방참모대학교 번역, 1995)

합동참모본부, 「합참의장 지휘지침」(합동참모본부. 2005)

권영근, "합동정보작전교리의 이해", 「합동정보작전」, (국방대학교, 2005)

김병륜, "해병대 미래 발전방향" (국방일보, 2005. 6. 23)

김희상, 「중동전쟁」(전황, 1998)

남창희, "중국의 부상과 미래 한미동맹의 방향성 : 방어적 주한미공군의 균형자적 역할", 「제2회 한중 안보학술 포럼 논문집」(한중 안보학술포럼, 2001)

도응조, 「기계화전」(연경문화사, 2001)

_____, "투하체프스키 원수의 종심전투이론이 구 소련의 기동전 사상에 미친 영향", (육대논문, 2000)

박경현 편저, 「현대군사전략 개론」(국방대학교, 2005)

박병수, "석유매장량 얼마나 되나", 「인터넷 한겨레 신문」(2004. 5. 18)

육군사관학교, 「한국전쟁사」(일신사, 1987)

윤광웅, "국방조직 현황과 발전방향", 「제8회 국방·군사 세미나 논문집」(2000. 4. 14)

일본 육상자위대, "육상자위대 역할 변화와 신 방위전략", 국방대(합참대), 「주변국 국방정책 및 군사전략(일본)」(국방대학교, 2005)

조지연, 「민족생존전략-한국전략의 체계와 구상」(병학사, 1983)

황원태, 「잠든 불꽃 - 크루즈미사일」(행림출판, 1995)

Cardwell Thomas A., *Airland Combat ; An Organization for Joint Warfare*, (1992, Air University Press)

Department of State, *Quadrennial Defense Review Report*, (DoD. U.S., 1997, 2001)

Morgenthau Han J., *Politics Among Nations*, (이호재 번역, 법문사, 1987)

Harkabi Yehoshafat, *Nuclear War and Nuclear Peace*, (Jerusalem : Israel Program for Scientific Translation, 1966)

Joint History Office, *History of the Unified Command Plan 1946~1993*, (JHO, 1995)

Macgregor Douglas A., *Breaking the Phalarx, : A New Design for Land powers in the 21st Century*, (CSIS, 1997)

Richard E. Simpkin, Deep Battle,(Brassey's publishers, 1987)

Warden Ⅲ John A., *Air Campaign*, (박덕희 번역, 연경문화사, 2001)

제병협동부대 전술
20세기 주요 전훈, 교리 그리고 편제

작전술과 전략적 시각에서 바라본 군 구조

발행일 2013년 1월 7일
지은이 조나단 M. 하우즈 / **글·옮긴이** 도응조
펴낸이 이정수 / **펴낸곳** 연경문화사 / **등록** 1-995호
주소 서울시 강서구 양천로 551-24 한화비즈메트로 2차 807호
대표전화 02-332-3923 / **팩시밀리** 02-6957-0898
이메일 ykmedia@naver.com
값 20,000원 / **ISBN** 978-89-8298-140-1 (93390)